复变函数与积分变换

（第二版）

冯复科　主编

科学出版社

北　京

内 容 简 介

本书是根据教育部工科数学课程教学指导委员会最新修订的“工科类本科数学基础课程教学基本要求(修订稿)”的精神和原则,结合多年的教学实践与研究而编写的. 主要内容包括:复数与复变函数、解析函数、复变函数的积分、解析函数的级数表示、留数定理及其应用、共形映射、傅里叶变换、拉普拉斯变换等. 每章后配有例题和习题,以便学生掌握所学,提高分析问题的能力. 全书兼顾不同层次、专业的需要,具有启发性、趣味性和可读性,语言通俗易懂、简洁流畅.

本书可供高等工科院校电类及其相关专业选用,也可作为工程技术人员学习复变函数与积分变换的自学参考书.

图书在版编目(CIP)数据

复变函数与积分变换/冯复科主编. —2 版. —北京:科学出版社,2015. 6

ISBN 978-7-03-044542-1

Ⅰ. 复…　Ⅱ. 冯…　Ⅲ. ①复变函数-高等学校-教材　②积分变换-高等学校-教材　Ⅳ. ①O174. 5　②O177. 6

中国版本图书馆 CIP 数据核字(2015)第 122042 号

责任编辑:张中兴　王胡权 / 责任校对:钟　洋

责任印制:张　伟 / 封面设计:迷底书装

科学出版社 出版

北京东黄城根北街 16 号

邮政编码:100717

http://www.sciencep.com

北京凌奇印刷有限责任公司印刷

科学出版社发行　各地新华书店经销

*

2008 年 7 月第　一　版　开本:720×1000 1/16

2015 年 6 月第　二　版　印张:16 1/2

2024 年 8 月第十六次印刷　字数:333 000

定价:39. 00 元

(如有印装质量问题,我社负责调换)

第二版前言

本书第一版自2008年7月出版以来，已走过了7个年头. 在使用本书作为教材的教学实践中，我们积累了丰富的经验，取得了较好的教学效果，得到了使用本书的师生的肯定. 同时，使用本书的老师和读者，也提出了宝贵的建议和修改意见.

此次修订，基本上保持了本书原来的结构与特色，除对文字做了一些修订外，主要有以下变化：

(1)第2章增加了定理2.3.3，给出了函数解析的充分条件；

(2)对第8章的例题做了适当调整，对原来不够准确的叙述，做了必要的修改和补充.

此次再版，得到了科学出版社的大力支持和张中兴编辑的热情鼓励，同时长安大学的王维琼、肖玉柱、肖伟、王凯明等几位老师提出了很多宝贵的意见，在此一并表示诚挚的感谢!

欢迎读者对书中的错误及不足之处提出宝贵意见.

编　者

2015年3月

第一版前言

“复变函数与积分变换”是工科高等院校学生继“高等数学”课程后又一门重要的数学基础课.复变函数起源于力学、数学、物理等理论与实际问题，伴随着流体力学、电学和空气动力学的研究而发展，并为这些学科提供理论与方法上的支持，促进了工程技术的快速发展.以复变函数理论为基础建立起来的积分变换，通过特定的积分形式，建立了函数之间的对应关系，在现代工程技术领域有广泛的应用.

为了培养基础扎实、富有创新意识的人才和适应现代科学技术的发展及相关专业的要求，根据教育部工科数学课程教学指导委员会最新修订的“工科类本科数学基础课程教学基本要求(修订稿)”的精神和原则，结合多年的教学实践与研究，我们编写了这本《复变函数与积分变换》教材.

在本教材编写过程中有以下几点考虑：

(1) 考虑到工科院校教学的实际情况，兼顾不同层次、不同专业的不同需要，对基本概念的引入尽量联系实际，对基本理论的推导深入浅出，循序渐进；对基本方法阐述多富启发性，使学生能够在学习中融会贯通，举一反三，达到既掌握知识，又培养能力的目的.

(2) 将复变函数与积分变换有机地联系在一起，既便于教学质量的提高，又使学生在学习过程中能将两者相融合，更好的掌握本课程的内容和方法.

(3) 为提高本书的趣味性和可读性，力求语言通俗易懂、简洁流畅. 在每个章节，配有较多的例题和习题，以便学生掌握所学内容，提高分析问题解决问题的能力.

(4) 在积分变换部分，增写了多维傅里叶变换及 Z 变换的内容，并用“*”标出，供有关专业选用.

参加本书编写的有刘元会(第 1 章)、李晓莉(第 2 章)、何文(第 3 章)、冯复科(第 4～6 章)、刘小云(第 7、8 章).冯复科任主编，负责总体方案设计、具体内容编排及全书的统稿工作.

在本书编写过程中，作者参阅了大量国内外同类教材，得到了有益的启迪和教益，谨向有关作者表示谢意！在本书的编写过程中，长安大学理学院的有关领导、数学与信息科学系的诸多老师对本书的编写与出版给予了热情指导和支持. 马江洪教授、魏广生教授审阅了全书,任功全副教授、张俊祖副教授阅读了书稿并提出了有益的建议,在此一并表示衷心的感谢!

由于作者水平有限,加之时间仓促,书中缺点、疏漏在所难免,敬请读者不吝赐教.

编　者

2008 年 3 月

目　　录

第 1 章　复数与复变函数

把自变量为复数的函数称为复变函数，它是本课程的研究对象. 本章将对中学阶段学习的内容进行简要的复习和补充，并在此基础上进一步介绍复平面上的区域、复变函数的极限及复变函数的连续性等概念，为后面各章更深入地学习解析函数的理论和方法奠定基础.

1.1　复数及其代数运算

一、复数的概念

形如

$$z = x + \mathrm{i}y \text{ 或 } z = x + y\mathrm{i}$$

的数称为复数，其中，x 和 y 是任意的实数，分别称为复数 z 的**实部**和**虚部**，记作 $x=\mathrm{Re}(z)$ 和 $y=\mathrm{Im}(z)$；i 称为虚数单位，并规定 $\mathrm{i}^2=-1$.

虚部为零的复数就可以看作实数，即 $x+\mathrm{i}\cdot 0=x$；可见，全体实数是全体复数的一部分.

实部为零的复数称为纯虚数.

两个复数相等，必须且只需实部和虚部分别相等，即 $x_1+\mathrm{i}y_1=x_2+\mathrm{i}y_2$ 必须且只需 $x_1=x_2$，$y_1=y_2$.

一般说来，两个复数不能比较大小.

二、复数的代数运算

由复数的定义可见，实数是复数的特例. 因此定义复数的运算法则，应该与实数运算法则相一致，满足实数代数运算的一般定律.

两个复数 $z_1=x_1+\mathrm{i}y_1$ 和 $z_2=x_2+\mathrm{i}y_2$ 的加法，减法和乘法运算律定义如下：

$$z_1 \pm z_2 = (x_1 + \mathrm{i}y_1) \pm (x_2 + \mathrm{i}y_2) = (x_1 \pm x_2) + \mathrm{i}(y_1 \pm y_2), \quad (1.1.1)$$

$$z_1 z_2 = (x_1 + \mathrm{i}y_1)(x_2 + \mathrm{i}y_2) = (x_1 x_2 - y_1 y_2) + \mathrm{i}(x_2 y_1 + x_1 y_2), \quad (1.1.2)$$

并称 z_1+z_2 为复数 z_1 与 z_2 的和，z_1-z_2 为复数 z_1 与 z_2 的差，z_1z_2 为复数 z_1 与 z_2 的积.

定义满足 $z_2z=z_1(z_2\neq 0)$ 的复数 $z=x+\mathrm{i}y$ 为 z_1 与 z_2 的商，记作 $z=\dfrac{z_1}{z_2}$. 由积

的定义可以推得

$$z=\frac{z_1}{z_2}=\frac{x_1x_2+y_1y_2}{x_2^2+y_2^2}+\mathrm{i}\,\frac{x_2y_1-x_1y_2}{x_2^2+y_2^2}.\tag{1.1.3}$$

容易证明，复数的代数运算也满足交换律、结合律和分配律：

$$z_1+z_2=z_2+z_1,\quad z_1z_2=z_2z_1;$$
$$z_1+(z_2+z_3)=(z_1+z_2)+z_3,\quad z_1(z_2z_3)=(z_1z_2)z_3;$$
$$z_1(z_2+z_3)=z_1z_2+z_1z_3.$$

称复数 $x+\mathrm{i}y$ 和 $x-\mathrm{i}y$ 互为共轭复数，复数 z 的共轭复数记为 $\bar{z}$. 如果 $z=x+\mathrm{i}y$，则 $\bar{z}=x-\mathrm{i}y$. 容易证明共轭复数具有下列性质：

(1) $\overline{z_1\pm z_2}=\overline{z_1}\pm\overline{z_2}$，$\overline{z_1z_2}=\overline{z_1}\ \overline{z_2}$，$\overline{\left(\dfrac{z_1}{z_2}\right)}=\dfrac{\overline{z_1}}{\overline{z_2}}$；

(2) $\bar{\bar{z}}=z$；

(3) $z\bar{z}=[\mathrm{Re}(z)]^2+[\mathrm{Im}(z)]^2$；

(4) $z+\bar{z}=2\mathrm{Re}(z)$，$z-\bar{z}=2\mathrm{i}\mathrm{Im}(z)$.

有了共轭复数的性质(3)，以后在计算$\dfrac{z_1}{z_2}$时，就可以分子分母同乘以$\overline{z_2}$，从而求得其商，即式(1.1.3).

三、复数的几何表示

1. 复平面

任意一个复数 $z=x+\mathrm{i}y$ 都与一对有序实数(x,y)对应，而任意一对有序实数(x,y)都与坐标平面上的一个点对应，全体复数就与坐标平面上的全体点之间成一一对应. 因此，复数 $z=x+\mathrm{i}y$ 就可以用坐标平面上以(x,y)为坐标的点来表示. 称 x 轴为实轴，y 轴为虚轴，实轴和虚轴所在的平面称为复平面或 z 平面，并把以(x,y)为坐标的点“z”作为复数 $z=x+\mathrm{i}y$ 的同义词，这样就可以借助几何语言把研究形的方法应用于研究复变函数的问题，同时也为复变函数的应用奠定了基础.

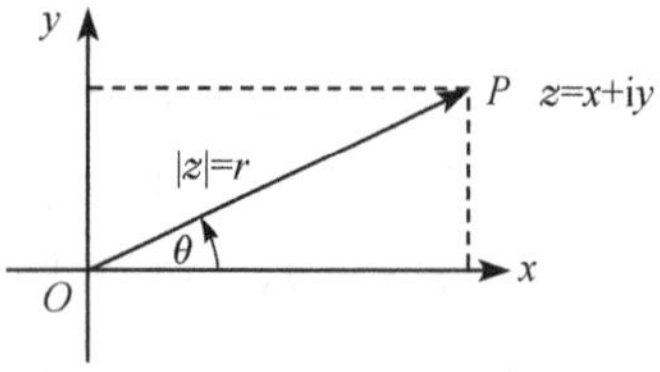

图 1.1

同样，复数 z 还与复平面上从原点到点 $z=x+\mathrm{i}y$的平面向量一一对应，如图 1.1 所示. 复数 $z=x+\mathrm{i}y$也可以用向量$\overrightarrow{OP}$来表示．该向量的长度称为复数 $z=x+\mathrm{i}y$的**模**或**长度**，记作

$$|z|=r=\sqrt{x^2+y^2}.\tag{1.1.4}$$

对于复数的模，容易证明有下列关系式成立：

$$|x|\leqslant|z|,\quad |y|\leqslant|z|,\quad |z|\leqslant|x|+|y|,\quad z\bar{z}=|z|^2=|z^2|.$$

由图 1.2,图 1.3 可以看出,$|z_1-z_2|$表示复平面上点 z_1 与 z_2 间的距离,记为 $\rho(z_1,z_2)$,即有 $\rho(z_1,z_2)=|z_1-z_2|$,并且可以得到下列不等式:

$$|z_1+z_2|\leqslant|z_1|+|z_2|,\quad ||z_1|-|z_2||\leqslant|z_1-z_2|.$$

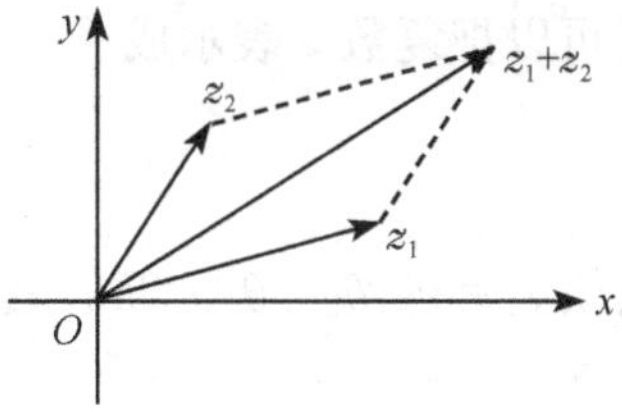

图 1.2

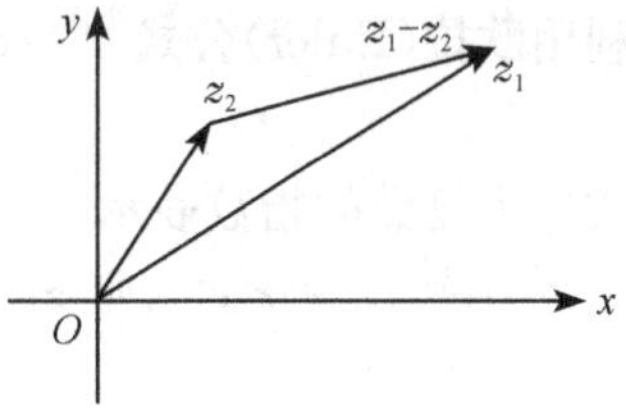

图 1.3

当 $z\neq0$ 时,由正实轴到复数 $z=x+\mathrm{i}y$ 所对应的向量$\overrightarrow{OP}$的夹角 $\theta=\mathrm{Arctan}\,\dfrac{y}{x}$,称为复数 z 的**辐角**,记作

$$\theta=\mathrm{Arg}z.$$

可见,对于任一复数 $z\neq0$ 都有无穷多个辐角,称在区间$(-\pi,\pi]$内的辐角为 $\mathrm{Arg}z$ 的主值,或称为主辐角,记作 $\arg z$,即$-\pi<\arg z\leqslant\pi$. 于是有

$$\mathrm{Arg}z=\arg z+2k\pi,\quad k=0,\pm1,\pm2,\cdots.$$

当 $z=0$ 时,其模$|z|=0$,而辐角不确定.

辐角主值 $\arg z(z\neq0)$ 可以由反正切 $\mathrm{Arctan}\,\dfrac{y}{x}$ 的主值 $\arctan\dfrac{y}{x}$ 按下列关系确定:

$$\arg z=\begin{cases}\arctan\dfrac{y}{x}, & x>0,\\ \dfrac{\pi}{2}, & x=0,y>0,\\ \arctan\dfrac{y}{x}+\pi, & x<0,y>0,\\ \arctan\dfrac{y}{x}-\pi, & x<0,y<0,\\ -\dfrac{\pi}{2}, & x=0,y<0,\\ \pi, & x<0,y=0,\end{cases}$$

其中,$-\dfrac{\pi}{2}<\arctan\dfrac{y}{x}<\dfrac{\pi}{2}$.

利用直角坐标与极坐标的关系

$$x=r\cos\theta,\quad y=r\sin\theta,$$

还可以用复数的模与辐角来表示非零复数 z，即 $z=r(\cos\theta+\mathrm{i}\sin\theta)$，称为复数的三角表示式.

再利用欧拉(Euler)公式 $\mathrm{e}^{\mathrm{i}\theta}=\cos\theta+\mathrm{i}\sin\theta$，又可以把复数 z 表示成

$$z=r\mathrm{e}^{\mathrm{i}\theta},$$

这种形式称为复数的指数表示式.

若 $z_1=r_1\mathrm{e}^{\mathrm{i}\theta_1}$，$z_2=r_2\mathrm{e}^{\mathrm{i}\theta_2}$，则 $z_1=z_2$ 必须且只须 $r_1=r_2$，$\theta_1=\theta_2+2k\pi$，其中 k 为整数.

显然，复数的各种表示可以互相转换，以方便解决不同问题的需要.

特别地，当 $r=|z|=1$，即 $z=\cos\theta+\mathrm{i}\sin\theta$，或 $z=\mathrm{e}^{\mathrm{i}\theta}$ 时，称 z 为单位复数. 容易验证

$$\mathrm{e}^{\mathrm{i}\theta_1}\cdot\mathrm{e}^{\mathrm{i}\theta_2}=\mathrm{e}^{\mathrm{i}(\theta_1+\theta_2)},\quad \frac{\mathrm{e}^{\mathrm{i}\theta_1}}{\mathrm{e}^{\mathrm{i}\theta_2}}=\mathrm{e}^{\mathrm{i}(\theta_1-\theta_2)}.$$

例 1.1.1　将下列复数化为三角表示式与指数表示式：

(1) $z=-\sqrt{12}-2\mathrm{i}$；　(2) $z=\sin\dfrac{\pi}{5}+\mathrm{i}\cos\dfrac{\pi}{5}$.

解　(1) 显然 $r=|z|=\sqrt{12+4}=4$. 因为 z 在第三象限，所以

$$\theta=\arctan\left(\frac{-2}{-\sqrt{12}}\right)-\pi=\arctan\frac{\sqrt{3}}{3}-\pi=-\frac{5\pi}{6}.$$

因此，z 的三角表示式为

$$z=4\left[\cos\left(-\frac{5\pi}{6}\right)+\mathrm{i}\sin\left(-\frac{5\pi}{6}\right)\right],$$

z 的指数表示式为

$$z=4\mathrm{e}^{-\frac{5\pi}{6}\mathrm{i}}.$$

(2) 显然 $r=|z|=1$. 又因为

$$\sin\frac{\pi}{5}=\cos\left(\frac{\pi}{2}-\frac{\pi}{5}\right)=\cos\frac{3\pi}{10},$$

$$\cos\frac{\pi}{5}=\sin\left(\frac{\pi}{2}-\frac{\pi}{5}\right)=\sin\frac{3\pi}{10},$$

因此，z 的三角表示式为

$$z=\cos\frac{3\pi}{10}+\mathrm{i}\sin\frac{3\pi}{10},$$

z 的指数表示式为

$$z=\mathrm{e}^{\frac{3\pi}{10}\mathrm{i}}.$$

例 1.1.2 设 z_1, z_2 是两个任意复数,证明:

(1) $|z_1\overline{z_2}|=|z_1||z_2|$; (2) $|z_1+z_2|\leqslant|z_1|+|z_2|$.

证 (1) $|z_1\overline{z_2}|=\sqrt{(z_1\overline{z_2})\overline{(z_1\overline{z_2})}}=\sqrt{(z_1\overline{z_1})(z_2\overline{z_2})}=|z_1||z_2|$.

(2)

$$\begin{aligned}|z_1+z_2|^2&=(z_1+z_2)\overline{(z_1+z_2)}=(z_1+z_2)(\overline{z_1}+\overline{z_2})\\&=z_1\overline{z_1}+z_1\overline{z_2}+z_2\overline{z_1}+z_2\overline{z_2}\\&=|z_1|^2+z_1\overline{z_2}+z_2\overline{z_1}+|z_2|^2.\end{aligned}$$

因为$\overline{z_1\overline{z_2}}=z_2\overline{z_1}$,所以

$$z_1\overline{z_2}+z_2\overline{z_1}=2\mathrm{Re}(z_1\overline{z_2}).$$

从而有

$$\begin{aligned}|z_1+z_2|^2&=|z_1|^2+z_1\overline{z_2}+z_2\overline{z_1}+|z_2|^2\\&=|z_1|^2+2\mathrm{Re}(z_1\overline{z_2})+|z_2|^2\\&\leqslant|z_1|^2+2|z_1\overline{z_2}|+|z_2|^2\\&=|z_1|^2+2|z_1||z_2|+|z_2|^2\\&=(|z_1|+|z_2|)^2.\end{aligned}$$

对上式两边开方,就得到所要证明的不等式.

2. 复球面

除了用平面上的点和向量来表示复数外,还可以用球面上的点来表示复数. 取一个与复平面 z 在原点 O 相切的球面,过 O 点作一条垂直于 z 平面的直线,交球面于 N 点,称 N 点为北极,O 点为南极(图 1.4). 用直线把 N 与复平面上的点 z 相连结,该直线一定与球面交于异于 N 的一点 P,这样一来,球面上的点(除北极 N 以外)都与复平面上的点之间建立了一一对应关系. 已经知道,复数与复平面上的点一一对应,因此除北极 N 以外,球面上的点也与复数一一对应,因而可以用球面上的点来表示复数.

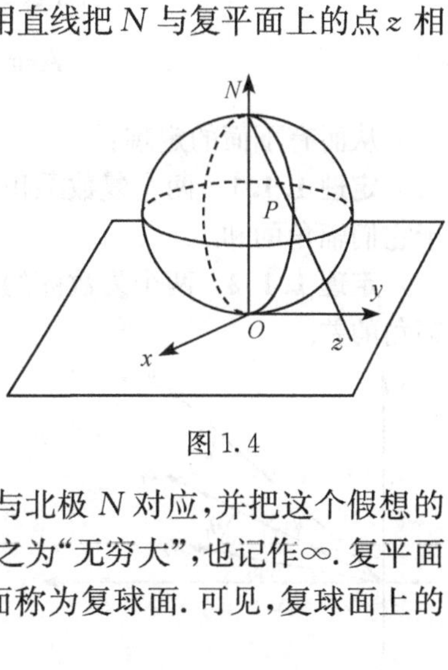

图 1.4

由上面的对应关系可以看出,z 点离 O 点越远,其对应点 P 就离北极 N 越近 . 但是,复平面内没有与北极 N 对应的点存在 . 因此规定:复平面上有唯一的一个"无穷远点"存在,该点与北极 N 对应,并把这个假想的"无穷远点"记作∞. 同时,把与该点对应的复数称之为"无穷大",也记作∞. 复平面加上点∞后称为扩充复平面,与它对应的整个球面称为复球面. 可见,复球面上的每一个点都有唯一的一个复数与之对应.

为了与扩充复平面区分开来,把不包括无穷远点在内的复平面称为有限复平面,或者就称为复平面. 无穷远点对应的复数∞,其实部、虚部与辐角的概念均无意义,但是规定它的模为正无穷大,即$|\infty|=+\infty$.

为了便于后面的计算,对复数∞的四则运算作如下规定:

(1) $a\pm\infty=\infty\pm a=\infty, a\neq\infty$;

(2) $a\cdot\infty=\infty\cdot a=\infty, a\neq 0$;

(3) $\frac{a}{\infty}=0, \frac{\infty}{a}=\infty, a\neq\infty$; $\frac{a}{0}=\infty, a\neq 0$;

(4) $\infty\pm\infty, 0\cdot\infty, \frac{\infty}{\infty}, \frac{0}{0}$均无意义.

四、复数的幂与方根

1. 复数的积与商

设有两个复数 $z_1=r_1e^{i\theta_1}, z_2=r_2e^{i\theta_2}$,那么

$$z_1\cdot z_2=r_1e^{i\theta_1}\cdot r_2e^{i\theta_2}=r_1r_2e^{i(\theta_1+\theta_2)},$$

$$\frac{z_1}{z_2}=\frac{r_1e^{i\theta_1}}{r_2e^{i\theta_2}}.=\frac{r_1}{r_2}e^{i(\theta_1-\theta_2)}.$$

所以

$$|z_1z_2|=|z_1|\cdot|z_2|, \tag{1.1.5}$$

$$\left|\frac{z_1}{z_2}\right|=\frac{|z_1|}{|z_2|},\quad z_2\neq 0, \tag{1.1.6}$$

$$\mathrm{Arg}(z_1z_2)=\mathrm{Arg}z_1+\mathrm{Arg}z_2, \tag{1.1.7}$$

$$\mathrm{Arg}\frac{z_1}{z_2}=\mathrm{Arg}z_1-\mathrm{Arg}z_2. \tag{1.1.8}$$

从而有下面的定理:

定理 1.1.1　两个复数乘积的模等于它们模的乘积;两个复数乘积的辐角等于它们辐角的和.

定理 1.1.2　两个复数商的模等于它们模的商;两个复数商的辐角等于它们辐角的差.

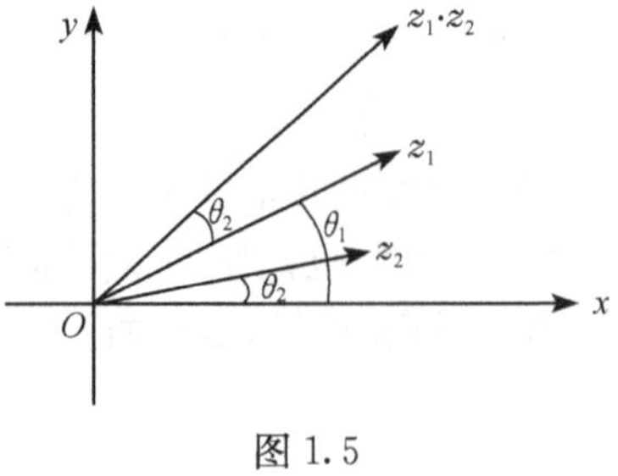

图 1.5

如果用向量来表示复数,则表示乘积 z_1z_2 的向量是从表示 z_1 的向量旋转一个角度 $\arg z_2$,并伸长(缩短)$|z_2|$倍得到的,如图 1.5 所示. 特别地,当$|z_2|=1$时,z_1z_2 只是表示对 z_1 旋转 $\arg z_2$. 例如,iz 表示对 z 逆时针旋转 90°;$-z$ 表示对 z 逆时针旋转 180°. 当 $\arg z_2=0$ 时,z_1z_2 只是表示对 z_1 伸长(缩短)$|z_2|$倍. 例如,

$2z$ 就表示把 z 伸长到原来的 2 倍.

由于辐角的多值性,式(1.1.7),式(1.1.8)的两端都是由无穷多个数构成的数集,两端相等是指两端表示的集合相等．也就是说,对于左端的任一值,右端必有一个值和它相等,反之亦然.例如,设 $z_1=-1, z_2=\mathrm{i}$,则 $z_1z_2=-\mathrm{i}$.

$$\mathrm{Arg}z_1 = \pi + 2n\pi, \quad n = 0, \pm 1, \pm 2, \cdots,$$

$$\mathrm{Arg}z_2 = \frac{\pi}{2} + 2m\pi, \quad m = 0, \pm 1, \pm 2, \cdots,$$

$$\mathrm{Arg}z_1z_2 = -\frac{\pi}{2} + 2k\pi, \quad k = 0, \pm 1, \pm 2, \cdots,$$

代入式(1.1.7)得

$$\frac{3\pi}{2} + 2(m+n)\pi = -\frac{\pi}{2} + 2k\pi.$$

对于任意整数 m,n,总可以找到整数 $k=m+n+1$,使得上式成立,反之亦然．例如,若取 $m=n=0$,则取 $k=1$;若取 $k=-1$,则可取 $m=0,n=-2$ 或 $m=-2$,$n=0$或 $m=1,n=-3$ 等.

对于等式(1.1.8)的理解也是一样的.

定理 1.1.1 的结论可以推广到有限个复数的乘积．如果

$$z_k = r_k\mathrm{e}^{\mathrm{i}\theta_k} = r_k(\cos\theta_k + \mathrm{i}\sin\theta_k), \quad k = 1,2,\cdots,n,$$

那么

$$\begin{aligned} z_1z_2\cdots z_n &= r_1r_2\cdots r_n\mathrm{e}^{\mathrm{i}(\theta_1+\theta_2+\cdots+\theta_n)} \\ &= r_1r_2\cdots r_n[\cos(\theta_1+\theta_2+\cdots+\theta_n) + \mathrm{i}\sin(\theta_1+\theta_2+\cdots+\theta_n)]. \end{aligned} \tag{1.1.9}$$

例 1.1.3 已知正三角形的两个顶点分别是 $z_1=1$与 $z_2=2+\mathrm{i}$,求它的另一个顶点.

解 如图 1.6 所示,将向量 z_2-z_1 围绕 z_1 旋转$\frac{\pi}{3}\left(或-\frac{\pi}{3}\right)$就得到了另一个向量,它的终点即为所求的顶点 z_3(或 z_3').根据复数的乘法,用复数 $\mathrm{e}^{\frac{\pi}{3}\mathrm{i}}$(或 $\mathrm{e}^{-\frac{\pi}{3}\mathrm{i}}$)乘以 z_2-z_1 就可以得到另一向量 z_3-z_1(或 $z_3'-z_1$),即有

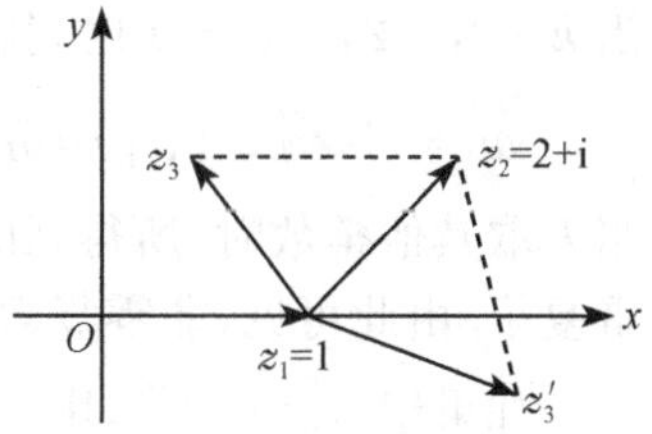

图 1.6

$$z_3-z_1=\mathrm{e}^{\frac{\pi}{3}\mathrm{i}}(z_2-z_1)=\left(\frac{1}{2}+\frac{\sqrt{3}}{2}\mathrm{i}\right)(1+\mathrm{i})=\left(\frac{1}{2}-\frac{\sqrt{3}}{2}\right)+\left(\frac{1}{2}+\frac{\sqrt{3}}{2}\right)\mathrm{i},$$

所以

$$z_3 = z_1 + \left(\frac{1}{2}-\frac{\sqrt{3}}{2}\right)+\left(\frac{1}{2}+\frac{\sqrt{3}}{2}\right)\mathrm{i} = \frac{3-\sqrt{3}}{2} + \frac{1+\sqrt{3}}{2}\mathrm{i}.$$

同理可得

$$z_3'=\frac{3+\sqrt{3}}{2}+\frac{1-\sqrt{3}}{2}\mathrm{i}.$$

2. 复数的幂与方根

n 个相同复数 z 的乘积称为 z 的 n 次幂，记作 z^n，即 $z^n=\underbrace{z\cdot z\cdot z\cdot\cdots\cdot z}_{n个}$.

如果在式(1.1.9)中，令 $z_1=z_2=\cdots=z_n=z$，而 $z=r\mathrm{e}^{\mathrm{i}\theta}=r(\cos\theta+\mathrm{i}\sin\theta)$，则

$$z^n=r^n\mathrm{e}^{\mathrm{i}n\theta}=r^n(\cos n\theta+\mathrm{i}\sin n\theta).\tag{1.1.10}$$

如果定义 $z^{-n}=\dfrac{1}{z^n}$，那么当 n 为负整数时式(1.1.10)仍然成立. 特别地，当取 z 的模 $r=1$ 时，由式(1.1.10)可得

$$(\cos\theta+\mathrm{i}\sin\theta)^n=\cos n\theta+\mathrm{i}\sin n\theta,\tag{1.1.11}$$

这就是棣莫弗(De Moivre)公式.

要求复数 z 的 n 次方根，也就是要从方程 $w^n=z$ 中解出 w.

当 $z\neq0$(当 $z=0$ 时，解显然为 0)时，就有 n 个不同的 w 值与之对应，每一个 w 都称为 z 的 n 次方根，记作 $\sqrt[n]{z}$，即 $w=\sqrt[n]{z}$. 为了求出 w，令 $z=r\mathrm{e}^{\mathrm{i}\theta}$，$w=\rho\mathrm{e}^{\mathrm{i}\varphi}$，代入方程 $w^n=z$ 可得

$$\rho^n\mathrm{e}^{\mathrm{i}n\varphi}=r\mathrm{e}^{\mathrm{i}\theta},$$

从而得两个方程 $\rho^n=r$，$n\varphi=\theta+2k\pi$，$k=0,\pm1,\pm2,\cdots$. 解之得 $\rho=\sqrt[n]{r}$(取算术根)，$\varphi=\dfrac{\theta+2k\pi}{n}$，所以，$z$ 的 $n(n\geqslant2)$ 次方根为

$$w_k=(\sqrt[n]{z})_k=\sqrt[n]{r}\,\mathrm{e}^{\mathrm{i}\frac{\theta+2k\pi}{n}}=\mathrm{e}^{\mathrm{i}\frac{2k\pi}{n}}\sqrt[n]{r}\,\mathrm{e}^{\mathrm{i}\frac{\theta}{n}}.$$

当 $k=0,1,2,\cdots,n-1$ 时，就得到了 n 个相异的根：

$$w_0=\sqrt[n]{r}\,\mathrm{e}^{\mathrm{i}\frac{\theta}{n}},\quad w_1=\sqrt[n]{r}\,\mathrm{e}^{\mathrm{i}\frac{\theta+2\pi}{n}},\quad w_2=\sqrt[n]{r}\,\mathrm{e}^{\mathrm{i}\frac{\theta+4\pi}{n}},\quad\cdots,\quad w_{n-1}=\sqrt[n]{r}\,\mathrm{e}^{\mathrm{i}\frac{\theta+2(n-1)\pi}{\pi}}.$$

当 k 取其他整数时，所得到的根就和这些根重复了. 例如，k 取到 n 时，w_n 就和 w_0 重复了. 由此可见，非零复数 z 的 n 次方根共有 n 个.

如果记 $w_0=\sqrt[n]{r}\,\mathrm{e}^{\mathrm{i}\frac{\theta}{n}}$，则 $w_k=(\sqrt[n]{z})_k=\mathrm{e}^{\mathrm{i}\frac{2k\pi}{n}}w_0$，由复数乘积的意义知，$z$ 的 n 次方根 $\sqrt[n]{z}$ 可由 w_0 依次旋转 $\dfrac{2\pi}{n}$，$2\cdot\dfrac{2\pi}{n}$，$3\cdot\dfrac{2\pi}{n}$，$\cdots$，$(n-1)\cdot\dfrac{2\pi}{n}$ 而得到，它们在以原点为圆心，以 $\sqrt[n]{r}$ 为半径的圆周上均匀的分布着.

例 1.1.4　求 $\sqrt[4]{1+\mathrm{i}}$.

解　因为 $1+\mathrm{i}=\sqrt{2}\mathrm{e}^{\mathrm{i}\frac{\pi}{4}}$，所以 $\sqrt[4]{1+\mathrm{i}}=\sqrt[8]{2}\mathrm{e}^{\mathrm{i}\frac{\frac{\pi}{4}+2k\pi}{4}}$，$k=0,1,2,3$，即

$$w_0=\sqrt[8]{2}\mathrm{e}^{\mathrm{i}\frac{\pi}{16}},\quad w_1=\sqrt[8]{2}\mathrm{e}^{\mathrm{i}\frac{9\pi}{16}},\quad w_2=\sqrt[8]{2}\mathrm{e}^{\mathrm{i}\frac{17\pi}{16}},\quad w_3=\sqrt[8]{2}\mathrm{e}^{\mathrm{i}\frac{25\pi}{16}}.$$

这 4 个根位于以原点为圆心，以$\sqrt[8]{2}$为半径的圆内接正方形的 4 个顶点，并且 $w_1 = \mathrm{i}w_0, w_2 = -w_0, w_3 = -\mathrm{i}w_0$.

例 1.1.5 把 $\cos 3\theta$ 和 $\sin 3\theta$ 用 $\cos\theta$ 和 $\sin\theta$ 表示出来.

解 由棣莫弗公式知

$$\begin{aligned}\cos 3\theta + \mathrm{i}\sin 3\theta &= (\cos\theta + \mathrm{i}\sin\theta)^3 \\ &= \cos^3\theta + 3\mathrm{i}\cos^2\theta\sin\theta - 3\cos\theta\sin^2\theta - \mathrm{i}\sin^3\theta,\end{aligned}$$

比较等式两边的实部和虚部可得

$$\cos 3\theta = \cos^3\theta - 3\cos\theta\sin^2\theta = 4\cos^3\theta - 3\cos\theta,$$
$$\sin 3\theta = 3\cos^2\theta\sin\theta - \sin^3\theta = 3\sin\theta - 4\sin^3\theta.$$

例 1.1.6 求$\sqrt[3]{-8}$的所有方根.

解 因为$-8=8\mathrm{e}^{\mathrm{i}\pi}$，所以 $w_k=(\sqrt[3]{-8})_k=\sqrt[3]{8}\mathrm{e}^{\mathrm{i}\frac{\pi+2k\pi}{3}}, k=0,1,2$，即

$$w_0 = 2\mathrm{e}^{\mathrm{i}\frac{\pi}{3}} = 2\left(\frac{1}{2} + \frac{\sqrt{3}}{2}\mathrm{i}\right) = 1 + \sqrt{3}\mathrm{i},$$
$$w_1 = 2\mathrm{e}^{\mathrm{i}\frac{\pi+2\pi}{3}} = 2(\cos\pi + \mathrm{i}\sin\pi) = -2,$$
$$w_2 = 2\mathrm{e}^{\mathrm{i}\frac{\pi+4\pi}{3}} = 2\left(\cos\frac{5\pi}{3} + \mathrm{i}\sin\frac{5\pi}{3}\right) = 1 - \sqrt{3}\mathrm{i}.$$

注 1.1.1 在实数域中，-8 的三次方根为 -2，而在复数域中，-8 的三次方根有 3 个，它们分别为 $1+\sqrt{3}\mathrm{i}$，-2 与 $1-\sqrt{3}\mathrm{i}$.

1.2 复平面上的点集

一、基本概念

定义 1.2.1 由不等式$|z-z_0|<\rho$所确定的平面点集，称为点 z_0 的 ρ **邻域**，记作 $N_\rho(z_0)$.

定义 1.2.2 对于点集 E，若平面上一点 z_0(不必属于 E)的任一邻域都含有 E 的无穷多个点，则称 z_0 为 E 的**聚点**；若 z_0 属于 E，但又不是 E 的聚点，则称 z_0 为 E 的**孤立点**；若 z_0 不属于 E，又不是 E 的聚点，则称 z_0 为 E 的**外点**.

定义 1.2.3 若点集 E 的每一个聚点都属于 E，则称 E 为**闭集**.

定义 1.2.4 若点集 E 的点 z_0 有一邻域全含于 E 内，则称 z_0 为 E 的**内点**；E 的异于内点的聚点及 E 的孤立点称为 E 的**界点**；E 的全部界点称为 E 的**边界**.

注 1.2.1 E 的边界必是闭集.

定义 1.2.5 若点集 E 的点皆为内点，则称 E 为**开集**.

定义 1.2.6 若有一正数 M 存在，对于点集 E 内的点 z，皆有$|z|\leqslant M$成立，

则称 E 为**有界集**，否则称 E 为**无界集**.

二、区域与若尔当(Jordan)曲线

研究复变数的问题和研究实变数的问题一样，每一个复变数也都有自己的变化范围，这些变化范围是用区域来描述的.

定义 1.2.7　设 D 是一个非空的点集，如果

(1) D 为开集，

(2) D 是连通的，即 D 中的任意两点都可以用完全属于 D 的折线连接起来(图 1.7)，则称 D 为**区域**.

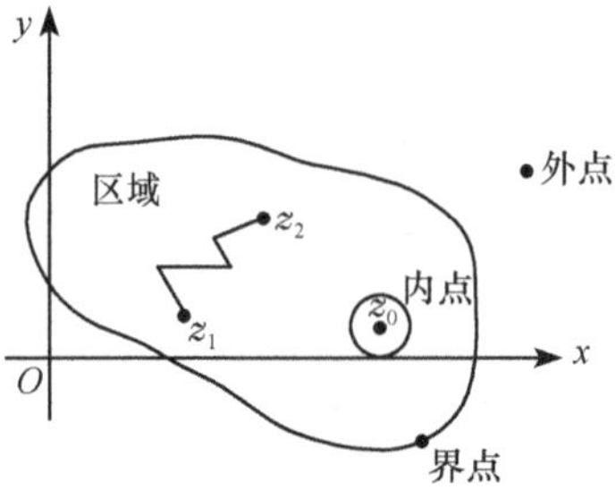

图 1.7

定义 1.2.8　区域 D 加上它的边界 B 称为**闭区域**，记作 $\overline{D}=D+B$.

复平面上的区域有时用关于复数的不等式来描述是很方便的.

例 1.2.1　z 平面上以原点为圆心，以 R 为半径的圆(即圆形区域)，可表示为 $|z|<R$；z 平面上以原点为圆心，以 R 为半径的闭圆(即圆形闭区域)，可表示为 $|z|\leqslant R$；z 平面上以点 z_0 为圆心，以 R 为半径的圆，可表示为 $|z-z_0|<R$.

例 1.2.2　上半 z 平面可表示为 $\mathrm{Im}z>0$. 左半 z 平面可表示为 $\mathrm{Re}z<0$.

例 1.2.3　图 1.8 所示的环形区域可表示为 $r<|z|<R$；图 1.9 所示的带形区域可表示为 $y_1<\mathrm{Im}z<y_2$；图 1.10 所示的角形区域可表示为 $\varphi_1<\arg z<\varphi_2$.

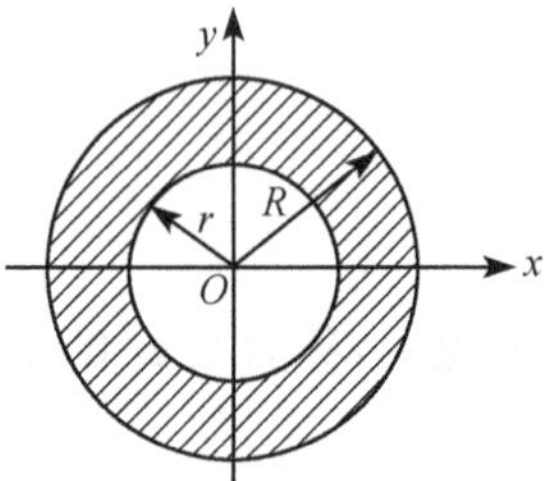

图 1.8

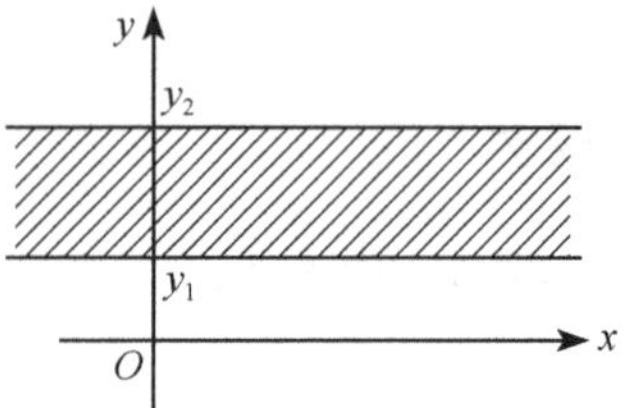

图 1.9

复变函数的另一个基本概念是曲线.

定义 1.2.9　设 $x(t)$ 和 $y(t)$ 是两个实变数的实值连续函数，且当 $\alpha\leqslant t\leqslant\beta$ 时有意义，则由方程

$$z(t)=x(t)+\mathrm{i}y(t)$$

所决定的点集 C 称为 z 平面上的一条连续曲线，上述方程称为曲线 C 的参数方程，$z(\alpha)$ 和 $z(\beta)$ 分别称为曲线的起点

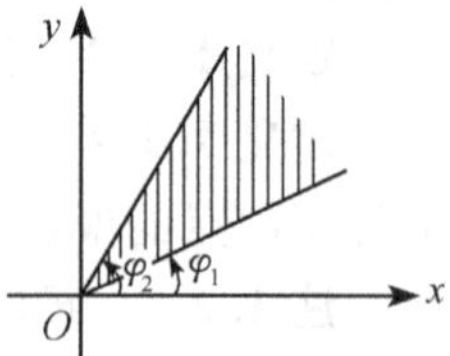

图 1.10

和终点；对于满足 $\alpha<t_1<\beta,\alpha\leqslant t_2\leqslant\beta,t_1\neq t_2$ 的 t_1 和 t_2，当 $z(t_1)=z(t_2)$时，点 $z(t_1)$ 称为曲线 C 的**重点**；没有重点的连续曲线称为**若尔当曲线**，或**简单(连续)曲线**；$z(\alpha)=z(\beta)$的简单(连续)曲线，称为**若尔当闭曲线**或**简单闭(连续)曲线**.

定义 1.2.10 设 AB 弧的方程为

$$z=z(t),\quad \alpha\leqslant t\leqslant\beta,$$

其中，$z(t)$在$[\alpha,\beta]$上连续，任取实数列$\{t_n\}$：$\alpha=t_0<t_1<t_2<\cdots<t_{n-1}<t_n=\beta$，并且考虑弧上对应的点列 $z_j=z(t_j)$，$j=0,1,2,\cdots,n$，将它们用折线 Q 连接起来，如果对于所有的实数列$\{t_n\}$，Q 的长度 $L=\sum\limits_{j=1}^{n}|z(t_j)-z(t_{j-1})|$有上界，则称 AB 弧是可求长的. 此时，L 的上确界称为 AB 弧的长度.

定理 1.2.1 设有连续曲线 C：$z=z(t)$，$t\in[\alpha,\beta]$，如果 $z'(t_0)\neq 0(t_0\in[\alpha,\beta])$，则曲线 C 在 $z(t_0)$点有切线.

注 1.2.2 实变数的复值函数 $z(t)=x(t)+\mathrm{i}y(t)$求导公式是 $z'(t)=x'(t)+y'(t)$.

定义 1.2.11 对于若尔当曲线 C：$z=z(t)$，$t\in[\alpha,\beta]$，如果 $z'(t)$连续且 $z'(t)\neq 0$，$t\in[\alpha,\beta]$，则称 C 为**光滑曲线**.

定义 1.2.12 由有限条光滑曲线连接而成的曲线称为**逐段光滑曲线**. 可见，简单折线是逐段光滑曲线.

逐段光滑曲线必是可以求长的，但若尔当曲线或简单闭曲线却不一定可求长.

定理 1.2.2(若尔当定理) 任一简单闭曲线 C 将 z 平面唯一地分成 C，$I(C)$和 $E(C)$3 个点集，如图 1.11，它们具有如下性质：

(1) 彼此不相交；

(2) $I(C)$是一个有界区域(称为 C 的内部)；

(3) $E(C)$是一个无界区域(称为 C 的外部)；

(4) C 是 $I(C)$和 $E(C)$的共同边界；

(5) 若简单曲线 p 的一个端点属于 $I(C)$，而另一个端点属于 $E(C)$，则 p 必与 C 有交点.

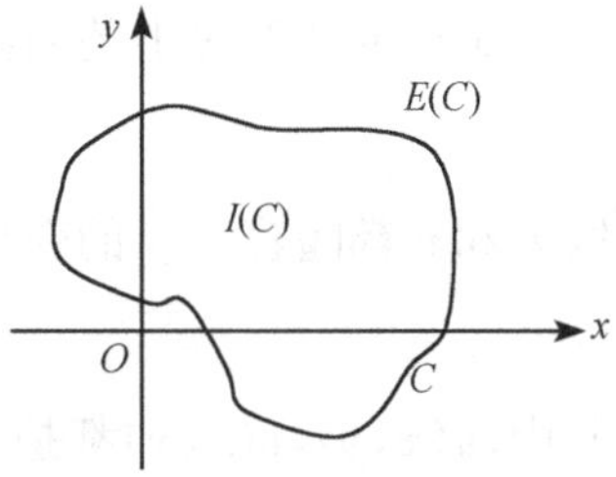

图 1.11

三、单连通区域与多连通区域

定义 1.2.13 设 D 是复平面内一区域，如果 D 内任一简单闭曲线 Γ 都可以在 D 内连续地收缩成 D 内的一点，则称 D 是**单连通区域**；不是单连通的区域称为**多连通区域**.

直观地说，单连通区域就是没有“洞”(包含点洞)的区域，而多连通区域就是有“洞”的区域. 前面例题中所讲的圆形区域、带形区域、角形区域、上半平面等区域都是单连通区域,而圆环形区域、去掉原点的复平面或一个圆周的外部区域等都是多连通区域.

定理 1.2.3 设 D 为复平面上一单连通区域,Γ 为 D 内任一简单闭曲线,则 Γ 的内部必完全包含于 D.

1.3 复变函数的概念及其连续性

一、复变函数的概念

复变函数的定义和高等数学中一元函数的定义是一样的,所不同的是自变量和函数都取复数值(当然也包括取实数).

定义 1.3.1 设 E 是一个复数集,对 E 内的每一个复数 z,按照一定的规律,都有唯一确定的复数 w 与之对应,则称在 E 上确定了一个单值函数 $w=f(z)$ $(z\in E)$;如果对 E 内的复数 z,按照一定的规律,有多个或者无穷多个 w 与之对应,则称在 E 上确定了一个多值函数 $w=f(z)(z\in E)$. E 称为函数的定义域,与定义域 E 所对应的函数值 w 的全体所构成的集合 M 称为函数 $w=f(z)$ 的值域.

例 1.3.1 $w=|z|$;$w=\bar{z}$;$w=z^2$;$w=\dfrac{z+1}{z-1}(z\neq 1)$都是 z 的单值函数.

例 1.3.2 $w=\sqrt[n]{z}(z\neq 0,n\geqslant 2$ 为整数$)$及 $w=\operatorname{Arg}z(z\neq 0)$都是 z 的多值函数.

注 1.3.1 以后若无特别声明,所给出的函数均指单值函数.

对于定义于 E 上的函数 $w=f(z)$,若令

$$z=x+\mathrm{i}y,\quad w=u+\mathrm{i}v,$$

则 u 和 v 都随着 x,y 的变化而变化,因此 $w=f(z)$ 又可以写成

$$w=u(x,y)+\mathrm{i}v(x,y),$$

其中,$u(x,y)$,$v(x,y)$都是 x,y 的二元实函数.

如果将 z 表示成指数形式 $z=r\mathrm{e}^{\mathrm{i}\theta}$,则函数 $w=f(z)$就可以表示成

$$w=P(r,\theta)+\mathrm{i}Q(r,\theta),$$

其中,$P(r,\theta)$和 $Q(r,\theta)$都是 r,θ 的二元实函数.

例 1.3.3 设 $z=x+\mathrm{i}y$,则 $w=z^2+2$ 就可以写 $w=x^2-y^2+2+2xy\mathrm{i}$,其中,$u(x,y)=x^2-y^2+2$,$v(x,y)=2xy$.

例 1.3.4 设 $z=r\mathrm{e}^{\mathrm{i}\theta}$,则 $w=z^n$(n 为正整数) 就可以写成 $w=r^n(\cos n\theta+\mathrm{i}\sin n\theta)$,其中,$P(r,\theta)=r^n\cos n\theta$,$Q(r,\theta)=r^n\sin n\theta$.

在高等数学中,可以用二维平面上的一条曲线来表示一个一元函数,或者用三维空间里的一张曲面来表示一个二元函数. 而复变函数 $f(x+\mathrm{i}y)=u+\mathrm{i}v$ 反映了

4 个变量 x,y,u,v 之间的对应关系，因此不可能借助于一个二维平面或者三维空间中的几何图形来表示它们之间的关系．为了解决这个问题，取两个复平面，分别称为 z 平面和 w 平面，若在复平面上不区分点和数、点集和数集，则复变函数 $w=f(z)$ 就给出了从 z 复平面上的点集 E 到 w 复平面上的点集 F 之间的对应(映射)关系. 与点 $z\in E$ 对应的点 $w=f(z)$ 称为点 z 的**像点**，同时 z 也称作 $w=f(z)$ 的**原像**. 可见，像点的原像可能不只一个，如 $w=z^2$，$z=\pm1$ 的像点都是 $w=1$，因此 $w=1$ 的原像就有两个：$z=\pm1$.

定义 1.3.2 若对于 z 平面上的点集 E 内的任一点 z，都有 w 平面上的点集 F 内的点 w，使得 $w=f(z)$ 成立，则称函数 $w=f(z)$ 就给出了从 E 到 F 的一个变换(映射).

例 1.3.5 函数 $w=\bar{z}$ 构成的映射，就把 z 平面上的点 $z=x+\mathrm{i}y$ 映射成了 w 平面上的点 $w=x-\mathrm{i}y$. 把 z 平面上的点集 $\triangle ABC$ 映射成了 w 平面上的点集 $\triangle A'B'C'$(图 1.12).

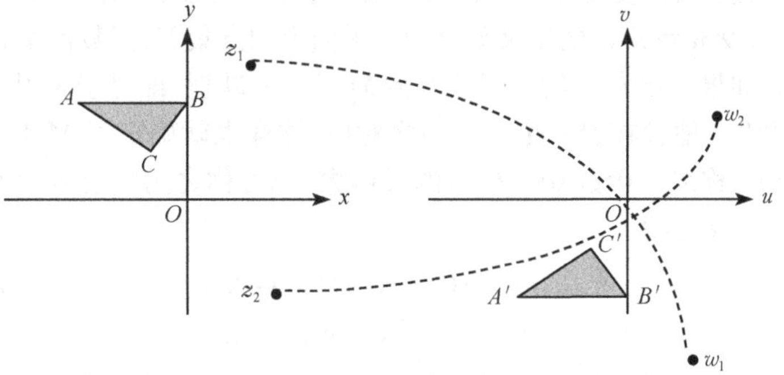

图 1.12

例 1.3.6 试求函数 $w=z^2$ 把 z 平面上的下列曲线变成 w 平面上的何种曲线：

(1) 圆弧 $|z|=2, x>0, y>0$；

(2) 直线 $\theta=\dfrac{\pi}{3}$；

(3) 双曲线 $x^2-y^2=4$.

解 设 $z=x+\mathrm{i}y=r(\cos\theta+\mathrm{i}\sin\theta)$，$w=u+\mathrm{i}v=R(\cos\varphi+\mathrm{i}\sin\varphi)$，则 $R=r^2$，$\varphi=2\theta$.

(1) 因为 $|z|=2$，辐角由 0 变到 $\dfrac{\pi}{2}$，所以 $|w|=4$，辐角由 0 变到 π. 可见 z 平面上以原点为圆心，以 2 为半径，位于第一象限的圆弧，变成 w 平面上以原点为圆心，以 4 为半径的上半圆弧.

(2) z 平面上的射线 $\theta=\frac{\pi}{3}$，变成 w 平面上的射线 $\varphi=\frac{2\pi}{3}$.

(3) 因为 $w=x^2-y^2+2xyi$，所以 $u=x^2-y^2=4$. 可见 z 平面上的双曲线 $x^2-y^2=4$ 变成了 w 平面上的直线 $u=4$(图 1.13).

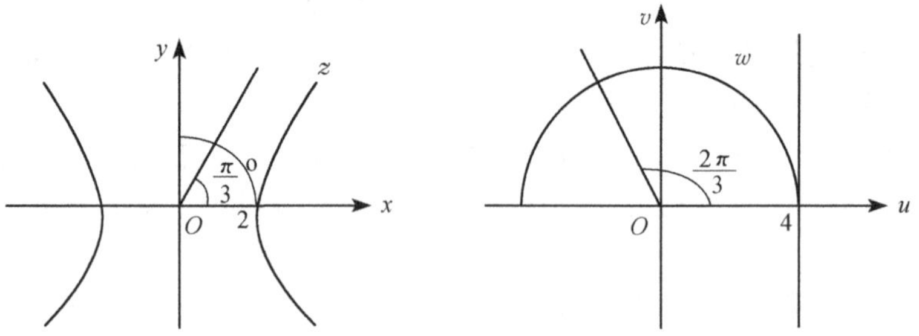

图 1.13

同实变函数一样，复变函数所构成的映射也有一对多、多对一、多对多、一对一映射. 特别地，设 $w=f(z)$ 的定义集合为 z 平面上的点集 E，函数值集合为 w 平面上的点集 M，如果 $w=f(z)$ 给出了从 E 到 M 的一一映射，即对于 M 中的每一个点 w，在 E 中就唯一地存在着一个点 z 与之对应，这样也就确定了 M 上的一个单值函数 $z=\varphi(w)$，称之为函数 $w=f(z)$ 的反函数，或者称之为映射 $w=f(z)$ 的逆映射. 显然，由定义可得

$$w=f(\varphi(w)),\quad \forall w\in M,$$
$$z=\varphi(f(z)),\quad \forall z\in E.$$

今后，不再区分函数与映射(变换). 在复变函数中，复合函数、有理函数、无理函数、初等函数等的定义与实变函数中相应的定义形式也是一样的.

二、复变函数的极限

定义 1.3.3　设函数 $w=f(z)$ 在 z_0 的某去心邻域 $0<|z-z_0|<\rho$ 内有定义，如果存在一个确定的复数 A，对于任意给定的 $\varepsilon>0$，存在 $\delta>0(0<\delta\leqslant\rho)$，当 $0<|z-z_0|<\delta$ 时，就有 $|f(z)-A|<\varepsilon$ 恒成立，则称 A 为 $f(z)$ 当 z 趋于 z_0 时的极限，记作 $\lim\limits_{z\to z_0}f(z)=A$，或者记作当 $z\to z_0$ 时，$f(z)\to A$.

该定义和一元实变函数极限的定义十分相似，所不同的是，邻域由原来的区间邻域变成了圆形邻域；z 趋近于 z_0 的方式和方向不再是沿坐标轴从左右趋近，而是以任意的方式，沿任意方向趋近.

定理 1.3.1　设 $f(z)=u(x,y)+iv(x,y)$，$A=u_0+iv_0$，$z_0=x_0+iy_0$，那么 $\lim\limits_{z\to z_0}f(z)=A$ 的充要条件是

$$\lim_{\substack{x\to x_0\\ y\to y_0}} u(x,y)=u_0,\quad \lim_{\substack{x\to x_0\\ y\to y_0}} v(x,y)=v_0.$$

证 如果$\lim\limits_{z\to z_0} f(z)=A$,那么由定义可得,当$0<|(x+\mathrm{i}y)-(x_0+\mathrm{i}y_0)|<\delta$时,有

$$|(u+\mathrm{i}v)-(u_0+\mathrm{i}v_0)|<\varepsilon,$$

或者当$0<\sqrt{(x-x_0)^2+(y-y_0)^2}<\delta$时,

$$|(u-u_0)+\mathrm{i}(v-v_0)|<\varepsilon.$$

因此,当$0<\sqrt{(x-x_0)^2+(y-y_0)^2}<\delta$时,有

$$|u-u_0|<\varepsilon,\quad |v-v_0|<\varepsilon,$$

即

$$\lim_{\substack{x\to x_0\\ y\to y_0}} u(x,y)=u_0,\quad \lim_{\substack{x\to x_0\\ y\to y_0}} v(x,y)=v_0.$$

反之,如果

$$\lim_{\substack{x\to x_0\\ y\to y_0}} u(x,y)=u_0,\quad \lim_{\substack{x\to x_0\\ y\to y_0}} v(x,y)=v_0,$$

那么,当$0<\sqrt{(x-x_0)^2+(y-y_0)^2}<\delta$时,有

$$|u-u_0|<\frac{\varepsilon}{2},\quad |v-v_0|<\frac{\varepsilon}{2}.$$

又因为

$$|f(z)-A|=|(u-u_0)+\mathrm{i}(v-v_0)|\leqslant|u-u_0|+|v-v_0|,$$

所以当$0<|z-z_0|<\delta$时,

$$|f(z)-A|<\frac{\varepsilon}{2}+\frac{\varepsilon}{2}=\varepsilon,$$

即

$$\lim_{z\to z_0} f(z)=A.$$

由定理 1.3.1 可以看出,求一个复变函数的极限,就相当于求两个二元函数的极限. 复变函数的极限运算还满足下面的运算法则.

定理 1.3.2 如果$\lim\limits_{z\to z_0} f(z)=A$,$\lim\limits_{z\to z_0} g(z)=B$,那么

(1) $\lim\limits_{z\to z_0}[f(z)\pm g(z)]=A\pm B$;

(2) $\lim\limits_{z\to z_0} f(z)g(z)=AB$;

(3) $\lim\limits_{z\to z_0}\dfrac{f(z)}{g(z)}=\dfrac{A}{B}, B\neq 0$.

例 1.3.7　证明函数 $f(z)=\dfrac{\mathrm{Re}(z)}{|z|}$ 在 $z\to 0$ 时极限不存在.

证　设 $z=x+\mathrm{i}y$，则 $f(z)=\dfrac{\mathrm{Re}(z)}{|z|}=\dfrac{x}{\sqrt{x^2+y^2}}$. 可见

$$u(x,y)=\frac{x}{\sqrt{x^2+y^2}},\quad v=0.$$

因为，当 z 沿直线 $y=kx$ 趋近于 0 时，有

$$\lim_{\substack{x\to 0\\ y=kx}}\frac{x}{\sqrt{x^2+y^2}}=\lim_{x\to 0}\frac{x}{\sqrt{(1+k^2)x^2}}=\pm\frac{1}{\sqrt{1+k^2}}.$$

显然，该极限随着 k 的变化而变化，所以 $\lim\limits_{\substack{x\to 0\\ y\to 0}}u(x,y)$ 不存在. 虽然 $\lim\limits_{\substack{x\to 0\\ y\to 0}}v(x,y)=0$，但由定理 1.3.1 知，$\lim\limits_{z\to z_0}f(z)$ 不存在.

该题还可以用下面的方法证明：设 $z=r(\cos\theta+\mathrm{i}\sin\theta)$，则

$$f(z)=\frac{r\cos\theta}{r}=\cos\theta.$$

当 z 沿不同的射线 $\arg z=\theta$ 趋于 0 时，$f(z)$ 趋于不同的值. 例如，z 沿正实轴（$\arg z=0$）趋于 0 时，$f(z)$ 趋于 1；当 z 沿负实轴（$\arg z=\pi$）趋于 0 时，$f(z)$ 趋于 -1；当 z 沿正虚轴 $\left(\arg z=\dfrac{\pi}{2}\right)$ 趋于 0 时，$f(z)$ 趋于 0，所以 $\lim\limits_{z\to z_0}f(z)$ 不存在.

三、复变函数的连续性

和实变函数类似，有了复变函数极限的概念就可以定义复变函数的连续性了.

定义 1.3.4　设 $w=f(z)$ 在点集 E 上有定义，z_0 为 E 的聚点且 $z_0\in E$，如果对于任意给定的 $\varepsilon>0$，存在 $\delta>0$，当 $|z-z_0|<\delta, z\in E$ 时，恒有 $|f(z)-f(z_0)|<\varepsilon$ 成立，则称 $f(z)$ 在点 z_0 连续. 如果 $f(z)$ 在区域 E 内处处连续，则称 $f(z)$ 在 E 内连续.

比较复变函数极限的定义和连续性的定义，容易得到下面结论.

定理 1.3.3　函数 $f(z)$ 在点集 E 的聚点 z_0 连续的充分必要条件是

$$\lim_{\substack{z\to z_0\\ z\in E}}f(z)=f(z_0).$$

定理 1.3.4　复变函数 $f(z)=u(x,y)+\mathrm{i}v(x,y)$ 在 $z_0=x_0+\mathrm{i}y_0$ 处连续的充分必要条件是二元函数 $u(x,y)$ 和 $v(x,y)$ 都在点 (x_0,y_0) 处连续.

证　因为

$$f(z)-f(z_0)=[u(x,y)-u(x_0,y_0)]+\mathrm{i}[v(x,y)-v(x_0,y_0)],$$

所以有

$$|u(x,y)-u(x_0,y_0)|\leqslant|f(z)-f(z_0)|,$$
$$|v(x,y)-v(x_0,y_0)|\leqslant|f(z)-f(z_0)| \qquad (1.3.1)$$

及

$$|f(z)-f(z_0)|\leqslant|u(x,y)-u(x_0,y_0)|+|v(x,y)-v(x_0,y_0)|. \qquad (1.3.2)$$

由式(1.3.1)可得必要性的证明,由式(1.3.2)可得充分性的证明.

定理 1.3.5　(1) 如果 $f(z)$和 $g(z)$都在 z_0 连续，则它们的和，差，积，商(分母在 z_0 处不为 0)也在 z_0 处连续；

(2) 如果函数 $h=g(z)$在 z_0 处连续,$w=f(h)$在 $h_0=g(z_0)$处连续,那么复合函数 $w=f[g(z)]$在 z_0 处连续.

由定理 1.3.5 可以得出,复变量的有理整函数(多项式)

$$P(z)=a_0+a_1z+a_2z^2+\cdots+a_nz^n$$

在整个复平面内都是连续的,而有理分式函数$\dfrac{P(z)}{Q(z)}$,其中 $P(z)$和 $Q(z)$都是多项式,在复平面上分母不为 0 的点处是连续的.

由定义还可以知道,函数 $f(z)$在某条曲线 C 上的点 z_0 连续,意思是说

$$\lim_{\substack{z\to z_0\\ z\in C}}f(z)=f(z_0).$$

与高等数学中闭区间上连续函数的性质定理相类似，复变函数也有下面的定理.

定理 1.3.6　如果 $f(z)$在有界闭集 E 上连续,则

(1) $f(z)$在有界闭集 E 上有界；

(2) $|f(z)|$在 E 上存在最大值和最小值,即在 E 上存在两点 z_1 和 z_2,使得 $|f(z_2)|\leqslant|f(z)|\leqslant|f(z_1)|\,(z\in E)$成立；

(3) $f(z)$在 E 上一致连续,即对于任意给定的 $\varepsilon>0$,都存在 $\delta>0$,则对 E 上满足 $|z_1-z_2|<\delta$ 的任意两点 z_1 和 z_2,都有 $|f(z_1)-f(z_2)|<\varepsilon$ 成立.

证　设 $f(z)=u(x,y)+\mathrm{i}v(x,y)$. 由定理 1.3.4 可得二元实值函数 $|f(z)|=\sqrt{u^2(x,y)+v^2(x,y)}$在有界闭集 E 上连续，结合二元连续函数的性质定理性质(1)和(2)得证.

又因为

$$f(z)-f(z_0)=[u(x,y)-u(x_0,y_0)]+\mathrm{i}[v(x,y)-v(x_0,y_0)],$$

所以有

$$|f(z)-f(z_0)|\leqslant|u(x,y)-u(x_0,y_0)|+|v(x,y)-v(x_0,y_0)|.$$

因此，$f(z)$在 E 上的一致连续性可由 $u(x,y)$和 $v(x,y)$在 E 上的一致连续性得证.

小结与点注

本章学习了复数的概念、运算及其表示和复变函数的概念、极限及其连续等内容.

(1) 复数的概念、运算及其表示是复变函数这门课程学习的基础. 因此要力求熟练掌握，灵活运用.

(i) 主要的运算律有

(a) $z_1+z_2=z_2+z_1$，　$z_1z_2=z_2z_1$；　$z_1+(z_2+z_3)=(z_1+z_2)+z_3$，

$$z_1(z_2z_3)=(z_1z_2)z_3;\quad z_1(z_2+z_3)=z_1z_2+z_1z_3.$$

(b) $\overline{z_1\pm z_2}=\overline{z_1}\pm\overline{z_2}$，　$\overline{z_1z_2}=\overline{z_1}\,\overline{z_2}$，　$\overline{\left(\dfrac{z_1}{z_2}\right)}=\dfrac{\overline{z_1}}{\overline{z_2}}$；　$\overline{\overline{z}}=z$；

$$z\overline{z}=[\mathrm{Re}(z)]^2+[\mathrm{Im}(z)]^2;\quad z+\overline{z}=2\mathrm{Re}(z),\quad z-\overline{z}=2\mathrm{i}\mathrm{Im}(z).$$

(c) $|z_1z_2|=|z_1||z_2|$，　$\left|\dfrac{z_1}{z_2}\right|=\dfrac{|z_1|}{|z_2|}$，　$z_2\neq0$，

$$\mathrm{Arg}(z_1z_2)=\mathrm{Arg}z_1+\mathrm{Arg}z_2,\quad \mathrm{Arg}\,\frac{z_1}{z_2}=\mathrm{Arg}z_1-\mathrm{Arg}z_2,$$

$$z^n=r^n\mathrm{e}^{\mathrm{i}n\theta}=r^n(\cos n\theta+\mathrm{i}\sin n\theta),$$

$$w_k=(\sqrt[n]{z})_k=\sqrt[n]{r}\,\mathrm{e}^{\mathrm{i}\frac{\theta+2k\pi}{n}}=\mathrm{e}^{\mathrm{i}\frac{2k\pi}{n}}\sqrt[n]{r}\,\mathrm{e}^{\mathrm{i}\frac{\theta}{n}},$$

其中，当 $k=0,1,2,\cdots,n-1$ 时，就得到了 n 个相异的根

$$w_0=\sqrt[n]{r}\,\mathrm{e}^{\mathrm{i}\frac{\theta}{n}},\quad w_1=\sqrt[n]{r}\,\mathrm{e}^{\mathrm{i}\frac{\theta+2\pi}{n}},\quad w_2=\sqrt[n]{r}\,\mathrm{e}^{\mathrm{i}\frac{\theta+4\pi}{n}},\cdots,\quad w_{n-1}=\sqrt[n]{r}\,\mathrm{e}^{\mathrm{i}\frac{\theta+2(n-1)\pi}{n}}.$$

(ii) 复数可以用复平面上的点与向量来表示，从而一些平面图形可用复数形式的方程或者不等式表示. 除此而外，当引入无穷远点，建立了扩充复平面后，复数也可以用球面上的点来表示.

(2) 复变函数的概念、极限及其连续性都与高等数学中相应的概念相似，但是又各不相同，要善于比较，深刻理解.

(i) 平面曲线(特别是简单闭曲线、光滑曲线或分段光滑曲线)和平面区域(包括单连通区域和多连通区域)是复变函数理论的几何基础，读者应当熟悉一些常见的表达式(等式或不等式)及与之对应的平面曲线或区域.

(ii) 复变函数 $w=f(z)=u(x,y)+\mathrm{i}v(x,y)$在某过程中极限存在等价于它的实部 $u(x,y)$和虚部 $v(x,y)$在该过程中极限存在；复变函数 $w=f(z)=u(x,y)+\mathrm{i}v(x,y)$在某点或区域连续等价于它的实部 $u(x,y)$和虚部 $v(x,y)$同时连续. 因

此，研究复变函数的极限、连续等问题就可以转化为研究两个二元实变函数 $u(x,y)$ 和 $v(x,y)$ 相应的问题，进一步可以证明复变函数极限、连续的许多基本性质和运算法则都与实变函数相同.

习 题 1

1. 求下列复数的实部、虚部、模与辐角主值：

(1) $\dfrac{1-2\mathrm{i}}{3-4\mathrm{i}}-\dfrac{2-\mathrm{i}}{5\mathrm{i}}$； (2) $\dfrac{(3+4\mathrm{i})(2-5\mathrm{i})}{2\mathrm{i}}$； (3) $\mathrm{i}^8-4\mathrm{i}^{21}+\mathrm{i}$；

(4) $\sqrt{1+\mathrm{i}}$； (5) $(\sqrt{3}+\mathrm{i})^{-3}$； (6) $\left(\dfrac{1+\sqrt{3}\mathrm{i}}{2}\right)^3$.

2. 证明：$-\mathrm{i}=\mathrm{i}^{-1}=\bar{\mathrm{i}}$.

3. 将下列复数化为三角表示式和指数表示式：

(1) i； (2) -1； (3) $1-\cos\varphi+\mathrm{i}\sin\varphi$；

(4) $\sqrt{1+\mathrm{i}}$； (5) $(1+3\mathrm{i})^2$； (6) $\dfrac{2\mathrm{i}}{-1+\mathrm{i}}$.

4. 当 x,y 取何值时，下列等式成立：

(1) $\dfrac{1+x\mathrm{i}}{3-4\mathrm{i}}+\dfrac{2+y\mathrm{i}}{5\mathrm{i}}=-\dfrac{2}{5}$； (2) $\dfrac{5}{(1+y\mathrm{i})(x-\mathrm{i})}=\dfrac{1}{2}\mathrm{i}$； (3) $\dfrac{x+1+(y-3)\mathrm{i}}{5+3\mathrm{i}}=1+\mathrm{i}$.

5. 证明：

(1) $|z|^2=z\bar{z}$； (2) $\overline{z_1z_2}=\overline{z_1}\,\overline{z_2}$；

(3) $\overline{\left(\dfrac{z_1}{z_2}\right)}=\dfrac{\overline{z_1}}{\overline{z_2}}, z_2\neq0$； (4) $|z_1+z_2|^2+|z_1-z_2|^2=2(|z_1|^2+|z_2|^2)$.

6. 计算下列各式的值：

(1) $(\sqrt{3}-\mathrm{i})^5$； (2) $(1+\mathrm{i})^6$；

(3) $\sqrt[6]{-1}$； (4) $(1-\mathrm{i})^{\frac{1}{3}}$.

7. 设 $z_1=\dfrac{1+\mathrm{i}}{\sqrt{2}}, z_2=\sqrt{3}-\mathrm{i}$，试用指数形式表示 z_1z_2 及 $\dfrac{z_1}{z_2}$.

8. 求解下列方程：

(1) $z^4+a^4=0, a>0$； (2) $z^3+8=0$； (3) $y'''+8y=0$.

9. 用复数的指数形式证明下列各式：

(1) $\mathrm{i}(1-\sqrt{3}\mathrm{i})(\sqrt{3}+\mathrm{i})=2+2\sqrt{3}\mathrm{i}$； (2) $\dfrac{5\mathrm{i}}{2+\mathrm{i}}=1+2\mathrm{i}$；

(3) $(-1+\mathrm{i})^7=-8(1+\mathrm{i})$； (4) $(1+\sqrt{3}\mathrm{i})^{-10}=2^{-11}(-1+\sqrt{3}\mathrm{i})$.

10. 设 z_1,z_2,z_3 为已知点，问下列各点位于何处：

(1) $z=\dfrac{1}{2}(z_1+z_2)$； (2) $z=\lambda z_1+(1-\lambda)z_2$； (3) $z=\dfrac{1}{3}(z_1+z_2+z_3)$.

11. 说明下列各式中 z 的轨迹或 z 所在的范围，并作图：

(1) $|z-z_1|=|z-z_2|, z_1\neq z_2$； (2) $|z-2|=1$；

(3) $|z-\mathrm{i}|\geqslant2$； (4) $\mathrm{Re}(z+3)=-2$；

(5) $\mathrm{Re}(\mathrm{i}\bar{z})=4$;　　(6) $|z+3|+|z+1|=4$;

(7) $\mathrm{Im}(z)\leqslant 2$;　　(8) $\left|\dfrac{z+1}{z-2}\right|\geqslant 1$;

(9) $0<\arg z<\pi$;　　(10) $\arg(z-\mathrm{i})=\dfrac{\pi}{4}$.

12. 证明复平面上的直线方程可以写成 $a\bar{z}+\bar{a}z=c$, $a\neq 0$ 为复常数, c 为实常数.

13. 证明复平面上的圆周方程可以写成 $z\bar{z}+\beta\bar{z}+\bar{\beta}z+c=0$, 其中 c 为实数, β 为复数且 $|\beta|^2>c$.

14. 给出下列方程所表示的曲线(t 是实参数):

(1) $z=(1+\mathrm{i})t$;　　(2) $z=a\cos t+\mathrm{i}b\sin t$;

(3) $z=t+\dfrac{\mathrm{i}}{t}$;　　(4) $z=t^2+\dfrac{\mathrm{i}}{t^2}$.

15. 证明下列各题:

(1) 任何有理分式函数 $R(z)=\dfrac{P(z)}{Q(z)}$ 可以化为 $X+\mathrm{i}Y$ 的形式,其中, X 与 Y 为具有实系数的 X 与 Y 的有理分式函数;

(2) 如果 $R(z)$ 为(1)的有理分式函数,但具有实系数,那么 $R(\bar{z})=X-\mathrm{i}Y$;

(3) 如果复数 $a+\mathrm{i}b$ 是实系数方程 $a_0z^n+a_1z^{n-1}+\cdots+a_{a-1}z+a_n=0$ 的根,那么 $a-\mathrm{i}b$ 也是它的根.

16. 设 z_1,z_2,z_3 三点适合条件 $z_1+z_2+z_3=0$, $|z_1|=|z_2|=|z_3|=1$. 证明: z_1,z_2,z_3 是内接于单位圆 $|z|=1$ 的一个正三角形的顶点.

17. 如果复数 z_1,z_2,z_3 满足等式 $\dfrac{z_2-z_1}{z_3-z_1}=\dfrac{z_1-z_3}{z_2-z_3}$, 证明: $|z_2-z_1|=|z_3-z_1|=|z_2-z_3|$, 并说明这些等式的几何意义.

18. 描述下列不等式所表示的区域或闭区域,并指明它的有界性和连通性:

(1) $\mathrm{Im}(z)>0$;　　(2) $1<\mathrm{Re}(z)<2$;　　(3) $2\leqslant|z|\leqslant 4$;

(4) $|z+1|<|z-3|$;　　(5) $|z-1|<4|z+1$;　　(6) $|z-2|+|z+2|\leqslant 6$;

(7) $|z-2|-|z+2|>1$;　　(8) $z\bar{z}-(2+\mathrm{i})z-(2-\mathrm{i})\bar{z}\leqslant 4$.

19. 证明多项式 $P(z)=a_0z^n+a_1z^{n-1}+\cdots+a_{n-1}z+a_n\ (a_0\neq 0)$ 在复平面上连续.

20. 有理分式 $f(z)=\dfrac{a_0z^n+a_1z^{n-1}+\cdots+a_{n-1}z+a_n}{b_0z^m+b_1z^{m-1}+\cdots+b_{m-1}z+b_m}\ (a_0\neq 0, b_0\neq 0)$ 在复平面哪些点上连续,并证明.

21. 证明 $\arg z\ (-\pi<\arg z<\pi)$ 在除负实轴(包括原点)外的复平面上处处连续.

22. 设 $f(z)=\begin{cases}\dfrac{xy}{x^2+y^2}, & z\neq 0,\\ 0, & z=0,\end{cases}$ 证明 $f(z)$ 在原点不连续.

23. 设函数 $f(z)$ 在 z_0 连续且 $f(z_0)\neq 0$, 则一定存在 z_0 的某邻域,在该邻域内 $f(z)\neq 0$.

24. 设 $\lim\limits_{z\to z_0}f(z)=A$, 证明 $f(z)$ 在 z_0 的某一去心邻域内有界.

25. 对于复数列 $\{z_n\}$, 如果 $\lim\limits_{n\to+\infty}z_n=z_0$, 证明 $\lim\limits_{n\to+\infty}\dfrac{z_1+z_2+\cdots+z_n}{n}=z_0$.

26. 设 $z=x+\mathrm{i}y, w=u+\mathrm{i}v$，那么函数 $w=\dfrac{1}{z}$ 把 z 平面上的下列曲线变换成 w 平面上的什么曲线：

(1) $y=x$；(2) $x=1$；(3) $x^2+y^2=4$；(4) $(x-1)^2+y^2=1$.

27. 设映射 $w=z^3$，求：

(1) 点 $z_1=\mathrm{i}, z_2=1+\mathrm{i}, z_3=\sqrt{3}+\mathrm{i}$ 在 w 平面上的像；

(2) 区域 $0<\arg z<\dfrac{\pi}{3}$ 在 w 平面上的像.

第 2 章　解析函数

解析函数是复变函数研究的主要对象，它在理论和实际问题中有着广泛的应用. 本章在介绍复变函数导数的概念和求导法则的基础上，着重讲解解析函数的概念及函数解析的充要条件；接着介绍常用的几个初等函数及其特性，说明它们的解析性；最后以平面流速场和静电场的复势为例，说明解析函数在研究平面场中的应用.

2.1　解析函数的概念

一、复变函数的导数与微分

1. 复变函数导数的定义

定义 2.1.1　设 $w=f(z)$ 在 z_0 的某邻域内有定义，$z_0+\Delta z$ 是该邻域内的一点，如果极限

$$\lim_{\Delta z\to 0}\frac{\Delta w}{\Delta z}=\lim_{\Delta z\to 0}\frac{f(z_0+\Delta z)-f(z_0)}{\Delta z}$$

存在，那么就称 $f(z)$ 在 z_0 可导. 这个极限值称为 $f(z)$ 在 z_0 的**导数**，记作

$$f'(z_0)=\left.\frac{\mathrm{d}w}{\mathrm{d}z}\right|_{z=z_0}=\lim_{\Delta z\to 0}\frac{f(z_0+\Delta z)-f(z_0)}{\Delta z}. \qquad (2.1.1)$$

也就是说，对于任意给定的 $\varepsilon>0$，存在 $\delta(\varepsilon)>0$，当 $0<|\Delta z|<\delta$ 时，有

$$\left|\frac{f(z_0+\Delta z)-f(z_0)}{\Delta z}-f'(z_0)\right|<\varepsilon.$$

应当注意，定义中 $\Delta z\to 0$（即 $z_0+\Delta z\to z_0$）的方式是任意的，即式(2.1.1)的极限存在与 $\Delta z\to 0$ 的方式无关. 也就是说，当 Δz 以任何方式趋于零时，比值 $\frac{f(z_0+\Delta z)-f(z_0)}{\Delta z}$ 的极限都存在，且极限值相等. 对复变函数导数的这一限制比对一元实变函数的类似限制要严格得多，从而使得复变可导函数具有许多独特的性质和应用.

如果 $f(z)$ 在区域 D 内处处可导，就称 $f(z)$ 在 D 内可导.

例 2.1.1 求 $f(z)=z^2$ 的导数.

解 因为

$$\lim_{\Delta z\to 0}\frac{f(z+\Delta z)-f(z)}{\Delta z}=\lim_{\Delta z\to 0}\frac{(z+\Delta z)^2-z^2}{\Delta z}=\lim_{\Delta z\to 0}(2z+\Delta z)=2z,$$

所以 $f'(z)=2z$.

例 2.1.2 问函数 $f(z)=x+2y\mathrm{i}$ 是否可导?

解 考虑

$$\lim_{\Delta z\to 0}\frac{f(z+\Delta z)-f(z)}{\Delta z}=\lim_{\Delta z\to 0}\frac{(x+\Delta x)+2(y+\Delta y)\mathrm{i}-x-2y\mathrm{i}}{\Delta z}=\lim_{\Delta z\to 0}\frac{\Delta x+2\Delta y\mathrm{i}}{\Delta x+\Delta y\mathrm{i}}.$$

当 Δz 沿着 x 轴趋于零时,因为 $\Delta y=0$,这时极限

$$\lim_{\Delta z\to 0}\frac{\Delta x+2\Delta y\mathrm{i}}{\Delta x+\Delta y\mathrm{i}}=\lim_{\Delta x\to 0}\frac{\Delta x}{\Delta x}=1,$$

当 Δz 沿着 y 轴趋于零时,因为 $\Delta x=0$,这时极限

$$\lim_{\Delta z\to 0}\frac{\Delta x+2\Delta y\mathrm{i}}{\Delta x+\Delta y\mathrm{i}}=\lim_{\Delta y\to 0}\frac{2\Delta y\mathrm{i}}{\Delta y\mathrm{i}}=2,$$

所以 $f(z)=x+2y\mathrm{i}$ 的导数不存在.

2. 可导与连续的关系

从例 2.1.2 可以看出,函数 $f(z)=x+2y\mathrm{i}$ 在复平面内处处连续却处处不可导.然而,反过来容易证明在 z_0 可导的函数必定在 z_0 连续.

事实上,若 $f(z)$在 z_0 可导,由定义 2.1.1,对于任给的 $\varepsilon>0$,存在 $\delta>0$,当 $0<|\Delta z|<\delta$ 时,有 $\left|\frac{f(z_0+\Delta z)-f(z_0)}{\Delta z}-f'(z_0)\right|<\varepsilon$. 若令

$$\rho(\Delta z)=\frac{f(z_0+\Delta z)-f(z_0)}{\Delta z}-f'(z_0),$$

则 $\lim\limits_{\Delta z\to 0}\rho(\Delta z)=0$. 由此得

$$f(z_0+\Delta z)-f(z_0)=f'(z_0)\Delta z+\rho(\Delta z)\Delta z, \tag{2.1.2}$$

从而有 $\lim\limits_{\Delta z\to 0}f(z_0+\Delta z)=f(z_0)$,即 $f(z)$在 z_0 连续.

3. 求导法则

由于复变函数中导数的定义与高等数学中一元实变函数的导数定义在形式上

完全相同，而且复变函数中极限的运算法则也和实变函数中一样，因而实变函数中的求导法则都可以不加更改地推广到复变函数中来，而且证明方法也相同. 现将几个求导公式与求导法则罗列如下：

(1) $(c)'=0$，其中，c 为复常数；

(2) $(z^n)'=nz^{n-1}$，其中，n 为正整数；

(3) $[f(z)\pm g(z)]'=f'(z)\pm g'(z)$；

(4) $[f(z)g(z)]'=f'(z)g(z)+f(z)g'(z)$；

(5) $\left[\dfrac{f(z)}{g(z)}\right]'=\dfrac{1}{g^2(z)}[g(z)f'(z)-f(z)g'(z)]$，$g(z)\neq 0$；

(6) $[f(g(z))]'=f'(w)g'(z)$，其中，$w=g(z)$；

(7) $f'(z)=\dfrac{1}{\varphi'(w)}$，其中，$w=f(z)$ 与 $z=\varphi(w)$ 是两个互为反函数的单值函数，且 $\varphi'(w)\neq 0$.

4. 微分的概念

和导数的情形一样，复变函数的微分概念，在形式上与一元实变函数的微分概念完全一样.

设函数 $w=f(z)$ 在 z_0 可导，则由式(2.1.2)知

$$\Delta w = f(z_0+\Delta z)-f(z_0) = f'(z_0)\Delta z+\rho(\Delta z)\Delta z,$$

其中，$\lim\limits_{\Delta z\to 0}\rho(\Delta z)=0$. 因此，$|\rho(\Delta z)\Delta z|$ 是 $|\Delta z|$ 的高阶无穷小量，而 $f'(z_0)\Delta z$ 是 $w=f(z)$ 的改变量 Δw 关于 Δz 的线性部分. 称 $f'(z_0)\Delta z$ 为函数 $w=f(z)$ 在点 z_0 的微分，记作

$$\mathrm{d}w = f'(z_0)\Delta z. \tag{2.1.3}$$

如果函数 $f(z)$ 在 z_0 的微分存在，则称 $f(z)$ 在 z_0 可微.

特别地，当 $f(z)=z$ 时，由式(2.1.3)得 $\mathrm{d}z=\Delta z$. 于是式(2.1.3)变为

$$\mathrm{d}w = f'(z_0)\mathrm{d}z,$$

即

$$f'(z_0) = \left.\frac{\mathrm{d}w}{\mathrm{d}z}\right|_{z=z_0}.$$

由此可见，函数 $w=f(z)$ 在 z_0 可导与在 z_0 可微是等价的.

如果 $f(z)$ 在区域 D 内处处可微，则称 $f(z)$ 在 D 内可微.

前面介绍了复变函数在某一点的导数，但在复变函数理论中，更重要的是研究函数在某区域内的导数及其特性，为此下面介绍解析函数的概念.

二、解析函数的概念

定义 2.1.2 设函数 $f(z)$在区域 D 内有定义,如果 $z_0\in D$,$f(z)$在 z_0 及 z_0 的邻域 $N_\rho(z_0)\subset D$ 内处处可导,则称 **$f(z)$在点 z_0 处解析**;如果 $f(z)$在区域 D 内每一点都解析,则称 **$f(z)$在区域 D 内解析**;如果闭区域 $\overline{G}\subset D$,且 $f(z)$在区域 D 内解析,则称 **$f(z)$在闭区域 $\overline{G}$ 上解析**.

如果 $f(z)$在 z_0 不解析,那么称 z_0 为 $f(z)$的**奇点**.

由定义 2.1.2 可知,若函数在一点处解析,则一定在该点处可导,但反过来不一定成立. 因此,函数在一点可导与在一点解析是两个不等价的概念. 但是函数在区域内解析与在区域内可导是等价的.

总之,凡说到函数解析,总是指函数在某个区域内处处可导. 解析性不是函数在一个孤立点的性质,而是函数在一个区域内的性质.

由解析函数的定义与例 2.1.1,例 2.1.2 可知 $f(z)=z^2$ 在复平面内是解析的,而 $f(z)=x+2y\mathrm{i}$ 却处处不解析.

例 2.1.3 研究函数 $f(z)=\bar{z}$ 的解析性.

解 因为

$$\frac{f(z+\Delta z)-f(z)}{\Delta z}=\frac{\overline{\Delta z}}{\Delta z}=\frac{\Delta x-\Delta y\mathrm{i}}{\Delta x+\Delta y\mathrm{i}},$$

当 Δz 沿着 x 轴趋向于零时,因 $\Delta y=0$,这时极限

$$\lim_{\Delta z\to 0}\frac{f(z+\Delta z)-f(z)}{\Delta z}=\lim_{\Delta x\to 0}\frac{\Delta x}{\Delta x}=1;$$

当 Δz 沿着 y 轴趋向于零时,因 $\Delta x=0$,这时极限

$$\lim_{\Delta z\to 0}\frac{f(z+\Delta z)-f(z)}{\Delta z}=\lim_{\Delta y\to 0}\frac{-\Delta y\mathrm{i}}{\Delta y\mathrm{i}}=-1.$$

所以,当 $\Delta z\to 0$ 时,比值$\dfrac{f(z+\Delta z)-f(z)}{\Delta z}$的极限不存在. 因此,$f(z)=\bar{z}$ 在任意一点 z 不可导,由定义 2.1.2,它在复平面内处处不解析.

例 2.1.4 研究函数 $f(z)=|z|^2$ 的解析性.

解 因为

$$\begin{aligned}\frac{f(z+\Delta z)-f(z)}{\Delta z}&=\frac{|z+\Delta z|^2-|z|^2}{\Delta z}\\&=\frac{(z+\Delta z)(\bar{z}+\overline{\Delta z})-z\bar{z}}{\Delta z}=\bar{z}+\overline{\Delta z}+z\frac{\overline{\Delta z}}{\Delta z},\end{aligned}$$

易见,如果 $z=0$,那么,当 $\Delta z\to 0$ 时上式极限是零,即 $f'(0)=0$;如果 $z\neq 0$,由例

2.1.3 可知,极限 $\lim\limits_{\Delta z \to 0}\dfrac{\overline{\Delta z}}{\Delta z}$ 不存在,所以当 $\Delta z \to 0$ 时,比值 $\dfrac{f(z+\Delta z)-f(z)}{\Delta z}$ 的极限不存在.

因此,$f(z)=|z|^2$ 仅在 $z=0$ 处可导,而在其他点都不可导,由定义 2.1.2,它在复平面内处处不解析.

例 2.1.5　研究函数 $w=\dfrac{1}{z}$ 的解析性.

解　因为

$$\frac{\mathrm{d}w}{\mathrm{d}z}=-\frac{1}{z^2},$$

所以在除 $z=0$ 外的复平面内,$w=\dfrac{1}{z}$ 处处可导,即在除 $z=0$ 外的复平面内,$w=\dfrac{1}{z}$ 处处解析,而 $z=0$ 是它的奇点.

根据求导法则,不难证明下面的定理.

定理 2.1.1　(1) 在区域 D 内解析的两个函数的和、差、积、商(除去分母为零的点)在 D 内解析;

(2) 设函数 $h=g(z)$ 在 z 平面上的区域 D 内解析,函数 $w=f(h)$ 在 h 平面上的区域 G 内解析. 如果对 D 内的每一个点 z,函数 $g(z)$ 的对应值 h 都属于 G,那么复合函数 $w=f(g(z))$ 在 D 内解析.

从这个定理可以推知,所有多项式在复平面内是处处解析的,任何一个有理分式函数在不含分母为零的点的区域内是解析的,使分母为零的点是它的奇点.

2.2　函数解析的充要条件

在 2.1 节中看到,并不是每一个复变函数都是解析函数. 判别一个函数是否解析,可以按解析函数的定义来判别,不过很麻烦. 这一节将介绍判别函数解析性的简便方法.

首先,考察函数在一点可导(或可微)的必要条件. 设函数 $f(z)=u(x,y)+\mathrm{i}v(x,y)$ 定义在区域 D 内,并且在 D 内一点 $z=x+\mathrm{i}y$ 可导. 由式(2.1.2)可知,对于充分小的 $|\Delta z|=|\Delta x+\mathrm{i}\Delta y|>0$,有

$$f(z+\Delta z)-f(z)=f'(z)\Delta z+\rho(\Delta z)\Delta z,$$

其中,$\lim\limits_{\Delta z \to 0}\rho(\Delta z)=0$. 令

$$f(z+\Delta z)-f(z)=\Delta u+\mathrm{i}\Delta v,\quad f'(z)=a+\mathrm{i}b,\quad \rho(\Delta z)=\rho_1+\mathrm{i}\rho_2.$$

由上式得

$$\Delta u + i\Delta v = (a+ib)(\Delta x + i\Delta y) + (\rho_1 + i\rho_2)(\Delta x + i\Delta y)$$
$$= (a\Delta x - b\Delta y + \rho_1\Delta x - \rho_2\Delta y) + i(b\Delta x + a\Delta y + \rho_2\Delta x + \rho_1\Delta y),$$

从而有 $\Delta u = a\Delta x - b\Delta y + \rho_1\Delta x - \rho_2\Delta y, \Delta v = b\Delta x + a\Delta y + \rho_2\Delta x + \rho_1\Delta y$.

由于 $\lim\limits_{\Delta z\to 0}\rho(\Delta z)=0$，所以 $\lim\limits_{\substack{\Delta x\to 0\\ \Delta y\to 0}}\rho_1=0, \lim\limits_{\substack{\Delta x\to 0\\ \Delta y\to 0}}\rho_2=0$，因此得知 $u(x,y)$ 和 $v(x,y)$ 在 (x,y) 处可微，而且满足 $a=\frac{\partial u}{\partial x}=\frac{\partial v}{\partial y}, -b=\frac{\partial u}{\partial y}=-\frac{\partial v}{\partial x}$，这就是函数 $f(z)=u(x,y)+iv(x,y)$ 在区域 D 内一点 $z=x+iy$ 可导的必要条件.

方程

$$\frac{\partial u}{\partial x}=\frac{\partial v}{\partial y}, \quad \frac{\partial u}{\partial y}=-\frac{\partial v}{\partial x} \tag{2.2.1}$$

称为柯西-黎曼(Cauchy- Riemann)方程，或柯西-黎曼条件，简称 C-R 方程.

实际上，这个条件也是充分的. 换句话说，有

定理 2.2.1 设函数 $f(z)=u(x,y)+iv(x,y)$ 定义在区域 D 内，则 $f(z)$ 在 D 内一点 $z=x+iy$ 可导的充要条件是 $u(x,y)$ 与 $v(x,y)$ 在点 (x,y) 处都可微，而且在该点满足 C-R 方程

$$\frac{\partial u}{\partial x}=\frac{\partial v}{\partial y}, \quad \frac{\partial u}{\partial y}=-\frac{\partial v}{\partial x}.$$

证 条件的必要性上面已经证明，现在证明它的充分性. 由于

$$f(z+\Delta z)-f(z)$$
$$=u(x+\Delta x, y+\Delta y)-u(x,y)+i[v(x+\Delta x, y+\Delta y)-v(x,y)]$$
$$=\Delta u + i\Delta v,$$

又因为 $u(x,y)$ 和 $v(x,y)$ 在点 (x,y) 可微，所以有

$$\Delta u = \frac{\partial u}{\partial x}\Delta x + \frac{\partial u}{\partial y}\Delta y + \varepsilon_1\Delta x + \varepsilon_2\Delta y,$$
$$\Delta v = \frac{\partial v}{\partial x}\Delta x + \frac{\partial v}{\partial y}\Delta y + \varepsilon_3\Delta x + \varepsilon_4\Delta y,$$

其中，$\lim\limits_{\substack{\Delta x\to 0\\ \Delta y\to 0}}\varepsilon_k=0, k=1,2,3,4$. 因此

$$f(z+\Delta z)-f(z)$$
$$=\left(\frac{\partial u}{\partial x}+i\frac{\partial v}{\partial x}\right)\Delta x+\left(\frac{\partial u}{\partial y}+i\frac{\partial v}{\partial y}\right)\Delta y+(\varepsilon_1+i\varepsilon_3)\Delta x+(\varepsilon_2+i\varepsilon_4)\Delta y.$$

根据 C-R 方程

$$\frac{\partial u}{\partial y}=-\frac{\partial v}{\partial x}=i^2\frac{\partial v}{\partial x}, \quad \frac{\partial u}{\partial x}=\frac{\partial v}{\partial y},$$

有

$$f(z+\Delta z)-f(z)=\left(\frac{\partial u}{\partial x}+\mathrm{i}\,\frac{\partial v}{\partial x}\right)(\Delta x+\mathrm{i}\Delta y)+(\varepsilon_1+\mathrm{i}\varepsilon_3)\Delta x+(\varepsilon_2+\mathrm{i}\varepsilon_4)\Delta y$$

或

$$\frac{f(z+\Delta z)-f(z)}{\Delta z}=\frac{\partial u}{\partial x}+\mathrm{i}\,\frac{\partial v}{\partial x}+(\varepsilon_1+\mathrm{i}\varepsilon_3)\frac{\Delta x}{\Delta z}+(\varepsilon_2+\mathrm{i}\varepsilon_4)\frac{\Delta y}{\Delta z}.$$

因为$\left|\frac{\Delta x}{\Delta z}\right|\leqslant 1$，$\left|\frac{\Delta y}{\Delta z}\right|\leqslant 1$，故当 $\Delta z\to 0$ 时上式右端最后两项都趋于零. 所以

$$f'(z)=\lim_{\Delta z\to 0}\frac{f(z+\Delta z)-f(z)}{\Delta z}=\frac{\partial u}{\partial x}+\mathrm{i}\,\frac{\partial v}{\partial x}.$$

这就是说，函数 $f(z)=u(x,y)+\mathrm{i}v(x,y)$在点 $z=x+\mathrm{i}y$ 处可导.

由上述结果及 C-R 方程，可得函数 $f(z)=u(x,y)+\mathrm{i}v(x,y)$在点 $z=x+\mathrm{i}y$ 处的导数公式

$$f'(z)=\frac{\partial u}{\partial x}+\mathrm{i}\,\frac{\partial v}{\partial x}=\frac{1}{\mathrm{i}}\,\frac{\partial u}{\partial y}+\frac{\partial v}{\partial y}. \tag{2.2.2}$$

由定理 2.2.1 知，如果 u 和 v 在点(x,y)处可微且满足 C-R 方程，则函数 $f(z)=u+\mathrm{i}v$在 $z=x+\mathrm{i}y$ 可导，但不一定解析.

下面给出判定函数在区域 D 内解析的一个充要条件，这个条件可根据函数在区域内解析的定义及定理 2.2.1 推出.

定理 2.2.2　函数 $f(z)=u(x,y)+\mathrm{i}v(x,y)$在区域 D 内解析的充要条件是 $u(x,y)$和 $v(x,y)$在 D 内可微，并且满足 C-R 方程(2.2.1).

定理 2.2.1 与定理 2.2.2 是本章的主要定理，它们不但提供了判断函数 $f(z)$在某点是否可导，在区域内是否解析的常用方法. 而且给出了一个简洁的求导公式(2.2.2). 是否满足 C-R 方程是定理的主要条件. 如果 $f(z)$在 D 内不满足 C-R 方程，那么 $f(z)$在 D 内不解析，如果 $f(z)$在 D 内满足 C-R 方程，并且 u 和 v 具有一阶连续偏导数(因而 u 和 v 在 D 内可微)，那么 $f(z)$在 D 内解析. 对于 $f(z)$在一点 $z=x+\mathrm{i}y$ 的可导性，也有类似结论.

定理 2.2.3　设函数 $f(z)=u(x,y)+\mathrm{i}v(x,y)$，如果在点$(x,y)$处，$u(x,y)$和 $v(x,y)$有连续的一阶偏导数，且满足 C-R 方程，则 $f(z)$在点 $z=x+\mathrm{i}y$ 处可导；如果在区域 D 内，$u(x,y)$和 $v(x,y)$有连续的一阶偏导数，且满足 C-R 方程，则 $f(z)$在区域 D 内解析.

例 2.2.1　判定下列函数在何处可导，在何处解析：

(1) $f(z)=\mathrm{Re}(z)$；

(2) $f(z)=e^x(\cos y+i\sin y)$;

(3) $f(z)=z\text{Re}(z)$.

解 (1) 由 $f(z)=\text{Re}(z)=x$ 得 $u=x, v=0$. 因为

$$\frac{\partial u}{\partial x}=1,\quad \frac{\partial u}{\partial y}=0,\quad \frac{\partial v}{\partial x}=0,\quad \frac{\partial v}{\partial y}=0,$$

可知 C-R 方程在每一点都不满足,所以 $f(z)=\text{Re}(z)$ 在复平面内处处不可导,处处不解析.

(2) 因为

$$u=e^x\cos y,\quad v=e^x\sin y,$$
$$\frac{\partial u}{\partial x}=e^x\cos y,\quad \frac{\partial u}{\partial y}=-e^x\sin y,$$
$$\frac{\partial v}{\partial x}=e^x\sin y,\quad \frac{\partial v}{\partial y}=e^x\cos y,$$

所以

$$\frac{\partial u}{\partial x}=\frac{\partial v}{\partial y},\quad \frac{\partial u}{\partial y}=-\frac{\partial v}{\partial x},$$

并且 u 和 v 的一阶偏导数都连续,故函数在复平面内处处可导,处处解析,并按公式(2.2.2)有

$$f'(z)=e^x(\cos y+i\sin y)=f(z).$$

这个函数的导数等于其本身的特性,正如"高等数学"中的指数函数,所以下节将它定义为复变量的指数函数,并作为讨论复变初等函数的基础.

(3) 由 $f(z)=z\text{Re}(z)=x^2+ixy$,得 $u=x^2, v=xy$. 因为

$$\frac{\partial u}{\partial x}=2x,\quad \frac{\partial u}{\partial y}=0,\quad \frac{\partial v}{\partial x}=y,\quad \frac{\partial v}{\partial y}=x.$$

容易看出,这 4 个偏导数处处连续,但是仅当 $x=y=0$ 时,它们才满足 C-R 方程,因而函数仅在 $z=0$ 可导,其他点都不可导;当然函数在复平面内处处不解析.

例 2.2.2 设函数 $f(z)=x^2+axy+by^2+i(cx^2+dxy+y^2)$,问常数 a,b,c,d 取何值时,$f(z)$ 在复平面内处处解析?

解 因为

$$u=x^2+axy+by^2,\quad v=cx^2+dxy+y^2,$$
$$\frac{\partial u}{\partial x}=2x+ay,\quad \frac{\partial u}{\partial y}=ax+2by,$$
$$\frac{\partial v}{\partial x}=2cx+dy,\quad \frac{\partial v}{\partial y}=dx+2y.$$

若 $f(z)$在复平面内处处解析，应有

$$\frac{\partial u}{\partial x}=\frac{\partial v}{\partial y},\quad \frac{\partial u}{\partial y}=-\frac{\partial v}{\partial x},$$

即 $2x+ay=dx+2y, 2cx+dy=-ax-2by$. 故当 $a=2, b=-1, c=-1, d=2$ 时，此函数在复平面内处处解析.

由定理 2.2.2 可以推得解析函数的如下两个重要性质：

(1) 如果 $f'(z)$在区域 D 内处处为零，那么 $f(z)$在 D 内为一常数；

(2) 如果 $f(z)=u(x,y)+\mathrm{i}v(x,y)$在区域 D 内解析且 $f'(z)\neq 0$，则在 D 内曲线族 $u(x,y)=c_1$ 与曲线族 $v(x,y)=c_2$ 必正交，其中，c_1, c_2 为常数.

证　(1) 由假设，$f(z)=u(x,y)+\mathrm{i}v(x,y)$在 D 内可导，且

$$f'(z)=\frac{\partial u}{\partial x}+\mathrm{i}\frac{\partial v}{\partial x}=\frac{\partial v}{\partial y}-\mathrm{i}\frac{\partial u}{\partial y}\equiv 0,$$

则在 D 必有$\frac{\partial u}{\partial x}=\frac{\partial u}{\partial y}=\frac{\partial v}{\partial x}=\frac{\partial v}{\partial y}\equiv 0$. 所以，$u=$常数，$v=$常数，从而在 D 内 $f(z)=$常数.

(2) 由于 $f'(z)=\frac{1}{\mathrm{i}}u_y+v_y\neq 0(z\in D)$，故 u_y 与 v_y 必不全为零.

如果在曲线的交点处 u_y 与 v_y 都不为零，由隐函数求导法知，曲线族 $u(x,y)=c_1$ 和 $v(x,y)=c_2$ 中任意一条曲线的斜率分别为 $k_u=\frac{-u_x}{u_y}, k_v=\frac{-v_x}{v_y}$. 由 C-R 方程得

$$k_u k_v=\left(\frac{-u_x}{u_y}\right)\left(\frac{-v_x}{v_y}\right)=\left(\frac{-v_y}{u_y}\right)\left(\frac{u_y}{v_y}\right)=-1.$$

因此，曲线族 $u(x,y)=c_1$ 与曲线族 $v(x,y)=c_2$ 互相正交.

如果 u_y 与 v_y 中有一个为零，则另一个必不为零，此时容易知道两族中的曲线在交点处的切线一条是水平的，另一条是铅直的，它们仍互相正交.

例如，解析函数 $w=z^2=x^2-y^2+2xy\mathrm{i}$，当 $z\neq 0$ 时$\frac{\mathrm{d}w}{\mathrm{d}z}=2z\neq 0$. 所以曲线族

$$x^2-y^2=c_1 \text{ 与 } 2xy=c_2$$

必互相正交.

例 2.2.3　如果 $f(z)$在 D 内解析，且$|f(z)|$在 D 内为常数，则 $f(z)$在 D 内为常数.

证　设 $f(z)=u(x,y)+\mathrm{i}v(x,y)$. 由 $f(z)$在 D 内解析得 u, v 在 D 内可微且满足 C-R 方程

$$\frac{\partial u}{\partial x}=\frac{\partial v}{\partial y},\quad \frac{\partial u}{\partial y}=-\frac{\partial v}{\partial x}.$$

因为$|f(z)|=c$(常数)$(z\in D)$,则有$u^2+v^2=c^2$,两边分别对x,y求偏导得

$$\begin{cases} u\dfrac{\partial u}{\partial x}+v\dfrac{\partial v}{\partial x}=0, \\ u\dfrac{\partial u}{\partial y}+v\dfrac{\partial v}{\partial y}=0. \end{cases}$$

结合 C-R 方程知

$$\begin{cases} u\dfrac{\partial u}{\partial x}+v\dfrac{\partial v}{\partial x}=0, \\ v\dfrac{\partial u}{\partial x}-u\dfrac{\partial v}{\partial x}=0. \end{cases}$$

此方程组的系数行列式为

$$\begin{vmatrix} u & v \\ v & -u \end{vmatrix}=-(u^2+v^2).$$

若$u^2+v^2=c^2=0$,则$u=v=0$,即$f(z)\equiv 0(z\in D)$;若$u^2+v^2=c^2\neq 0$,则上面方程组只有零解,即$\dfrac{\partial u}{\partial x}=\dfrac{\partial v}{\partial x}=0$. 这时$f'(z)=\dfrac{\partial u}{\partial x}+\mathrm{i}\dfrac{\partial v}{\partial x}=0(z\in D)$. 由解析函数的性质(1)可知,$f(z)$在$D$内必为常数.

2.3 初等函数

本节将把实变函数中的一些常用的初等函数推广到复变函数的情形,研究这些初等函数的性质,并说明它们的解析性.

一、指数函数

在“高等数学”中已经知道,指数函数e^x对任何实数x都可导,且$(\mathrm{e}^x)'=\mathrm{e}^x$. 为了将它推广到复变函数的情形,很自然地想到在复平面内定义一个函数$f(z)$,使它在复平面内处处解析,且有$f'(z)=f(z)$.

由例 2.2.1 的(2)已经知道,函数

$$f(z)=\mathrm{e}^x(\cos y+\mathrm{i}\sin y)$$

是一个在复平面内处处解析,且具有$f'(z)=f(z)$特性的函数. 于是有如下定义.

定义 2.3.1 复变函数$f(z)=\mathrm{e}^x(\cos y+\mathrm{i}\sin y)$称为复变数$z=x+\mathrm{i}y$的指数函数. 记作$f(z)=\mathrm{e}^z$,即

$$\mathrm{e}^z=\mathrm{e}^x(\cos y+\mathrm{i}\sin y). \tag{2.3.1}$$

当$x=0$时,得欧拉公式

$$\mathrm{e}^{\mathrm{i}y}=\cos y+\mathrm{i}\sin y.$$

当 $y=0$ 时，$e^z=e^x$. 可见，复指数函数是实指数函数在复平面上的推广，所以它具有与实指数函数相类似的性质.

1. 指数函数的性质

(1) 解析性：$w=e^z$ 在复平面内解析，并且

$$\frac{dw}{dz}=\frac{de^z}{dz}=e^z.$$

(2) 可加性：对任何复数 z_1 和 z_2，有

$$e^{z_1}\cdot e^{z_2}=e^{z_1+z_2}.$$

事实上，设 $z_1=x_1+iy_1, z_2=x_2+iy_2$，则有

$$\begin{aligned}e^{z_1}\cdot e^{z_2}&=e^{x_1}(\cos y_1+i\sin y_1)\cdot e^{x_2}(\cos y_2+i\sin y_2)\\&=e^{x_1+x_2}[\cos(y_1+y_2)+i\sin(y_1+y_2)]\\&=e^{z_1+z_2}.\end{aligned}$$

因为 $e^z\cdot e^{-z}=e^0=1$，所以有 $e^{-z}=\frac{1}{e^z},\frac{e^{z_1}}{e^{z_2}}=e^{z_1-z_2}$.

(3) 周期性：$w=e^z$ 以 $2k\pi i$(k 为整数)为周期，即

$$e^{z+2k\pi i}=e^z.$$

事实上，对任意整数 k，有

$$e^{2k\pi i}=\cos 2k\pi+i\sin 2k\pi=1,$$

所以

$$e^{z+2k\pi i}=e^z\cdot e^{2k\pi i}=e^z.$$

复指数函数以 $2k\pi i$ 为周期，这一性质是实指数函数所没有的.

(4) 无极限性：e^z 当 z 趋于∞时没有极限.

由于当 z 沿正实轴($z=x$)趋于∞时，有

$$\lim_{z\to\infty}e^z=\lim_{x\to+\infty}e^x=+\infty;$$

当 z 沿负实轴($z=x$)趋于∞时，有

$$\lim_{z\to\infty}e^z=\lim_{x\to-\infty}e^x=0.$$

所以，当 $z\to\infty$ 时，e^z 的极限不存在.

2. 指数函数的模和辐角

因为 $e^z=e^x(\cos y+i\sin y)$，所以指数函数的模和辐角分别为

$$|e^z|=e^x,\quad \mathrm{Arg}e^z=y+2k\pi,\quad k=0,\pm1,\pm2,\cdots.$$

由于 $e^x\neq 0$，故对任何复数 z，$e^z\neq 0$.

例 2.3.1 求 $e^{1+\frac{\pi}{3}i}$ 的值.

解 根据复指数函数的定义

$$e^{1+\frac{\pi}{3}i}=e\left(\cos\frac{\pi}{3}+i\sin\frac{\pi}{3}\right)=\frac{1}{2}e+\frac{\sqrt{3}}{2}ei.$$

二、对数函数

和实变函数一样，对数函数也定义为指数函数的反函数.

1. 对数函数的定义

把满足方程

$$e^w=z,\quad z\neq 0$$

的函数 $w=f(z)$ 称为对数函数，记作 $w=\mathrm{Ln}z$. 令 $z=|z|e^{i\theta}$，则

$$e^w=|z|e^{i\theta}=e^{\ln|z|}\cdot e^{i\mathrm{Arg}z}.$$

由此推得

$$w=\ln|z|+i\mathrm{Arg}z,$$

即

$$\mathrm{Ln}z=\ln|z|+i\mathrm{Arg}z. \tag{2.3.2}$$

由于辐角 Argz 是多值函数，所以对数函数也是多值函数，但每两值相差 $2\pi i$ 的整数倍. 如果规定 $\mathrm{Arg}z$ 取主值 $\arg z$，那么 $\mathrm{Ln}z$ 为一个单值函数，记作

$$\ln z=\ln|z|+i\arg z. \tag{2.3.3}$$

称 $\ln z$ 为对数函数 $\mathrm{Ln}z$ 的主值，于是对数函数又可表示为

$$\mathrm{Ln}z=\ln z+2k\pi i,\quad k=0,\pm1,\pm2,\cdots. \tag{2.3.4}$$

对于每一个固定的 k，式(2.3.4)为一个单值函数，称为 $\mathrm{Ln}z$ 的一个单值分支.

特别地，当 $z=x>0$ 时，$\mathrm{Ln}z$ 的主值 $\ln z=\ln x$ 就是实变量的对数函数.

例 2.3.2 求 Lni 和 Ln(−3+4i)及它们的主值

解

$$\begin{aligned}\mathrm{Ln}i&=\ln|i|+i\mathrm{Arg}(i)\\&=\ln 1+i\left(\frac{\pi}{2}+2k\pi\right)=\left(\frac{1}{2}+2k\right)\pi i,\quad k=0,\pm1,\pm2,\cdots,\end{aligned}$$

它的主值为 $\ln i=\frac{\pi}{2}i$.

$$\begin{aligned}\mathrm{Ln}(-3+4\mathrm{i}) &= \ln|-3+4\mathrm{i}|+\mathrm{i}\mathrm{Arg}(-3+4\mathrm{i}) \\ &= \ln 5+\mathrm{i}\left(\pi-\arctan\frac{4}{3}+2k\pi\right), \quad k=0,\pm 1,\pm 2,\cdots,\end{aligned}$$

它的主值为 $\ln(-3+4\mathrm{i})=\ln 5+\mathrm{i}\left(\pi-\arctan\dfrac{4}{3}\right)$.

例 2.3.3 计算 $\ln(1+\mathrm{i})$.

解 $\ln(1+\mathrm{i})=\ln|1+\mathrm{i}|+\mathrm{i}\arg(1+\mathrm{i})=\dfrac{1}{2}\ln 2+\dfrac{\pi}{4}\mathrm{i}$.

例 2.3.4 求 $\mathrm{Ln}2$, $\mathrm{Ln}(-1)$ 及它们的主值.

解 $\mathrm{Ln}2=\ln 2+2k\pi\mathrm{i}$, $k=0,\pm 1,\pm 2,\cdots$, 它的主值为 $\ln 2$.

$$\mathrm{Ln}(-1)=\ln 1+\mathrm{i}\mathrm{Arg}(-1)=(2k+1)\pi\mathrm{i}, \quad k=0,\pm 1,\pm 2,\cdots,$$

它的主值为 $\ln(-1)=\pi\mathrm{i}$.

例 2.3.4 说明,在复数范围里负数的对数是存在的,这与实变函数中负数无对数这一事实不同,而且正实数的对数也是无穷多值的,这时复对数的主值便是实对数. 因此复变数对数函数是实变数对数函数的推广.

到现在为止,已经见到三种对数函数:第一种是实对数函数 $\ln x$,对一切正数 x 有意义;第二种是复对数函数 $\mathrm{Ln}z$,对一切不为零的复数 z 有意义,且每个 z 对应无穷多值;第三种也是复对数函数 $\ln z$,对一切不为零的复数有意义,但它是单值函数,是 $\mathrm{Ln}z$ 无穷多值中的一个.

2. 对数函数的性质

(1) 运算性质:按照定义和辐角的相应性质,不难证明,复变数对数函数保持了实变数对数函数的基本运算性质:

(i) $\mathrm{Ln}(z_1z_2)=\mathrm{Ln}z_1+\mathrm{Ln}z_2$;

(ii) $\mathrm{Ln}\dfrac{z_1}{z_2}=\mathrm{Ln}z_1-\mathrm{Ln}z_2$.

证明留给读者. 但应该注意,这些等式也应理解为两端可能取的函数值的全体是相同的. 另外,这两个运算性质对对数主值不再成立,也就是说,$\ln(z_1z_2)=\ln z_1+\ln z_2$, $\ln\dfrac{z_1}{z_2}=\ln z_1-\ln z_2$ 不再成立. 读者自己举例说明.

(2) 解析性:就主值 $\ln z$ 而言,因为 $\ln z=\ln|z|+\mathrm{i}\arg z$. 当 $z=0$ 时, $\ln|z|$ 和 $\arg z$ 均无意义,并且若设 $z=x+\mathrm{i}y$,则当 $x<0$ 时,

$$\lim_{y\to 0^-}\arg z=-\pi, \quad \lim_{y\to 0^+}\arg z=\pi.$$

可见, $w=\ln z$ 在原点及负实轴上不连续,所以 $w=\ln z$ 在原点和负实轴上不可导;而 $z=\mathrm{e}^w$ 在区域 $-\pi<\arg z<\pi$ 内的反函数 $w=\ln z$ 是单值的,由反函数的求导法

则(2.1 节)可知

$$\frac{\mathrm{d}\ln z}{\mathrm{d}z}=\frac{1}{\dfrac{\mathrm{d}\mathrm{e}^{w}}{\mathrm{d}w}}=\frac{1}{\mathrm{e}^{w}}=\frac{1}{z}.$$

所以,$\ln z$ 在除去原点及负实轴的所得的区域内是解析的. 又由于 $\mathrm{Ln}z=\ln z+2k\pi\mathrm{i}$($k$ 为整数),因此 $\mathrm{Ln}z$ 的各个分支在除去原点和负实轴的平面内解析,并且有相同的导数值.

今后应用对数函数 $\ln z$ 时,指的都是它在除去原点及负实轴的平面内的某一单值分支.

三、乘幂 a^b 与幂函数

1. 乘幂 a^b

在高等数学中知道,如果 a 为正数,b 为实数,那么乘幂 a^b 可以表示为 $a^b=\mathrm{e}^{b\ln a}$. 现将其推广到复数的情形. 设 a 为不等于零的一个复数,b 为任意一个复数,定义乘幂 a^b 为 $\mathrm{e}^{b\mathrm{Ln}a}$,即

$$a^b=\mathrm{e}^{b\mathrm{Ln}a}. \tag{2.3.5}$$

由于 $\mathrm{Ln}a=\ln|a|+\mathrm{i}(\arg a+2k\pi)$是多值的,因而一般而言,$a^b$ 也是多值的. 但是,当 b 为整数时,由于

$$a^b=\mathrm{e}^{b\mathrm{Ln}a}=\mathrm{e}^{b[\ln|a|+\mathrm{i}(\arg a+2k\pi)]}=\mathrm{e}^{b(\ln|a|+\mathrm{i}\arg a)+2k\pi b\mathrm{i}}=\mathrm{e}^{b(\ln|a|+\mathrm{i}\arg a)}=\mathrm{e}^{b\ln a},$$

所以 a^b 具有单一的值. 当 $b=\dfrac{p}{q}$(p 和 q 为互质的整数,$q>0$)时,由于

$$\begin{aligned}a^b&=\mathrm{e}^{\frac{p}{q}[\ln|a|+\mathrm{i}(\arg a+2k\pi)]}=\mathrm{e}^{\frac{p}{q}\ln|a|+\mathrm{i}\frac{p}{q}(\arg a+2k\pi)}\\&=\mathrm{e}^{\frac{p}{q}\ln|a|}\left[\cos\frac{p}{q}(\arg a+2k\pi)+\mathrm{i}\sin\frac{p}{q}(\arg a+2k\pi)\right],\end{aligned}$$

a^b 具有 q 个互异的值,即当 $k=0,1,2,\cdots,q-1$ 时相应的各个值.

特别地,当 b 为正整数 n 及分数$\dfrac{1}{n}$时,乘幂 a^b 的意义与 a 的 n 次幂及 a 的 n 次根(参见第 1 章)的意义完全一致,因为

(1) 当 b 为正整数 n 时,根据定义

$$\begin{aligned}a^n&=\mathrm{e}^{n\mathrm{Ln}a}=\mathrm{e}^{n\ln a+2kn\pi\mathrm{i}} &&\text{(指数 } n \text{ 项)}\\&=\mathrm{e}^{\ln a}\cdot\mathrm{e}^{\ln a}\cdot\cdots\cdot\mathrm{e}^{\ln a} &&\text{(因子 } n \text{ 个)}\\&=a\cdot a\cdot\cdots\cdot a. &&\text{(因子 } n \text{ 个)}\end{aligned}$$

(2) 当 b 为分数 $\frac{1}{n}$ 时，有

$$a^{\frac{1}{n}} = e^{\frac{1}{n}\mathrm{Ln}a} = e^{\frac{1}{n}\ln|a|}\left(\cos\frac{\arg a + 2k\pi}{n} + i\sin\frac{\arg a + 2k\pi}{n}\right)$$

$$= |a|^{\frac{1}{n}}\left(\cos\frac{\arg a + 2k\pi}{n} + i\sin\frac{\arg a + 2k\pi}{n}\right)$$

$$= \sqrt[n]{a}, \quad k = 0,1,2,\cdots,n-1.$$

除此而外，一般而论，a^b 具有无穷多个值.

例 2.3.5　求 $1^{\sqrt{2}}$ 和 i^i，2^{1+i} 的值.

解　$1^{\sqrt{2}} = e^{\sqrt{2}\mathrm{Ln}1} = e^{2k\pi i\sqrt{2}} = (\cos 2\sqrt{2}k\pi) + i\sin(2\sqrt{2}k\pi), \quad k = 0, \pm 1, \pm 2, \cdots.$

$$i^i = e^{i\mathrm{Ln}i} = e^{i\left(\frac{\pi}{2}i + 2k\pi i\right)} = e^{-\left(\frac{\pi}{2} + 2k\pi\right)}, \quad k = 0, \pm 1, \pm 2, \cdots.$$

$$2^{1+i} = e^{(1+i)\mathrm{Ln}2} = e^{(1+i)(\ln 2 + i\arg 2 + 2k\pi i)} = e^{(1+i)(\ln 2 + 2k\pi i)} = e^{(\ln 2 - 2k\pi) + i(\ln 2 + 2k\pi)}$$

$$= 2e^{-2k\pi}(\cos\ln 2 + i\sin\ln 2), \quad k = 0, \pm 1, \pm 2, \cdots.$$

由此可见，i^i 的值都是正实数.

2. 幂函数

如果在乘幂 a^b 中，$a=z$ 为一复变数，就得到一般的幂函数 $w=z^b$.

定义 2.3.2　对任意的复常数 b，规定

$$w = z^b = e^{b\mathrm{Ln}z}, \quad z \neq 0 \tag{2.3.6}$$

为 z 的幂函数，当 $z=0$，b 为正实数时，$z^b=0$.

由于 $\mathrm{Ln}z$ 是多值函数，所以 z^b 也是多值函数. 当 $b=n$ 与 $\frac{1}{n}$ 时，就分别得到通常的幂函数 $w=z^n$ 及 $w=z^{\frac{1}{n}}=\sqrt[n]{z}$. z^n 在复平面内是单值解析函数，2.1 节中已给出了它的求导公式.

幂函数 $z^{\frac{1}{n}}=\sqrt[n]{z}$ 是一个多值函数，具有 n 个分支. 由于对数函数 $\mathrm{Ln}z$ 的各个分支在除去原点和负实轴的复平面内是解析的，因而不难看出 $z^{\frac{1}{n}}$ 的各个分支在除去原点和负实轴的复平面内也是解析的，并且

$$(z^{\frac{1}{n}})' = (\sqrt[n]{z})' = (e^{\frac{1}{n}\mathrm{Ln}z})' = \frac{1}{n}z^{\frac{1}{n}-1}.$$

同理，对于一般的幂函数 $w=z^b$，它的各个分支在除去原点和负实轴的复平面内也是解析的，并且

$$(z^b)' = (e^{b\mathrm{Ln}z})' = e^{b\mathrm{Ln}z} \cdot b\frac{1}{z} = bz^{b-1}.$$

四、三角函数

前面应用指数函数定义了对数函数和幂函数，现在可利用指数函数来定义三角函数．由欧拉公式，有

$$e^{iy}=\cos y+i\sin y,\quad e^{-iy}=\cos y-i\sin y.$$

将这两式相加和相减，分别得到

$$\cos y=\frac{e^{iy}+e^{-iy}}{2},\quad \sin y=\frac{e^{iy}-e^{-iy}}{2i}.$$

这两个式子表明：正弦函数和余弦函数可以用指数函数来表示，把这个三角函数与指数函数的关系推广到复变量中来，就得到复三角函数的定义．

1．正弦函数，余弦函数的定义

定义 2.3.3 函数$\frac{e^{iz}+e^{-iz}}{2}$和$\frac{e^{iz}-e^{-iz}}{2i}$分别称为复变量 z 的余弦函数和正弦函数，记为

$$\cos z=\frac{e^{iz}+e^{-iz}}{2},\quad \sin z=\frac{e^{iz}-e^{-iz}}{2i}. \tag{2.3.7}$$

例 2.3.6 计算 $\cos(1+2i)$的值．

解

$$\begin{aligned}\cos(1+2i)&=\frac{e^{i(1+2i)}+e^{-i(1+2i)}}{2}=\frac{e^{-2+i}+e^{2-i}}{2}\\&=\frac{e^{-2}(\cos 1+i\sin 1)+e^{2}(\cos 1-i\sin 1)}{2}\\&=\frac{e^{2}+e^{-2}}{2}\cos 1-i\,\frac{e^{2}-e^{-2}}{2}\sin 1\\&=\operatorname{ch}2\cos 1-i\operatorname{sh}2\sin 1.\end{aligned}$$

2．正弦函数，余弦函数的性质

(1) 对任意复数 z，欧拉公式仍成立，即

$$e^{iz}=\cos z+i\sin z. \tag{2.3.8}$$

此式只需将 $\cos z$ 与 $i\sin z$ 相加便得．

(2) $\cos z$ 是偶函数，$\sin z$ 是奇函数，即

$$\cos(-z)=\cos z,\quad \sin(-z)=-\sin z.$$

将定义中 z 改为 $-z$，立即得到．

(3) $\cos z$ 和 $\sin z$ 都是以 2π 为周期的周期函数，即

$$\cos(z+2\pi)=\cos z,\quad \sin(z+2\pi)=\sin z.$$

这是因为 e^z 以 $2\pi i$ 为周期，所以由定义，得

$$\cos(z+2\pi)=\frac{e^{i(z+2\pi)}+e^{-i(z+2\pi)}}{2}=\frac{e^{iz}\cdot e^{2\pi i}+e^{-iz}\cdot e^{-2\pi i}}{2}=\frac{e^{iz}+e^{-iz}}{2}=\cos z.$$

类似可证另一式.

(4)

$$\cos(z_1+z_2)=\cos z_1\cos z_2-\sin z_1\sin z_2, \tag{2.3.9}$$

$$\sin(z_1+z_2)=\sin z_1\cos z_2+\cos z_1\sin z_2. \tag{2.3.10}$$

证　由欧拉公式，得

$$e^{i(z_1+z_2)}=\cos(z_1+z_2)+i\sin(z_1+z_2).$$

而

$$\begin{aligned}e^{i(z_1+z_2)}&=e^{iz_1}\cdot e^{iz_2}=(\cos z_1+i\sin z_1)(\cos z_2+i\sin z_2)\\&=(\cos z_1\cos z_2-\sin z_1\sin z_2)+i(\sin z_1\cos z_2+\cos z_1\sin z_2),\end{aligned}$$

故

$$\begin{aligned}&\cos(z_1+z_2)+i\sin(z_1+z_2)\\=&(\cos z_1\cos z_2-\sin z_1\sin z_2)+i(\sin z_1\cos z_2+\cos z_1\sin z_2).\end{aligned}$$

用 $-z_1,-z_2$ 分别代替 z_1,z_2 得

$$\begin{aligned}&\cos(z_1+z_2)-i\sin(z_1+z_2)\\=&(\cos z_1\cos z_2-\sin z_1\sin z_2)-i(\sin z_1\cos z_2+\cos z_1\sin z_2).\end{aligned}$$

上两式相加和相减，分别得到

$$\cos(z_1+z_2)=\cos z_1\cos z_2-\sin z_1\sin z_2,$$

$$\sin(z_1+z_2)=\sin z_1\cos z_2+\cos z_1\sin z_2.$$

这就证明了三角函数的两个恒等公式. 在式(2.3.9)中，令 $z_1=z, z_2=-z$ 又可得到正弦和余弦的下述恒等式.

(5)

$$\cos^2 z+\sin^2 z=1. \tag{2.3.11}$$

值得注意的是，在复数域内，$\sin z$ 和 $\cos z$ 不再有界，即 $|\sin z|\leqslant 1$ 与 $|\cos z|\leqslant 1$ 不再成立 . 事实上，当 z 为纯虚数 iy 时，有

$$\cos iy=\frac{e^{i(iy)}+e^{-i(iy)}}{2}=\frac{e^{-y}+e^{y}}{2},$$

$$\sin iy=\frac{e^{-y}-e^{y}}{2i}=i\,\mathrm{sh}\,y, \tag{2.3.12}$$

而且当 $y\to\infty$ 时，$|\cos iy|$ 及 $|\sin iy|$ 均趋于无穷大，所以 $|\cos z|$ 与 $|\sin z|$ 是无界的. 可见，$\sin z$ 和 $\cos z$ 虽然保持了与其相应的实变函数的一些基本性质，但是，它们之

间也有本质上的差异.

(6) 解析性：$\sin z$，$\cos z$ 在复平面内均为解析函数，且有

$$(\cos z)' = -\sin z, \quad (\sin z)' = \cos z.$$

证 $(\cos z)' = \left(\frac{e^{iz}+e^{-iz}}{2}\right)' = \frac{1}{2}(ie^{iz}-ie^{-iz}) = -\frac{e^{iz}-e^{-iz}}{2i} = -\sin z.$

同理可证另一个.

3. 其他三角函数

其他三角函数定义如下：

$$\tan z = \frac{\sin z}{\cos z}, \quad \cot z = \frac{\cos z}{\sin z},$$

$$\sec z = \frac{1}{\cos z}, \quad \csc z = \frac{1}{\sin z},$$

分别称为复变量 z 的正切，余切，正割和余割函数.

这 4 个函数都在 z 平面上使分母不为零的点处解析，并且

$$(\tan z)' = \sec^2 z, \quad (\cot z)' = -\csc^2 z,$$

$$(\sec z)' = \sec z \cdot \tan z, \quad (\csc z)' = -\csc z \cdot \cot z.$$

正切和余切是周期为 π 的周期函数，正割和余割是周期为 2π 的周期函数.

五、反三角函数

反三角函数定义为三角函数的反函数.

定义 2.3.4 设 $z=\cos w$，则称 w 为复变量 z 的反余弦函数，记作

$$w = \text{Arccos}z.$$

它的表达式为

$$\text{Arccos}z = -i\text{Ln}(z+\sqrt{z^2-1}). \tag{2.3.13}$$

设 $z=\cos w=\frac{e^{iw}+e^{-iw}}{2}$，两边乘以 $2e^{iw}$ 得到关于 e^{iw} 的二次方程

$$(e^{iw})^2 - 2ze^{iw} + 1 = 0,$$

它的根为

$$e^{iw} = z + \sqrt{z^2-1},$$

其中，$\sqrt{z^2-1}$ 应理解为双值函数. 因此，两边取对数得

$$w = -i\text{Ln}(z+\sqrt{z^2-1}),$$

即

$$\mathrm{Arccos}z = -\mathrm{i}\mathrm{Ln}(z+\sqrt{z^2-1}).$$

显然，Arccos$z$ 是一个多值函数，它的多值性正是 cos$w$ 的偶性和周期性的反映. 用同样的方法可以定义反正弦函数和反正切函数，并可推得它们的表达式

$$\mathrm{Arcsin}z = -\mathrm{i}\mathrm{Ln}(\mathrm{i}z+\sqrt{1-z^2}), \tag{2.3.14}$$

$$\mathrm{Arctan}z = -\frac{\mathrm{i}}{2}\mathrm{Ln}\frac{1+\mathrm{i}z}{1-\mathrm{i}z}. \tag{2.3.15}$$

例 2.3.7　求 Arcsin2.

解　由公式(2.3.14)得

$$\begin{aligned}\mathrm{Arcsin}2 &= -\mathrm{i}\mathrm{Ln}(2\mathrm{i}\pm\sqrt{3}\mathrm{i}) = -\mathrm{i}\mathrm{Ln}(2\pm\sqrt{3})\mathrm{i}\\ &= -\mathrm{i}\left[\ln(2\pm\sqrt{3})+\frac{\pi}{2}\mathrm{i}+2k\pi\mathrm{i}\right]\\ &= \frac{\pi}{2}+2k\pi-\mathrm{i}\ln(2\pm\sqrt{3}),\quad k=0,\pm1,\pm2,\cdots.\end{aligned}$$

六、双曲函数和反双曲函数

在实变函数里，双曲函数是用指数函数表示的，将它们推广到复数中，便有如下定义.

定义 2.3.5　把

$$\mathrm{ch}z = \frac{\mathrm{e}^z+\mathrm{e}^{-z}}{2},\quad \mathrm{sh}z = \frac{\mathrm{e}^z-\mathrm{e}^{-z}}{2} \tag{2.3.16}$$

分别称为复变量 z 的双曲余弦函数和双曲正弦函数. 当 z 为实数 x 时，显然它与"高等数学"中双曲函数的定义完全一致.

由于 e^z 和 e^{-z} 均以 $2\pi\mathrm{i}$ 为基本周期，故双曲正弦函数和双曲余弦函数也以 $2\pi\mathrm{i}$ 为基本周期. ch$z$ 为偶函数，sh$z$ 为奇函数. 它们都在复平面内解析，并且有

$$(\mathrm{sh}z)' = \mathrm{ch}z,\quad (\mathrm{ch}z)' = \mathrm{sh}z.$$

根据定义 2.3.5，不难证明

$$\mathrm{chi}y = \cos y,\quad \mathrm{shi}y = \mathrm{i}\sin y \tag{2.3.17}$$

及

$$\begin{cases}\mathrm{ch}(x+\mathrm{i}y) = \mathrm{ch}x\cos y+\mathrm{i}\,\mathrm{sh}x\sin y,\\ \mathrm{sh}(x+\mathrm{i}y) = \mathrm{sh}x\cos y+\mathrm{i}\,\mathrm{ch}x\sin y.\end{cases} \tag{2.3.18}$$

类似正切函数和余切函数的定义，定义双曲正切和双曲余切函数为

$$\mathrm{th}z = \frac{e^z - e^{-z}}{e^z + e^{-z}}, \quad \mathrm{cth}z = \frac{e^z + e^{-z}}{e^z - e^{-z}}. \tag{2.3.19}$$

反双曲函数定义为双曲函数的反函数. 类似于推导反三角函数的步骤,可得反双曲函数的表达式为

反双曲正弦 $\mathrm{Arcsh}z = \mathrm{Ln}(z+\sqrt{z^2+1})$;

反双曲余弦 $\mathrm{Arcch}z = \mathrm{Ln}(z+\sqrt{z^2-1})$;

反双曲正切 $\mathrm{Arcth}z = \frac{1}{2}\mathrm{Ln}\,\frac{1+z}{1-z}$.

它们都是多值函数. 以上表达式中的根号均理解为双值函数.

2.4 平面场的复势

作为解析函数的一个应用,本节将介绍利用解析函数的方法来解决平面向量场的有关问题,主要讲平面向量场的复势函数.

一、用复变函数表示平面向量场

这里,只讨论平面定常向量场. 就是说,向量场中的向量都平行于某一个平面 S,而且在垂直于 S 的任何一条直线上的所有点处的向量都是相等的;场中的向量也都是与时间无关的. 显然这种向量场在所有平行于 S 的平面内的分布情况是完全相同的,因此,它完全可以用一个位于平行于 S 的平面 S_0 内的场来表示(图 2.1(a)).

在平面 S_0 内取定一个直角坐标系 xOy,于是场中每一个具有分量 A_x 与 A_y 的向量 $\boldsymbol{A}=A_x\boldsymbol{i}+A_y\boldsymbol{j}$(图 2.1(b))便可用复数

$$A = A_x + \mathrm{i}A_y \tag{2.4.1}$$

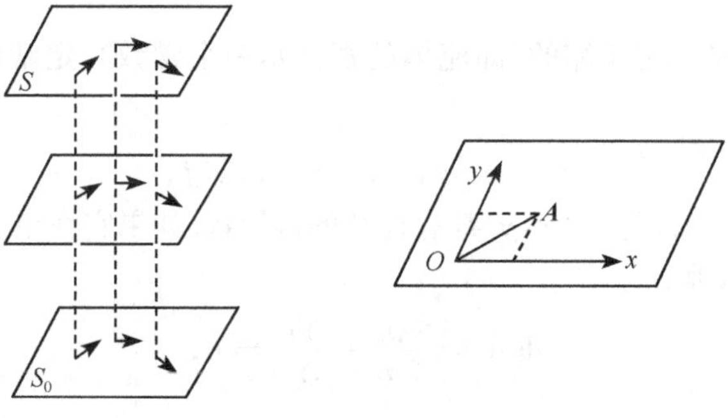

(a) (b)

图 2.1

来表示. 由于场中的点可用复数 $z=x+\mathrm{i}y$ 来表示，所以平面向量场 $\boldsymbol{A}=A_x\boldsymbol{i}+A_y\boldsymbol{j}$ 可以借助复变函数

$$A=A(z)=A_x(x,y)+\mathrm{i}A_y(x,y)$$

来表示. 反之，已知某一复变函数 $w=u(x,y)+\mathrm{i}v(x,y)$，由此也可以作出一个对应的平面向量场

$$\boldsymbol{A}=u(x,y)\boldsymbol{i}+v(x,y)\boldsymbol{j}.$$

例如，一个平面定常流速场

$$\boldsymbol{v}=v_x(x,y)\boldsymbol{i}+v_y(x,y)\boldsymbol{j}$$

可以用复变函数

$$v=v(z)=v_x(x,y)+\mathrm{i}v_y(x,y)$$

来表示.

又如，垂直于均匀带电的无限长直导线的所有平面上，电场的分布是相同的，因而可以取其中某一个平面为代表，当作平面电场来研究. 由于电场强度向量为

$$\boldsymbol{E}=E_x(x,y)\boldsymbol{i}+E_y(x,y)\boldsymbol{j},$$

所以，该平面电场也可以用一个复变函数

$$E=E(z)=E_x(x,y)+\mathrm{i}E_y(x,y)$$

来表示.

平面向量场与复变函数的这种密切关系，不仅说明了复变函数具有明确的物理意义，而且使得可以利用复变函数的方法来研究平面向量场的有关问题. 在应用中，特别重要的是如何构造一个解析函数来表示无源无旋的平面向量场. 这个解析函数就是所谓平面向量场的复势函数.

二、平面流速场的复势

设向量场 $\boldsymbol{v}$ 是不可压缩的(即流体的密度是一个常数)，定常的理想流体的流速场

$$\boldsymbol{v}=v_x(x,y)\boldsymbol{i}+v_y(x,y)\boldsymbol{j},$$

其中，分向量 $v_x(x,y)$ 与 $v_y(x,y)$ 都有连续的偏导数. 如果它在单连通域 B 内是无源场(即管量场)，那么

$$\mathrm{div}\boldsymbol{v}=\frac{\partial v_x}{\partial x}+\frac{\partial v_y}{\partial y}=0,$$

即

$$\frac{\partial v_x}{\partial x}=-\frac{\partial v_y}{\partial y}. \tag{2.4.2}$$

从而可知$-v_y\mathrm{d}x+v_x\mathrm{d}y$是某一个二元函数$\psi(x,y)$的全微分,即

$$\mathrm{d}\psi(x,y)=-v_y\mathrm{d}x+v_x\mathrm{d}y.$$

由此得

$$\frac{\partial\psi}{\partial x}=-v_y,\quad \frac{\partial\psi}{\partial y}=v_x. \tag{2.4.3}$$

因为沿等值线$\psi(x,y)=c_1$,$\mathrm{d}\psi(x,y)=-v_y\mathrm{d}x+v_x\mathrm{d}y=0$,有$\frac{\mathrm{d}y}{\mathrm{d}x}=\frac{v_y}{v_x}$. 这就是说,场$\boldsymbol{v}$在等值线$\psi(x,y)=c_1$上每一点处的向量$\boldsymbol{v}$都与等值线相切,因而在流速场中,等值线$\psi(x,y)=c_1$就是流线. 因此函数$\psi(x,y)$称为场$\boldsymbol{v}$的流函数.

如果$\boldsymbol{v}$又是B内的无旋场(即势量场),那么

$$\mathrm{rot}\boldsymbol{v}=0,$$

即

$$\frac{\partial v_y}{\partial x}-\frac{\partial v_x}{\partial y}=0. \tag{2.4.4}$$

从而可知$v_x\mathrm{d}x+v_y\mathrm{d}y$是某一个二元函数$\varphi(x,y)$的全微分,即

$$\mathrm{d}\varphi(x,y)=v_x\mathrm{d}x+v_y\mathrm{d}y,$$

由此得

$$\frac{\partial\varphi}{\partial x}=v_y,\quad \frac{\partial\varphi}{\partial y}=v_y, \tag{2.4.5}$$

从而有

$$\mathrm{grad}\varphi=\boldsymbol{v}.$$

$\varphi(x,y)$就称为场$\boldsymbol{v}$的势函数(或位函数). 等值线$\varphi(x,y)=c_2$就称为等势线(或等位线).

根据上述讨论可知:如果在单连通域B内,向量场$\boldsymbol{v}$既是无源场又是无旋场时,那么式(2.4.3)和式(2.4.5)同时成立,将它们比较得

$$\frac{\partial\varphi}{\partial x}=\frac{\partial\psi}{\partial y},\quad \frac{\partial\varphi}{\partial y}=-\frac{\partial\psi}{\partial x},$$

这就是柯西-黎曼方程. 因此,在单连通域B内,可作一解析函数

$$w=f(z)=\varphi(x,y)+\mathrm{i}\psi(x,y).$$

这个函数称为平面流速场的复势函数,简称复势. 它就是所要构造的表示该平面场的解析函数.

根据式(2.4.1)与式(2.4.5)及解析函数的导数公式可得表示平面流速场的复变函数

$$v = v_x + \mathrm{i}v_y = \frac{\partial\varphi}{\partial x} + \mathrm{i}\frac{\partial\varphi}{\partial y} = \frac{\partial\varphi}{\partial x} - \mathrm{i}\frac{\partial\psi}{\partial x} = \overline{f'(z)}. \tag{2.4.6}$$

此式表明流速场 **v** 可以用复变函数 $v=\overline{f'(z)}$ 来表示.

因此,在一个单连通域内给定一个无源无旋平面流速场 **v**,就可以构造一个解析函数——它的复势 $f(z)=\varphi(x,y)+\mathrm{i}\psi(x,y)$ 与它对应;反之,如果在某一区域(不管是否单连通的)内给定一个解析函数 $w=f(z)$,那么,就有一个以它为复势的平面流速场 $\boldsymbol{v}=\overline{f'(z)}$ 与它相对应,并且由此立即可以写出该场的流函数和势函数,从而得到流线方程和等势线方程. 画出流线与等势线的图形,即得描绘该场的流动图像. 由解析函数的重要性质,在流速不为零的点处,流线 $\psi(x,y)=c_1$ 和等势线 $\varphi(x,y)=c_2$ 构成正交的曲线族.

因此,利用解析函数(复势)可以统一研究场的流函数和势函数,从而克服了在"场论"中对流函数和势函数孤立地进行研究的缺点,而且计算也比较简便.

例 2.4.1　设平面流速场的复势为 $f(z)=az$($a>0$ 为实常数),试求该场的速度,流函数和势函数.

解　因为 $f'(z)=a$,所以场中任一点的速度 $v=\overline{f'(z)}=a>0$,方向指向 x 轴正向.

流函数 $\psi(x,y)=ay$,所以流线是直线族 $y=c_1$;

势函数 $\varphi(x,y)=ax$,所以等势线是直线族 $x=c_2$. 该场的流动图像如图 2.2 所示,它刻画了流体以等速度 a 从左向右流动的情况.

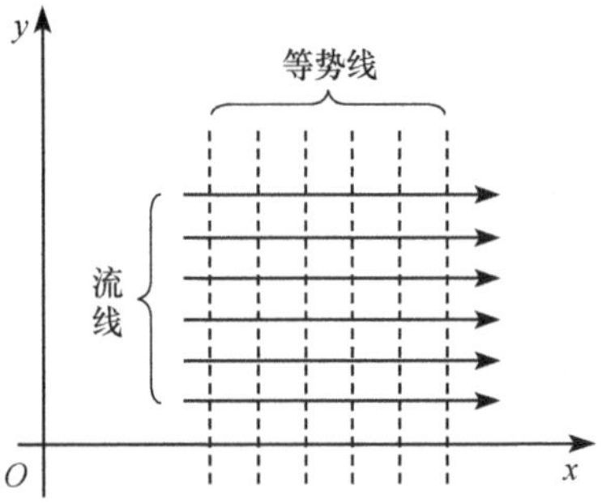

图 2.2

例 2.4.2　设一个稳定平面流速场的复势是 $f(z)=\dfrac{1}{z}$. 试求该场的速度,流函数和势函数.

解　因为 $f'(z)=-\dfrac{1}{z^2}$,所以在任一点 $z\neq 0$ 的速度 $v=\overline{f'(z)}=-\dfrac{1}{\bar{z}^2}$. 又因为 $f(z)=\dfrac{1}{z}=\dfrac{x}{x^2+y^2}-\mathrm{i}\dfrac{y}{x^2+y^2}$,所以流函数是 $\psi(x,y)=-\dfrac{y}{x^2+y^2}$,流线是曲线 $-\dfrac{y}{x^2+y^2}=c_1$,即与实轴相切于原点的一族圆 $x^2+\left(y+\dfrac{1}{2c_1}\right)^2=\dfrac{1}{4c_1^2}$.

势函数是 $\varphi(x,y)=\dfrac{x}{x^2+y^2}$,等势线是曲线 $\dfrac{x}{x^2+y^2}=c_2$,即与虚轴相切的一族圆

$$\left(x-\frac{1}{2c_2}\right)^2+y^2=\frac{1}{2c_2^2}.$$

这时流体从 $z=0$ 的右侧流进而从左侧流出,$z=0$ 可看作是由极相近的一个源和

一个汇所合成的(图 2.3).

例 2.4.3 设一个稳定平面流速场的复势是$f(z)=\mathrm{Ln}z$,求该场的速度,流函数和势函数.

解 因为$f'(z)=\dfrac{1}{z}$,所以在任一点 $z\neq 0$ 的速度是 $v=\overline{f'(z)}=\dfrac{1}{\bar{z}}$. 又因为$f(z)=\mathrm{Ln}z=\ln|z|+\mathrm{i}\,\mathrm{Arg}z$,所以流函数 $\psi(x,y)=\mathrm{Arg}z$,流线是直线 $\mathrm{Arg}z=c_1$. 势函数是 $\varphi(x,y)=\ln|z|$,等势线是圆$|z|=c_2$.

这时流体从 $z=0$ 向各方流向无穷远;$z=0$ 可以看作是一个源,$z=\infty$可以看作是一个汇(图 2.4).

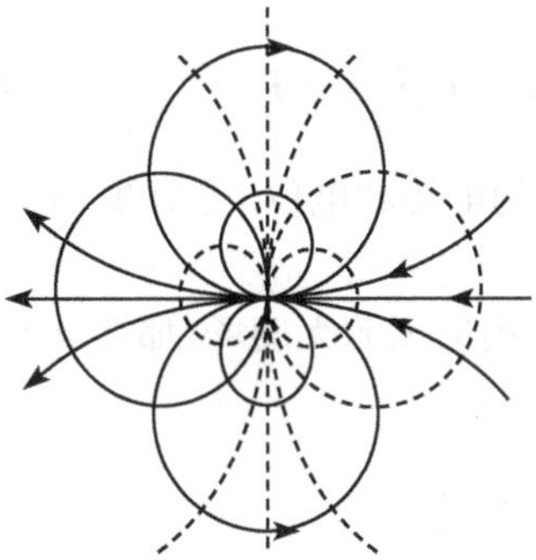

图 2.3

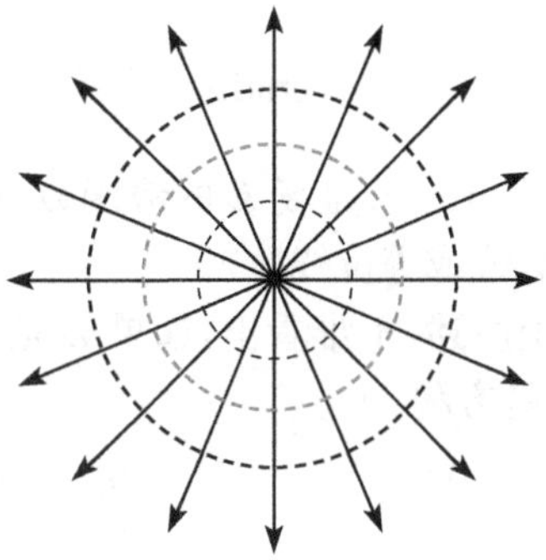

图 2.4

三、静电场的复势

设有平面静电场

$$\boldsymbol{E}=E_x\boldsymbol{i}+E_y\boldsymbol{j}.$$

已经知道,只要场内没有带电物体,静电场既是无源场,又是无旋场. 来构造场 $\boldsymbol{E}$ 的复势.

因为场 $\boldsymbol{E}$ 是无源场,所以

$$\mathrm{div}\boldsymbol{E}=\frac{\partial E_x}{\partial x}+\frac{\partial E_y}{\partial y}=0.$$

从而可知在单连通域 B 内$-E_y\mathrm{d}x+E_x\mathrm{d}y$ 是某二元函数$u(x,y)$的全微分,即

$$\mathrm{d}u(x,y)=-E_y\mathrm{d}x+E_x\mathrm{d}y.$$

由此得

$$\frac{\partial u}{\partial x}=-E_y,\quad \frac{\partial u}{\partial y}=E_x. \tag{2.4.7}$$

与讨论流速场时一样,不难看出,静电场 $\boldsymbol{E}$ 在直线$u(x,y)=c_1$ 上任意一点处的向量 $\boldsymbol{E}$ 都与等值线相切. 这就是说,等值线就是向量线,即场中的电力线. 因此,称 $u(x,y)$为场 $\boldsymbol{E}$ 的力函数.

又因为场 $\boldsymbol{E}$ 是无旋场，所以

$$\mathrm{rot}\boldsymbol{E} = \frac{\partial E_y}{\partial x} - \frac{\partial E_x}{\partial y} = 0.$$

因此，在单连通域 B 内 $-E_x\mathrm{d}x - E_y\mathrm{d}y$ 是某一个二元函数 $v(x,y)$ 的全微分，即

$$\mathrm{d}v(x,y) = -E_x\mathrm{d}x - E_y\mathrm{d}y.$$

由此得

$$\frac{\partial v}{\partial x} = -E_x, \quad \frac{\partial v}{\partial y} = -E_y, \tag{2.4.8}$$

从而有

$$\mathrm{grad}v = \frac{\partial v}{\partial x}\boldsymbol{i} + \frac{\partial v}{\partial y}\boldsymbol{j} = -E_x\boldsymbol{i} - E_y\boldsymbol{j} = -\boldsymbol{E}. \tag{2.4.9}$$

所以 $v(x,y)$ 是场 $\boldsymbol{E}$ 的势函数，也可称为场的电势和电位. 等值线 $v(x,y)=c_2$ 就是等势线或等位线.

综上所述，不难看出，如果 $\boldsymbol{E}$ 是单连通域 B 内的无源无旋场，那么 u 和 v 满足柯西-黎曼方程

$$\frac{\partial u}{\partial x} = \frac{\partial v}{\partial y}, \quad \frac{\partial u}{\partial y} = -\frac{\partial v}{\partial x}.$$

从而可得 B 内的一个解析函数 $w=f(z)=u+\mathrm{i}v$. 称这个函数为静电场的复势（或复电位）.

这样，场 $\boldsymbol{E}$ 可以用复势表示为

$$E = E_x + \mathrm{i}E_y = -\frac{\partial v}{\partial x} - \mathrm{i}\frac{\partial v}{\partial y} = -\frac{\partial v}{\partial x} - \mathrm{i}\frac{\partial u}{\partial x} = -\mathrm{i}\,\overline{f'(z)}. \tag{2.4.10}$$

可见静电场的复势和流速场的复势相差一个因子 $-\mathrm{i}$，这是电工学中的习惯用法.

同流速场一样，利用静电场的复势，可以研究场的等势线和电力线的分布情况，描绘出场的图像.

例 2.4.4　设一平面静电场的复势为 $f(z)=z^2$. 试求该静电场的电场强度，力函数，势函数.

解　因为 $f'(z)=2z$，所以场中任意一点的电场强度 $E=-\mathrm{i}\,\overline{f'(z)}=-\overline{2z}\mathrm{i}=-2\mathrm{i}\bar{z}$. 又因为 $f(z)=z^2=(x^2-y^2)+2xy\mathrm{i}$，所以力函数 $u(x,y)=x^2-y^2$，电力线是曲线 $x^2-y^2=c_1$. 势函数 $v(x,y)=2xy$，等势线是曲线 $2xy=c_2$.

小结与点注

本章的重点是要正确理解复变函数的导数与解析函数等基本概念，掌握判断复变函数可导与解析的方法. 对于复变量初等函数，要熟悉它们的定义和主要性

质，特别是在复数范围内，实变初等函数的哪些性质不再成立，表现出哪些在实数范围内所没有的性质.

一、复变函数的导数与解析函数的概念

(1) 复变函数的导数定义与一元实变函数的导数定义在形式上完全相同，因而它们的一些求导公式，求导法则，可导与连续的关系，可导与可微的关系等也一样；但两者之间也有差别，主要是复变函数导数定义(2.1.1)中极限存在要求与 Δz 趋于零的方式无关，而一元实变函数导数定义中 Δx 只能沿 x 轴方向趋于零，这表明复变函数在一点可导的条件要比实变函数可导的条件高得多，因此可导的复变函数具有许多特有的性质.

(2) 解析函数是复变函数的主要研究对象. 虽然函数在一个区域内解析与在一个区域内可导是等价的，但是在一点解析比它在一点可导的要求高得多，因为在一点解析不仅要在这点可导而且要在其某邻域内处处可导，因此解析函数有许多一般的一元实变函数所没有的良好性质. 例如，除 2.1 节的定理和 2.2 节中的两个重要性质外，后面还将指出：解析函数的各阶导数仍为解析函数，解析函数的虚部为实部的共轭调和函数以及解析函数可以展开为幂级数等. 所有这些性质，使得解析函数在实际问题中有广泛的应用.

(3) 复变函数连续，可导（可微）与解析之间有如图 2.5 的关系，其中设 $w=f(z)$ 定义在区域 D 内 $z_0\in D$.

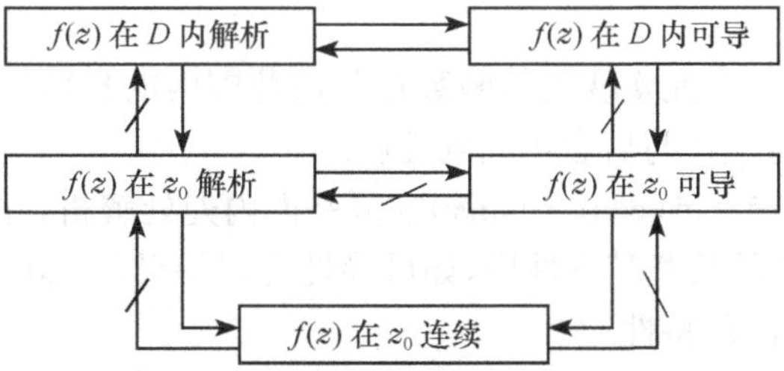

图 2.5

二、复变函数可导与解析的判别方法

1. 利用可导与解析的定义

根据定义，要判断一个复变函数 $f(z)$在点 z_0 是否解析，只要判定它在 z_0 及其某邻域内是否可导；要判断 $f(z)$在区域 D 内是否解析，只要判定它在 D 内是否可导. 因此，判定解析的问题归结为判定可导的问题. 而函数的可导性可以利用导数的定义来验证(如例 2.1.1 和例 2.1.2)，也可以用求导公式与求导法则来判定，如设 $f(z)=z^2+z+\dfrac{1}{z}$，根据求导公式和法则有

$$f'(z)=2z+1-\frac{1}{z^2}.$$

因此,该函数在复平面内除 $z=0$ 外处处可导、处处解析,$z=0$ 是奇点.

2. 利用可导与解析的充要条件

利用定理 2.2.1 和定理 2.2.2 把复变函数 $f(z)=u+\mathrm{i}v$ 的可导与解析问题转化为两个二元实变函数 u 与 v 来研究,即要求 u 与 v 可微并且满足柯西-黎曼方程

$$\frac{\partial u}{\partial x}=\frac{\partial v}{\partial y},\quad \frac{\partial u}{\partial y}=-\frac{\partial v}{\partial x}.$$

这是可导与解析的充要条件,只要其中一个条件不满足,则 $f(z)$ 既不可导也不解析. 因此,它是判断函数是否可导或解析的常用而简洁的方法. 在应用中常常利用定理的两个推论:

(1) 若 u 与 v 的一阶偏导数在 z_0 点(区域 D)存在、连续并且满足 C-R 方程,则 $f(z)$ 在点 z_0 可导(区域 D 内解析),并且有求导公式

$$f'(z)=\frac{\partial u}{\partial x}+\mathrm{i}\frac{\partial v}{\partial x}=\frac{1}{\mathrm{i}}\frac{\partial u}{\partial y}+\frac{\partial v}{\partial y}.$$

(2) 若 u 与 v 的一阶偏导数不存在,或者虽存在但不满足 C-R 方程,则 $f(z)$ 不可导,因而也不解析.

三、复变初等函数

复变初等函数是一元实变初等函数在复数范围内的自然推广,它既保持了后者的基本性质,又有一些与后者不同的性质.

(1) 指数函数 $\mathrm{e}^z=\mathrm{e}^x(\cos y+\mathrm{i}\sin y)$ 在复平面内处处解析,并且 $(\mathrm{e}^z)'=\mathrm{e}^z$. 它保持了实指数函数 e^x 的某些基本性质,如可导性等;具有以 $2k\pi\mathrm{i}$ 为周期的周期性是它与实指数函数不同的特性.

(2) 对数函数 $\mathrm{Ln}z=\ln|z|+\mathrm{i}\mathrm{Arg}z$ 是具有无穷多个分支的多值函数,在除去原点和负实轴的复平面内处处解析,并且 $(\mathrm{Ln}z)'=\dfrac{1}{z}$,它保持了实变函数 $\ln x$ 的某些运算性质,如

$$\mathrm{Ln}(z_1z_2)=\mathrm{Ln}z_1+\mathrm{Ln}z_2,\quad \mathrm{Ln}\frac{z_1}{z_2}=\mathrm{Ln}z_1-\mathrm{Ln}z_2$$

等. 但有些则不成立,如

$$\mathrm{Ln}z^n=n\mathrm{Ln}z,\quad \mathrm{Ln}\sqrt[n]{z}=\frac{1}{n}\mathrm{Ln}z,\quad n>1\text{ 为正整数},$$

并且“负数无对数”的论断不再有效.

(3) 幂函数 $z^b=\mathrm{e}^{b\mathrm{Ln}z}(z\neq0)$ 除整幂函数 z^n 是单值的外,其余都是多值函数. 在

除去原点和负实轴的复平面内它是解析的，并且$(z^b)'=bz^{b-1}$，整幂函数 z^n 与根式函数 $z^{\frac{1}{n}}=\sqrt[n]{z}$都是它的特例.

(4) 三角函数中的正弦函数与余弦函数

$$\cos z=\frac{e^{iz}+e^{-iz}}{2},\quad \sin z=\frac{e^{iz}-e^{-iz}}{2i}.$$

在复平面上处处解析，并且$(\cos z)'=-\sin z$，$(\sin z)'=\cos z$，它保持了对应的实变函数的周期性、奇偶性，一些三角恒等式仍然成立. 但不等式$|\cos z|\leqslant 1$与$|\sin z|\leqslant 1$不再成立.

(5) 反三角函数

$$\mathrm{Arcsin}z=-i\mathrm{Ln}(iz+\sqrt{1-z^2}),$$

$$\mathrm{Arccos}z=-i\mathrm{Ln}(z+\sqrt{z^2-1}),$$

$$\mathrm{Arctan}z=-\frac{i}{2}\mathrm{Ln}\frac{1+iz}{1-iz}.$$

它们都是多值函数.

(6) 双曲正弦函数和双曲余弦函数

$$\mathrm{sh}z=\frac{e^z-e^{-z}}{2},\quad \mathrm{ch}z=\frac{e^z+e^{-z}}{2}$$

均在复平面内解析，且$(\mathrm{sh}z)'=\mathrm{ch}z$，$(\mathrm{ch}z)'=\mathrm{sh}z$. $\mathrm{ch}z$ 为偶函数，$\mathrm{sh}z$ 为奇函数. 它们均是以 $2\pi i$ 为周期的周期函数.

反双曲函数是用对数函数来表示的，因而都是多值函数.

四、平面场的复势

平面场的复势是解析函数在平面场问题中的一个重要应用，对于某些需要场知识较多的专业是很有用处的. 关于这一部分内容，强调以下两点：

(1) 由于可以用复数表示平面向量，因而能用复变函数表示平面向量场. 例如，平面流速场

$$\boldsymbol{v}=v_x(x,y)\boldsymbol{i}+v_y(x,y)\boldsymbol{j}$$

可以用复变函数 $v=v(z)=v_x(x,y)+iv_y(x,y)$来表示；平面静电场

$$\boldsymbol{E}=E_x(x,y)\boldsymbol{i}+E_y(x,y)\boldsymbol{j}$$

可以用复变函数 $E(z)=E_x(x,y)+iE_y(x,y)$来表示.

(2) 对于某单连通域内给定的平面无源无旋场，可以作出一个解析函数 $w=f(z)$统一研究该场的分布和变化情况，这个解析函数称为该场的复势. 在平面流速场中，复势的实部就是势函数，虚部是流函数，并且流速 $v=\overline{f'(z)}$；在平面静电场中，复势的实部是力函数，虚部是势函数，并且电场强度 $E=-i\overline{f'(z)}$. 由此可以

画出等势线(或电力线)与流线(或电位线)的图形,得到该场的流动图像.

习　题　2

1. 用导数定义推出:

(1) $(z^n)'=nz^{n-1}$,n 为正整数;

(2) $\left(\frac{1}{z}\right)'=-\frac{1}{z^2}$.

2. 用导数定义证明:$f(z)=(\mathrm{Re}z)^2$ 在 $z=0$ 点可导,但在该点不解析.

3. 下列函数在何处可导? 在何处解析?

(1) $f(z)=x^2-\mathrm{i}y$;　(2) $f(z)=2x^3+3y^3\mathrm{i}$;

(3) $f(z)=xy^2+\mathrm{i}x^2y$;　(4) $f(z)=\sin x\mathrm{ch}y+\mathrm{i}\cos x\mathrm{sh}y$.

4. 指出下列函数的解析性区域,并求出其导数:

(1) $f(z)=(z-1)^5$;　(2) $f(z)=2z^3+3\mathrm{i}z$;

(3) $f(z)=\frac{1}{z^2+1}$;　(4) $f(z)=\frac{az+b}{cz+d}$,c,d 中至少有一个不为零.

5. 求下列函数的奇点:

(1) $f(z)=\frac{z+1}{z(z^2+1)}$;　(2) $\frac{z-2}{(z+1)^2(z^2+1)}$.

6. 判断下列命题的真假,若真,请给予证明;若假,请举例说明:

(1) 如果 $f(z)$在 z_0 连续,那么 $f'(z_0)$存在;

(2) 如果 $f'(z_0)$存在,那么 $f(z)$在 z_0 解析;

(3) 如果 z_0 是 $f(z)$的奇点,那么 $f(z)$在 z_0 不可导;

(4) 如果 $u(x,y)$和 $v(x,y)$可导(指偏导数存在),那么 $f(z)=u+\mathrm{i}v$ 也可导;

(5) 设 $f(z)=u+\mathrm{i}v$ 在区域 D 内解析,如果 $f(z)$恒取实数,那么 $f(z)$在 D 内是一常数.

7. 设函数 $f(z)=u+\mathrm{i}v$ 在区域 D 内解析,证明:如果 $f(z)$在 D 内满足下列条件之一,那么 $f(z)$在 D 内为常数.

(1) $\mathrm{Re}f(z)$或 $\mathrm{Im}f(z)$在 D 内为常数;

(2) $\overline{f(z)}$在 D 内解析;

(3) $\arg f(z)$在 D 内是一常数;

(4) $au+bv=c$,其中 a,b,c 是不全为零的实常数.

8. 如果 $f(z)=u+\mathrm{i}v$ 是 z 的解析函数,证明:

$$\left(\frac{\partial}{\partial x}|f(z)|\right)^2+\left(\frac{\partial}{\partial y}|f(z)|\right)^2=|f'(z)|^2.$$

9. 设 $f(z)=my^3+nx^2y+\mathrm{i}(x^3+lxy^2)$为解析函数,试确定 l,m,n 的值.

10. 证明 C-R 方程的极坐标形式是

$$\frac{\partial u}{\partial r}=\frac{1}{r}\frac{\partial v}{\partial \theta},\quad \frac{\partial u}{\partial \theta}=-r\frac{\partial v}{\partial r}.$$

11. 求下列各式的值:

(1) $\mathrm{e}^{2+\mathrm{i}\pi}$;　(2) 1^{i};　(3) $(1-\mathrm{i})^{1+\mathrm{i}}$.

12. 求 $\mathrm{Ln}(-\mathrm{i})$，$\mathrm{Ln}(-2+\sqrt{2}\mathrm{i})$和它们的主值.

13. 求 $\sin(1+\mathrm{i})$和 $\cos\mathrm{i}$ 的值.

14. 试利用C-R方程，证明在复平面内函数 z^2，e^z，$\sin z$，$\cos z$ 解析；而函数 $\bar{z}^2$，$\mathrm{e}^{\bar{z}}$，$\sin\bar{z}$，$\cos\bar{z}$ 不解析.

15. 下列关系式是否正确：

(1) $\overline{\mathrm{e}^z}=\mathrm{e}^{\bar{z}}$； (2) $\overline{\mathrm{e}^{\mathrm{i}z}}=\mathrm{e}^{\mathrm{i}\bar{z}}$；

(3) $\overline{\sin z}=\sin\bar{z}$； (4) $\overline{\cos z}=\cos\bar{z}$.

16. 求出下列方程的全部解：

(1) $\mathrm{e}^z=1+\sqrt{3}\mathrm{i}$； (2) $\sin z=0$； (3) $\sin z+\cos z=0$.

17. 证明对数的下列性质：

(1) $\mathrm{Ln}(z_1z_2)=\mathrm{Ln}z_1+\mathrm{Ln}z_2$；

(2) $\mathrm{Ln}\left(\dfrac{z_1}{z_2}\right)=\mathrm{Ln}z_1-\mathrm{Ln}z_2$.

18. 说明下列等式是否正确：

(1) $\mathrm{Ln}z^2=2\mathrm{Ln}z$；

(2) $\mathrm{Ln}\sqrt{z}=\dfrac{1}{2}\mathrm{Ln}z$.

19. 证明：

(1) $\sin z=\sin x\,\mathrm{ch}y+\mathrm{i}\cos x\,\mathrm{sh}y$， $\cos z=\cos x\,\mathrm{ch}y-\mathrm{i}\sin x\,\mathrm{sh}y$；

(2) $\sin\left(\dfrac{\pi}{2}-z\right)=\cos z$， $\sin(z+2\pi)=\sin z$；

(3) $\sin 2z=2\sin z\cos z$；

(4) $\tan 2z=\dfrac{2\tan z}{1-\tan^2 z}$.

20. 证明：

(1) $\mathrm{ch}^2z-\mathrm{sh}^2z=1$；

(2) $\mathrm{ch}2z=\mathrm{sh}^2z+\mathrm{ch}^2z$；

(3) $\mathrm{sh}(z_1+z_2)=\mathrm{sh}z_1\,\mathrm{ch}z_2+\mathrm{ch}z_1\,\mathrm{sh}z_2$；$\mathrm{ch}(z_1+z_2)=\mathrm{ch}z_1\,\mathrm{ch}z_2+\mathrm{sh}z_1\,\mathrm{sh}z_2$.

21. 解下列方程：

(1) $\mathrm{sh}z=0$；

(2) $\mathrm{ch}z=0$；

(3) $\mathrm{sh}z=\mathrm{i}$.

22. 证明：$\mathrm{sh}z$ 的反函数是 $\mathrm{Arcsh}z=\mathrm{Ln}(z+\sqrt{z^2+1})$.

23. 已知平面流速场的复势 $f(z)$为

(1) $(z+\mathrm{i})^2$； (2) z^3； (3) $\dfrac{1}{z^2+1}$.

求流动的速度以及流线和等势线的方程.

第 3 章　复变函数的积分

复变函数的积分是研究解析函数的一个重要工具. 本章要给出的柯西积分定理及柯西积分公式是探讨解析函数的理论基础,它将贯穿在以后几章的内容里.

本章首先给出复变函数积分的概念、性质及其计算,其次介绍关于解析函数积分的柯西积分定理,并将柯西积分定理从单连通区域推广到多连通区域,从而得到复合闭路定理,并以此为依据,建立柯西积分公式,进一步得到高阶导数公式,证明解析函数的导数仍是解析函数的重要结论. 在本章的最后,讨论解析函数与调和函数之间的关系.

3.1　复变函数积分的概念及性质

一、复变函数积分的定义及其计算

定义 3.1.1　设 C 是复平面上的一条有向光滑简单曲线,其起点为 A,终点为 B(图 3.1). 函数 $f(z)=u(x,y)+\mathrm{i}v(x,y)$ 在 C 上有定义,由 A 到 B 把曲线 C 任意分成 n 个小弧段,分点为 $A=z_0,z_1,z_2,\cdots,z_{n-1},z_n=B$, 其中,$z_k=x_k+\mathrm{i}y_k(k=0,1,2,\cdots,n)$. 在每一个弧段 $\widehat{z_{k-1}z_k}$ 上任取一点 $\zeta_k=\xi_k+\mathrm{i}\eta_k$, 作和式

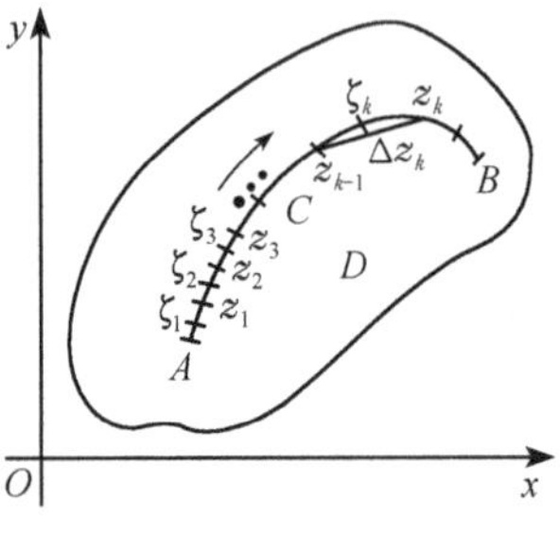

图 3.1

$$S_n=\sum_{k=1}^{n}f(\zeta_k)(z_k-z_{k-1})=\sum_{k=1}^{n}f(\zeta_k)\Delta z_k,$$

其中 $\Delta z_k=z_k-z_{k-1}=\Delta x_k+i\Delta y_k$. 记 $\lambda=\max\limits_{1\leqslant k\leqslant n}|\Delta z_k|$, 当 $n\to\infty$ 且 $\lambda\to 0$ 时,S_n 有唯一的极限,且此极限不依赖于对 C 的分法及对 ζ_k 选取,则称此极限值为 $f(z)$ 沿曲线 C 的积分, 记作

$$\int_C f(z)\mathrm{d}z=\lim_{n\to\infty}\sum_{k=1}^{n}f(\zeta_k)\Delta z_k. \tag{3.1.1}$$

沿 C 负方向(由 B 到 A)的积分记为 $\int_{C^-}f(z)\mathrm{d}z$. 若 C 为闭曲线,则将积分记为 $\oint_C f(z)\mathrm{d}z$, 此时 C 的正方向取为逆时针方向. 若 C 由若干光滑曲线组成,记为 $C=C_1+C_2+\cdots+C_n$,则定义

$$\int_C f(z)\mathrm{d}z=\int_{C_1} f(z)\mathrm{d}z+\int_{C_2} f(z)\mathrm{d}z+\cdots+\int_{C_n} f(z)\mathrm{d}z.$$

关于积分存在的条件及其计算，有

定理 3.1.1 设 C 是复平面上的光滑曲线，$f(z)=u(x,y)+\mathrm{i}v(x,y)$ 在 C 上连续，则积分 $\int_C f(z)\mathrm{d}z$ 存在，并且

$$\int_C f(z)\mathrm{d}z=\int_C u(x,y)\mathrm{d}x-v(x,y)\mathrm{d}y+\mathrm{i}\int_C v(x,y)\mathrm{d}x+u(x,y)\mathrm{d}y. \quad (3.1.2)$$

证 将 S_n 的实部与虚部分开，得

$$\begin{aligned}S_n&=\sum_{k=1}^{n} f(\xi_k)\Delta z_k=\sum_{k=1}^{n}[u(\xi_k,\eta_k)+\mathrm{i}v(\xi_k,\eta_k)](\Delta x_k+\mathrm{i}\Delta y_k)\\&=\sum_{k=1}^{n}[u(\xi_k,\eta_k)\Delta x_k-v(\xi_k,\eta_k)\Delta y_k]+\mathrm{i}\sum_{k=1}^{n}[v(\xi_k,\eta_k)\Delta x_k+u(\xi_k,\eta_k)\Delta y_k].\end{aligned}$$

由于 $f(z)$ 在 C 上连续，从而 $u(x,y)$，$v(x,y)$ 也在 C 上连续. 当 $\lambda\to 0$ 时，$\max\limits_{1\leqslant k\leqslant n}|\Delta x_k|\to 0$，$\max\limits_{1\leqslant k\leqslant n}|\Delta y_k|\to 0$，由线积分存在定理知，上式右端的极限存在，并且有

$$\int_C f(z)\mathrm{d}z=\int_C u\mathrm{d}x-v\mathrm{d}y+\mathrm{i}\int_C v\mathrm{d}x+u\mathrm{d}y.$$

根据式(3.1.2)可知

(1) 若 C 是光滑曲线且 $f(z)$ 是连续函数时，积分 $\int_C f(z)\mathrm{d}z$ 一定存在；

(2) 复积分 $\int_C f(z)\mathrm{d}z$ 可以通过两个实函数的线积分来计算.

利用式(3.1.2)还可将复积分化为定积分来计算. 设 C 的参数方程为

$$z=z(t)=x(t)+\mathrm{i}y(t),\quad \alpha\leqslant t\leqslant\beta,$$

则有

$$\begin{aligned}\int_C f(z)\mathrm{d}z=&\int_\alpha^\beta[u(x(t),y(t))x'(t)-v(x(t),y(t))y'(t)]\mathrm{d}t\\&+\mathrm{i}\int_\alpha^\beta[v(x(t),y(t))x'(t)+u(x(t),y(t))y'(t)]\mathrm{d}t\\=&\int_\alpha^\beta[u(x(t),y(t))+\mathrm{i}v(x(t),y(t))][x'(t)+\mathrm{i}y'(t)]\mathrm{d}t\\=&\int_\alpha^\beta f[z(t)]z'(t)\mathrm{d}t.\end{aligned}\quad (3.1.3)$$

例 3.1.1 计算积分 $\int_C z\mathrm{d}z$，其中，C(图 3.2)为

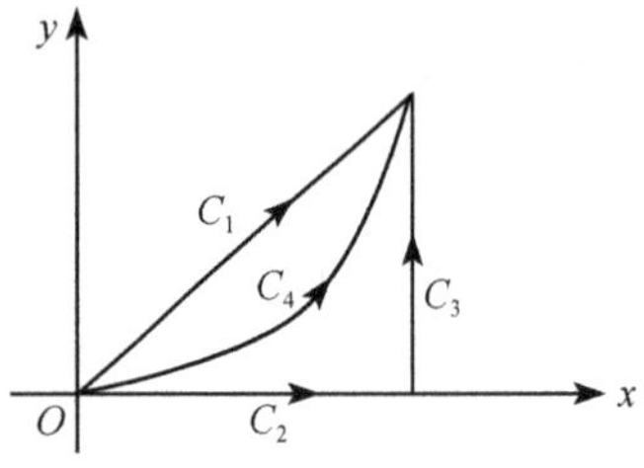

图 3.2

(1) 自原点到 $z_0=1+\mathrm{i}$ 的直线段 C_1;

(2) 自原点到 $z_1=1$ 再到 $z_0=1+\mathrm{i}$ 的折线段 C_2+C_3;

(3) 自原点沿抛物线 $y=x^2$ 到 $z_0=1+\mathrm{i}$ 的弧段 C_4.

解　(1) 如图 3.2, C_1 的方程可写为 $z=(1+\mathrm{i})t, 0\leqslant t\leqslant 1$. 在 C_1 上, $z=(1+\mathrm{i})t, \mathrm{d}z=(1+\mathrm{i})\mathrm{d}t$. 于是

$$\int_C z\mathrm{d}z=\int_0^1(1+\mathrm{i})^2 t\mathrm{d}t=\frac{(1+\mathrm{i})^2}{2}t^2\Big|_0^1=\frac{1+2\mathrm{i}+\mathrm{i}^2}{2}=\mathrm{i}.$$

(2) C_2 的方程是 $z=t$, $0\leqslant t\leqslant 1$, 而 C_3 的方程是 $z=1+\mathrm{i}t, 0\leqslant t\leqslant 1$. 于是

$$\int_C z\mathrm{d}z=\int_{C_2}z\mathrm{d}z+\int_{C_3}z\mathrm{d}z=\int_0^1 t\mathrm{d}t+\int_0^1(1+\mathrm{i}t)\mathrm{i}\mathrm{d}t=\frac{1}{2}+\mathrm{i}+\frac{\mathrm{i}^2}{2}=\mathrm{i}.$$

(3) C_4 的方程是 $z=t+\mathrm{i}t^2, 0\leqslant t\leqslant 1, \mathrm{d}z=(1+2\mathrm{i}t)\mathrm{d}t$. 于是

$$\int_C z\mathrm{d}z=\int_{C_4}z\mathrm{d}z=\int_0^1(t+\mathrm{i}t^2)(1+2\mathrm{i}t)\mathrm{d}t=\int_0^1(t+3\mathrm{i}t^2-2t^3)\mathrm{d}t$$

$$=\frac{1}{2}+\mathrm{i}-\frac{1}{2}=\mathrm{i}.$$

例 3.1.2　计算积分 $\oint_C\frac{1}{(z-z_0)^{n+1}}\mathrm{d}z$, 其中, C 是以 z_0 为圆心, r 为半径的正向圆周(图 3.3), n 为整数.

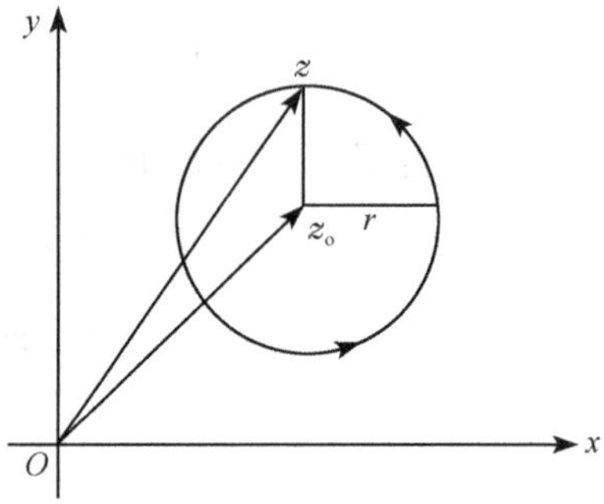

图 3.3

解　圆周 C 的方程可表示为

$$z=z_0+r\mathrm{e}^{\mathrm{i}\theta},\quad 0\leqslant\theta\leqslant 2\pi.$$

于是

$$\oint_C\frac{1}{(z-z_0)^{n+1}}\mathrm{d}z$$

$$=\int_0^{2\pi}\frac{\mathrm{i}r\mathrm{e}^{\mathrm{i}\theta}}{r^{n+1}\mathrm{e}^{\mathrm{i}(n+1)\theta}}\mathrm{d}\theta=\int_0^{2\pi}\frac{\mathrm{i}}{r^n\mathrm{e}^{\mathrm{i}n\theta}}\mathrm{d}\theta=\frac{\mathrm{i}}{r^n}\int_0^{2\pi}\mathrm{e}^{-\mathrm{i}n\theta}\mathrm{d}\theta.$$

$n=0$ 时, 积分结果为 $\mathrm{i}\int_0^{2\pi}\mathrm{d}\theta=2\pi\mathrm{i}$;

$n\neq 0$ 时, 积分结果为 $\frac{\mathrm{i}}{r^n}\int_0^{2\pi}(\cos n\theta-\mathrm{i}\sin n\theta)\mathrm{d}\theta=0$.

因此

$$\oint_C \frac{1}{(z-z_0)^{n+1}}\mathrm{d}z = \begin{cases} 2\pi\mathrm{i}, & n=0, \\ 0, & n\neq 0. \end{cases}$$

这个结论很重要,以后会常用到,希望读者熟记.

例 3.1.3 计算积分 $\oint_C \bar{z}\mathrm{d}z$, 其中, C(图 3.4)为

(1) 沿以 1 为中心,1 为半径的上半圆周从原点到点 2 的弧段 C_1;

(2) 从原点到点 2 的直线段 C_2.

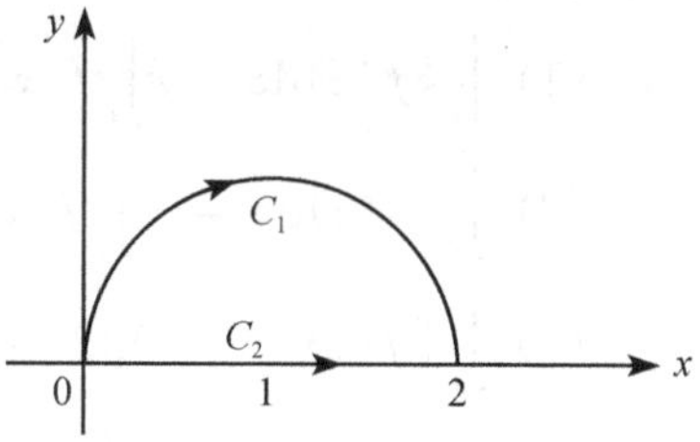

图 3.4

解 (1) C_1 的方程可写为

$$z = 1 + \mathrm{e}^{\mathrm{i}\theta},$$

θ 从 π 变到 0. 于是

$$\int_{C_1} \bar{z}\mathrm{d}z = \int_\pi^0 (1+\mathrm{e}^{-\mathrm{i}\theta})\mathrm{e}^{\mathrm{i}\theta}\mathrm{i}\mathrm{d}\theta = -\mathrm{i}\int_0^\pi (1+\mathrm{e}^{\mathrm{i}\theta})\mathrm{d}\theta$$
$$= -(\mathrm{e}^{\mathrm{i}\theta}+\mathrm{i}\theta)\Big|_0^\pi = 2-\pi\mathrm{i}.$$

(2) C_2 的方程可写为 $z=t, 0\leqslant t\leqslant 2$. 于是

$$\int_{C_2} \bar{z}\mathrm{d}z = \int_0^2 t\mathrm{d}t = \frac{1}{2}t^2\Big|_0^2 = 2.$$

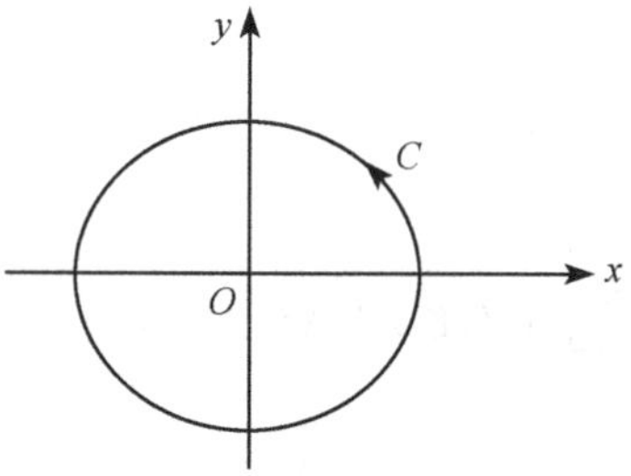

图 3.5

例 3.1.4 计算积分 $\oint_C |z-1|\mathrm{d}z$, 其中, C 为正向圆周 $|z|=1$(图 3.5).

解 $C: z=\mathrm{e}^{\mathrm{i}\theta}, 0\leqslant\theta\leqslant 2\pi$,

$$|z-1| = |(\cos\theta-1)+\mathrm{i}\sin\theta| = 2\left|\sin\frac{\theta}{2}\right|.$$

因此

$$\oint_C |z-1|\mathrm{d}z = \int_0^{2\pi} 2\left|\sin\frac{\theta}{2}\right|\mathrm{i}\mathrm{e}^{\mathrm{i}\theta}\mathrm{d}\theta$$
$$= \int_0^{2\pi} 2\mathrm{i}\sin\frac{\theta}{2}(\cos\theta+\mathrm{i}\sin\theta)\mathrm{d}\theta$$
$$= 2\mathrm{i}\int_0^{2\pi}\sin\frac{\theta}{2}\left(2\cos^2\frac{\theta}{2}-1\right)\mathrm{d}\theta - 4\int_0^{2\pi}\sin^2\frac{\theta}{2}\cos\frac{\theta}{2}\mathrm{d}\theta$$
$$= -4\mathrm{i}\int_0^{2\pi}\left(2\cos^2\frac{\theta}{2}-1\right)\mathrm{d}\left(\cos\frac{\theta}{2}\right) - 8\int_0^{2\pi}\sin^2\frac{\theta}{2}\mathrm{d}\left(\sin\frac{\theta}{2}\right)$$
$$= -4\mathrm{i}\left(\frac{2}{3}\cos^3\frac{\theta}{2}-\cos\frac{\theta}{2}\right)\Big|_0^{2\pi} - \frac{8}{3}\sin^3\frac{\theta}{2}\Big|_0^{2\pi} = -\frac{8}{3}\mathrm{i}.$$

二、复变函数积分的性质

由式(3.1.2)可知复积分的实部与虚部都是实函数的曲线积分，因此曲线积分的性质对复积分依然成立.

(1) $\int_C kf(z)\mathrm{d}z = k\int_C f(z)\mathrm{d}z$，$k$ 为复常数；　(3.1.4)

(2) $\int_{C^-} f(z)\mathrm{d}z = -\int_C f(z)\mathrm{d}z$；　(3.1.5)

(3) $\int_C [f(z) \pm g(z)]\mathrm{d}z = \int_C f(z)\mathrm{d}z \pm \int_C g(z)\mathrm{d}z$；　(3.1.6)

(4) $\int_{C_1+C_2} f(z)\mathrm{d}z = \int_{C_1} f(z)\mathrm{d}z + \int_{C_2} f(z)\mathrm{d}z$；　(3.1.7)

(5) 若在 C 上，$|f(z)| \leqslant M$，C 的长为 L，则

$$\left|\int_C f(z)\mathrm{d}z\right| \leqslant \int_C |f(z)| \mathrm{d}s \leqslant ML. \tag{3.1.8}$$

性质(1)～(4)的证明较为容易，留给读者. 下面只证性质(5).

事实上，$|\Delta z_k|$是 z_{k-1} 与 z_k 两点的距离，Δs_k 是 C 上 z_{k-1} 与 z_k 两点弧段的长，故

$$|\Delta z_k| \leqslant \Delta s_k,$$

从而有

$$\left|\sum_{k=1}^{n} f(\zeta_k)\Delta z_k\right| \leqslant \sum_{k=1}^{n} |f(\zeta_k)||\Delta z_k| \leqslant \sum_{k=1}^{n} |f(\zeta_k)| \Delta s_k.$$

两端取极限，得到

$$\left|\int_C f(z)\mathrm{d}z\right| \leqslant \int_C |f(z)| \mathrm{d}s.$$

又

$$\int_C |f(z)| \mathrm{d}s \leqslant M\int_C \mathrm{d}s = ML,$$

所以

$$\left|\int_C f(z)\mathrm{d}z\right| \leqslant \int_C |f(z)| \mathrm{d}s \leqslant ML.$$

例 3.1.5　设 C 为连接点 i 与 2+i 的直线段，证明 $\left|\int_C \frac{1}{z^2}\mathrm{d}z\right| \leqslant 2$.

证　C 的方程为 $z=\mathrm{i}+t$，$0\leqslant t\leqslant 2$. 在 C 上，

$$\left|\frac{1}{z^2}\right| = \frac{1}{|z|^2} = \frac{1}{1+t^2} \leqslant 1 \quad 且 \quad \int_C \mathrm{d}s = 2.$$

由积分估值不等式，得 $\left|\int_C \frac{dz}{z^2}\right| \leqslant \int_C \left|\frac{1}{z^2}\right| ds \leqslant \int_C ds = 2.$

3.2 柯西积分定理

一、柯西积分定理

由 3.1 节的例题可知，复积分 $\int_C f(z)dz$ 的值，不仅与被积函数 $f(z)$ 有关，而且还与积分路径有关. 在例 3.1.1 中，函数 $f(z)=z$ 沿连接起点 $z_1=0$ 与终点 $z_2=1+i$的不同路径的积分值都相同，即积分与路径无关. 在例 3.1.3 中，$f(z)=\bar{z}$ 沿连接起点 $z_1=0$ 与终点 $z_2=2$ 的不同路径的积分值不同，即积分与路径有关. 由此，提出了一个重要问题：函数 $f(z)$在什么条件下积分值与路径无关?

由式(3.1.2)知道，复变函数的积分可以化为两个实函数的线积分. 因此，复积分与路径无关的问题，就是实函数的线积分与路径无关的问题. 由于线积分与路径无关等价于线积分沿任一简单闭曲线的积分为零. 所以，复积分与路径无关的条件可以归结为沿任一简单闭曲线的积分为零的条件. 1825 年，法国数学家柯西(Cauchy) 解决了这一问题，人们称之为柯西积分定理，它是复变函数解析理论中最基本的定理.

定理 3.2.1(柯西积分定理) 设函数 $f(z)=u(x,y)+iv(x,y)$ 在单连通区域 D 内解析，则 $f(z)$沿 D 内的任一正向简单闭曲线 C 的积分为零，即 $\oint_C f(z)dz = 0$.

柯西积分定理的证明较烦琐. 1851 年，黎曼在附加"$f'(z)$在 D 内连续"的条件给出了如下的证明：

设 $f(z)=u(x,y)+iv(x,y)$，$\oint_C f(z)dz = \int_C u dx - v dy + i\int_C v dx + u dy$. 因为 $f'(z)$ 在 D 内连续，u_x, u_y, v_x, v_y 在 D 内连续，由柯西 - 黎曼条件知，$u_x = v_y, u_y = -v_x$. 由格林公式有 $\oint_C u dx - v dy = 0$，$\oint_C v dx + u dy = 0$，得 $\oint_C f(z)dz = 0$.

1900 年，古尔萨给出了柯西积分定理的另一种证明，这个证明无需将 $f(z)$分为实部与虚部，更重要的是省去了 $f'(z)$连续的假设，只是证明比较烦琐，故略去. 有兴趣的读者可参看有关《复变函数》教材中关于柯西积分定理的古尔萨证明.

有了柯西积分定理，就可以回答本节开始所提出的问题了.

定理 3.2.2 设 $f(z)$在单连通区域 D 内解析，z_0 与 z_1 为 D 内任意两点，C_1 与 C_2 为 D 内连接 z_0 与 z_1 的任意两条简单曲线，如图 3.6 所示，则

$$\int_{C_1} f(z)dz = \int_{C_2} f(z)dz.$$

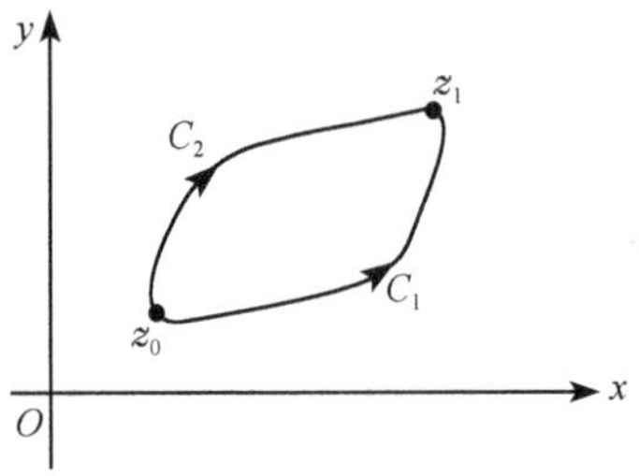

图 3.6

由定理 3.2.2 知，当 $f(z)$ 在单连通区域 D 内解析时，积分 $\int_C f(z)\mathrm{d}z$ 在 D 内与路径无关，仅与 C 的起点 z_0 与终点 z_1 有关.

例 3.2.1　计算积分 $\int_C \cos z\mathrm{d}z$，其中，C 是圆周 $|z+1|=1$ 的下半圆周，z 从 -2 到 0.

解　被积函数 $\cos z$ 在 z 平面上解析，故积分与路径无关，取 C_1 为实轴上从 -2 到 0 的直线，由定理 3.2.2，则有

$$\int_C \cos z\mathrm{d}z = \int_{C_1} \cos z\mathrm{d}z = \int_{-2}^{0} \cos z\mathrm{d}z = \sin 2.$$

二、柯西积分定理的推广

对于柯西积分定理，从两方面对其进行推广：将 C 在区域 D 内减弱为 C 是 D 的边界；将有界单连通区域推广为有界多连通区域. 为此有下述结果.

定理 3.2.3　设 C 为一条正向简单闭曲线，D 是 C 的内部，$f(z)$ 在 D 内解析，在闭区域 $\overline{D}=D+C$ 上连续，则

$$\oint_C f(z)\mathrm{d}z = 0.$$

定理 3.2.4　设 C_1 与 C_2 是两条正向简单闭曲线，C_2 在 C_1 内部，$f(z)$ 在由 C_1，C_2 所围成的多连通区域 D 内解析，在闭区域 $\overline{D}=D+C_1+C_2$ 上连续，则

$$\oint_{C_1} f(z)\mathrm{d}z = \oint_{C_2} f(z)\mathrm{d}z. \tag{3.2.1}$$

证　在 D 内作简单光滑弧 $\widehat{AA'}$，$\widehat{BB'}$，连接 C_1，C_2(图 3.7)，将区域 D 分为两个单连通区域 D_1，D_2. D_1 的边界为 $L_1=AA'FB'BHA$，D_2 边界为 $L_2=AEBB'PA'A$. 则 $f(z)$ 在 D_1 与 D_2 内解析，在 $\overline{D}_1$ 和 $\overline{D}_2$ 上连续，

由定理 3.2.3，得

$$\oint_{L_1} f(z)\mathrm{d}z = 0,\quad \oint_{L_2} f(z)\mathrm{d}z = 0.$$

又由于

$$\int_{\widehat{AA'}} f(z)\mathrm{d}z + \int_{\widehat{A'A}} f(z)\mathrm{d}z = 0,$$

$$\int_{\widehat{BB'}} f(z)\mathrm{d}z + \int_{\widehat{B'B}} f(z)\mathrm{d}z = 0.$$

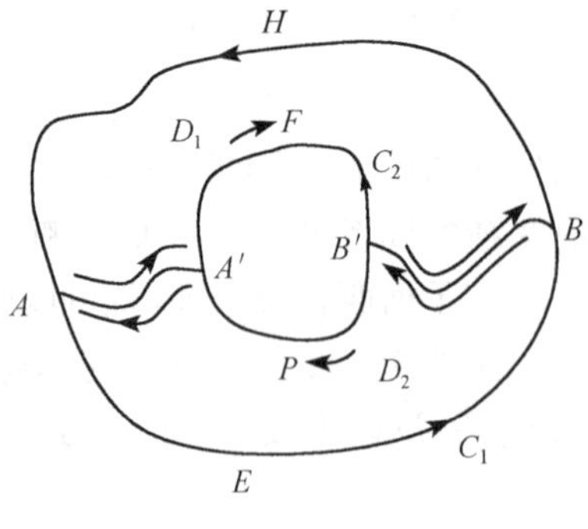

图 3.7

因此

$$\oint_{L_1} f(z)\mathrm{d}z+\oint_{L_2} f(z)\mathrm{d}z=\oint_{C_1} f(z)\mathrm{d}z+\oint_{C_2^-} f(z)\mathrm{d}z=0,$$

从而得

$$\oint_{C_1} f(z)\mathrm{d}z=\oint_{C_2} f(z)\mathrm{d}z.$$

式(3.2.1)说明，在区域内的一个解析函数 $f(z)$ 沿闭曲线的积分，不因闭曲线在区域内作连续变形而改变它的值，只要在变形过程中不经过 $f(z)$ 不解析的点. 这一事实，称为**闭路变形原理**.

用与证明定理 3.2.4 同样的方法，可以证明

定理 3.2.5(复合闭路定理) 设 C 为多连通区域 D 内的一条简单闭曲线，$C_1,C_2,\cdots,C_n$ 是在 C 内部的简单闭曲线，它们互不包含也互不相交，并且以 C，$C_1,\cdots,C_n$ 为边界的区域含于 D(图 3.8)，如果 $f(z)$ 在 D 内解析，在 $\overline{D}$ 上连续则有

$$\oint_C f(z)\mathrm{d}z=\sum_{k=1}^{n}\oint_{C_k} f(z)\mathrm{d}z, \quad (3.2.2)$$

其中，C 及 C_k 均取正方向；或写成

$$\oint_\Gamma f(z)\mathrm{d}z=0, \quad (3.2.3)$$

其中，Γ 为由 C 及 C_k^- $(k=1,2,\cdots,n)$ 组成的复合闭路(其方向是 C 按逆时针绕行，C_k^- 按顺时针绕行).

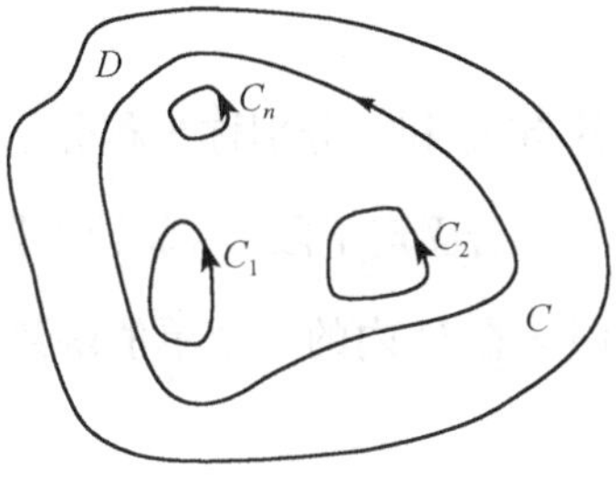

图 3.8

由例 3.1.2 知，当 C 为以 z_0 为心的正向圆周时，$\oint_C \frac{1}{z-z_0}\mathrm{d}z=2\pi\mathrm{i}$. 因此对于包含 z_0 的任意正向简单闭曲线 Γ，可作以 z_0 为心且含于 Γ 内的正向圆周 K，根据闭路变形原理，则有

$$\oint_\Gamma \frac{\mathrm{d}z}{z-z_0}=\oint_K \frac{\mathrm{d}z}{z-z_0}=2\pi\mathrm{i}.$$

例 3.2.2 计算 $\oint_C \frac{2z+1}{z^2+z}\mathrm{d}z$，其中，$C$ 为包含 -1 与 0 的正向简单闭曲线.

解 被积函数 $f(z)=\frac{2z+1}{z^2+z}$ 在 C 内除 $z_1=-1$ 和 $z_2=0$ 两个奇点外处处解析. 在 C 内作两个互不包含也互不相交的正向圆周 C_1 与 C_2，C_1 只含奇点 $z_1=-1$，C_2 只含奇点 $z_2=0$(图 3.9). 由复合闭路定理，得

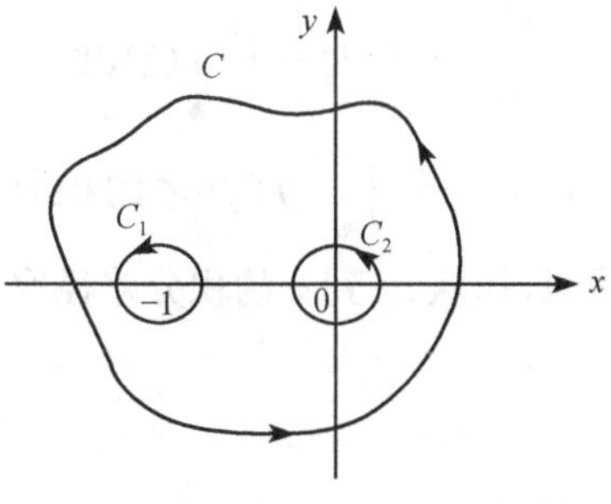

图 3.9

$$\oint_C \frac{2z+1}{z^2+z}dz=\oint_{C_1} \frac{2z+1}{z^2+z}dz+\oint_{C_2} \frac{2z+1}{z^2+z}dz$$

$$=\oint_{C_1} \frac{1}{z}dz+\oint_{C_1} \frac{1}{z+1}dz+\oint_{C_2} \frac{1}{z}dz+\oint_{C_2} \frac{1}{z+1}dz$$

$$=0+2\pi i+2\pi i+0=4\pi i.$$

三、原函数与不定积分

由定理 3.2.2 可知，如果 $f(z)$在单连通区域 D 内解析，则对 D 内的简单曲线C,积分$\int_C f(\zeta)d\zeta$只与C 的起点 z_0 和终点 z 有关,而与 C 的路径无关，可将其写成

$$\int_{z_0}^{z} f(\zeta)d\zeta,$$

并将 z_0 和 z 分别称为积分下限和上限.

若固定下限 z_0,而让上限 z 在区域D 内变动，则积分$\int_{z_0}^{z} f(\zeta)d\zeta$便给出了上限$z$ 在D 内的一个单值函数,将其记为

$$F(z)=\int_{z_0}^{z} f(\zeta)d\zeta. \tag{3.2.4}$$

对 $F(z)$,有如下重要性质.

定理 3.2.6　如果 $f(z)$在单连通区域D 内解析，则变上限积分所确定的函数

$$F(z)=\int_{z_0}^{z} f(\zeta)d\zeta$$

也在区域D 内解析,并且 $F'(z)=f(z)$.

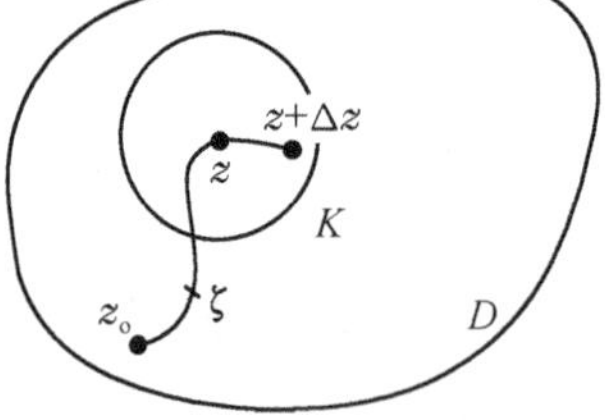

图 3.10

证　设 z 为D 内任意一点，以 z 为中心作含于D 内的小圆K，取$|\Delta z|$充分小，使 $z+\Delta z$ 在K 内(图 3.10)，则

$$F(z+\Delta z)-F(z)=\int_{z_0}^{z+\Delta z} f(\zeta)d\zeta-\int_{z_0}^{z} f(\zeta)d\zeta.$$

由于积分与路径无关,因此积分$\int_{z_0}^{z+\Delta z} f(\zeta)d\zeta$的积分路径可取先从 z_0 到 z，然后再从 z 到$z+\Delta z$ 的直线段,而从 z_0 到 z 的积分路径取得跟积分$\int_{z_0}^{z} f(\zeta)d\zeta$的积分路径相同. 于是有

$$F(z+\Delta z)-F(z)=\int_{z}^{z+\Delta z} f(\zeta)d\zeta.$$

又因为

$$\int_{z}^{z+\Delta z} f(z)\mathrm{d}\zeta = f(z)\int_{z}^{z+\Delta z}\mathrm{d}\zeta = f(z)\Delta z,$$

从而有

$$\frac{F(z+\Delta z)-F(z)}{\Delta z} - f(z) = \frac{1}{\Delta z}\int_{z}^{z+\Delta z}(f(\zeta)-f(z))\mathrm{d}\zeta.$$

因为 $f(z)$在 D 内解析，从而在 D 内连续，所以对任意给定的 $\varepsilon>0$,存在 $\delta>0$,当$|\xi-z|<\delta$时，就有$|f(\zeta)-f(z)|<\varepsilon$，因此取 K 的半径小于δ 时，就有

$$\begin{aligned}&\left|\frac{F(z+\Delta z)-F(z)}{\Delta z} - f(z)\right| \\ =& \frac{1}{|\Delta z|}\left|\int_{z}^{z+\Delta z}[f(\zeta)-f(z)]\mathrm{d}\zeta\right| \\ \leqslant& \frac{1}{|\Delta z|}\int_{z}^{z+\Delta z}|f(\zeta)-f(z)|\,\mathrm{d}s < \frac{1}{|\Delta z|}\varepsilon\,|\Delta z| = \varepsilon.\end{aligned}$$

故

$$\lim_{\Delta z\to 0}\left|\frac{F(z+\Delta z)-F(z)}{\Delta z} - f(z)\right| = 0,$$

所以 $F'(z)=f(z)$.

基于定理 3.2.6,给出原函数的概念 .

定义 3.2.1 设在单连通区域 D 内，函数 $F(z)$的导数等于 $f(z)$，则称 $F(z)$是 $f(z)$在单连通区域 D 内一个的原函数.

容易证明，如果 $F(z)$是 $f(z)$在单连通区域内的一个原函数，则对于任意复常数 C，$F(z)+C$ 也是 $f(z)$在区域 D 内的原函数，称其为 $f(z)$的不定积分，记作

$$\int f(z)\mathrm{d}z = F(z)+C.$$

利用两个原函数之差为常数的性质，可以推得与牛顿-莱布尼茨公式类似的解析函数的积分计算公式.

定理 3.2.7 设 $f(z)$在单连通区域 D 内解析,$F(z)$为 $f(z)$的一个原函数，z_0,z_1 为区域 D 内的两点,则

$$\int_{z_0}^{z_1} f(z)\mathrm{d}z = F(z_1)-F(z_0) = F(z)\Big|_{z_0}^{z_1}. \tag{3.2.5}$$

此外,还可得到复变函数的分部积分公式.

定理 3.2.8 设 $f(z)$，$g(z)$ 在单连通区域 D 内解析,z_0,z_1 为区域 D 内两点，则有

$$\int_{z_0}^{z_1} f(z)g'(z)\mathrm{d}z = f(z)g(z)\Big|_{z_0}^{z_1} - \int_{z_0}^{z_1} f'(z)g(z)\mathrm{d}z. \tag{3.2.6}$$

定理 3.2.7,定理 3.2.8 的证明留给读者.

例 3.2.3　计算积分 $\int_a^b z^n \mathrm{d}z, n = 1,2,\cdots; a, b$ 为有限复数.

解　$z^n(n=1,2,\cdots)$在复平面内处处解析，故

$$\int_a^b z^n \mathrm{d}z = \frac{1}{n+1}z^{n+1}\Big|_a^b = \frac{1}{n+1}(b^{n+1} - a^{n+1}).$$

例 3.2.4　计算积分 $\int_{-\mathrm{i}}^{\mathrm{i}} \ln(1+z)\mathrm{d}z$.

解　因为 $\ln(1+z)$在全平面除去负实轴上从 -1 到 ∞ 的区域 D 内解析，且 D 是单连通区域，$-\mathrm{i}$ 与 i 在 D 内,由式(3.2.6)可得

$$\begin{aligned}\int_{-\mathrm{i}}^{\mathrm{i}} \ln(1+z)\mathrm{d}z &= z\ln(1+z)\Big|_{-\mathrm{i}}^{\mathrm{i}} - \int_{-\mathrm{i}}^{\mathrm{i}} \frac{z}{1+z}\mathrm{d}z \\ &= \mathrm{i}\ln(1+\mathrm{i}) + \mathrm{i}\ln(1-\mathrm{i}) - \int_{-\mathrm{i}}^{\mathrm{i}}\left(1 - \frac{1}{1+z}\right)\mathrm{d}z \\ &= \mathrm{i}\ln(1+\mathrm{i}) + \mathrm{i}\ln(1-\mathrm{i}) - [z - \ln(1+z)]_{-\mathrm{i}}^{\mathrm{i}} \\ &= \mathrm{i}\ln(1+\mathrm{i}) + \mathrm{i}\ln(1-\mathrm{i}) - 2\mathrm{i} + \ln(1+\mathrm{i}) - \ln(1-\mathrm{i}) \\ &= \left(-2 + \ln 2 + \frac{\pi}{2}\right)\mathrm{i}.\end{aligned}$$

3.3　柯西积分公式

设 $f(z)$在单通区域 D 内解析,z_0 为 D 内一点，C 是 D 内围绕 z_0 的一条正向简单闭曲线，由柯西积分定理知，$f(z)$ 沿 C 的积分为零. 下面考虑积分 $\oint_C \frac{f(z)}{z-z_0}\mathrm{d}z$，由于被积函数 $\frac{f(z)}{z-z_0}$ 在 C 上连续，故积分存在;又因为 $\frac{f(z)}{z-z_0}$ 在 z_0 不解析，因此积分 $\oint_C \frac{f(z)}{z-z_0}\mathrm{d}z$ 不一定为零. 以 z_0 为中心，作含于 C 的正向圆周 C_ρ: $|z-z_0|=\rho$，由闭路变形原理，则有

$$\oint_C \frac{f(z)}{z-z_0}\mathrm{d}z = \oint_{C_\rho} \frac{f(z)}{z-z_0}\mathrm{d}z.$$

由 $f(z)$的连续性,当 C_ρ 的半径 ρ 充分小时，右端的积分将接近于

$$\oint_{C_\rho} \frac{f(z_0)}{z-z_0}\mathrm{d}z = f(z_0)\oint_{C_\rho} \frac{1}{z-z_0}\mathrm{d}z = 2\pi\mathrm{i}f(z_0).$$

为此,有如下的定理.

定理 3.3.1(柯西积分公式) 设 $f(z)$在区域 D 内解析,C 为 D 内的任意一条正向简单闭曲线,C 的内部完全含于 D,z_0 为 C 内的任意一点,则

$$f(z_0)=\frac{1}{2\pi i}\oint_C \frac{f(z)}{z-z_0}dz. \tag{3.3.1}$$

证 因为 $f(z)$在 z_0 连续，故对任意给定的$\varepsilon>0$，存在 $\delta>0$，当$|z-z_0|<\delta$时，$|f(z)-f(z_0)|<\varepsilon$，以 z_0 为圆心,R 为半径作完全含于 C 内的正向圆周 K:$|z-z_0|=R$ 且 $R<\delta$(图 3.11). 于是

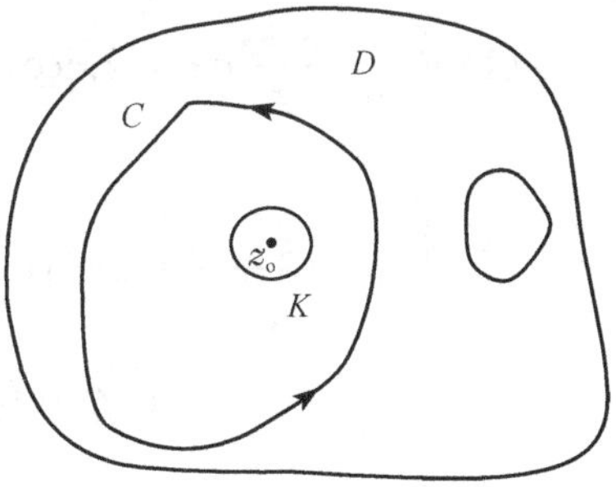

图 3.11

$$\begin{aligned}\oint_C \frac{f(z)}{z-z_0}dz&=\oint_K \frac{f(z)}{z-z_0}dz\\&=\oint_K \frac{f(z_0)}{z-z_0}dz+\oint_K \frac{f(z)-f(z_0)}{z-z_0}dz\\&=2\pi i f(z_0)+\oint_K \frac{f(z)-f(z_0)}{z-z_0}dz,\end{aligned}$$

从而

$$\begin{aligned}\left|\oint_C \frac{f(z)}{z-z_0}dz-2\pi i f(z_0)\right|&=\left|\oint_K \frac{f(z)-f(z_0)}{z-z_0}dz\right|\\&\leqslant\oint_K \frac{|f(z)-f(z_0)|}{|z-z_0|}ds<\frac{\varepsilon}{R}2\pi R=2\pi\varepsilon.\end{aligned}$$

由 $\varepsilon>0$ 的任意性知,$\oint_C \frac{f(z)}{z-z_0}dz-2\pi i f(z_0)=0$，即式(3.3.1)成立.

当 $f(z)$在简单闭曲线 C 所围成的区域内及 C 上解析时，式(3.3.1)仍然成立.

公式 (3.3.1) 称为柯西积分公式. 这个公式告诉我们,解析函数在区域边界上的值一旦确定了,函数在区域内任一点的值也就确定了. 柯西积分公式不但提供了计算某些复变函数沿闭路积分的一种方法,而且给出了解析函数的一个积分表达式,为进一步研究解析函数提供了有力的工具.

关于柯西积分公式,不加证明地给出两个重要推论.

推论 3.3.1(平均值定理) 若 $f(z)$在闭圆$|z-z_0|\leqslant r$ 上解析,则

$$f(z_0)=\frac{1}{2\pi}\int_0^{2\pi} f(z_0+re^{i\theta})d\theta. \tag{3.3.2}$$

推论 3.3.2 如果 $f(z)$在由正向简单闭曲线 C_1, C_2 所围成的闭域 $\overline{D}$ 上解析,z_0 为 D 内一点，则

$$f(z_0)=\frac{1}{2\pi i}\oint_{C_1} \frac{f(z)}{z-z_0}dz-\frac{1}{2\pi i}\oint_{C_2} \frac{f(z)}{z-z_0}dz, \tag{3.3.3}$$

其中,C_2 在 C_1 的内部.

例 3.3.1　求下列积分的值(圆周均取正向):

(1) $\oint_{|z|=1}\frac{\cos z}{z}dz$;　　(2) $\oint_{|z|=2}\frac{z}{(9+z^2)(z-i)}dz$.

解　由式(3.3.1),得

(1) $\oint_{|z|=1}\frac{\cos z}{z}dz=2\pi i\cos z\big|_{z=0}=2\pi i$;

(2) $\oint_{|z|=2}\frac{z}{(9+z^2)(z-i)}dz=\oint_{|z|=2}\frac{\frac{z}{9+z^2}}{(z-i)}dz=2\pi i\frac{z}{9+z^2}\bigg|_{z=i}=-\frac{\pi}{4}$.

3.4　解析函数的高阶导数

在高等数学中，一元实函数一阶导数的存在，并不能保证高阶导数的存在.在这一节中,将证明复变函数的一个良好性质:解析函数的导数仍是解析函数.

在式(3.3.1)中将 z_0 记为 z，柯西积分公式可表示为

$$f(z)=\frac{1}{2\pi i}\oint_C\frac{f(\xi)}{\xi-z}d\xi.$$

假定求导运算与积分运算可以交换，上式两端对 z 求各阶导数，则有

$$f'(z)=\frac{1}{2\pi i}\oint_C\frac{d}{dz}\left(\frac{f(\xi)}{\xi-z}\right)d\xi=\frac{1}{2\pi i}\oint_C\frac{f(\xi)}{(\xi-z)^2}d\xi,$$

$$f''(z)=\frac{2!}{2\pi i}\oint_C\frac{f(\xi)}{(\xi-z)^3}d\xi,$$

$$\vdots$$

$$f^{(n)}(z)=\frac{n!}{2\pi i}\oint_C\frac{f(\xi)}{(\xi-z)^{n+1}}d\xi.$$

定理 3.4.1　设函数 $f(z)$在正向简单闭曲线 C 所围成的闭区域 $\overline{D}$ 上解析,则 $f(z)$的各阶导数均在 D 内解析,对 D 内任意点 z,其 n 阶导数为

$$f^{(n)}(z)=\frac{n!}{2\pi i}\oint_C\frac{f(\xi)}{(\xi-z)^{n+1}}d\xi,\quad n=1,2,\cdots.\tag{3.4.1}$$

证　先证 $n=1$ 的情形.由柯西积分公式有

$$\frac{f(z+\Delta z)-f(z)}{\Delta z}=\frac{1}{2\pi i\Delta z}\oint_C f(\xi)\left[\frac{1}{\xi-z-\Delta z}-\frac{1}{\xi-z}\right]d\xi$$

$$=\frac{1}{2\pi i}\oint_C f(\xi)\frac{1}{(\xi-z-\Delta z)(\xi-z)}d\xi$$

$$= \frac{1}{2\pi i}\oint_C \frac{f(\xi)}{(\xi - z)^2}d\xi + \frac{1}{2\pi i}\oint_C \frac{\Delta z f(\xi)}{(\xi - z - \Delta z)(\xi - z)^2}d\xi.$$

因此

$$\frac{f(z+\Delta z)-f(z)}{\Delta z} - \frac{1}{2\pi i}\oint_C \frac{f(\xi)}{(\xi - z)^2}d\xi = \frac{\Delta z}{2\pi i}\oint_C \frac{f(\xi)}{(\xi - z - \Delta z)(\xi - z)^2}d\xi.$$

对上式右端作以下估计，因为 $f(\xi)$ 在 C 上解析，故连续，从而有界. 可设 M 是 $|f(\xi)|$ 在 C 上的最大值，又设 d 是点 z 到 C 上各点的最短距离，并取 $|\Delta z| < \frac{d}{2}$ (图 3.12)，于是当 ξ 在 C 上时，有 $|\xi - z| \geqslant d$，$|\xi - z - \Delta z| \geqslant |\xi - z| - |\Delta z| > \frac{d}{2}$.

因此

$$\left|\frac{f(z+\Delta z)-f(z)}{\Delta z} - \frac{1}{2\pi i}\oint_C \frac{f(\xi)}{(\xi - z)^2}d\xi\right|$$
$$\leqslant \frac{|\Delta z|}{2\pi}\oint_C \frac{|f(\xi)|}{|\xi - z - \Delta z||\xi - z|^2}ds \leqslant \frac{|\Delta z|}{2\pi}\frac{2ML}{d^3},$$

其中，L 是 C 的长度. $\Delta z \to 0$ 时，上式右端趋于零，从而得

$$f'(z) = \lim_{\Delta z \to 0}\frac{f(z+\Delta z)-f(z)}{\Delta z} = \frac{1}{2\pi i}\oint_C \frac{f(\xi)}{(\xi - z)^2}d\xi,$$

即 $n=1$ 时，式(3.4.1)成立.

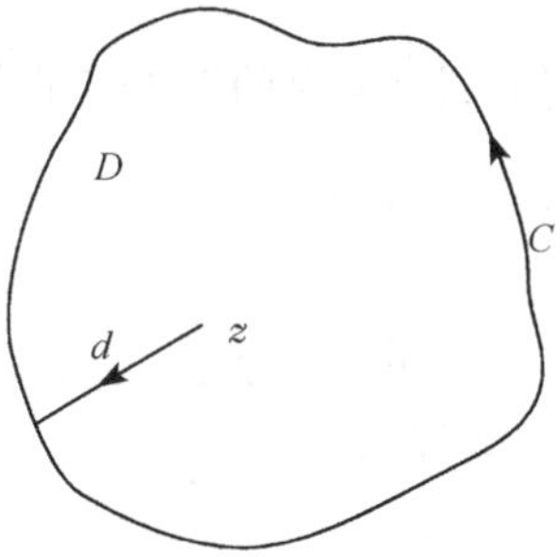

图 3.12

利用数学归纳法及推导 $n=1$ 时类似的作法，可以求得

$$f^{(n)}(z) = \frac{n!}{2\pi i}\oint_C \frac{f(\xi)}{(\xi - z)^{n+1}}d\xi.$$

***推论 3.4.1** 设 $f(z)$ 在 z 平面上的区域 D 内解析，则 $f(z)$ 在 D 内具有任意阶导数，并且 $f(z)$ 的任意阶导数都在 D 内解析.

推论 3.4.1 揭示了解析函数一个深刻的性质：若函数 $f(z)=u(x,y)+iv(x,y)$ 在区域 D 内解析，则 $f(z)$ 在区域 D 内有任意阶导数 $f^{(k)}(z)$，且各阶导数 $f^{(k)}(z)$ 均在区域 D 内解析，从而 $f(z)$ 的实部 $u(x,y)$ 与虚部 $v(x,y)$ 在区域 D 内有任意阶连续偏导数. 这与实函数有本质上的区别. 一个实函数 $f(x)$ 在某区间内一阶可导，但其导函数 $f'(x)$ 未必在该区间内连续，更谈不上二阶及任意阶导数存在了.

式(3.4.1)称为解析函数的高阶导数公式. 高阶导数的作用在于通过求导来求

积分

$$\oint_C \frac{f(z)}{(z-z_0)^{n+1}}\mathrm{d}z = \frac{2\pi \mathrm{i}}{n!} f^{(n)}(z)\big|_{z=z_0},$$

从而开辟了计算积分 $\oint_C \frac{f(z)}{(z-z_0)^{n+1}}\mathrm{d}z$ 的新途径.

应用上述定理,可以得出解析函数的无穷可微性这一重要性质.

例 3.4.1　求下列积分的值,圆周均取正向:

(1) $\oint_{|z-\mathrm{i}|=1} \frac{\cos z}{(z-\mathrm{i})^3}\mathrm{d}z$;　　　(2) $\oint_{|z|=4} \frac{\mathrm{e}^z}{z^2(z-1)^2}\mathrm{d}z$.

解　(1) 函数 $\frac{\cos z}{(z-\mathrm{i})^3}$ 在 $|z-\mathrm{i}|=1$ 内 $z_0=\mathrm{i}$ 处不解析,但 $f(z)=\cos z$ 在 $|z-\mathrm{i}|=1$ 内处处解析,由式(3.4.1)得

$$\oint_{|z-\mathrm{i}|=1} \frac{\cos z}{(z-\mathrm{i})^3}\mathrm{d}z = \frac{2\pi \mathrm{i}}{2!}(\cos z)''\big|_{z=\mathrm{i}} = -\pi \mathrm{i}\cos \mathrm{i} = -\frac{\pi \mathrm{i}}{2}(\mathrm{e}^{-1}+\mathrm{e}).$$

(2) 函数 $\frac{\mathrm{e}^z}{z^2(z-1)^2}$ 在 $|z|=4$ 内 $z=0,1$ 处不解析,分别以 $z=0, z=1$ 为心作 $|z|=4$ 内的两个正向圆周 $|z|=\frac{1}{3}$ 与 $|z-1|=\frac{1}{3}$,则由复合闭路定理及式(3.4.1)得

$$\oint_{|z|=4} \frac{\mathrm{e}^z}{z^2(z-1)^2}\mathrm{d}z = \oint_{|z|=\frac{1}{3}} \frac{\frac{\mathrm{e}^z}{(z-1)^2}}{z^2}\mathrm{d}z + \oint_{|z-1|=\frac{1}{3}} \frac{\frac{\mathrm{e}^z}{z^2}}{(z-1)^2}\mathrm{d}z$$

$$= 2\pi \mathrm{i}\left[\left(\frac{\mathrm{e}^z}{(z-1)^2}\right)'\bigg|_{z=0} + \left(\frac{\mathrm{e}^z}{z^2}\right)'\bigg|_{z=1}\right] = 2\pi(3-\mathrm{e})\mathrm{i}.$$

例 3.4.2(Morera 定理)　设 $f(z)$ 在单连通区域 D 内连续,且对 D 内任一条正向简单闭曲线 C 都有 $\oint_C f(z)\mathrm{d}z = 0$,证明:$f(z)$ 在 D 内解析.

证　设 z_0 是 D 内的固定点,z 是 D 内任意一点,则积分 $\int_{z_0}^{z} f(\xi)\mathrm{d}\xi$ 的值与连接 z_0 与 z 的路径无关,它确定了 D 内的一个单值函数

$$F(z) = \int_{z_0}^{z} f(\zeta)\mathrm{d}\zeta.$$

用证明定理 3.2.6 同样的方法,可以证明

$$F'(z) = f(z),$$

因此 $F(z)$ 是 D 内的解析函数,从而 $f(z)$ 作为 $F(z)$ 的导数,在 D 内解析.

此定理显然是柯西定理的逆定理. 它表明解析函数就是沿单连通区域内任意一条简单闭曲线积分为零的连续函数.

3.5　解析函数与调和函数的关系

3.4 节定理说明,在区域内 D 的解析函数具有任意阶导数且其各阶导数仍为解析函数. 下面讨论解析函数与调和函数之间的关系.

定义 3.5.1　若二元实函数 $\varphi(x,y)$ 在区域 D 内有连续的二阶偏导数，且满足拉普拉斯(Laplace)方程 $\frac{\partial^2\varphi}{\partial x^2}+\frac{\partial^2\varphi}{\partial y^2}=0$，则称 $\varphi(x,y)$ 为区域 D 内的调和函数.

关于调和函数与解析函数的关系,有下述定理.

定理 3.5.1　在区域 D 内解析的函数，其实部和虚部都是 D 内的调和函数.

证　设 $f(z)=u(x,y)+\mathrm{i}v(x,y)$ 是 D 内的一个解析函数，则在 D 内有

$$\frac{\partial u}{\partial x}=\frac{\partial v}{\partial y},\quad \frac{\partial u}{\partial y}=-\frac{\partial v}{\partial x},$$

从而

$$\frac{\partial^2 u}{\partial x^2}=\frac{\partial^2 v}{\partial y\partial x},\quad \frac{\partial^2 u}{\partial y^2}=-\frac{\partial^2 v}{\partial x\partial y}.$$

根据解析函数高阶导数公式，u 与 v 具有任意阶连续偏导数，因此

$$\frac{\partial^2 v}{\partial y\partial x}=\frac{\partial^2 v}{\partial x\partial y},$$

从而

$$\frac{\partial^2 u}{\partial x^2}+\frac{\partial^2 u}{\partial y^2}=0.$$

同理可得

$$\frac{\partial^2 v}{\partial x^2}+\frac{\partial^2 v}{\partial y^2}=0,$$

故 u 与 v 均是 D 内的调和函数.

定义 3.5.2　若 $f(z)=u+\mathrm{i}v$ 是区域 D 内的解析函数,则称 v 为 u 的共轭调和函数.

下面来讨论这样一些问题：

(1) 若 u,v 是 D 内任意的两个调和函数，那么 $u+\mathrm{i}v$ 在 D 内是否一定解析?

(2) 若 v 是 u 的共轭调和函数,那么 u 是否为 v 的共轭调和函数?

(3) 已知调和函数 v(或 u),如何构造解析函数 $f(z)=u+\mathrm{i}v$?

首先来看第 1 个问题. 由第 2 章可知，若 $u+\mathrm{i}v$ 在 D 内解析，u 及 v 必须满足柯西-黎曼条件，即 v 应是 u 的共轭调和函数.

其次来看第 2 个问题. 假如 v 是 u 的共轭调和函数，则 $u+\mathrm{i}v$ 是一个解析函数，由柯西-黎曼条件知，有 $u_x=v_y, u_y=-v_x$；同样假如 u 是 v 的共轭调和函数，则 $v+\mathrm{i}u$ 也是一个解析函数，由柯西-黎曼条件知 $v_x=u_y, v_y=-u_x$，显然两者不能同时成立，也就是说，u, v 共轭调和函数地位不可互换. 请读者思考一下：$-u$ 是否是 v 的共轭调和函数？

对于第 3 个问题，结合例题来介绍构造解析函数的几种方法.

一、偏积分法

例 3.5.1　证明：$u(x,y)=y^3-3x^2y$ 是实平面上的调和函数，并求其共轭调和函数 $v(x,y)$ 及解析函数 $f(z)=u+\mathrm{i}v$.

解　(1) 由于

$$\frac{\partial u}{\partial x}=-6xy,\quad \frac{\partial u}{\partial y}=3y^2-3x^2,\quad \frac{\partial^2 u}{\partial x^2}=-6y,\quad \frac{\partial^2 u}{\partial y^2}=6y,$$

故

$$\frac{\partial^2 u}{\partial^2 x}+\frac{\partial^2 u}{\partial^2 y}=0.$$

因此，$u(x,y)$ 为实平面上的调和函数.

(2) 由 $\dfrac{\partial v}{\partial x}=-\dfrac{\partial u}{\partial y}=3x^2-3y^2$ 得

$$v=\int(3x^2-3y^2)\mathrm{d}x=x^3-3y^2x+g(y).$$

再由 $\dfrac{\partial v}{\partial y}=\dfrac{\partial u}{\partial x}$ 得

$$-6xy+g'(y)=-6xy.$$

故 $g'(y)=0, g(y)=c$. 从而 $v(x,y)=x^3-3xy^2+c$. 于是可得解析函数

$$f(z)=y^3-3x^2y+\mathrm{i}(x^3-3xy^2+c)=\mathrm{i}(z^3+c).$$

若已知调和函数 $v(x,y)$，利用柯西-黎曼方程，用例 3.5.1 的方法，可求得调和函数 $u(x,y)$，从而构造解析函数 $f(z)=u(x,y)+\mathrm{i}v(x,y)$.

二、线积分法

若 D 是一个单连通区域，u 是 D 内的已知调和函数，则 u 在 D 内具有二阶连续偏导数，且

$$\frac{\partial^2 u}{\partial^2 x}+\frac{\partial^2 u}{\partial^2 y}=0, \quad 即 \quad \frac{\partial}{\partial x}\left(\frac{\partial u}{\partial x}\right)=\frac{\partial}{\partial y}\left(-\frac{\partial u}{\partial y}\right).$$

由高等数学知$\frac{\partial u}{\partial x}\mathrm{d}y-\frac{\partial u}{\partial y}\mathrm{d}x$是一个二元函数$v$的全微分$\mathrm{d}v=\frac{\partial u}{\partial x}\mathrm{d}y-\frac{\partial u}{\partial y}\mathrm{d}x$. 对$D$内的定点$(x_0,y_0)$及$D$内的动点$(x,y)$有

$$v=\int_{(x_0,y_0)}^{(x,y)}\frac{\partial u}{\partial x}\mathrm{d}y-\frac{\partial u}{\partial y}\mathrm{d}x+c.$$

于是v便是u的共轭调和函数,$f(z)=u+\mathrm{i}v$就是区域D内的解析函数. 这种方法称为线积分法.

例 3.5.2 已知调和函数$u=\mathrm{e}^x\cos y+x+y$, 求解析函数$f(z)=u(x,y)+\mathrm{i}v(x,y)$, 且满足条件$f(0)=1$.

解

$$\frac{\partial u}{\partial x}=\mathrm{e}^x\cos y+1, \quad \frac{\partial u}{\partial y}=-\mathrm{e}^x\sin y+1.$$

取(x_0,y_0)为$(0,0)$,积分路径取为从$(0,0)$到$(x,0)$再到(x,y)的折线, 则

$$\begin{aligned}v&=\int_{(0,0)}^{(x,y)}(\mathrm{e}^x\sin y-1)\mathrm{d}x+(\mathrm{e}^x\cos y+1)\mathrm{d}y+c\\&=\int_0^x(-1)\mathrm{d}x+\int_0^y(\mathrm{e}^x\cos y+1)\mathrm{d}y+c\\&=\mathrm{e}^x\sin y-x+y+c.\end{aligned}$$

于是

$$f(z)=\mathrm{e}^x\cos y+x+y+\mathrm{i}(\mathrm{e}^x\sin y-x+y+c)=\mathrm{e}^z+(1-\mathrm{i})z+\mathrm{i}c.$$

由条件$f(0)=1$得$c=0$. 故所求解析函数为$f(z)=\mathrm{e}^z+(1-\mathrm{i})z$.

三、不定积分法

由于解析函数$f(z)=u(x,y)+\mathrm{i}v(x,y)$的导数$f'(z)$还是解析函数, 并且

$$f'(z)=u_x+\mathrm{i}v_x=u_x-\mathrm{i}u_y=v_y+\mathrm{i}v_x.$$

当已知单连通区域D内的调和函数$u(x,y)$或$v(x,y)$时,可将$f'(z)$表示成z的函数, 此时有

$$f'(z)=u_x-\mathrm{i}u_y=U(z) \quad 或 \quad f'(z)=v_y+\mathrm{i}v_x=V(z).$$

在D内求不定积分,则得

$$f(z)=\int U(z)\mathrm{d}z \quad 或 \quad f(z)=\int V(z)\mathrm{d}z.$$

这种在单连通区域D内求解析函数$f(z)$的方法称为不定积分法.

在 $f'(z)=u_x-\mathrm{i}u_y$ 或 $f'(z)=v_y+\mathrm{i}v_x$ 中可取 $y=0,x=z$ 而得 $f'(z)=U(z)$ 或 $f'(z)=V(z)$. 已知 $v(x,y)$ 时，积分常数为实数，而已知 $u(x,y)$ 时，积分常数为纯虚数.

例 3.5.3　已知 $u(x,y)=x^3-3xy^2$，求解析函数 $f(z)=u(x,y)+\mathrm{i}v(x,y)$.

解　易知 $u(x,y)$ 是全平面上的调和函数,且

$$f'(z)=u_x-\mathrm{i}u_y=3x^2-3y^2+6xy\mathrm{i}=3z^2,$$

所以 $f(z)=\int 3z^2\mathrm{d}z=z^3+\mathrm{i}c, c\in\mathbf{R}$.

例 3.5.4　已知 $v(x,y)=\arctan\dfrac{y}{x}(x>0)$，构造解析函数 $f(z)=u(x,y)+\mathrm{i}v(x,y)$,且满足条件 $f(1)=1$.

解　可以验证,$v(x,y)$ 是右半平面 $x>0$ 上的调和函数，且

$$v_x=-\frac{y}{x^2+y^2},\quad v_y=\frac{x}{x^2+y^2}.$$

因此

$$f'(z)=v_y+\mathrm{i}v_x=\frac{x}{x^2+y^2}-\mathrm{i}\frac{y}{x^2+y^2}=\frac{1}{z},$$

所以

$$f(z)=\int\frac{1}{z}\mathrm{d}z=\ln z+c,\quad c\in\mathbf{R}.$$

由条件 $f(1)=1$，得 $c=1$，从而所求解析函数为 $f(z)=\ln z+1$.

小结与点注

(1) 复变函数的积分是定积分在复数域中的推广,两者的定义在形式上是相似的. 若 C 是区域 D 内的一条有向光滑曲线,函数 $f(z)=u(x,y)+\mathrm{i}v(x,y)$ 在 C 上连续,则

$$\int_C f(z)\mathrm{d}z=\lim_{n\to\infty}\sum_{k=1}^{n}f(\zeta_k)\Delta z_k$$

且有

$$\int_C f(z)\mathrm{d}z=\int_C u(x,y)\mathrm{d}x-v(x,y)\mathrm{d}y+\mathrm{i}\int_C u(x,y)\mathrm{d}y+v(x,y)\mathrm{d}x.$$

因此,复变函数的积分实际上是实平面上的线积分.

若曲线 C 的参数方程为 $z=z(t)=x(t)+\mathrm{i}y(t), a\leqslant t\leqslant b$,则计算复变函数的

积分公式为

$$\int_C f(z)\mathrm{d}z = \int_a^b f[z(t)]z'(t)\mathrm{d}t.$$

积分

$$\oint_C \frac{1}{(z-z_0)^{n+1}}\mathrm{d}z = \begin{cases} 2\pi\mathrm{i}, & n=0, \\ 0, & n\neq 0. \end{cases}$$

在计算积分时要经常用到,应将它记住,其中 C 为包围 z_0 的任一正向简单闭曲线.

(2) 柯西积分定理. 如果函数 $f(z)=u(x,y)+\mathrm{i}v(x,y)$ 在单连通区域 D 内解析,则 $f(z)$沿 D 内的任一正向简单闭曲线 C 的积分为零,即

$$\oint_C f(z)\mathrm{d}z = 0.$$

柯西积分定理的推广.

(i) 如果函数 $f(z)$在以正向简单闭曲线 C 为边界的有界闭区域上解析,则

$$\oint_C f(z)\mathrm{d}z = 0.$$

(ii) 如果正向简单闭曲线 C 是单连通区域 B 的边界,$f(z)$在 B 内解析,在 $\overline{B}$ 上连续,则

$$\oint_C f(z)\mathrm{d}z = 0.$$

(iii) 闭路变形原理. 若函数 $f(z)$在以正向简单闭曲线 C 与 C_1 围成的闭区域上解析,则 $f(z)$在 C 上的积分与在 C_1 上的积分相等,即

$$\oint_C f(z)\mathrm{d}z = \oint_{C_1} f(z)\mathrm{d}z.$$

(iv) 复合闭路定理. 设 C 为多连通区域 D 内的一条简单闭曲线,$C_1,C_2,\cdots,C_n$ 为在 C 内的简单闭曲线,它们互不包含也互不相交,并且由 C 与 $C_1,C_2,\cdots,C_n$ 围成的区域全含于 D,若函数 $f(z)$在区域 D 内解析,则

(a) $\oint_C f(z)\mathrm{d}z = \sum_{k=1}^{n}\oint_{C_k} f(z)\mathrm{d}z$, 其中,$C$ 与 $C_1,C_2,\cdots,C_n$ 均取正向;

(b) $\oint_\Gamma f(z)\mathrm{d}z = 0$, 其中,$\Gamma$ 为由 C 与 $C_1,C_2,\cdots,C_n$ 组成的复合闭路,C 取正向而 $C_1,C_2,\cdots,C_n$ 取负向.

在计算积分 $\oint_C f(z)\mathrm{d}z$ 时,往往 $f(z)$ 在 C 内除点 $z_1,z_2,\cdots,z_n$ 外处处解析,这时在 C 内作以 $z_1,z_2,\cdots,z_n$ 为心半径充分小的正向圆周 $C_1,C_2,\cdots,C_n$, 则 $\oint_C f(z)\mathrm{d}z = \sum_{k=1}^{n}\oint_{C_k} f(z)\mathrm{d}z$.

(3) 柯西积分公式

$$f(z_0)=\frac{1}{2\pi \mathrm{i}}\oint_C \frac{f(z)}{z-z_0}\mathrm{d}z$$

与高阶导数公式

$$f^{(n)}(z_0)=\frac{n!}{2\pi \mathrm{i}}\oint_C \frac{f(z)}{(z-z_0)^{n+1}}\mathrm{d}z$$

是复变函数中两个重要的公式,既有理论价值,同时也是计算沿闭路积分的重要工具.

柯西积分公式说明,解析函数 $f(z)$在区域边界上的值一经确定,那么 $f(z)$在区域内部的值完全确定,同时也给出了解析函数的积分表达式

$$f(z)=\frac{1}{2\pi \mathrm{i}}\oint_C \frac{f(\xi)}{\xi-z}\mathrm{d}\xi.$$

高阶导数公式表明,解析函数的导数仍然是解析函数. 因此,在区域 D 内解析的函数 $f(z)=u(x,y)+\mathrm{i}v(x,y)$,在区域 D 内有任意阶导数,且任意阶导数都是 D 内的解析函数. 由于 $f(z)$的各阶导数可以由 u 和 v 的偏导数来表达,所以 $f(z)$的实部 $u(x,y)$与虚部 $v(x,y)$在 D 内有任意阶连续偏导数. 这些性质是实变函数所不具备的.

(4) 已知区域 D 内的调和函数 $u(x,y)$或 $v(x,y)$,可用偏积分法、线积分法或不定积分法求得区域 D 内的解析函数 $f(z)=u(x,y)+\mathrm{i}v(x,y)$.

习　题　3

1. 沿下列路径计算积分 $\int_0^{2+\mathrm{i}}[(x-y)+\mathrm{i}x^2]\mathrm{d}z$:

(1) 自原点至 $2+\mathrm{i}$ 的直线段;

(2) 自原点沿实轴至 2,再由 2 铅直向上至 $2+\mathrm{i}$;

(3) 自原点沿虚轴至 i, 再由 i 沿水平方向向右至 $2+\mathrm{i}$.

2. 设 $f(z)$在单连通域 B 内处处解析,C 为 B 内的任何一条简单闭曲线. 问

$$\oint_C \mathrm{Re}[f(z)]\mathrm{d}z=0,\quad \oint_C \mathrm{Im}[f(z)]\mathrm{d}z=0$$

是否成立? 如果成立,给出证明;如果不成立,举例说明.

3. 计算积分 $\oint_C \frac{\bar{z}}{|z|}\mathrm{d}z$ 的值,其中 C 为正向圆周:

(1) $|z|=3$;　　(2) $|z|=4$.

4. 证明: $\left|\int_C \frac{1}{z^2}\mathrm{d}z\right|\leqslant\frac{\pi}{4}$, 其中 C 是从 $1-\mathrm{i}$ 到 1 的直线段.

5. 试用观察法确定下列积分的值,并说明理由. C 为正向圆周 $|z|=2$.

(1) $\oint_C \frac{1}{z^2+6z+9}dz$;　(2) $\oint_C \frac{1}{\cos z}dz$;　(3) $\oint_C \frac{1}{z-i/2}dz$;

(4) $\oint_C z e^{2iz} dz$;　(5) $\oint_C \frac{1}{(2z-1)(z-3i)}dz$.

6. 计算积分 $\oint_C \frac{e^{-iz}}{z}dz$, 其中 C 为由正向圆周 $|z|=1$ 与负向圆周 $|z|=\frac{1}{3}$ 组成的复合闭路.

7. 计算积分 $\oint_C \frac{1}{z^2+2z}dz$, 其中 C 为正向圆周 $|z|=3$.

8. 计算积分 $\oint_C \frac{1}{(2z-i)(z+2)}dz$, 其中 C 为正向圆周 $|z|=3$.

9. 计算积分 $\oint_C \frac{1}{z-i}dz$, 其中 C 为以 ±1, $\pm2i$ 为顶点的正向菱形.

10. 沿指定曲线的正向计算下列各积分:

(1) $\oint_C \frac{\cos iz}{z-1}dz, C: |z-1|=1$;

(2) $\oint_C \frac{1}{z^2+a^2}dz, C: |z-ai|=a$;

(3) $\oint_C z^2 e^{iz}\sin z dz$, C 为包围 $z=0$ 的任何闭曲线;

(4) $\oint_C \frac{1}{(z^2+1)(z^2+4)}dz, C: |z|=\frac{3}{2}$;

(5) $\oint_C \frac{\sin z}{z}dz, C: |z|=\frac{3}{2}$;

(6) $\oint_C \frac{\sin iz}{\left(z-\frac{\pi}{2}\right)^2}dz, C: |z|=3$;

(7) $\oint_C \frac{e^{-2iz}}{z^5}dz, C: |z|=1$;

(8) $\oint_C \frac{2i}{z^2+1}dz, C: |z-1|=6$.

11. 计算下列各积分:

(1) $\int_0^{\pi i} \sin^2 z dz$;　(2) $\int_1^{2+i} z e^{-z} dz$;　(3) $\int_0^i (2e^{-z}+3z)dz$;

(4) $\int_1^{2+i} \cosh 3z dz$　(5) $\int_1^i \frac{1+\tan z}{\cos^2 z}dz$ (沿 1 到 i 的直线段).

12. 设函数 $f(z)$ 在 $0<|z|\leqslant1$ 内解析,且沿任何圆周 $C: |z|=r, 0<r<1$ 的积分等于零,问 $f(z)$ 是否必须在 $z=0$ 处解析? 试举例说明之.

13. 设 $f(z)$ 与 $g(z)$ 在区域 D 内处处解析, C 为 D 内的任何一条简单闭曲线,它的内部全含于 D. 如果 $f(z)=g(z)$ 在 C 上所有的点处成立,试证:在 C 内所有的点处 $f(z)=g(z)$ 也成立.

14. 如果 $f(z)$ 在上半复平面内解析,证明: $\overline{f(\bar{z})}$ 在下半复平面内解析.

15. 如果 $f(z)=u+iv$ 是一个解析函数,试证

(1) $\overline{i\overline{f(z)}}$ 也是解析函数;

(2) $-u$ 是 v 的共轭调和函数.

16. 由下列已知调和函数求解析函数：

(1) $u=(x-y)(x^2+4xy+y^2)$；

(2) $v=2xy+3x$；

(3) $v=\dfrac{y}{x^2+y^2}$, $f(2)=0$；

(4) $u=e^x(x\cos y-y\sin y)$, $f(0)=0$；

(5) $v=\arctan\dfrac{y}{x}$, $x>0$.

第 4 章　解析函数的级数表示

在高等数学中，级数是研究函数的重要工具. 同样，在复变函数中，级数仍然是研究和表示复变函数的重要手段. 本章首先介绍复数项级数的概念和性质；其次研究幂级数的收敛域及其和函数；随后重点讨论在圆域内解析的函数展开成泰勒级数的问题；最后探讨在圆环域内解析的函数展开成洛朗级数的问题，也为第 5 章学习"留数"打下必要的基础.

4.1　复数项级数

一、数列的极限

定义 4.1.1　设$\{\alpha_n\}=\{a_n+\mathrm{i}b_n\}(n=1,2,\cdots)$为一复数列，$\alpha=a+\mathrm{i}b$ 为一确定的复数，如果对任意给定的 $\varepsilon>0$，相应地能找到一个正整数 $N(\varepsilon)$，使得当 $n>N$ 时，总有$|\alpha_n-\alpha|<\varepsilon$ 成立，则称 α 为复数列$\{\alpha_n\}$当 $n\to\infty$时的极限，记作

$$\lim_{n\to\infty}\alpha_n=\alpha.$$

此时也称复数列$\{\alpha_n\}$收敛于 α. 如果$\{\alpha_n\}$不收敛，则称$\{\alpha_n\}$发散.

定理 4.1.1　复数列$\{\alpha_n\}=\{a_n+\mathrm{i}b_n\}(n=1,2,\cdots)$收敛于复数 $\alpha=a+\mathrm{i}b$ 的充要条件是

$$\lim_{n\to\infty}a_n=a,\quad \lim_{n\to\infty}b_n=b.$$

由不等式$|a_n-a|\leqslant|\alpha_n-\alpha|$，$|b_n-b|\leqslant|\alpha_n-\alpha|$及$|\alpha_n-\alpha|\leqslant|a_n-a|+|b_n-b|$，不难证明定理 4.1.1. 其证明留给读者.

对于给定的复数列$\{\alpha_n\}=\{a_n+\mathrm{i}b_n\}$，等价于给定了两个实数列$\{a_n\}$与$\{b_n\}$. 由定理 4.1.1 可知，判定复数列$\{\alpha_n\}$的敛散性的问题，可转化为判定两个实数列$\{a_n\}$与$\{b_n\}$的敛散性的问题.

二、复数项级数

定义 4.1.2　设$\{\alpha_n\}=\{a_n+\mathrm{i}b_n\}$为一复数列，表达式

$$\sum_{n=1}^{\infty}\alpha_n=\alpha_1+\alpha_2+\cdots+\alpha_n+\cdots \tag{4.1.1}$$

称为复数项级数，其前面 n 项的和

$$s_n = \alpha_1 + \alpha_2 + \cdots + \alpha_n$$

称为级数的**部分和**,若 $\lim\limits_{n\to\infty} s_n = s$,则称级数 $\sum\limits_{n=1}^{\infty}\alpha_n$ **收敛**,且其和为 s,否则,称级数 $\sum\limits_{n=1}^{\infty}\alpha_n$ 是**发散**的.

定理 4.1.2　复数项级数 $\sum\limits_{n=1}^{\infty}\alpha_n$ 收敛的充分必要条件是:实级数 $\sum\limits_{n=1}^{\infty}a_n$ 与 $\sum\limits_{n=1}^{\infty}b_n$ 都收敛.

证　记 $\delta_n = a_1 + a_2 + \cdots + a_n$ 与 $\tau_n = b_1 + b_2 + \cdots + b_n$ 分别是级数 $\sum\limits_{n=1}^{\infty}a_n$ 与 $\sum\limits_{n=1}^{\infty}b_n$ 的部分和,则级数 $\sum\limits_{n=1}^{\infty}\alpha_n$ 的部分和

$$s_n = \alpha_1 + \alpha_2 + \cdots + \alpha_n = (a_1 + a_2 + \cdots + a_n) + \mathrm{i}(b_1 + b_2 + \cdots + b_n) = \delta_n + \mathrm{i}\tau_n.$$

由定理 4.1.1 知 $\{s_n\}$ 有极限的充要条件是 $\{\delta_n\}$ 与 $\{\tau_n\}$ 均有极限,即级数 $\sum\limits_{n=1}^{\infty}a_n$ 与 $\sum\limits_{n=1}^{\infty}b_n$ 都收敛.

通过定理 4.1.2,可将判定复数项级数收敛问题转化为判定两个实数项级数的收敛问题.

由实数项级数收敛的必要条件可得

定理 4.1.3　如果级数 $\sum\limits_{n=1}^{\infty}\alpha_n$ 收敛,则必有 $\lim\limits_{n\to\infty}\alpha_n = 0$.

三、绝对收敛与条件收敛

定义 4.1.3　若级数 $\sum\limits_{n=1}^{\infty}\alpha_n$ 收敛且 $\sum\limits_{n=1}^{\infty}|\alpha_n|$ 也收敛,则称复数项级数 $\sum\limits_{n=1}^{\infty}\alpha_n$ **绝对收敛**;若级数 $\sum\limits_{n=1}^{\infty}\alpha_n$ 收敛,但 $\sum\limits_{n=1}^{\infty}|\alpha_n|$ 发散,则称复数项级数 $\sum\limits_{n=1}^{\infty}\alpha_n$ **条件收敛**.

定理 4.1.4　复数项级数 $\sum\limits_{n=1}^{\infty}\alpha_n$ 绝对收敛的充要条件是实数项级数 $\sum\limits_{n=1}^{\infty}a_n$ 与 $\sum\limits_{n=1}^{\infty}b_n$ 都绝对收敛.

定理 4.1.4 的证明由不等式 $|a_n| \leqslant |\alpha_n|$, $|b_n| \leqslant |\alpha_n|$ 及 $|\alpha_n| \leqslant |a_n| + |b_n|$ 即可得出.

推论 4.1.1　若级数 $\sum\limits_{n=1}^{\infty}|\alpha_n|$ 收敛,则 $\sum\limits_{n=1}^{\infty}\alpha_n$ 也收敛.

根据定理 4.1.4，在判定复数项级数 $\sum_{n=1}^{\infty}\alpha_n$ 是否绝对收敛时，可用两种方法：① 判定正项级数 $\sum_{n=1}^{\infty}|\alpha_n|$ 是否收敛；② 分出 α_n 的实部 a_n 与虚部 b_n，判定实级数 $\sum_{n=1}^{\infty}a_n$ 与 $\sum_{n=1}^{\infty}b_n$ 是否绝对收敛.

例 4.1.1 下列数列是否收敛？若收敛，求其极限.

(1) $\alpha_n=\dfrac{1+2n\mathrm{i}}{1-n\mathrm{i}}$；　　(2) $\alpha_n=\left(1-\dfrac{\mathrm{i}}{2}\right)^{-n}$；　　(3) $\alpha_n=\sin n\mathrm{i}$.

解 (1) 由于 $\alpha_n=\dfrac{1-2n^2}{1+n^2}+\mathrm{i}\dfrac{3n}{1+n^2}$，则

$$a_n=\frac{1-2n^2}{1+n^2},\quad b_n=\frac{3n}{1+n^2},$$

而

$$\lim_{n\to\infty}a_n=-2,\quad \lim_{n\to\infty}b_n=0.$$

所以，复数列 $\alpha_n=\dfrac{1+2n\mathrm{i}}{1-n\mathrm{i}}$ 收敛，且有 $\lim\limits_{n\to\infty}\alpha_n=-2$.

(2) 由于 $\alpha_n=\left(\dfrac{\sqrt{5}}{2}\right)^{-n}(\cos\theta+\mathrm{i}\sin\theta)^{-n}=\left(\dfrac{2}{\sqrt{5}}\right)^{n}(\cos n\theta-\mathrm{i}\sin n\theta)$，其中，$\cos\theta=\dfrac{2}{\sqrt{5}}$，$\sin\theta=-\dfrac{1}{\sqrt{5}}$. 于是

$$a_n=\left(\frac{2}{\sqrt{5}}\right)^{n}\cos n\theta,\quad b_n=-\left(\frac{2}{\sqrt{5}}\right)^{n}\sin n\theta,$$

而 $\lim\limits_{n\to\infty}a_n=0$，$\lim\limits_{n\to\infty}b_n=0$，故复数列 $\alpha_n=\left(1-\dfrac{\mathrm{i}}{2}\right)^{-n}$ 收敛且 $\lim\limits_{n\to\infty}\alpha_n=0$.

(3) 由于 $\alpha_n=\sin\mathrm{i}n=\dfrac{\mathrm{e}^{-n}-\mathrm{e}^{n}}{2\mathrm{i}}=\dfrac{\mathrm{e}^{n}-\mathrm{e}^{-n}}{2}\mathrm{i}$，而 $\lim\limits_{n\to\infty}b_n=\lim\limits_{n\to\infty}\dfrac{\mathrm{e}^{n}-\mathrm{e}^{-n}}{2}=\infty$，故复数列 $\alpha_n=\sin\mathrm{i}n$ 发散.

例 4.1.2 判断下列级数是否收敛？若收敛，是绝对收敛还是条件收敛？

(1) $\sum_{n=1}^{\infty}\dfrac{1}{n}\left[\dfrac{1}{n}+(-1)^n\mathrm{i}\right]$；　　(2) $\sum_{n=1}^{\infty}\dfrac{(4-3\mathrm{i})^n}{n!}$；

(3) $\sum_{n=1}^{\infty}\dfrac{\cos\mathrm{i}n}{2^n}$；　　(4) $\sum_{n=1}^{\infty}\dfrac{\mathrm{i}^n}{n}$.

解 (1) 因为 $\dfrac{1}{n}\left[\dfrac{1}{n}+(-1)^n\mathrm{i}\right]=\dfrac{1}{n^2}+\dfrac{(-1)^n}{n}\mathrm{i}$，而级数 $\sum_{n=1}^{\infty}\dfrac{1}{n^2}$ 与 $\sum_{n=1}^{\infty}\dfrac{(-1)^n}{n}$ 都收敛，所以原级数收敛. 又因为级数 $\sum_{n=1}^{\infty}\dfrac{(-1)^n}{n}$ 条件收敛，因此由定理 4.1.4 知原

级数条件收敛.

(2) 因为级数 $\sum_{n=1}^{\infty}\left|\frac{(4-3\mathrm{i})^n}{n!}\right|=\sum_{n=1}^{\infty}\frac{5^n}{n!}$,由正项级数的比值审敛法可知其收敛,所以级数 $\sum_{n=1}^{\infty}\frac{(4-3\mathrm{i})^n}{n!}$ 绝对收敛.

(3) 因为 $\sum_{n=1}^{\infty}\frac{\cos n\mathrm{i}}{2^n}=\sum_{n=1}^{\infty}\frac{\mathrm{e}^{-n}+\mathrm{e}^n}{2\cdot 2^n}$,而 $\lim\limits_{n\to\infty}\frac{\mathrm{e}^{-n}+\mathrm{e}^n}{2\cdot 2^n}\neq 0$,所以级数 $\sum_{n=1}^{\infty}\frac{\cos \mathrm{i}n}{2^n}$ 发散.

(4) 因为 $\frac{\mathrm{i}^n}{n}=\frac{\left(\cos\frac{\pi}{2}+\mathrm{i}\sin\frac{\pi}{2}\right)^n}{n}=\frac{\cos\frac{n\pi}{2}+\mathrm{i}\sin\frac{n\pi}{2}}{n}$,而 $\sum_{n=1}^{\infty}a_n=\sum_{n=1}^{\infty}\frac{\cos\frac{n\pi}{2}}{n}=\sum_{k=1}^{\infty}\frac{(-1)^k}{2k}$ 收敛,且 $\sum_{n=1}^{\infty}b_n=\sum_{n=1}^{\infty}\frac{\sin\frac{n\pi}{2}}{n}=\sum_{k=1}^{\infty}\frac{(-1)^{k-1}}{2k-1}$ 也收敛,所以级数 $\sum_{n=1}^{\infty}\frac{\mathrm{i}^n}{n}$ 收敛. 又因为 $\sum_{n=1}^{\infty}\left|\frac{\mathrm{i}^n}{n}\right|=\sum_{n=1}^{\infty}\frac{1}{n}$ 发散,故原级数条件收敛.

4.2　幂　级　数

一、基本概念

定义 4.2.1　设 $\{f_n(z)\}(n=1,2,\cdots)$ 是定义在区域 D 上的复变函数列,则称表达式

$$\sum_{n=1}^{\infty}f_n(z)=f_1(z)+f_2(z)+\cdots+f_n(z)+\cdots \tag{4.2.1}$$

为**复变函数项级数**,记作 $\sum_{n=1}^{\infty}f_n(z)$.

如果对于 $z_0\in D$,复数项级数 $\sum_{n=1}^{\infty}f_n(z_0)$ 收敛,则称复变函数项级数(4.2.1)在 z_0 处收敛,或称 z_0 是级数(4.2.1)的收敛点. 否则称 z_0 是级数(4.2.1)的发散点. 收敛点的全体称为级数的**收敛域**,发散点的全体称为级数的**发散域**. 在收敛域内级数(4.2.1)的和一定是 z 的函数

$$s(z)=f_1(z)+f_2(z)+\cdots+f_n(z)+\cdots$$

称为级数 $\sum_{n=1}^{\infty}f_n(z)$ 的**和函数**.

当 $f_n(z)=c_{n-1}(z-a)^{n-1}$ 或 $f_n(z)=c_{n-1}z^{n-1}$ 时即得幂级数.

定义 4.2.2　形如

$$\sum_{n=0}^{\infty} c_n(z-a)^n = c_0 + c_1(z-a) + c_2(z-a)^2 + \cdots + c_n(z-a)^n + \cdots \quad (4.2.2)$$

或

$$\sum_{n=0}^{\infty} c_n z^n = c_0 + c_1 z + c_2 z^2 + \cdots + c_n z^n + \cdots \quad (4.2.3)$$

的级数称为幂级数.

若令 $z-a=\zeta$,则式(4.2.2)变为式(4.2.3)的形式. 故只需讨论式(4.2.3)形式的幂级数即可.

二、收敛圆与收敛半径

与实变量幂级数类似,复变量幂级数也有阿贝尔(Abel)收敛定理.

定理 4.2.1(Abel 定理) 如果幂级数 $\sum\limits_{n=0}^{\infty} c_n z^n$ 在 $z=z_0(\neq 0)$ 处收敛,则在圆周 $C:|z|=|z_0|$ 的内部(即 $|z|<|z_0|$)幂级数必绝对收敛;如果在 $z=z_1(\neq 0)$ 处,幂级数发散,则在圆周 $C_1:|z|=|z_1|$ 的外部(即 $|z|>|z_1|$),幂级数必发散.

证 由于级数 $\sum\limits_{n=0}^{\infty} c_n z_0^n$ 收敛,故 $\lim\limits_{n\to\infty} c_n z_0^n=0$. 因此,存在正数 M,使得对所有自然数 n 有 $|c_n z_0^n|\leqslant M$.

若 $|z|<|z_0|$,则 $\left|\dfrac{z}{z_0}\right|=q<1$,从而

$$|c_n z^n| = |c_n z_0^n| \cdot \left|\frac{z}{z_0}\right|^n \leqslant Mq^n.$$

由于等比级数 $\sum\limits_{n=0}^{\infty} Mq^n$ 收敛,根据正项级数的比较审敛法知,级数 $\sum\limits_{n=0}^{\infty} |c_n z^n|$ 收敛,从而级数 $\sum\limits_{n=0}^{\infty} c_n z^n$ 绝对收敛.

定理另一部分的证明由反证法即可得到,请读者给出证明.

对幂级数(4.2.3),当 $z=0$ 时总是收敛的. 当 $z\neq 0$ 时的收敛性,有下述三种情形:

(1) 对任意的 $z\neq 0$,幂级数 $\sum\limits_{n=0}^{\infty} c_n z^n$ 均发散.

例如,级数 $\sum\limits_{n=0}^{\infty} n^n z^n = 1+z+2^2z^2+\cdots+n^n z^n+\cdots$,对任意给定的 $z\neq 0$,必存在正整数 n,使得 $n|z|>1$,从而 $|n^n z^n|>1$,$\lim\limits_{n\to\infty} n^n z^n\neq 0$,故级数发散.

(2) 对任意的 z,幂级数 $\sum\limits_{n=0}^{\infty} c_n z^n$ 均收敛.

例如,级数 $\sum_{n=0}^{\infty}\frac{z^n}{n^n}=z+\frac{z^2}{2^2}+\cdots+\frac{z^n}{n^n}+\cdots$,对任意给定的 z,存在正整数 n,使得 $\frac{|z|}{n}<\frac{1}{2}$,从而有 $\left|\frac{z^n}{n^n}\right|<\left(\frac{1}{2}\right)^n$,故级数收敛且绝对收敛.

(3) 存在一点 $z_1\neq0$,使级数 $\sum_{n=0}^{\infty}c_nz_1^n$ 收敛,此时,幂级数在圆周 $|z|=|z_1|$ 内绝对收敛;又存在一点 z_2,使 $\sum_{n=0}^{\infty}c_nz_2^n$ 发散,此时 $|z_2|\geqslant|z_1|$,幂级数在圆周 $|z|=|z_2|$ 外发散. 在这种情况下,可以证明,必存在唯一的正数 R,使得幂级数 $\sum_{n=0}^{\infty}c_nz^n$ 在圆周 $C_R:|z|=R$ 内绝对收敛,而在 C_R 外发散. 将 C_R 称为幂级数的**收敛圆周**,圆域 $|z|<R$ 称为**幂级数的收敛圆**,而将正数 R 称为幂级数的**收敛半径**.

对(1)中的情形,约定收敛半径 $R=0$;而对(2)中的情形,约定收敛半径 $R=+\infty$.

三、幂级数收敛半径的求法

定理 4.2.2　对于幂级数 $\sum_{n=0}^{\infty}c_nz^n$,如果其系数 c_n 满足

$$\lim_{n\to\infty}\left|\frac{c_{n+1}}{c_n}\right|=\rho \quad (\text{比值法})$$

或

$$\lim_{n\to\infty}\sqrt[n]{|c_n|}=\rho \quad (\text{根值法}),$$

则幂级数的收敛半径为

$$R=\begin{cases}\frac{1}{\rho}, & 0<\rho<+\infty,\\ +\infty, & \rho=0,\\ 0, & \rho=+\infty.\end{cases}$$

证　只证比值法,根值法类似可证. 为此,考虑正项级数 $\sum_{n=0}^{\infty}|c_nz^n|$.

(1) 当 $0<\rho<+\infty$ 时,有

$$\lim_{n\to\infty}\frac{|c_{n+1}z^{n+1}|}{|c_nz^n|}=\lim_{n\to\infty}\left|\frac{c_{n+1}}{c_n}\right|\cdot|z|=\rho|z|.$$

当 $\rho|z|<1$,即 $|z|<\frac{1}{\rho}$ 时, $\sum_{n=0}^{\infty}|c_nz^n|$ 收敛,从而级数 $\sum_{n=0}^{\infty}c_nz^n$ 绝对收敛;当

$\rho\mid z\mid>1$，即 $\mid z\mid>\dfrac{1}{\rho}$ 时，$\sum\limits_{n=0}^{\infty}\mid c_nz^n\mid$ 发散，从而 $\sum\limits_{n=0}^{\infty}c_nz^n$ 也发散. 所以幂级数 $\sum\limits_{n=0}^{\infty}c_nz^n$ 的收敛半径为 $R=\dfrac{1}{\rho}$.

(2) 当 $\rho=0$ 时，对复平面上任意一点 z，有

$$\lim_{n\to\infty}\frac{\mid c_{n+1}z^{n+1}\mid}{\mid c_nz^n\mid}=\rho\mid z\mid=0,$$

故 $\sum\limits_{n=0}^{\infty}\mid c_nz^n\mid$ 收敛，从而幂级数 $\sum\limits_{n=0}^{\infty}c_nz^n$ 收敛. 此时幂级数的收敛半径 $R=+\infty$.

(3) 当 $\rho=+\infty$ 时，对任意 $z\neq0$，有

$$\lim_{n\to\infty}\frac{\mid c_{n+1}z^{n+1}\mid}{\mid c_nz^n\mid}=\rho\mid z\mid=+\infty.$$

此时 $\lim\limits_{n\to\infty}|c_nz^n|\neq0$，故 $\sum\limits_{n=0}^{\infty}\mid c_nz^n\mid$ 发散，级数 $\sum\limits_{n=0}^{\infty}c_nz^n$ 亦发散，从而收敛半径 $R=0$.

例 4.2.1 求下列幂级数的收敛半径：

(1) $\sum\limits_{n=0}^{\infty}z^n$，求和函数，并讨论在收敛圆周上的情形；

(2) $\sum\limits_{n=1}^{\infty}\dfrac{(z-2)^n}{n^3}$，并讨论其在收敛圆周上的情形；

(3) $\sum\limits_{n=0}^{\infty}\left(1-\dfrac{\mathrm{i}}{2}\right)^nz^n$；

(4) $\sum\limits_{n=0}^{\infty}\dfrac{1}{n!}z^n$.

解 (1) 因为 $\lim\limits_{n\to\infty}\left|\dfrac{c_{n+1}}{c_n}\right|=1$，所以级数的收敛半径 $R=1$. 级数的部分和为

$$s_n=1+z+z^2+\cdots+z^{n-1}=\frac{1-z^n}{1-z},\quad z\neq1.$$

当 $|z|<1$ 时，$\lim\limits_{n\to\infty}z^n=0$，故有 $\lim\limits_{n\to\infty}s_n=\dfrac{1}{1-z}$，即在 $|z|<1$ 时，$\sum\limits_{n=0}^{\infty}z^n=\dfrac{1}{1-z}$.

在收敛圆周 $|z|=1$ 上，$z=\cos\theta+\mathrm{i}\sin\theta$，则 $z^n=\cos n\theta+\mathrm{i}\sin n\theta$，此时 $\lim\limits_{n\to\infty}z^n\neq0$，故级数 $\sum\limits_{n=0}^{\infty}z^n$ 发散.

(2) 因为 $\lim\limits_{n\to\infty}\left|\dfrac{c_{n+1}}{c_n}\right|=\lim\limits_{n\to\infty}\left(\dfrac{n}{n+1}\right)^3=1$，所以级数的收敛半径 $R=1$. 在收敛圆周 $|z-2|=1$ 上，由于 $\sum\limits_{n=1}^{\infty}\left|\dfrac{(z-2)^n}{n^3}\right|=\sum\limits_{n=1}^{\infty}\dfrac{1}{n^3}$ 收敛，所以级数 $\sum\limits_{n=1}^{\infty}\dfrac{(z-2)^n}{n^3}$ 绝对

收敛.

(3) 因为$\lim\limits_{n\to\infty}\sqrt[n]{|c_n|}=\lim\limits_{n\to\infty}\sqrt[n]{\left|1-\frac{\mathrm{i}}{2}\right|^n}=\frac{\sqrt{5}}{2}$,所以收敛半径$R=\frac{2}{\sqrt{5}}$.

(4) 由于$\lim\limits_{n\to\infty}\left|\frac{c_{n+1}}{c_n}\right|=\lim\limits_{n\to\infty}\frac{n!}{(n+1)!}=0$,故收敛半径$R=+\infty$.

四、幂级数的运算与性质

设有两个幂级数

$$f(z)=\sum_{n=0}^{\infty}a_nz^n,\quad |z|<r_1,$$

$$g(z)=\sum_{n=0}^{\infty}b_nz^n,\quad |z|<r_2.$$

令 $R=\min\{r_1,r_2\}$,则在$|z|<R$ 内,这两个幂级数可进行如下的四则运算:

加(减)法

$$f(z)\pm g(z)=\sum_{n=0}^{\infty}(a_n\pm b_n)z^n,\quad |z|<R;$$

乘法

$$f(z)\cdot g(z)=\sum_{n=0}^{\infty}(a_nb_0+a_{n-1}b_1+\cdots+a_0b_n)z^n,\quad |z|<R;$$

除法

$$\begin{aligned}\frac{f(z)}{g(z)}&=\frac{a_0+a_1z+\cdots+a_nz^n+\cdots}{b_0+b_1z+\cdots+b_nz^z+\cdots}\\&=c_0+c_1z+\cdots+c_nz^n+\cdots,\end{aligned}$$

其中,假定 $b_0\neq0$,系数 $c_0,c_1,c_2,\cdots,c_n,\cdots$可由比较 z 的同次幂的系数决定,即满足

$$\begin{aligned}&a_0=b_0c_0,\\&a_1=b_1c_0+b_0c_1,\\&a_2=b_2c_0+b_1c_1+b_0c_2,\\&\cdots\cdots\end{aligned}$$

值得注意的是,相除后所得幂级数的收敛半径可能比原来两个幂级数的收敛半径都小.如 $f(z)=1$ 与 $g(z)=1-z$ 的收敛半径均为$+\infty$,而

$$\frac{f(z)}{g(z)}=\frac{1}{1-z}=1+z+z^2+\cdots+z^{n-1}+\cdots$$

的收敛半径 $R=1$.

幂级数在收敛圆内有下述性质.

定理 4.2.3 设幂级数 $\sum_{n=0}^{\infty} c_n(z-z_0)^n$ 在其收敛圆：$|z-z_0|<R$ 内的和函数为 $f(z)$，即

$$f(z)=\sum_{n=0}^{\infty} c_n(z-z_0)^n, \quad |z-z_0|<R,$$

则

(1) $f(z)$在收敛圆 D 内解析；

(2) $f(z)$在收敛圆 D 内可以逐项求导，即

$$f'(z)=\sum_{n=1}^{\infty} nc_n(z-z_0)^{n-1}$$

(3) $f(z)$在收敛圆 D 内可以逐项积分，即

$$\int_C f(z)\mathrm{d}z=\sum_{n=0}^{\infty}\int_C c_n(z-z_0)^n\mathrm{d}z$$

这里 C 为 D 内按段光滑曲线．若取 C 的起点为 z_0，终点为 $z\in D$，则有

$$\int_{z_0}^{z} f(z)\mathrm{d}z=\sum_{n=0}^{\infty}\frac{c_n}{n+1}(z-z_0)^{n+1}.$$

4.3 泰勒级数

由定理 4.2.3 知道，幂级数的和函数在其收敛圆内是解析函数. 在此，考虑相反问题：在圆域内解析的函数能否表示为幂级数？问题的答案是肯定的.

定理 4.3.1（泰勒展开定理） 如果函数 $f(z)$在圆域 D：$|z-z_0|<R$ 内解析，则 $f(z)$在 D 内可以唯一地展开成幂级数

$$f(z)=\sum_{n=0}^{\infty} c_n(z-z_0)^n, \tag{4.3.1}$$

其中，

$$c_n=\frac{f^{(n)}(z_0)}{n!}, \quad n=0,1,2,\cdots.$$

式(4.3.1)称为 $f(z)$在 z_0 处的泰勒展开式，式(4.3.1)右端的级数称为 $f(z)$在 z_0 处的泰勒级数.

证 设 z 为 D 内的任一点，作正向圆周 C：$|z-z_0|=r$，其中 $r<R$，且使 z 包含在圆周 C 的内部(图 4.1). 由柯西积分公式得

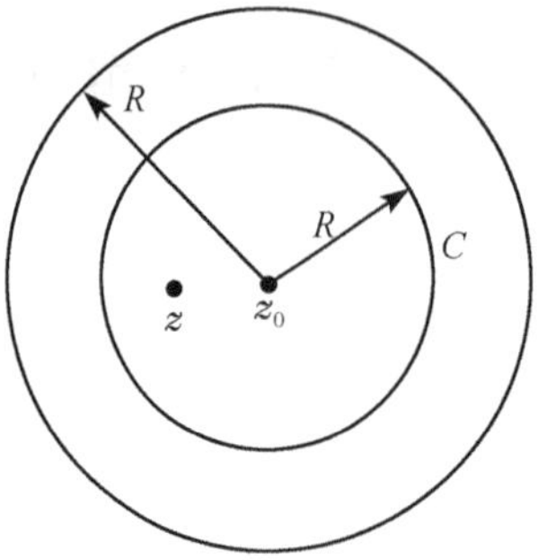

图 4.1

$$f(z)=\frac{1}{2\pi i}\oint_C\frac{f(\xi)}{\xi-z}d\xi.$$

当点 $\xi\in C$ 时，$|\xi-z_0|=r$，而 z 在 C 的内部，$|z-z_0|<r$. 故 $\left|\frac{z-z_0}{\xi-z_0}\right|=q<1$，从而有

$$\frac{1}{\xi-z}=\frac{1}{(\xi-z_0)-(z-z_0)}=\frac{1}{\xi-z_0}\cdot\frac{1}{1-\frac{z-z_0}{\xi-z_0}}$$

$$=\frac{1}{\xi-z_0}\sum_{n=0}^{\infty}\left(\frac{z-z_0}{\xi-z_0}\right)^n=\sum_{n=0}^{\infty}\frac{1}{(\xi-z_0)^{n+1}}(z-z_0)^n.$$

因此 $\frac{f(\xi)}{\xi-z}=\sum_{n=0}^{\infty}f(\xi)\frac{(z-z_0)^n}{(\xi-z_0)^{n+1}}$.

当 $\xi\in C$ 时，存在正数 M，使得 $|f(\xi)|\leqslant M$. 于是

$$\left|f(\xi)\frac{(z-z_0)^n}{(\xi-z_0)^{n+1}}\right|\leqslant\frac{M}{r}q^n.$$

而 $\sum_{n=0}^{\infty}\frac{M}{r}q^n$ 收敛，故级数 $\sum_{n=0}^{\infty}f(\xi)\frac{(z-z_0)^n}{(\xi-z_0)^{n+1}}$ 在 C 上绝对收敛(且一致收敛)，因此可以逐项积分

$$\frac{1}{2\pi i}\oint_C\frac{f(\xi)}{\xi-z}d\xi=\sum_{n=0}^{\infty}(z-z_0)^n\frac{1}{2\pi i}\oint_C\frac{f(\xi)}{(\xi-z_0)^{n+1}}d\xi,$$

但

$$\frac{1}{2\pi i}\oint_C\frac{f(\xi)}{(\xi-z_0)^{n+1}}d\xi=\frac{f^{(n)}(z_0)}{n!}=c_n,\quad n=0,1,\cdots.$$

所以

$$f(z)=c_0+c_1(z-z_0)+c_2(z-z_0)^2+\cdots+c_n(z-z_0)^n+\cdots.$$

下证唯一性. 若 $f(z)$ 可以展开成另一幂级数

$$f(z)=a_0+a_1(z-z_0)+a_2(z-z_0)^2+\cdots+a_n(z-z_0)^n+\cdots,$$

两边求各阶导数并令 $z=z_0$，可得 $a_n=\frac{f^{(n)}(z_0)}{n!}(n=0,1,\cdots)$，故展开式是唯一的.

定理 4.3.2　设 $f(z)$ 在点 z_0 解析，R 为 z_0 到 $f(z)$ 距离 z_0 最近的奇点 z_1 之间的距离，则在圆域 D: $|z-z_0|<R$ 内，$f(z)$ 有泰勒展开式

$$f(z)=\sum_{n=0}^{\infty}\frac{f^{(n)}(z_0)}{n!}(z-z_0)^n.$$

如果 $f(z)$在复平面上处处解析,则 $f(z)$在 z_0 处泰勒级数的收敛半径 $R=+\infty$. 由定理 4.3.2 及定理 4.2.3 可知:$f(z)$在点 z_0 解析的充要条件是在 z_0 的邻域内 $f(z)$可以展开成幂级数 $f(z)=\sum\limits_{n=0}^{\infty}c_n(z-z_0)^n$.

例 4.3.1 求 $f(z)=e^z$在 $z=0$ 处的泰勒展开式.

解 $f(z)=e^z$ 在复平面上处处解析,所以泰勒级数的收敛半径 $R=+\infty$. 下面用直接展开法求系数 c_n.

因为 $f^{(n)}(z)=e^z, f^{(n)}(0)=e^z|_{z=0}=1$,故

$$c_n=\frac{f^{(n)}(0)}{n!}=\frac{1}{n!},\quad n=0,1,\cdots,$$

所以

$$e^z=1+z+\frac{z^2}{2!}+\frac{z^3}{3!}+\cdots+\frac{z^n}{n!}+\cdots,\qquad |z|<+\infty.$$

例 4.3.2 求 $f(z)=\sin z$ 在 $z=0$ 处的泰勒展开式.

解 $\sin z$ 在复平面处处解析,故泰勒级数收敛半径 $R=+\infty$.

因为 $f^{(n)}(z)=\sin\left(z+\frac{\pi}{2}\cdot n\right)$,故

$$c_n=\frac{f^{(n)}(0)}{n!}=\begin{cases}\dfrac{(-1)^k}{(2k+1)!}, & n=2k+1,\\ 0, & n=2k,\end{cases}$$

所以

$$\sin z=z-\frac{z^3}{3!}+\frac{z^n}{5!}-\cdots+(-1)^n\frac{z^{2n+1}}{(2n+1)!}+\cdots,\qquad |z|<+\infty.$$

对上式两边逐项求导,即可用间接展开法求得 $\cos z$ 在 $z=0$ 处的泰勒展开式:

$$\cos z=1-\frac{z^2}{2!}+\frac{z^4}{4!}-\cdots+(-1)^n\frac{z^{2n}}{(2n)!}+\cdots,\qquad |z|<+\infty.$$

例 4.3.3 把$\frac{1}{(1+z)^2}$展开成 z 的幂级数.

解 函数$\frac{1}{(1+z)^2}$有唯一奇点 $z=-1$,故幂级数收敛半径 $R=|0-(-1)|=1$. 由于在$|z|<1$ 内,有

$$\frac{1}{1+z}=\frac{1}{1-(-z)}=1-z+z^2-\cdots+(-1)^nz^n+\cdots,\qquad |z|<1,$$

而$\frac{1}{(1+z)^2}=-\left(\frac{1}{1+z}\right)'$,对上式两边逐项求导即得

$$\frac{1}{(1+z)^2}=1-2z+3z^2+\cdots+(-1)^n nz^{n-1}+\cdots,\quad |z|<1.$$

例 4.3.4 求对数函数的主值 $\ln(1+z)$ 在 $z=0$ 处的泰勒展开式.

解 由于 $\ln(1+z)$ 在从 $z=-1$ 向左沿负实轴剪开的复平面是解析的，$z=-1$ 是函数距 $z=0$ 的最近的奇点，所以 $\ln(1+z)$ 在 $z=0$ 处的泰勒级数的收敛域是 $|z|<1$.

因为 $[\ln(1+z)]'=\dfrac{1}{1+z}$，而

$$\frac{1}{1+z}=1-z+z^2-\cdots+(-1)^n z^n+\cdots,\quad |z|<1,$$

在 $|z|<1$ 内任取从 0 到 z 的路线 C，上式两端沿 C 逐项积分得

$$\int_0^z\frac{1}{1+z}dz=\int_0^z 1\cdot dz-\int_0^z zdz+\cdots+(-1)^n\int_0^z z^n dz+\cdots,$$

即

$$\ln(1+z)=z-\frac{z^2}{2}+\frac{z^3}{3}-\cdots+(-1)^n\frac{z^{n+1}}{n+1}+\cdots,\quad |z|<1.$$

例 4.3.5 写出函数 $\dfrac{e^z}{\cos z}$ 的幂级数展开式到含 z^4 为止，并指出其收敛范围.

解 函数 $\dfrac{e^z}{\cos z}$ 距 $z=0$ 最近的奇点是 $\pm\dfrac{\pi}{2}$，故函数在 $z=0$ 处泰勒级数的收敛半径 $R=\dfrac{\pi}{2}$，收敛域为 $|z|<\dfrac{\pi}{2}$.

由于

$$e^z=1+z+\frac{z^2}{2!}+\cdots+\frac{z}{n!}+\cdots,\quad |z|<+\infty,$$

$$\cos z=1-\frac{z^2}{2!}+\frac{z^4}{4!}+\cdots+(-1)^n\frac{z^{2n}}{(2n)!}+\cdots,\quad |z|<+\infty,$$

设

$$\frac{e^z}{\cos z}=c_0+c_1z+c_2z^2+\cdots+c_nz^n+\cdots,\quad |z|<\frac{\pi}{2},$$

则有

$$\begin{aligned}&1+z+\frac{z^2}{2!}+\cdots+\frac{z}{n!}+\cdots\\&=\left(1-\frac{z^2}{2!}+\frac{z^4}{4!}+\cdots+(-1)^n\frac{z^{2n}}{(2n)!}+\cdots\right)\cdot(c_0+c_1z+c_2z^2+\cdots)\end{aligned}$$

$$= c_0 + c_1 z + \left(c_2 - \frac{c_0}{2!}\right)z^2 + \left(c_3 - \frac{c_1}{2!}\right)z^3 + \left(c_4 - \frac{c_2}{2!} + \frac{c_0}{4!}\right)z^4 + \cdots.$$

比较等号两边 z 的同次幂系数得

$$c_0 = 1,\quad c_1 = 1,\quad c_2 = 1,\quad c_3 = \frac{2}{3},\quad c_4 = \frac{1}{2},\quad \cdots,$$

故

$$\frac{e^z}{\cos z} = 1 + z + z^2 + \frac{2}{3}z^3 + \frac{1}{2}z^4 + \cdots,\quad |z| < \frac{\pi}{2}.$$

例 4.3.6 将函数 $f(z)=\dfrac{z}{z+2}$展开为 $z-1$ 的幂级数，并指出级数的收敛范围.

解 因为 $f(z)=1-\dfrac{2}{z+2}$有唯一奇点 $z=-2$，其到 $z_0=1$ 的距离为3，故 $f(z)$ 的幂级数展开式的收敛半径 $R=3$，级数的收敛域为 $|z-1|<3$.

$$\begin{aligned}
f(z) &= 1 - \frac{2}{z+2} = 1 - \frac{2}{3+(z-1)} \\
&= 1 - \frac{2}{3}\cdot\frac{1}{1+(z-1)/3} \\
&= 1 - \frac{2}{3}\sum_{n=0}^{\infty}(-1)^n\left(\frac{z-1}{3}\right)^n \\
&= 1 + \sum_{n=0}^{\infty}(-1)^{n+1}\frac{2}{3^{n+1}}(z-1)^n,\quad |z-1| < 3.
\end{aligned}$$

例 4.3.7 求幂级数 $(1+z)^\alpha$（α 为复数）的主值支

$$f(z) = e^{\alpha\ln(1+z)},\quad f(0) = 1$$

在 $z=0$ 处的泰勒展开式.

解 $f(z)$距 $z=0$ 最近的奇点为 $z=-1$，故 $f(z)$在 $z=0$ 处泰勒级数的收敛半径 $R=1$，收敛域为 $|z|<1$. 由于

$$f'(z) = e^{\alpha\ln(1+z)}\cdot\frac{\alpha}{1+z},$$

可知 $f(z)$满足微分方程

$$(1+z)f'(z) = \alpha f(z).$$

设 $f(z)=c_0+c_1z+c_2z^2+\cdots+c_nz^n+\cdots$，由 $f(0)=1$，得 $c_0=1$. 将 $f(z)$代入微分方程有

$$(1+z)(c_1 + 2c_2 z + \cdots + nc_n z^{n-1} + \cdots) = \alpha(1 + c_1 z + c_2 z^2 + \cdots + c_n z^n + \cdots).$$

比较 z 的同幂次的系数可得

$$c_1=\alpha,\quad c_2=\frac{\alpha(\alpha-1)}{2!},\quad \cdots,\quad c_n=\frac{\alpha(\alpha-1)\cdots(\alpha-n+1)}{n!},\cdots.$$

所求的展开式为

$$(1+z)^\alpha=1+\alpha z+\frac{\alpha(\alpha-1)}{2!}z^2+\cdots+\frac{\alpha(\alpha-1)\cdots(\alpha-n+1)}{n!}z^n+\cdots,\quad |z|<1.$$

借助于变量代换、逐项求导、逐项积分、幂级数的运算、待定系数法等是对函数进行间接展开时经常采用的方法,希望读者能在练习中掌握基本的展开方法与技巧.

4.4 洛朗级数

在 4.3 节中知道,若函数 $f(z)$ 在以 z_0 为中心的圆域内解析,则 $f(z)$ 可以展开成 $(z-z_0)$ 的幂级数. 但若 $f(z)$ 在 z_0 不解析,而在以 z_0 为圆心的圆环域 $D:R_1<|z-z_0|<R_2$ 内解析,$f(z)$ 是否还能展开成某种形式的级数? 答案是肯定的. 下面来探讨这个问题.

一、洛朗(Laurent)级数及其收敛性

定义 4.4.1　形如

$$\sum_{n=-\infty}^{+\infty}c_n(z-z_0)^n \tag{4.4.1}$$

的级数称为**洛朗级数**,其中 z_0,c_n 是复常数,c_n 称为级数(4.4.1)的系数.

洛朗级数(4.4.1)包含 $(z-z_0)$ 的正幂项和负幂项. 为此将级数(4.4.1)分成两部分来研究,即正幂项部分(含常数项)

$$\sum_{n=0}^{\infty}c_n(z-z_0)^n=c_0+c_1(z-z_0)+\cdots+c_n(z-z_0)^n+\cdots \tag{4.4.2}$$

与负幂项部分

$$\sum_{n=1}^{\infty}c_{-n}(z-z_0)^{-n}=\frac{c_{-1}}{z-z_0}+\frac{c_{-2}}{(z-z_0)^2}+\cdots+\frac{c_{-n}}{(z-z_0)^n}+\cdots. \tag{4.4.3}$$

称级数(4.4.1)在点 $z_1(\neq z_0)$ 处收敛,当且仅当级数(4.4.2)与级数(4.4.3)在 z_1 处收敛.

级数(4.4.2)是一个幂级数,若收敛半径为 R_2,则其当 $|z-z_0|<R_2$ 时收敛,当 $|z-z_0|>R_2$ 时发散.

对级数(4.4.3),令 $\xi=\dfrac{1}{z-z_0}$,则得到关于 ξ 的幂级数

$$\sum_{n=1}^{\infty} c_{-n}\xi^n = c_{-1}\xi + c_{-2}\xi^2 + \cdots + c_{-n}\xi^n + \cdots. \tag{4.4.4}$$

设其收敛半径为 R,则级数(4.4.4)在 $|\xi|<R$ 时收敛,而在 $|\xi|>R$ 时发散. 令 $R_1=\dfrac{1}{R}$,则可知级数(4.4.3)在 $|z-z_0|>R_1$ 时收敛,在 $|z-z_0|<R_1$ 时发散.

综上可知,洛朗级数(4.4.1)当 $R_1>R_2$ 时处处发散;当 $R_1<R_2$ 时,在圆环域 $D:R_1<|z-z_0|<R_2$ 内收敛;当 $R_1=R_2$ 时,在圆周 $|z-z_0|=R_1$ 上,可能有收敛点,也可能有发散点. 因此当 $R_1<R_2$ 时,级数(4.4.1)的收敛域为圆环域 $D:R_1<|z-z_0|<R_2$. 在这里允许有 $R_1=0$ 和 $R_2=+\infty$ 这种情况出现.

幂级数在收敛圆内所具有的性质,洛朗级数在收敛圆环域内也具有. 如级数在收敛圆环域内的和函数是解析的,而且可以逐项求导与逐项积分.

二、洛朗展开定理

定理 4.4.1 如果 $f(z)$ 在圆环域 $D:R_1<|z-z_0|<R_2$ 内解析,则在 D 内 $f(z)$ 可唯一地展开为洛朗级数

$$f(z) = \sum_{n=-\infty}^{\infty} c_n (z-z_0)^n, \tag{4.4.5}$$

其中,$c_n = \dfrac{1}{2\pi i}\oint_C \dfrac{f(\xi)}{(\xi-z_0)^{n+1}}d\xi, n=0,\pm1,\pm2,\cdots$, C 为 D 内围绕点 z_0 的任意一条正向简单闭曲线.

称式(4.4.5)为 $f(z)$ 在以 z_0 为圆心的圆环域 D 内的洛朗展开式,其右端的级数称为 $f(z)$ 在 D 内的洛朗级数.

证 如图 4.2,设 z 为 D 内任一点,在 D 内作两个正向圆周 $C_1:|z-z_0|=r_1$ 与 $C_2:|z-z_0|=r_2$, $r_1<r_2$ 且点 z 位于 C_1 与 C_2 之间,由柯西积分公式的推论 3.3.2 得

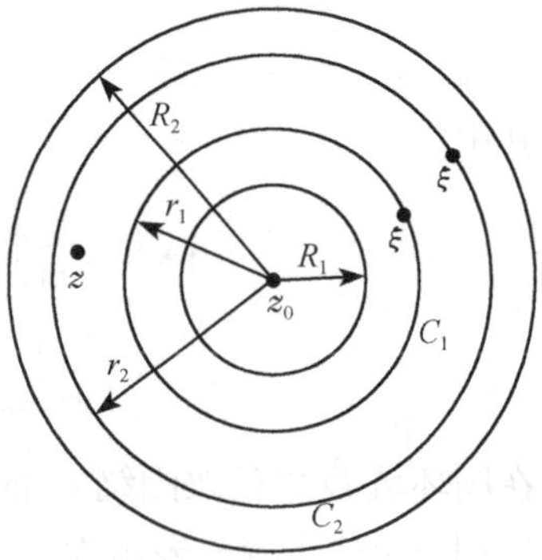

图 4.2

$$f(z) = \frac{1}{2\pi i}\oint_{C_2} \frac{f(\xi)}{\xi - z}d\xi - \frac{1}{2\pi i}\oint_{C_1} \frac{f(\xi)}{\xi - z}d\xi. \tag{4.4.6}$$

对式(4.4.6)的第一个积分,当 $\xi\in C_2$ 时,$\left|\dfrac{z-z_0}{\xi-z_0}\right| = \dfrac{|z-z_0|}{r_2} = q_1 < 1$,

$$\frac{f(\xi)}{\xi-z} = \frac{f(\xi)}{\xi-z_0}\cdot\frac{1}{1-\dfrac{z-z_0}{\xi-z_0}} = \sum_{n=0}^{\infty} f(\xi)\frac{(z-z_0)^n}{(\xi-z_0)^{n+1}},$$

$f(\xi)$在 C_2 上解析，存在正数 $M_1>0$，使得$|f(\xi)|\leqslant M_1$. 于是

$$\left|f(\xi)\frac{(z-z_0)^n}{(\xi-z_0)^{n+1}}\right|\leqslant\frac{M_1}{r_2}\cdot q_1^n,$$

所以上式右端的级数(关于 ξ)在 C_2 上绝对收敛(且一致收敛). 两边在 C_2 上积分，右端可逐项积分得

$$\frac{1}{2\pi i}\oint_{C_2}\frac{f(\xi)}{\xi-z}d\xi=\sum_{n=0}^{\infty}\left[\frac{1}{2\pi i}\oint_{C_2}\frac{f(\xi)}{(\xi-z_0)^{n+1}}d\xi\right](z-z_0)^n.$$

对式(4. 4. 6)的第二个积分，当 $\xi\in C_1$ 时，$\left|\frac{\xi-z_0}{z-z_0}\right|=\frac{r_1}{|z-z_0|}=q_2<1$. 故

$$-\frac{f(\xi)}{\xi-z_0}=\frac{f(\xi)}{z-z_0}\cdot\frac{1}{1-\frac{\xi-z_0}{z-z_0}}=\sum_{n=0}^{\infty}f(\xi)\frac{(\xi-z_0)^n}{(z-z_0)^{n+1}}.$$

与对第一个积分讨论相类似，上式右端的级数(关于 ξ)在 C_1 上也绝对收敛(一致收敛)，在 C_1 上也可逐项积分. 于是

$$\begin{aligned}-\frac{1}{2\pi i}\oint_{C_1}\frac{f(\xi)}{\xi-z_0}d\xi&=\sum_{n=0}^{\infty}\left[\frac{1}{2\pi i}\oint_{C_1}\frac{f(\xi)}{(\xi-z_0)^{-n}}d\xi\right](z-z_0)^{-n-1}\\&=\sum_{n=1}^{\infty}\left[\frac{1}{2\pi i}\oint_{C_1}\frac{f(\xi)}{(\xi-z_0)^{-n+1}}d\xi\right](z-z_0)^{-n}.\end{aligned}$$

因此

$$f(z)=\sum_{n=0}^{\infty}c_n(z-z_0)^n+\sum_{n=1}^{\infty}c_{-n}(z-z_0)^{-n}=\sum_{n=-\infty}^{\infty}c_n(z-z_0)^n,$$

其中，

$$c_n=\frac{1}{2\pi i}\oint_{C_2}\frac{f(\xi)}{(\xi-z_0)^{n+1}}d\xi,\quad n=0,1,2,\cdots,$$

$$c_n=\frac{1}{2\pi i}\oint_{C_1}\frac{f(\xi)}{(\xi-z_0)^{n+1}}d\xi,\quad n=-1,-2,\cdots.$$

在圆环域 D 内任取围绕 z_0 的简单闭曲线 C，根据闭路变形原理，则以上两个式子可用一个式子统一表示为

$$c_n=\frac{1}{2\pi i}\oint_{C}\frac{f(\xi)}{(\xi-z_0)^{n+1}}d\xi,\quad n=\pm1,\pm2,\cdots.$$

下证唯一性. 若 $f(z)$在圆环域 D 内可以展开为另一个洛朗级数

$$f(z)=\sum_{n=-\infty}^{\infty}a_n(z-z_0)^n,$$

在 D 内任取围绕 z_0 的简单闭曲线 C，ξ 为 C 上任一点，则在 C 上，

$$f(\xi)=\sum_{n=-\infty}^{\infty}a_n(\xi-z_0)^n,$$

两边同乘以$(\xi-z_0)^{-p-1}$,并沿 C 逐项积分得

$$\oint_C\frac{f(\xi)}{(\xi-z_0)^{p+1}}\mathrm{d}\xi=\sum_{n=-\infty}^{\infty}a_n\oint_C\frac{1}{(\xi-z_0)^{p+1-n}}\mathrm{d}\xi=2\pi\mathrm{i}a_p,$$

故

$$a_p=\frac{1}{2\pi\mathrm{i}}\oint_C\frac{f(\xi)}{(\xi-z_0)^{p+1}}\mathrm{d}\xi=c_p,\quad n=0,\pm1,\pm2,\cdots,$$

从而洛朗级数是唯一的.

对洛朗展开定理,作以下几点说明:

(1) 由于 $f(z)$ 在圆周 C_1 内不处处解析,在 $n\geqslant0$ 时,系数 $c_n=\frac{1}{2\pi\mathrm{i}}\oint_C\frac{f(\xi)}{(\xi-z_0)^{n+1}}\mathrm{d}\xi$ 并不等于$\frac{f^{(n)}(z_0)}{n!}$.

(2) 唯一性是指在给定的圆环域内,$f(z)$的洛朗展开式是唯一的.

(3) 若 z_0 是 $f(z)$的奇点,$f(z)$在圆环域 $D:R_1<|z-z_0|<R_2$ 内的洛朗级数必是关于$(z-z_0)$的级数.

在实际应用中,一般并不用公式 $c_n=\frac{1}{2\pi\mathrm{i}}\oint_C\frac{f(\xi)}{(\xi-z_0)^{n+1}}\mathrm{d}\xi$ 去直接求洛朗展开式的系数,而是以唯一性为依据,通过代数运算、代换、求导、积分等手段,用间接展开的方法,将 $f(z)$在指定的圆环域内展开为洛朗级数.

例 4.4.1 将函数 $f(z)=\frac{1}{(z+1)(z-2)}$分别在圆环域

(1) $0<|z|<1$;　　(2) $1<|z|<2$;　　(3) $2<|z|<+\infty$

内展开成洛朗级数.

解 $f(z)$有两个奇点 $z_1=-1$ 与 $z_2=2$,在所给 3 个圆环域内解析,且有

$$f(z)=\frac{1}{3}\left(\frac{1}{z-2}-\frac{1}{z+1}\right).$$

(1) 在圆环域 $0<|z|<1$ 内,$|z|<1$ 且$\left|\frac{z}{2}\right|<1$,而

$$\frac{1}{z-2}=-\frac{1}{2}\cdot\frac{1}{1-z/2}=-\frac{1}{2}\left(1+\frac{z}{2}+\frac{z^2}{2^2}+\cdots+\frac{z^n}{2^n}+\cdots\right),$$

$$\frac{1}{1+z}=\frac{1}{1-(-z)}=1-z+z^2-z^3+\cdots+(-1)^nz^n+\cdots,$$

所以有

$$f(z)=\frac{1}{3}\Big[-\frac{1}{2}\Big(1+\frac{z}{2}+\frac{z^2}{2^2}+\cdots+\frac{z^n}{2^n}+\cdots\Big)$$

$$-(1-z+z^2-z^3+\cdots+(-1)^n z^n+\cdots)\Big]$$

$$=-\frac{1}{2}+\frac{3}{4}z-\frac{3}{8}z^2+\cdots+\frac{1}{3}\Big[(-1)^{n+1}-\frac{1}{2^{n+1}}\Big]z^n+\cdots.$$

在这个结果中，$f(z)$的洛朗级数不含 z 的负幂项，成为普通的幂级数，这是由于 $f(z)$在$|z|<1$ 内解析的缘故.

(2) 在圆环域 $1<|z|<2$ 内，$\left|\frac{z}{2}\right|<1$ 及$\left|\frac{1}{z}\right|<1$ 成立. 于是

$$\frac{1}{1+z}=\frac{1}{z}\cdot\frac{1}{1+1/z}=\frac{1}{z}\Big(1-\frac{1}{z}+\frac{1}{z^2}-\cdots+(-1)^n\frac{1}{z^n}+\cdots\Big),$$

$$\frac{1}{z-2}=-\frac{1}{2}\Big(1+\frac{z}{2}+\frac{z^2}{2^2}+\cdots+\frac{z^n}{2^n}+\cdots\Big),$$

所以

$$f(z)=-\frac{1}{6}\Big(1+\frac{z}{2}+\frac{z^2}{2^2}+\cdots+\frac{z^n}{2^n}+\cdots\Big)-\frac{1}{3z}\Big(1-\frac{1}{z}+\frac{1}{z^2}-\cdots+(-1)^n\frac{1}{z^n}+\cdots\Big)$$

$$=\cdots+(-1)^{n+1}\frac{1}{3z^{n+1}}-\cdots-\frac{1}{3z}-\frac{1}{6}-\frac{z}{12}-\frac{z^2}{3\cdot 2^3}-\cdots.$$

(3) 在圆环域 $2<|z|<+\infty$内，$\left|\frac{2}{z}\right|<1$，$\left|\frac{1}{z}\right|<1$ 成立.

$$\frac{1}{1+z}=\frac{1}{z}\cdot\frac{1}{1+1/z}=\frac{1}{z}\sum_{n=0}^{\infty}(-1)^n\frac{1}{z^n}=\sum_{n=0}^{\infty}(-1)^n\frac{1}{z^{n+1}},$$

$$\frac{1}{z-2}=\frac{1}{z}\cdot\frac{1}{1-2/z}=\frac{1}{z}\sum_{n=0}^{\infty}\frac{2^n}{z^n}=\sum_{n=0}^{\infty}\frac{2^n}{z^{n+1}},$$

故得

$$f(z)=\frac{1}{3}\Big[\sum_{n=0}^{\infty}\frac{2^n}{z^{n+1}}-\sum_{n=0}^{\infty}(-1)^n\frac{1}{z^{n+1}}\Big]=\frac{1}{3}\sum_{n=0}^{\infty}\frac{2^n+(-1)^{n+1}}{z^{n+1}}.$$

例 4.4.2　将函数 $f(z)=\frac{1}{z^2(z-\mathrm{i})}$在圆环域(1) $0<|z-\mathrm{i}|<1$ 及(2) $1<|z-\mathrm{i}|<+\infty$内展开为洛朗级数.

解　$f(z)$有两个奇点 $z_1=0$ 与 $z_2=\mathrm{i}$，在圆环域 $0<|z-\mathrm{i}|<1$ 及 $1<|z-\mathrm{i}|<+\infty$内解析.

(1) 由于$\frac{1}{z^2}=-\left(\frac{1}{z}\right)'$，而在 $0<|z-\mathrm{i}|<1$ 内，$\left|\frac{z-\mathrm{i}}{\mathrm{i}}\right|<1$.

$$\frac{1}{z}=\frac{1}{\mathrm{i}+(z-\mathrm{i})}=\frac{1}{\mathrm{i}}\frac{1}{1+(z-\mathrm{i})/\mathrm{i}}=\frac{1}{\mathrm{i}}\sum_{n=0}^{\infty}(-1)^n\frac{(z-\mathrm{i})^n}{\mathrm{i}^n}.$$

故

$$\frac{1}{z^2}=-\frac{1}{\mathrm{i}}\sum_{n=1}^{\infty}(-1)^n\frac{n}{\mathrm{i}^n}(z-\mathrm{i})^{n-1}=\sum_{n=1}^{\infty}(-1)^{n+1}\frac{n}{\mathrm{i}^{n+1}}(z-\mathrm{i})^{n-1},$$

所以

$$f(z)=\frac{1}{z-\mathrm{i}}\cdot\frac{1}{z^2}=\sum_{n=1}^{\infty}(-1)^{n+1}\frac{n}{\mathrm{i}^{n+1}}(z-\mathrm{i})^{n-2}.$$

(2) 在 $1<|z-\mathrm{i}|<+\infty$ 内,有 $\left|\frac{\mathrm{i}}{z-\mathrm{i}}\right|<1$ 成立.

$$\frac{1}{z}=\frac{1}{\mathrm{i}+(z-\mathrm{i})}=\frac{1}{z-\mathrm{i}}\cdot\frac{1}{1+\mathrm{i}/(z-\mathrm{i})}=\frac{1}{z-\mathrm{i}}\sum_{n=0}^{\infty}(-1)^n\frac{\mathrm{i}^n}{(z-\mathrm{i})^n}$$
$$=\sum_{n=0}^{\infty}(-1)^n\frac{\mathrm{i}^n}{(z-\mathrm{i})^{n+1}}.$$

故

$$\frac{1}{z^2}=-\left(\frac{1}{z}\right)'=-\sum_{n=0}^{\infty}(-1)^{n+1}\frac{\mathrm{i}^n(n+1)}{(z-\mathrm{i})^{n+2}}=\sum_{n=0}^{\infty}(-1)^n\frac{\mathrm{i}^n(n+1)}{(z-\mathrm{i})^{n+2}},$$

所以

$$f(z)=\frac{1}{z-\mathrm{i}}\cdot\frac{1}{z^2}=\sum_{n=0}^{\infty}(-1)^n\frac{\mathrm{i}^n(n+1)}{(z-\mathrm{i})^{n+3}}.$$

例 4.4.3 把函数 $f(z)=z^3\mathrm{e}^{\frac{1}{z}}$ 在圆环域 $0<|z|<+\infty$ 内展开为洛朗级数.

解 $f(z)=z^3\mathrm{e}^{\frac{1}{z}}$ 在圆环域 $0<|z|<+\infty$ 内解析,在复平面内 e^z 有展开式

$$\mathrm{e}^z=1+z+\frac{z^2}{2!}+\frac{z^3}{3!}+\cdots+\frac{z^n}{n!}+\cdots.$$

用 $\frac{1}{z}$ 代替上式的 z,则在 $0<|z|<+\infty$ 内有

$$\mathrm{e}^{\frac{1}{z}}=1+\frac{1}{z}+\frac{1}{2!z^2}+\frac{1}{3!z^3}+\cdots+\frac{1}{n!z^n}+\cdots,$$

所以

$$f(z)=z^3\mathrm{e}^{\frac{1}{z}}=z^3\left(1+\frac{1}{z}+\frac{1}{2!z^2}+\frac{1}{3!z^3}+\cdots+\frac{1}{n!z^n}+\cdots\right)$$
$$=z^3+z^2+\frac{z}{2!}+\frac{1}{3!}+\frac{1}{4!z}+\cdots+\frac{1}{n!z^{n-3}}+\cdots.$$

例 4.4.4　将函数 $f(z)=\cos\dfrac{z}{z-1}$ 在圆环域 $0<|z-1|<+\infty$ 内展开成洛朗级数.

解　$f(z)=\cos\dfrac{z}{z-1}$ 有唯一奇点 $z=1$，在 $0<|z-1|<+\infty$ 内解析，且

$$\cos\frac{z}{z-1}=\cos\left(1+\frac{1}{z-1}\right)=\cos1\cos\frac{1}{z-1}-\sin1\sin\frac{1}{z-1},$$

所以有

$$\begin{aligned}f(z)=&\cos1\left[1-\frac{1}{2!(z-1)^2}+\cdots+(-1)^n\frac{1}{(2n)!(z-1)^{2n}}+\cdots\right]\\&-\sin1\left[\frac{1}{z-1}-\frac{1}{3!(z-1)^3}+\cdots+(-1)^n\frac{1}{(2n+1)!(z-1)^{2n+1}}+\cdots\right]\\=&\cos1-\frac{\sin1}{z-1}-\frac{\cos1}{2!(z-1)^2}+\frac{\sin1}{3!(z-1)^3}+\cdots\\&+\frac{(-1)^n\cos1}{(2n)!(z-1)^{2n}}+\frac{(-1)^{n+1}\sin1}{(2n+1)!(z-1)^{2n+1}}+\cdots.\end{aligned}$$

小结与点注

本章学习了复数项级数，泰勒级数与洛朗级数. 重点是泰勒级数与洛朗级数.

一、复数项级数

(1) 复数列 $\alpha_n=a_n+\mathrm{i}b_n(n=1,2,\cdots)$ 与复数项级数 $\sum\limits_{n=1}^{\infty}\alpha_n$ 收敛的定义完全类似于实数列与实级数收敛的定义；

(2) $\lim\limits_{n\to\infty}\alpha_n=\alpha=a+\mathrm{i}b$ 的充分必要条件是 $\lim\limits_{n\to\infty}a_n=a$，$\lim\limits_{n\to\infty}b_n=b$；

(3) 复数项级数 $\sum\limits_{n=1}^{\infty}\alpha_n$ 收敛的充分必要条件是实数项级数 $\sum\limits_{n=1}^{\infty}a_n$ 与 $\sum\limits_{n=1}^{\infty}b_n$ 同时收敛；

(4) 复数项级数 $\sum\limits_{n=1}^{\infty}\alpha_n$ 收敛的必要条件是 $\lim\limits_{n\to\infty}\alpha_n=0$；

(5) 级数 $\sum\limits_{n=1}^{\infty}\alpha_n$ 绝对收敛的充分必要条件是级数 $\sum\limits_{n=1}^{\infty}a_n$ 与 $\sum\limits_{n=1}^{\infty}b_n$ 同时绝对收敛.

由以上结果可知：对复数列及复数项级数的讨论，可转化为对相应实数列及实数项级数的讨论.

二、幂级数$\sum\limits_{n=0}^{\infty} c_n z^n$

(1) 由阿贝尔定理可知,幂级数的收敛范围为一圆域,称为收敛圆. 在收敛圆周的内部,幂级数绝对收敛;在收敛圆周的外部,幂级数发散;在收敛圆周上,幂级数可能处处收敛,也可能处处发散,也可能在某些点收敛,而在另一些点发散.

(2) 收敛半径 R 的求法.

对不缺项的幂级数 $\sum\limits_{n=0}^{\infty} c_n z^n$,求收敛半径常用以下两种方法:

(i) 比值法. 若$\lim\limits_{n\to\infty}\left|\dfrac{c_{n+1}}{c_n}\right|=\lambda\neq 0$,则 $R=\dfrac{1}{\lambda}$.

(ii) 根值法. 若$\lim\limits_{n\to\infty}\sqrt[n]{|c_n|}=\rho\neq 0$,则 $R=\dfrac{1}{\rho}$.

特别地,若 $\lambda=0$ 或 $\rho=0$,则 $R=+\infty$;若 $\lambda=\infty$或 $\rho=\infty$,则 $R=0$.

(3) 幂级数的性质.

(i) 设幂级数$\sum\limits_{n=0}^{\infty} a_n z^n$ 与$\sum\limits_{n=0}^{\infty} b_n z^n$ 的收敛半径分别为R_1 与R_2,记$R=\min(R_1,R_2)$,则在 D:$|z|<R$ 内,有

$$\alpha\sum_{n=0}^{\infty} a_n z^n \pm \beta\sum_{n=0}^{\infty} b_n z^n = \sum_{n=0}^{\infty}(\alpha a_n \pm \beta b_n) z^n,$$

$$\left(\sum_{n=0}^{\infty} a_n z^n\right)\left(\sum_{n=0}^{\infty} b_n z^n\right)=\sum_{n=0}^{\infty}(a_n b_0 + a_{n-1}b_1+\cdots+a_0 b_n) z^n.$$

(ii) 设幂级数 $\sum\limits_{n=0}^{\infty} c_n z^n$ 的收敛半径为R,则在收敛圆$|z|<R$ 内,幂级数的和函数 $s(z)$解析,且幂级数可以逐项求导与逐项积分,即有

$$s'(z)=\sum_{n=1}^{\infty} n c_n z^{n-1},\quad |z|<R,$$

$$\int_0^z s(\xi)\mathrm{d}\xi=\sum_{n=0}^{\infty}\int_0^z c_n\xi^n\mathrm{d}\xi=\sum_{n=0}^{\infty}\frac{c_n}{n+1}z^{n+1},\quad |z|<R.$$

三、泰勒级数

(1) 泰勒定理. 如果函数 $f(z)$在圆域 D:$|z-z_0|<R$ 内解析,则 $f(z)$在 D 内可以唯一地展开成关于 $z-z_0$ 的幂级数

$$f(z)=\sum_{n=0}^{\infty}\frac{f^{(n)}(z_0)}{n!}(z-z_0)^n.$$

该幂级数的收敛半径 R 为从 z_0 到 $f(z)$距 z_0 最近的一个奇点 α 之间的距离.

(2) $f(z)$在点 z_0 解析的充分必要条件是 $f(z)$在 z_0 点的邻域内能够展开为幂级数 $f(z)=\sum_{n=0}^{\infty}c_n(z-z_0)^n$.

(3) 解析函数的幂级数展开有直接展开法与间接展开法.通常的做法是以唯一性为依据,借助于变量代换、逐项求导、逐项积分等手段对函数进行间接展开.

(4) 在收敛圆内,幂级数处处收敛,和函数也处处解析.但在收敛圆周上,幂级数的和函数至少有一个奇点.这是由于在收敛圆周上,幂级数的收敛与和函数的解析无必然联系.即使幂级数在收敛圆周上处处收敛,其和函数也可能有不解析的点存在.请看下例:

$$f(z)=\frac{z}{1^2}+\frac{z^2}{2^2}+\frac{z^3}{3^2}+\cdots+\frac{z^n}{n^2}+\cdots.$$

易知其收敛半径 $R=1$,且在收敛圆周 $|z|=1$ 上处处收敛.但

$$f'(z)=1+\frac{z}{2}+\frac{z^2}{3}+\cdots+\frac{z^{n+1}}{n}+\cdots,$$

当 z 在收敛圆内沿正实轴趋于 1 时,$f'(z)\to\infty$.因此,$f(z)$在 $z=1$ 不解析,$z=1$ 是 $f(z)$的一个奇点.

四、洛朗级数

(1) 洛朗展开定理.如果函数 $f(z)$在圆环域 $D:R_1<|z-z_0|<R_2$ 内解析,则在 D 内 $f(z)$可以唯一地展开成关于 $z-z_0$ 的洛朗级数

$$f(z)=\sum_{n=-\infty}^{\infty}c_n(z-z_0)^n,$$

其中,

$$c_n=\frac{1}{2\pi i}\oint_C\frac{f(\xi)}{(\xi-z_0)^{n+1}}d\xi,\quad n=0,\pm 1,\pm 2,\cdots,$$

C 为圆环域 D 内绕 z_0 的任一正向简单闭曲线.

(2) 函数的洛朗展开式在不同的圆环域内是不同的.而在给定的圆环域内,不论用何种方法,所得到的洛朗级数是唯一的.因此,可以利用已有结果,借助于函数的性质,将所给函数在指定圆环域内展开为洛朗级数.

(3) 洛朗级数是泰勒级数的推广,洛朗展开式的系数

$$c_n=\frac{1}{2\pi i}\oint_C\frac{f(\xi)}{(\xi-z_0)^{n+1}}d\xi,\quad n=0,\pm 1,\pm 2,\cdots.$$

与泰勒展开式的系数从形式上看是一样的,但一般来讲不能利用高阶导数公式写成 $\frac{1}{n!}f^{(n)}(z_0)$.这是由于圆环域的中心 z_0 可能是 $f(z)$的奇点,那么 $f^{(n)}(z_0)$是不

存在的；即使 $f(z)$ 在 z_0 解析，在圆域 $|z-z_0|<R_2$ 内仍会有 $f(z)$ 的奇点存在，因此 c_n 也不能表示为 $\frac{1}{n!}f^{(n)}(z_0)$. 如设 $f(z)=\frac{1}{(z-1)(z-3)(z-4)}$，$D_1$ 为圆环域：$2<|z-1|<3$，则 $f(z)$ 在 $z_0=1$ 不解析，因此 c_n 不能用 $\frac{1}{n!}f^{(n)}(1)$ 来表示；若 D_2 为圆环域：$3<|z|<4$，$f(z)$ 在 $z_0=0$ 处解析，但在圆域 $|z|<4$ 内，$f(z)$ 有两个奇点 $z_1=1$ 与 $z_2=3$，因此 c_n 也不能表示为 $\frac{1}{n!}f^{(n)}(0)$. 当 $f(z)$ 在 $|z-z_0|<R_2$ 内解析时，由于 $(z-z_0)^{n-1}f(z)(n=1,2,\cdots)$ 在 C 内解析，故有

$$c_{-n}=\frac{1}{2\pi i}\oint_C(\xi-z_0)^{n-1}f(\xi)d\xi=0.$$

于是 $f(z)$ 的洛朗级数不含 $z-z_0$ 的负幂项，洛朗级数成为泰勒级数.

习　题　4

1. 下列复数列 $\{z_n\}$ 是否收敛？若收敛，求其极限.

(1) $z_n=\frac{1}{2n}+\frac{i}{3^n}$；　(2) $z_n=e^{-\frac{n\pi}{4}i}$；

(3) $z_n=\left(1-\frac{i}{2}\right)^{-n}$；　(4) $z_n=\left(1+\frac{1}{n}\right)e^{i\frac{\pi}{n}}$.

2. 证明：

$$\lim_{n\to\infty}\alpha^n=\begin{cases}0, & |\alpha|<1,\\ \infty, & |\alpha|>1,\\ 1, & \alpha=1,\\ \text{不存在}, & |\alpha|\neq 1\text{ 且 }\alpha\neq 1.\end{cases}$$

3. 判别下列级数是否收敛？若收敛，是绝对收敛还是条件收敛：

(1) $\sum_{n=0}^{\infty}\frac{i^n}{n!}$；　(2) $\sum_{n=2}^{\infty}\frac{(2i)^n}{\ln n}$；

(3) $\sum_{n=0}^{\infty}\frac{(-1)^n i^n}{2^n}$；　(4) $\sum_{n=0}^{\infty}\frac{(-i)^n}{2n}$.

4. 设复数列 $z_1,z_2,\cdots,z_n,\cdots$ 全部位于半平面 $\mathrm{Im}(z)>0$ 上，且级数 $\sum_{n=1}^{\infty}z_n$ 和 $\sum_{n=1}^{\infty}z_n^2$ 都收敛，证明级数 $\sum_{n=1}^{\infty}|z_n|^2$ 也收敛.

5. 求下列幂级数的收敛半径：

(1) $\sum_{n=1}^{\infty}\frac{z^n}{n^2}$；　(2) $\sum_{n=1}^{\infty}\frac{(n!)^2}{n^n}z^n$；

(3) $\sum_{n=0}^{\infty}(1-2i)^n z^n$；　(4) $\sum_{n=1}^{\infty}e^{i\frac{\pi}{n}}z^n$；

(5) $\sum_{n=1}^{\infty}\left(\frac{z}{\ln in}\right)^n$；　　　　(6) $\sum_{n=0}^{\infty}\frac{n}{n+1}(z+i)^n$.

6. 设级数 $\sum_{n=1}^{\infty}c_n$ 收敛，而 $\sum_{n=1}^{\infty}|c_n|$ 发散，证明幂级数 $\sum_{n=1}^{\infty}c_nz^n$ 的收敛半径 $R=1$.

7. 如果幂级数 $\sum_{n=0}^{\infty}c_nz^n$ 在其收敛圆周上一点 z_0 处绝对收敛，证明该幂级数在收敛圆周所围闭区域上绝对收敛.

8. 把下列各函数展开成 z 的幂级数，并指出它们的收敛半径：

(1) $\frac{1}{1+z^2}$；　　(2) $\frac{1}{(1+z)^2}$；　　(3) $\text{sh}z$；

(4) $\cos z^2$；　　(5) $e^{z^2}\sin z^2$；　　(6) $\tan z$；

(7) $e^{\frac{z}{z-1}}$；　　(8) $\sin\frac{1}{1-z}$.

(提示：(8) $\sin\frac{1}{1-z}=\sin1\cos\frac{z}{1-z}+\cos1\sin\frac{z}{1-z}$.)

9. 求下列函数在指定点 z_0 处的泰勒展开式，并指出它们的收敛半径：

(1) $\frac{1}{z},z_0=-1$；　　　　(2) $\frac{z}{(z-1)(z+2)},z_0=3$；

(3) $\frac{1}{z^2},z_0=1$；　　　　(4) $\frac{1}{3-4z},z_0=1+i$；

(5) $\arctan z,z_0=0$；　　　　(6) $e^z,z_0=1$.

10. 将下列函数在指定的圆环域内展开成洛朗级数：

(1) $\frac{1}{z+1},0<|z-1|<2;3<|z-2|<+\infty$；

(2) $\frac{1}{z(1-z)^2},0<|z|<1;0<|z-1|<1$；

(3) $\frac{1}{(1+z)^2},0<|z-i|<2;2<|z-i|<+\infty$；

(4) $z^2e^{\frac{1}{z}},0<|z|<+\infty$；

(5) $z^2\sin\frac{1}{2-z},0<|z-2|<+\infty$；

(6) $e^{\frac{1}{1-z}},1<|z|<+\infty$.

11. 函数 $\tan\frac{1}{z}$ 能否在圆环域 $D:0<|z|<R(0<R<+\infty)$ 内展开成洛朗级数？为什么？

12. 设 k 为实数且满足 $k^2<1$，证明：

$$\sum_{n=0}^{\infty}k^n\sin(n+1)\theta=\frac{\sin\theta}{1-2k\cos\theta+k^2},$$

$$\sum_{n=0}^{\infty}k^n\cos(n+1)\theta=\frac{\cos\theta-k}{1-2k\cos\theta+k^2}.$$

(提示：将 $\frac{1}{z-k}$ 在圆环域 $|k|<|z|<+\infty$ 内展开为洛朗级数，并取 $z=e^{i\theta}$，然后比较等式两边的实部与虚部即得结果.)

第 5 章　留数定理及其应用

留数理论在复变函数中占有重要的地位，也是解决有关问题的有力工具．本章将以洛朗级数为工具，对解析函数的孤立奇点进行分类，然后引进留数概念，介绍留数定理．将会看到，柯西积分公式、高阶导数公式都是留数定理的特例．应用留数定理，还可以计算一些在微积分中难以计算的定积分和广义积分．最后介绍辐角原理和儒歇定理，供相关专业选用．

5.1　孤 立 奇 点

一、奇点的分类

定义 5.1.1　若 $f(z)$ 在 z_0 不解析，但在 z_0 的某个去心邻域 $0<|z-z_0|<r$ 内解析，则称 z_0 为 $f(z)$ 的**孤立奇点**．

例如，$f(z)=\dfrac{1}{z(z+1)^2}$ 以 $z=0$ 和 $z=-1$ 为孤立奇点．但不能认为函数的奇点都是孤立的，如 $f(z)=\dfrac{1}{\sin\dfrac{1}{z}}$，$z=0$ 是它的一个奇点．除此之外，$\dfrac{1}{z}=n\pi$，即 $z=\dfrac{1}{n\pi}$ $(n=\pm1,\pm2,\cdots)$ 也是 $f(z)$ 的奇点，且当 $n\to\infty$ 时，$\dfrac{1}{n\pi}\to 0$．故在 $z=0$ 的任一去心邻域内，总有 $f(z)$ 的奇点，所以 $z=0$ 不是 $f(z)$ 的孤立奇点．下面仅讨论孤立奇点．

若 z_0 是 $f(z)$ 的孤立奇点，$f(z)$ 在 $0<|z-z_0|<r$ 内解析，则在 $0<|z-z_0|<r$ 内，$f(z)$ 可展开为洛朗级数

$$f(z)=\sum_{n=1}^{\infty}\frac{c_{-n}}{(z-z_0)^n}+\sum_{n=0}^{\infty}c_n(z-z_0)^n. \tag{5.1.1}$$

根据展开式的不同情况将孤立奇点作如下分类．

1. 可去奇点

如果在式(5.1.1)中不含 $(z-z_0)$ 的负幂项，则孤立奇点 z_0 称为 $f(z)$ 的可去奇点．此时，$f(z)$ 的洛朗级数即是幂级数

$$c_0+c_1(z-z_0)+c_2(z-z_0)^2+\cdots+c_n(z-z)^n+\cdots. \tag{5.1.2}$$

在 $|z-z_0|<r$ 内，式(5.1.2)的和函数 $s(z)$ 在 z_0 解析. 当 $z\neq z_0$ 时，$f(z)=s(z)$；当 $z=z_0$ 时，$s(z_0)=c_0$，且 $\lim\limits_{z\to z_0}f(z)=c_0=s(z_0)$. 因此如果令 $f(z_0)=c_0$，则在 $|z-z_0|<r$ 内，$f(z)=s(z)$，从而 $f(z)$ 也就在 z_0 解析. 因此，称 z_0 为 $f(z)$ 的**可去奇点**.

由以上讨论可知：z_0 是 $f(z)$ 的可去奇点的充要条件是 $\lim\limits_{z\to z_0}f(z)=c_0$(存在).

例如，$f(z)=\dfrac{\sin z}{z}$，$z=0$ 是其可去奇点. 这是由于在 $z=0$ 的去心邻域内，有

$$\frac{\sin z}{z}=\frac{1}{z}\left(z-\frac{z^3}{3!}+\frac{z^5}{5!}-\cdots\right)=1-\frac{z^2}{3!}+\frac{z^4}{5!}-\cdots,$$

级数中不含 z 的负幂项. 若约定 $f(0)=1$，则 $f(z)=\dfrac{\sin z}{z}$ 便在 $z=0$ 处解析了. 类似可知 $z=0$ 是 $g(z)=\dfrac{1-e^z}{z}$ 与 $h(z)=\dfrac{1-\cos z}{z^2}$ 的可去奇点.

2. 极点

如果在式(5.1.1)中只含有限多个 $(z-z_0)$ 的负幂项，且关于 $(z-z_0)^{-1}$ 的最高次幂为 $(z-z_0)^{-m}$，即

$$f(z)=\frac{c_{-m}}{(z-z_0)^m}+\cdots+\frac{c_{-1}}{z-z_0}+c_0+c_1(z-z_0)+c_2(z-z_0)^2+\cdots,$$
$$m\geqslant 1, c_{-m}\neq 0, \tag{5.1.3}$$

则称孤立奇点 z_0 为 $f(z)$ 的 ***m* 级极点**. 令

$$\varphi(z)=c_{-m}+c_{-m+1}(z-z_0)+c_{-m+2}(z-z_0)^2+\cdots,$$

则 $f(z)$ 可以表示为

$$f(z)=\frac{1}{(z-z_0)^m}\varphi(z), \tag{5.1.4}$$

其中，$\varphi(z)$ 在 $|z-z_0|<r$ 内解析，且 $\varphi(z_0)=c_{-m}\neq 0$. 反之，若式(5.1.4)成立，则 z_0 是 $f(z)$ 的 m 级极点.

由式(5.1.4)可知，若 z_0 是 $f(z)$ 的极点，就有 $\lim\limits_{z\to z_0}f(z)=\infty$.

例如，$f(z)=\dfrac{z+3i}{(z^2+1)(z-2)^4}$，$z=2$ 是 4 级极点，而 $z=\pm i$ 均是 1 级极点.

3. 本性奇点

如果在式(5.1.1)中含有无穷多个 $(z-z_0)$ 的负幂项，则称孤立奇点 z_0 为 $f(z)$ 的**本性奇点**.

例如，在 $0<|z|<+\infty$ 内有

$$e^{\frac{1}{z}} = 1 + \frac{1}{z} + \frac{1}{2!z^2} + \cdots + \frac{1}{n!z^n} + \cdots,$$

因此 $z=0$ 是 $f(z)=e^{\frac{1}{z}}$ 的本性奇点. 当 z 沿负实轴趋于 0 时, $e^{\frac{1}{z}}$ 趋于 0; 而当 z 沿正实轴趋于 0 时, $e^{\frac{1}{z}}$ 趋于 $+\infty$. 故 $\lim\limits_{z\to 0} e^{\frac{1}{z}}$ 不存在, 也不为 ∞.

如果 z_0 是 $f(z)$ 的本性奇点, 则 $f(z)$ 有如下性质: 对于任意给定的复数 α, 总可以找到一个以 z_0 为极限的复数列 $\{z_n\}$, 使得 $\lim\limits_{n\to\infty} f(z_n)=\alpha$. 因此 $\lim\limits_{z\to z_0} f(z)$ 不存在, 也不为 ∞.

可以证明: 函数 $e^{\frac{1}{z}}$, $\sin\dfrac{1}{z}$, $\cos\dfrac{1}{z}$ 等均以 $z=0$ 为本性奇点.

综上可得

定理 5.1.1 设 z_0 是函数 $f(z)$ 的孤立奇点, 则

(1) z_0 是 $f(z)$ 的可去奇点的充要条件是 $\lim\limits_{z\to z_0} f(z)=\alpha$ (有限);

(2) z_0 是 $f(z)$ 的极点的充要条件是 $\lim\limits_{z\to z_0} f(z)=\infty$. 特别, z_0 是 $f(z)$ 的 m 级极点的充要条件是 $f(z)=\dfrac{1}{(z-z_0)^m}\varphi(z)$, 其中, $\varphi(z)$ 在 z_0 解析且 $\varphi(z_0)\neq 0$;

(3) z_0 是 $f(z)$ 的本性奇点的充要条件是 $\lim\limits_{z\to z_0} f(z)$ 不存在, 也不为 ∞.

二、函数的零点与极点的关系

定义 5.1.2 设函数 $f(z)$ 在 z_0 的邻域 $|z-z_0|<r$ 内解析, 若 $f(z_0)=0$, 则称 z_0 为 $f(z)$ 的**零点**; 若 $f(z)$ 有泰勒展开式

$$f(z) = c_m(z-z_0)^m + c_{m+1}(z-z_0)^{m+1} + \cdots, \quad c_m \neq 0, \tag{5.1.5}$$

则称 z_0 为 $f(z)$ 的 **m 级零点**.

令 $\varphi(z)=c_m+c_{m+1}(z-z_0)+c_{m+2}(z-z_0)^2+\cdots$, 则 $\varphi(z)$ 在 $|z-z_0|<r$ 内解析, 且 $\varphi(z_0)=c_m\neq 0$, 此时 $f(z)$ 可表为

$$f(z) = (z-z_0)^m\varphi(z). \tag{5.1.6}$$

由式(5.1.5)易知: z_0 为解析函数 $f(z)$ 的 m 级零点的充要条件是

$$f(z_0) = f'(z_0) = \cdots = f^{(m-1)}(z_0) = 0, \quad 而\ f^{(m)}(z_0) \neq 0.$$

例如, $f(z)=(z^3-1)(z+i)^2$, $z=-i$ 是 $f(z)$ 的 2 级零点, 而 $f(1)=0$, $f'(1)=[3z^2(z+i)^2+2(z^3-1)(z+i)]|_{z=1}\neq 0$, 故 $z=1$ 是 $f(z)$ 的 1 级零点. 又如 $f(z)=z-\sin z$, $f(0)=0$, $f'(0)=(1-\cos z)|_{z=0}=0$, $f''(0)=\sin z|_{z=0}=0$, $f'''(0)=\cos z|_{z=0}=1\neq 0$, 因此, $z=0$ 是 $f(z)$ 的 3 级零点.

在式(5.1.6)中, 由于 $\varphi(z)$ 在 $|z-z_0|<r$ 内解析, 且 $\varphi(z_0)\neq 0$, 因此存在 $0<$

$\delta \leqslant r$，使得在 $|z-z_0|<\delta$ 内，$\varphi(z)\neq 0$. 于是在 $|z-z_0|<\delta$ 内，$f(z)$ 只有 z_0 一个零点. 这就是说，**一个不恒为零的解析函数其零点是孤立的.**

函数的零点与极点有下述关系：

定理 5.1.2　点 z_0 是 $f(z)$ 的 m 级极点的充要条件是点 z_0 是 $\dfrac{1}{f(z)}$ 的 m 级零点.

证　若 z_0 是 $f(z)$ 的 m 级极点，则有

$$f(z)=\frac{1}{(z-z_0)^m}\varphi(z),$$

其中，$\varphi(z)$ 在 z_0 解析，且 $\varphi(z_0)\neq 0$. 于是

$$\frac{1}{f(z)}=(z-z_0)^m\frac{1}{\varphi(z)}=(z-z_0)^m h(z),$$

而 $h(z_0)=\dfrac{1}{\varphi(z_0)}\neq 0$，且 $h(z)$ 在 z_0 解析，所以 z_0 是 $\dfrac{1}{f(z)}$ 的 m 级零点.

反之，若 z_0 是 $f(z)$ 的 m 级零点，则有

$$f(z)=(z-z_0)^m\varphi(z),$$

其中，$\varphi(z)$ 在 z_0 解析，且 $\varphi(z_0)\neq 0$. 于是

$$\frac{1}{f(z)}=\frac{1}{(z-z_0)^m}\cdot\frac{1}{\varphi(z)}=\frac{1}{(z-z_0)^m}g(z),$$

而 $g(z)=\dfrac{1}{\varphi(z)}$ 在 z_0 在解析，且 $g(z_0)=\dfrac{1}{\varphi(z_0)}\neq 0$，因此，$z_0$ 是 $\dfrac{1}{f(z)}$ 的 m 级极点.

例 5.1.1　求函数 $f(z)=\tan z$ 的孤立奇点，并指出它的级.

解　$f(z)=\tan z=\dfrac{\sin z}{\cos z}$ 的奇点，即是 $\cos z=0$ 的点. 故 $f(z)$ 的奇点是 $z=\left(k+\dfrac{1}{2}\right)\pi(k=0,\pm 1,\pm 2,\cdots)$ 且都是孤立奇点. 由于 $\sin z$ 解析且 $\sin\left(k+\dfrac{1}{2}\right)\pi\neq 0$，以及

$$(\cos z)'\big|_{z=\left(k+\frac{1}{2}\right)\pi}=-\sin\left(k+\frac{1}{2}\right)\pi\neq 0.$$

故 $z=\left(k+\dfrac{1}{2}\right)\pi(k=0,\pm 1,\pm 2,\cdots)$ 是 $\cos z$ 的 1 级零点，从而是 $f(z)=\tan z$ 的 1 级极点.

例 5.1.2　判断 $z=0$ 是 $f(z)=\dfrac{1-\cos z}{z^3}$ 的几级极点.

解　从表面看，$z=0$ 似乎是 $f(z)$ 的 3 级极点. 将 $f(z)$ 展开成洛朗级数有

$$f(z)=\frac{1}{z^3}\left[1-\left(1-\frac{z^2}{2!}+\frac{z^4}{4!}-\cdots\right)\right]=\frac{1}{2!z}-\frac{z}{4}+\frac{z^3}{6!}-\cdots.$$

因此,$z=0$ 是 $f(z)$的 1 级极点.

事实上,$z=0$ 也是 $1-\cos z$ 的零点,且是 2 级零点. 故 $z=0$ 是$\dfrac{1-\cos z}{z^3}$的 1 级极点. 对函数 $f(z)=\dfrac{P(z)}{Q(z)}$的极点或零点问题,请看下例.

例 5.1.3 设解析函数 $P(z)$与 $Q(z)$分别以 $z=z_0$ 为 m 级与 n 级零点(或极点),讨论 $f(z)=\dfrac{P(z)}{Q(z)}$在 $z=z_0$ 处的各种情况.

解 由条件知

$$P(z)=(z-z_0)^m\varphi(z),$$
$$Q(z)=(z-z_0)^n\psi(z),$$

其中,$\varphi(z)$,$\psi(z)$均在 $z=z_0$ 解析,且 $\varphi(z_0)\neq 0$,$\psi(z_0)\neq 0$. 于是$\dfrac{\varphi(z)}{\psi(z)}$在 z_0 解析且$\dfrac{\varphi(z_0)}{\psi(z_0)}\neq 0$,而

$$f(z)=\frac{P(z)}{Q(z)}=(z-z_0)^{m-n}\frac{\varphi(z)}{\psi(z)}.$$

因此,当 $m>n$ 时,z_0 是 $f(z)$的 $m-n$ 级零点;当 $m<n$ 时,z_0 是 $f(z)$的 $n-m$ 级极点;当 $m=n$ 时,z_0 是 $f(z)$的可去奇点.

对 z_0 是 $P(z)$和 $Q(z)$的极点的情况,可作类似讨论.

*三、函数在无穷远点的性态

定义 5.1.3 若函数 $f(z)$在无穷远点的去心邻域 $R<|z|<+\infty$内解析,则称无穷远点 $z=\infty$为函数 $f(z)$的孤立奇点.

作变换 $t=\dfrac{1}{z}$,则将 z 平面无穷远点的去心邻域 $R<|z|<+\infty$一一地变换为 t 平面 $t=0$ 的去心邻域 $0<|t|<\dfrac{1}{R}$. 令 $\varphi(t)=f\left(\dfrac{1}{t}\right)=f(z)$,则在 $R<|z|<+\infty$内对 $f(z)$的研究,可以转化为在 $0<|t|<\dfrac{1}{R}$内对 $\varphi(t)$的研究,并且 $\varphi(t)$在 $0<|t|<\dfrac{1}{R}$内是解析的. 从而 $t=0$ 是 $\varphi(t)$的孤立奇点.

定义 5.1.4 如果 $t=0$ 是 $\varphi(t)$的可去奇点,m 级极点或本性奇点,则称 $z=\infty$ 是 $f(z)$的可去奇点,m 级极点或本性奇点.

如果在 $0<|t|<\dfrac{1}{R}$ 内，$\varphi(t)$ 有洛朗展开式

$$\varphi(t)=\sum_{n=1}^{\infty}c_{-n}t^{-n}+c_0+\sum_{n=1}^{\infty}c_n t^n, \tag{5.1.7}$$

则在 $R<|z|<+\infty$ 内，$f(z)=\varphi\left(\dfrac{1}{z}\right)$ 有洛朗展开式

$$f(z)=\sum_{n=1}^{\infty}c_{-n}z^{n}+c_0+\sum_{n=1}^{\infty}c_n z^{-n}. \tag{5.1.8}$$

根据孤立奇点的判定条件，则有以下结果：

定理 5.1.3　设 $z=\infty$ 是 $f(z)$ 的孤立奇点，则

(1) $z=\infty$ 是 $f(z)$ 的可去奇点的充要条件是式(5.1.8)中不含 z 的正幂项或 $\lim\limits_{z\to\infty}f(z)$ 存在且有限；

(2) $z=\infty$ 是 $f(z)$ 的 m 级极点的充要条件是式(5.1.8)中只含有限多个 z 的正幂项，且 z^m 为最高正幂，或 $\lim\limits_{z\to\infty}f(z)=\infty$；

(3) $z=\infty$ 是 $f(z)$ 的本性奇点的充要条件是式(5.1.8)中含无穷多个 z 的正幂项，或 $\lim\limits_{z\to\infty}f(z)$ 不存在也不为 ∞.

例 5.1.4　确定下列函数在 $z=\infty$ 奇点的类型：

(1) $\dfrac{z}{1+2z}$；　(2) e^{-z}；　(3) $e^{\frac{1}{z}}+z^2$.

解　(1) 因为 $\lim\limits_{z\to\infty}\dfrac{z}{1+2z}=\lim\limits_{z\to\infty}\dfrac{1}{\dfrac{1}{z}+2}=\dfrac{1}{2}$，所以 $z=\infty$ 是 $f(z)=\dfrac{z}{1+2z}$ 的可去奇点，若令 $f(\infty)=\dfrac{1}{2}$，则 $f(z)=\dfrac{z}{1+2z}$ 便在 $z=\infty$ 解析；

(2) 因为在 $|z|<+\infty$ 内有

$$e^{-z}=1-z+\frac{z^2}{2!}-\cdots+(-1)^n\frac{z^n}{n!}+\cdots,$$

洛朗级数中有无穷多个 z 的正幂项，故 $z=\infty$ 是 e^{-z} 的本性奇点；

(3) 在 $1<|z|<+\infty$ 内，有洛朗展开式

$$e^{\frac{1}{z}}+z^2=z^2+1+\frac{1}{z}+\frac{1}{2!z^2}+\cdots+\frac{1}{n!z^n}+\cdots.$$

所以，$z=\infty$ 是 $e^{\frac{1}{z}}+z^2$ 的 2 级极点.

5.2 留数定理

一、留数概念与留数定理

若函数 $f(z)$在 z_0 的某邻域内解析,任取此邻域内围绕 z_0 的一条正向简单闭曲线 C,根据柯西基本定理

$$\oint_C f(z)\mathrm{d}z = 0.$$

若 z_0 是 $f(z)$的孤立奇点,$f(z)$在 $0<|z-z_0|<R$ 内解析,于是 $f(z)$有洛朗展开式

$$f(z) = \cdots + c_{-n}(z-z_0)^{-n} + \cdots + c_{-1}(z-z_0)^{-1} + c_0 + c_1(z-z_0) + \cdots + c_n(z-z_0)^n + \cdots.$$

在圆环域 $0<|z-z_0|<R$ 内任取一条围绕 z_0 的正向简单闭曲线 C(由闭路变形原理,C 可取为圆周 $|z-z_0|=r<R$),对 $f(z)$的展开式沿 C 逐项积分,考虑到结果

$$\oint_C \frac{1}{(z-z_0)^n}\mathrm{d}z = \begin{cases} 0, & n \neq 1, \\ 2\pi\mathrm{i}, & n = 1, \end{cases}$$

则有

$$\oint_C f(z)\mathrm{d}z = 2\pi\mathrm{i}c_{-1}.$$

对积分后留下来的积分值特别感兴趣,为此有

定义 5.2.1 设 z_0 是 $f(z)$的孤立奇点,$f(z)$在圆环域 D:$0<|z-z_0|<R$ 内解析,C 是 D 内围绕点 z_0 的任一正向简单闭曲线,则称积分

$$\frac{1}{2\pi\mathrm{i}}\oint_C f(z)\mathrm{d}z$$

为 $f(z)$在 z_0 处的**留数**,记作 $\mathrm{Res}[f(z),z_0]$,即

$$\mathrm{Res}[f(z),z_0] = \frac{1}{2\pi\mathrm{i}}\oint_C f(z)\mathrm{d}z = c_{-1}. \tag{5.2.1}$$

由定义可知,$f(z)$在 z_0 处的留数,即是 $f(z)$在圆环域 D 内洛朗级数中负幂项 $c_{-1}(z-z_0)^{-1}$的系数 c_{-1}. 关于留数,有下面的基本定理.

定理 5.2.1(留数第一定理) 设函数 $f(z)$在区域 D 内除有限个孤立奇点 z_1, z_2,…,z_n 外处处解析,C 是 D 内包围诸奇点的一条正向简单闭曲线,则

$$\oint_C f(z)\mathrm{d}z = 2\pi\mathrm{i}\sum_{k=1}^{n}\mathrm{Res}[f(z),z_k]. \tag{5.2.2}$$

证　把 C 内的孤立奇点 $z_k(k=1,2,\cdots,n)$ 用互不包含、互不相交且含在 C 内的正向简单闭曲线 C_k 围绕起来，则由复合闭路定理可知

$$\oint_C f(z)\mathrm{d}z=\oint_{C_1} f(z)\mathrm{d}z+\oint_{C_2} f(z)\mathrm{d}z+\cdots+\oint_{C_n} f(z)\mathrm{d}z.$$

两边同除以 $2\pi\mathrm{i}$，得

$$\begin{aligned}\frac{1}{2\pi\mathrm{i}}\oint_C f(z)\mathrm{d}z&=\frac{1}{2\pi\mathrm{i}}\oint_{C_1} f(z)\mathrm{d}z+\frac{1}{2\pi\mathrm{i}}\oint_{C_2} f(z)\mathrm{d}z+\cdots+\frac{1}{2\pi\mathrm{i}}\oint_{C_n} f(z)\mathrm{d}z\\&=\sum_{k=1}^{n}\mathrm{Res}[f(z),z_k],\end{aligned}$$

即

$$\oint_C f(z)\mathrm{d}z=2\pi\mathrm{i}\sum_{k=1}^{n}\mathrm{Res}[f(z),z_k].$$

通过定理 5.2.1，求函数 $f(z)$ 沿正向闭曲线 C 的积分，转化为求被积函数 $f(z)$ 在 C 内各孤立奇点的留数和. 而求 $f(z)$ 在孤立奇点的留数，只需在孤立奇点的去心邻域内将 $f(z)$ 展开成洛朗级数即可. 但这样做，总不是很好的方法. 若能知道孤立奇点的类型，就可以更有效地求出留数. 下面讨论计算 $f(z)$ 的留数的方法.

二、留数的计算方法

规则Ⅰ　如果 z_0 是 $f(z)$ 的可去奇点，则在 z_0 的去心邻域内，$f(z)$ 的洛朗级数即是普通的幂级数，不含 $z-z_0$ 的负幂项，故

$$\mathrm{Res}[f(z),z_0]=0.$$

规则Ⅱ　如果 z_0 是 $f(z)$ 的本性奇点，只有将 $f(z)$ 在 z_0 的去心邻域内展开为洛朗级数，$(z-z_0)^{-1}$ 的系数 c_{-1} 即是 $f(z)$ 在 z_0 处的留数，即

$$\mathrm{Res}[f(z),z_0]=c_{-1}.$$

规则Ⅲ　如果 z_0 是 $f(z)$ 的 $m(m\geqslant1)$ 级极点，则有

$$\mathrm{Res}[f(z),z_0]=\frac{1}{(m-1)!}\lim_{z\to z_0}\frac{\mathrm{d}^{m-1}}{\mathrm{d}z^{m-1}}[(z-z_0)^m f(z)].\qquad(5.2.3)$$

此时，在 z_0 的去心邻域 $0<|z-z_0|<R$ 内有

$$f(z)=\frac{1}{(z-z_0)^m}\varphi(z),$$

其中，$\varphi(z)$ 在 z_0 解析且 $\varphi(z_0)\neq0$. 取绕 z_0 的正向圆周 C：$|z-z_0|=r(0<r<R)$，则有

$$\mathrm{Res}[f(z),z_0]=\frac{1}{2\pi\mathrm{i}}\oint_C\frac{\varphi(z)}{(z-z)^m}\mathrm{d}z=\frac{1}{(m-1)!}\varphi^{(m-1)}(z_0)$$

$$=\frac{1}{(m-1)!}\lim_{z\to z_0}\frac{\mathrm{d}^{m-1}}{\mathrm{d}z^{m-1}}[(z-z_0)^m f(z)].$$

当 $m=1$ 时,有 $\mathrm{Res}[f(z),z_0]=\lim\limits_{z\to z_0}(z-z_0)f(z)$.

规则Ⅳ 设 $f(z)=\dfrac{P(z)}{Q(z)}$,$P(z)$ 及 $Q(z)$ 都在 z_0 处解析,且 $P(z_0)\neq 0$,$Q(z_0)=0$,$Q'(z_0)\neq 0$. 此时,z_0 是 $f(z)$的 1 级极点,则有

$$\mathrm{Res}[f(z),z_0]=\frac{P(z_0)}{Q'(z_0)}=\left.\frac{P(z)}{Q'(z)}\right|_{z=z_0}. \tag{5.2.4}$$

事实上,由规则Ⅲ可知

$$\begin{aligned}\mathrm{Res}[f(z),z_0]&=\lim_{z\to z_0}(z-z_0)f(z)=\lim_{z\to z_0}\frac{P(z)}{Q(z)/(z-z_0)}\\&=\lim_{z\to z_0}\frac{P(z)}{(Q(z)-Q(z_0))/(z-z_0)}=\frac{P(z_0)}{Q'(z_0)}.\end{aligned}$$

例 5.2.1 设 $f(z)=(z+1)\mathrm{e}^{\frac{1}{z}}$,求 $\mathrm{Res}[f(z),0]$.

解 由前述,$z=0$ 是 $f(z)$的本性奇点,在圆环域 $0<|z|<+\infty$内,$f(z)$有洛朗展开式

$$\begin{aligned}f(z)&=(z+1)\left(1+\frac{1}{z}+\frac{1}{2!z^2}+\frac{1}{3!z^3}+\cdots\right)\\&=z+2+\left(1+\frac{1}{2!}\right)\frac{1}{z}+\left(\frac{1}{2!}+\frac{1}{3!}\right)\frac{1}{z^2}+\cdots,\end{aligned}$$

所以 $\mathrm{Res}[f(z),0]=1+\dfrac{1}{2!}=\dfrac{3}{2}$.

例 5.2.2 计算积分 $\displaystyle\oint_C\frac{\mathrm{e}^z}{z(z-1)^2}\mathrm{d}z$,其中,$C$ 为正向圆周 $|z|=2$.

解 在 C 内,$f(z)=\dfrac{\mathrm{e}^z}{z(z-1)^2}$有 1 级极点 $z=0$ 和 2 级极点 $z=1$. 由留数定理有

$$\oint_C\frac{\mathrm{e}^z}{z(z-1)^2}\mathrm{d}z=2\pi\mathrm{i}\{\mathrm{Res}[f(z),0]+\mathrm{Res}[f(z),1]\}.$$

而

$$\mathrm{Res}[f(z),0]=\lim_{z\to 0}z\cdot\frac{\mathrm{e}^z}{z(z-1)^2}=1,$$

$$\begin{aligned}\mathrm{Res}[f(z),1]&=\frac{1}{(2-1)!}\lim_{z\to 1}\frac{\mathrm{d}}{\mathrm{d}z}\left[(z-1)^2\cdot\frac{\mathrm{e}^z}{z(z-1)^2}\right]\\&=\lim_{z\to 1}\frac{\mathrm{e}^z z-\mathrm{e}^z}{z^2}=0,\end{aligned}$$

所以$\oint_C \frac{e^z}{z(z-1)}dz = 2\pi i$.

例 5.2.3　计算积分$\oint_C \frac{\sin z}{\cos z}dz$，其中，$C$ 为正向圆周$|z|=3$.

解　在 C 内，$f(z)=\frac{\sin z}{\cos z}$有两个奇点 $z=\pm\frac{\pi}{2}$，且由于

$$(\cos z)'\big|_{z=\pm\frac{\pi}{2}} = -\sin z\big|_{z=\pm\frac{\pi}{2}} \neq 0,$$

所以 $z=\pm\frac{\pi}{2}$均为 $f(z)$的 1 级极点. 由规则Ⅳ有

$$\mathrm{Res}\left[f(z),\frac{\pi}{2}\right]=\frac{\sin z}{(\cos z)'}\bigg|_{z=\frac{\pi}{2}}=\frac{\sin z}{-\sin z}\bigg|_{z=\frac{\pi}{2}}=-1,$$

$$\mathrm{Res}\left[f(z),-\frac{\pi}{2}\right]=\frac{\sin z}{(\cos z)'}\bigg|_{z=-\frac{\pi}{2}}=-1.$$

因此$\oint_C \frac{\sin z}{\cos z}dz = 2\pi i\left\{\mathrm{Res}\left[f(z),\frac{\pi}{2}\right]+\mathrm{Res}\left[f(z),-\frac{\pi}{2}\right]\right\}=-4\pi i$.

例 5.2.4　计算积分$\oint_C \frac{e^{2z}}{z^2-1}dz$，$C$ 为正向圆周$|z|=2$.

解　在 C 内，$f(z)=\frac{e^{2z}}{z^2-1}$有两个 1 级极点 $z=\pm1$. 所以

$$\oint_C \frac{e^{2z}}{z^2-1}dz = 2\pi i\{\mathrm{Res}[f(z),1]+\mathrm{Res}[f(z),-1]\}.$$

而

$$\mathrm{Res}[f(z),1]=\lim_{z\to1}(z-1)\cdot\frac{e^{2z}}{z^2-1}=\lim_{z\to1}\frac{e^{2z}}{z+1}=\frac{e^2}{2},$$

$$\mathrm{Res}[f(z),-1]=\lim_{z\to-1}(z+1)\cdot\frac{e^{2z}}{z^2-1}=\lim_{z\to-1}\frac{e^{2z}}{z-1}=-\frac{e^{-2}}{2},$$

因此

$$\oint_C \frac{e^{2z}}{z^2-1}dz = 2\pi i\left(\frac{e^2}{2}-\frac{e^{-2}}{2}\right)=2\pi i\,\mathrm{sh}2.$$

也可用规则Ⅳ来计算留数：

$$\mathrm{Res}[f(z),1]=\frac{e^{2z}}{(z^2-1)'}\bigg|_{z=1}=\frac{e^{2z}}{2z}\bigg|_{z=1}=\frac{e^2}{2},$$

$$\mathrm{Res}[f(z),-1]=\frac{e^{2z}}{(z^2-1)'}\bigg|_{z=-1}=\frac{e^{2z}}{2z}\bigg|_{z=-1}=-\frac{e^{-2}}{2}.$$

例 5.2.5　求 $f(z)=\frac{1-\cos z}{z^5}$在 $z=0$ 处的留数.

解 令 $P(z)=1-\cos z$，则 $P(0)=0, P'(0)=\sin z|_{z=0}=0, P''(0)=\cos z|_{z=0}=1$，故 $z=0$ 是 $P(z)$ 的 2 级零点，从而是 $f(z)$ 的 3 级极点. 由规则Ⅲ得

$$\mathrm{Res}\left[\frac{1-\cos z}{z^5},0\right]=\frac{1}{(3-1)!}\lim_{z\to 0}\frac{\mathrm{d}^2}{\mathrm{d}z^2}\left(\frac{1-\cos z}{z^2}\right).$$

这个运算比较复杂. 如果将 $f(z)$ 展开为洛朗级数，有

$$\begin{aligned}f(z)&=\frac{1}{z^5}\left[1-\left(1-\frac{z^2}{2!}+\frac{z^4}{4!}-\cdots\right)\right]\\&=\frac{1}{2!z^3}-\frac{1}{4!z}+\frac{z}{6!}-\cdots,\end{aligned}$$

所以

$$\mathrm{Res}\left[\frac{1-\cos z}{z^5},0\right]=-\frac{1}{4!}.$$

另外，任取绕 $z=0$ 的正向简单闭曲线 C，由留数定义及高阶导数公式可得

$$\begin{aligned}\mathrm{Res}\left[\frac{1-\cos z}{z^5},0\right]&=\frac{1}{2\pi i}\oint_C\frac{1-\cos z}{z^5}\mathrm{d}z\\&=\frac{1}{(5-1)!}(1-\cos z)^{(4)}\Big|_{z=0}=-\frac{1}{4!}.\end{aligned}$$

这相当于在 $f(z)=\dfrac{1-\cos z}{z^5}$ 中，将 $z=0$ 看作 5 级极点所求得的结果.

三、无穷远点的留数

定义 5.2.2 设 $f(z)$ 在 $R<|z|<+\infty$ 内解析，∞ 是 $f(z)$ 的孤立奇点，C 为圆环域 $R<|z|<+\infty$ 内绕 $z=0$ 的任一正向简单闭曲线，则积分

$$\frac{1}{2\pi i}\oint_{C^-}f(z)\mathrm{d}z$$

与 C 无关，称此积分值为 $f(z)$ 在 ∞ 的留数，记为 $\mathrm{Res}[f(z),\infty]$，即

$$\mathrm{Res}[f(z),\infty]=\frac{1}{2\pi i}\oint_{C^-}f(z)\mathrm{d}z.$$

若 $f(z)$ 在 $R<|z|<+\infty$ 的洛朗展开式为

$$f(z)=\cdots+c_{-m}z^{-m}+\cdots+c_{-1}z^{-1}+c_0+c_1z+\cdots,$$

则有

$$\mathrm{Res}[f(z),\infty]=-\frac{1}{2\pi i}\oint_C f(z)\mathrm{d}z=-c_{-1},$$

即 $f(z)$ 在 ∞ 点的留数等于其在 $R<|z|<+\infty$ 内洛朗级数中 z^{-1} 的系数变号.

在不将 $f(z)$ 在 $R<|z|<+\infty$ 内展开为洛朗级数的情形下，计算 $f(z)$ 在 ∞ 点的留数有如下规则：

规则Ⅴ　$\operatorname{Res}[f(z),\infty]=-\operatorname{Res}\left[f\left(\frac{1}{z}\right)\cdot\frac{1}{z^2},0\right]$.

$f(z)$ 在 ∞ 的留数与有限孤立奇点的留数有以下关系.

定理 5.2.2(第二留数定理)　设函数 $f(z)$ 在扩充复平面除有限个孤立奇点 $z_1,,z_2,\cdots,z_n$ 及 ∞ 外处处解析，则 $f(z)$ 在所有奇点处的留数和为零，即

$$\sum_{k=1}^{n}\operatorname{Res}[f(z),z_k]+\operatorname{Res}[f(z),\infty]=0.$$

证　作半径充分大的正向圆周 $C:|z|=r$，将孤立奇点 $z_1,z_2,\cdots,z_n$ 含在 C 内，由定理 5.2.1 及定义 5.2.2，有

$$\frac{1}{2\pi\mathrm{i}}\oint_C f(z)\mathrm{d}z=\sum_{k=1}^{n}\operatorname{Res}[f(z),z_k]$$

及

$$\frac{1}{2\pi\mathrm{i}}\oint_C f(z)\mathrm{d}z=-\frac{1}{2\pi\mathrm{i}}\oint_{C^-} f(z)\mathrm{d}z=-\operatorname{Res}[f(z),\infty],$$

所以

$$\sum_{k=1}^{n}\operatorname{Res}[f(z),z_k]+\operatorname{Res}[f(z),\infty]=0.$$

例 5.2.6　求 $f(z)=\mathrm{e}^{\frac{1}{z}}$ 在 ∞ 点的留数.

解　在圆环域 $0<|z|<+\infty$ 内，$f(z)$ 有洛朗展式

$$f(z)=1+\frac{1}{z}+\frac{1}{2!z^2}+\frac{1}{3!z^3}+\cdots,$$

因此 $\operatorname{Res}[f(z),\infty]=-1$.

若由规则Ⅴ，则得

$$\begin{aligned}\operatorname{Res}[f(z),\infty]&=-\operatorname{Res}\left[f\left(\frac{1}{z}\right)\frac{1}{z^2},0\right]=-\operatorname{Res}\left[\frac{\mathrm{e}^z}{z^2},0\right]\\&=-\frac{1}{(2-1)!}\lim_{z\to0}(\mathrm{e}^z)'=-1.\end{aligned}$$

在例 5.2.6 中，由于 $\lim\limits_{z\to\infty}\mathrm{e}^{\frac{1}{z}}=1$，故 $z=\infty$ 是 $f(z)=\mathrm{e}^{\frac{1}{z}}$ 的可去奇点，但却有 $\operatorname{Res}[f(z),\infty]=-1$.

例 5.2.7　计算积分 $\oint_C\frac{1}{z^4-1}\mathrm{e}^{\frac{1}{z}}\mathrm{d}z$，$C$ 为正向圆周 $|z|=3$.

解 被积函数 $f(z)=\dfrac{1}{z^4-1}e^{\frac{1}{z}}$ 在 C 外除 ∞ 外处处解析，由定理 5.2.2 及规则 V 得

$$\oint_C \frac{1}{z^4-1}e^{\frac{1}{z}}dz=-2i\pi \mathrm{Res}[f(z),\infty]=2i\pi \mathrm{Res}\left[f\left(\frac{1}{z}\right)\frac{1}{z^2},0\right]$$
$$=2i\pi \mathrm{Res}\left[\frac{z^2e^z}{1-z^4},0\right]=0.$$

例 5.2.8 计算积分 $\oint_C \dfrac{1}{(z+i)^{10}(z-1)(z-3)}dz$，$C$ 为正向圆周 $|z|=2$.

解 被积函数 $f(z)=\dfrac{1}{(z+i)^{10}(z-1)(z-3)}$ 在 C 内的奇点为 $z_1=1$ 与 $z_2=-i$，在 C 外的奇点为 $z_3=3$ 与 $z_4=\infty$. 由定理 5.2.2，有

$$\mathrm{Res}[f(z),1]+\mathrm{Res}[f(z),-i]=-\{\mathrm{Res}[f(z),3]+\mathrm{Res}[f(z),\infty]\},$$

而

$$\mathrm{Res}[f(z),3]=\lim_{z\to 3}(z-3)f(z)=\lim_{z\to 3}\frac{1}{(z+i)^{10}(z-1)}=\frac{1}{2(3+i)^{10}},$$
$$f\left(\frac{1}{z}\right)\frac{1}{z^2}=\frac{z^{10}}{(1+iz)^{10}(1-z)(1-3z)},$$

$z=0$ 为其可去奇点，故

$$\mathrm{Res}[f(z),\infty]=-\mathrm{Res}\left[f\left(\frac{1}{z}\right)\frac{1}{z^2},0\right]=0,$$

所以

$$\oint_C \frac{1}{(z+i)^{10}(z-1)(z-3)}dz=2\pi i\{\mathrm{Res}[f(z),1]+\mathrm{Res}[f(z),-i]\}$$
$$=-2\pi i\{\mathrm{Res}[f(z),3]+\mathrm{Res}[f(z),\infty]\}$$
$$=-\frac{\pi i}{(3+i)^{10}}.$$

由例 5.2.7 及例 5.2.8 可知，应用第二留数定理可简化某些函数积分的计算.

5.3 应用留数计算实积分

对某些形式的实积分，可利用留数进行计算，特别是当被积函数的原函数不易求出时，更为有效. 为此，需要做两方面的工作：①选取恰当的复变函数作为被积函数；②选取恰当的闭曲线作为积分路径. 下面用例题来说明如何用留数来计算几种特殊形式的实积分.

一、形如 $\int_0^{2\pi} R(\sin\theta,\cos\theta)\mathrm{d}\theta$ 的积分

在这里，$R(\sin\theta,\cos\theta)$表示 $\sin\theta$ 与 $\cos\theta$ 的有理函数. 令 $z=\mathrm{e}^{\mathrm{i}\theta}$，则 $\mathrm{d}z=\mathrm{i}\mathrm{e}^{\mathrm{i}\theta}\mathrm{d}\theta=\mathrm{i}z\mathrm{d}\theta$，$\mathrm{d}\theta=\dfrac{\mathrm{d}z}{\mathrm{i}z}$，

$$\sin\theta=\frac{1}{2\mathrm{i}}(\mathrm{e}^{\mathrm{i}\theta}-\mathrm{e}^{-\mathrm{i}\theta})=\frac{z^2-1}{2\mathrm{i}z},$$
$$\cos\theta=\frac{1}{2}(\mathrm{e}^{\mathrm{i}\theta}+\mathrm{e}^{-\mathrm{i}\theta})=\frac{z^2+1}{2z}.$$

当 θ 由 0 变化到 2π 时，z 沿正向单位圆周 $|z|=1$ 绕行一周. 于是，所求积分转化为沿正向单位圆周上复函数的积分

$$\int_0^{2\pi} R(\sin\theta,\cos\theta)\mathrm{d}\theta=\oint_{|z|=1} R\left(\frac{z^2-1}{2\mathrm{i}z},\frac{z^2+1}{2z}\right)\frac{\mathrm{d}z}{\mathrm{i}z}.$$

令 $f(z)=R\left(\dfrac{z^2-1}{2\mathrm{i}z},\dfrac{z^2+1}{2z}\right)\dfrac{1}{\mathrm{i}z}$，$z_1,z_2,\cdots,z_n$ 是 $f(z)$在单位圆周内的孤立奇点，则由第一留数定理知

$$\int_0^{2\pi} R(\sin\theta,\cos\theta)\mathrm{d}\theta=\oint_{|z|=1} f(z)\mathrm{d}z=2\pi\mathrm{i}\sum_{k=1}^{n}\mathrm{Res}[f(z),z_k]. \quad (5.3.1)$$

例 5.3.1　计算积分 $\displaystyle\int_0^{2\pi}\frac{1}{(1+a\cos\theta)^2}\mathrm{d}\theta\,(0<a<1)$.

解　由于 $0<a<1$，因此 $0\leqslant\theta\leqslant 2\pi$ 时，$(1+a\cos\theta)^2\neq 0$，

$$f(z)=\frac{1}{\mathrm{i}z}\frac{1}{\left(1+a\dfrac{z^2+1}{2z}\right)^2}=\frac{4z}{\mathrm{i}(az^2+2z+a)^2}.$$

$f(z)$有两个 2 级极点

$$z_1=\frac{-1+\sqrt{1-a^2}}{a},\quad z_2=\frac{-1-\sqrt{1-a^2}}{a}.$$

而 $|z_1|<1$，$|z_2|>1$，即 $f(z)$在 $|z|=1$ 内有一个 2 级极点 z_1，且

$$\mathrm{Res}[f(z),z_1]=\frac{1}{(2-1)!}\lim_{z\to z_1}\frac{\mathrm{d}}{\mathrm{d}z}\left[(z-z_1)^2\frac{4z}{\mathrm{i}(az^2+2z+a^2)^2}\right]$$
$$=\frac{4}{a^2\mathrm{i}}\lim_{z\to z_1}\frac{-z-z_2}{(z-z_2)^3}=\frac{1}{\mathrm{i}(1-a^2)^{3/2}},$$

所以得

$$\int_0^{2\pi}\frac{\mathrm{d}\theta}{(1+a\cos\theta)^2}=2\pi\mathrm{i}\,\mathrm{Res}[f(z),z_1]=\frac{2\pi}{(1-a^2)^{3/2}}.$$

例 5.3.2 计算积分 $\int_0^{\pi}\frac{\cos 2\theta}{1-2p\cos\theta+p^2}d\theta(0<p<1)$.

解 作变量代换 $\theta=2\pi-t$,可得

$$\int_{\pi}^{2\pi}\frac{\cos 2\theta}{1-2p\cos\theta+p^2}d\theta=\int_0^{\pi}\frac{\cos 2\theta}{1-2p\cos\theta+p^2}d\theta.$$

故 $\int_0^{\pi}\frac{\cos 2\theta}{1-2p\cos\theta+p^2}d\theta=\frac{1}{2}\int_0^{2\pi}\frac{\cos 2\theta}{1-2p\cos\theta+p^2}d\theta.$

由于 $0<p<1,0\leqslant\theta\leqslant 2\pi$ 时,$1-2p\cos\theta+p^2=(1-p^2)+2p(1-\cos\theta)>0$,故积分是有意义的,而

$$\cos 2\theta=\frac{1}{2}(e^{2i\theta}+e^{-2i\theta})=\frac{z^4+1}{2z^2},$$

$$f(z)=\frac{z^4+1}{2z^2}\cdot\frac{1}{1-2p\cdot\frac{z^2+1}{2z}+p^2}\cdot\frac{1}{iz}$$

$$=\frac{z^4+1}{2iz^2(1-pz)(z-p)}.$$

在 $|z|=1$ 内,$f(z)$ 有 2 级极点 $z_1=0$ 和 1 级极点 $z_2=p$,$f(z)$ 的另一个极点 $z_3=\frac{1}{p}$ 在 $|z|=1$ 的外部,并且

$$\text{Res}[f(z),0]=\lim_{z\to 0}\frac{d}{dz}\left[z^2\cdot\frac{z^4+1}{2iz^2(1-pz)(z-p)}\right]$$

$$=\lim_{z\to 0}\frac{(z-pz^2-p+p^2z)4z^3-(1+z^4)(1-2pz+p^2)}{2i(z-pz^2-p+p^2z)^2}$$

$$=-\frac{1+p^2}{2ip^2},$$

$$\text{Res}[f(z),p]=\lim_{z\to p}\left[(z-p)\cdot\frac{z^4+1}{2iz^2(1-pz)(z-p)}\right]$$

$$=\frac{1+p^4}{2ip^2(1-p^2)},$$

所以得

$$\int_0^{\pi}\frac{\cos 2\theta}{1-2p\cos\theta+p^2}d\theta=\frac{1}{2}\int_0^{2\pi}\frac{\cos 2\theta}{1-2p\cos\theta+p^2}d\theta$$

$$=\frac{1}{2}\cdot 2\pi i\{\text{Res}[f(z),0]+\text{Res}[f(z),p]\}$$

$$=\frac{\pi p^2}{1-p^2}.$$

二、形如 $\int_{-\infty}^{+\infty}\frac{P(x)}{Q(x)}\mathrm{d}x$ 的积分

在此处，$P(x)$和$Q(x)$均为多项式，$Q(x)$的次数比$P(x)$的次数至少高2次，且$Q(x)$无零点，此时广义积分是存在的. 下面说明积分的求法.

取被积函数 $f(z)=\frac{P(z)}{Q(z)}$，则 $f(z)$在上半平面内只有有限个极点 $z_1, z_2, \cdots, z_n$，取积分路线如图5.1所示. C_R 是以原点为中心，充分大的 R 为半径的上半圆周，$C=C_R+[-R,R]$，使得 $f(z)$在上半平面的所有极点 $z_1, z_2, \cdots, z_n$ 都含在C的内部. 根据第一留数定理，有

$$\int_{-R}^{R} f(x)\mathrm{d}x+\int_{C_R} f(z)\mathrm{d}z = 2\pi\mathrm{i}\sum_{k=1}^{n}\mathrm{Res}[f(z), z_k]. \tag{5.3.2}$$

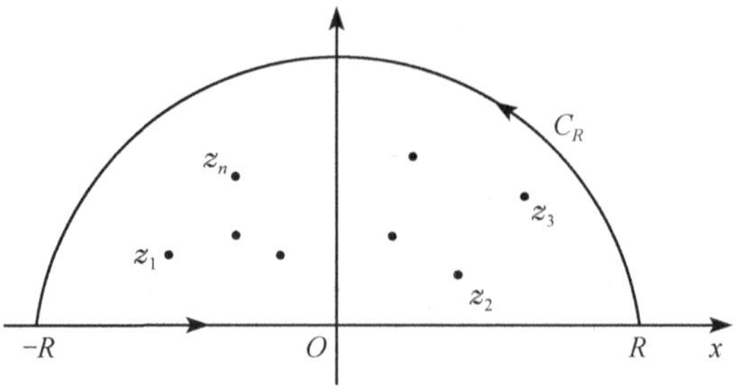

图5.1

在 C_R 上，令 $z=Re^{\mathrm{i}\theta}$，则有

$$\int_{C_R} f(z)\mathrm{d}z=\int_{C_R}\frac{P(z)}{Q(z)}\mathrm{d}z=\int_0^{\pi}\frac{P(Re^{\mathrm{i}\theta})}{Q(Re^{\mathrm{i}\theta})}Re^{\mathrm{i}\theta}\mathrm{i}\mathrm{d}\theta.$$

因为 $Q(z)$ 的次数比 $P(z)$ 的次数至少高 2 次，故 $Q(Re^{\mathrm{i}\theta})$ 中 R 的次数比 $P(Re^{\mathrm{i}\theta})Re^{\mathrm{i}\theta}\mathrm{i}$ 中 R 的次数至少高1次，所以当 $R\to+\infty$时，有$\frac{P(Re^{\mathrm{i}\theta})}{Q(Re^{\mathrm{i}\theta})}Re^{\mathrm{i}\theta}\mathrm{i}\to 0$，从而 $\int_{C_R} f(z)\mathrm{d}z\to 0$. 在式(5.3.2)中取极限 $R\to+\infty$，则有

$$\int_{-\infty}^{+\infty} f(x)\mathrm{d}x=\int_{-\infty}^{+\infty}\frac{P(x)}{Q(x)}\mathrm{d}x = 2\pi\mathrm{i}\sum_{k=1}^{n}\mathrm{Res}[f(z), z_k]. \tag{5.3.3}$$

例 5.3.3　计算积分 $\int_{-\infty}^{+\infty}\frac{x^2}{(x^2+a^2)(x^2+b^2)}\mathrm{d}x\,(a>0, b>0)$.

解　被积函数分母的次数比分子的次数高2次，且分母 $Q(x)=(x^2+a^2)\cdot(x^2+b^2)$无实零点，故广义积分存在. 在上半平面 $f(z)=\frac{z^2}{(z^2+a^2)(z^2+b^2)}$只有两

个 1 级极点 $z_1=a\mathrm{i}$ 与 $z_2=b\mathrm{i}$. 由式(5.3.3)知

$$\int_{-\infty}^{+\infty}\frac{x^2}{(x^2+a^2)(x^2+b^2)}\mathrm{d}x=2\pi\mathrm{i}\{\mathrm{Res}[f(z),a\mathrm{i}]+\mathrm{Res}[f(z),b\mathrm{i}]\},$$

而

$$\mathrm{Res}[f(z),a\mathrm{i}]=\frac{z^2/(z^2+b^2)}{(z^2+a^2)'}\bigg|_{z=a\mathrm{i}}=\frac{a}{2(a^2-b^2)\mathrm{i}},$$

$$\mathrm{Res}[f(z),b\mathrm{i}]=\frac{z^2/(z^2+a^2)}{(z^2+b^2)'}\bigg|_{z=b\mathrm{i}}=\frac{b}{2(b^2-a^2)\mathrm{i}}.$$

所以

$$\int_{-\infty}^{+\infty}\frac{x^2}{(x^2+a^2)(x^2+b^2)}\mathrm{d}x=2\pi\mathrm{i}\left[\frac{a}{2(a^2-b^2)\mathrm{i}}+\frac{b}{2\mathrm{i}(b^2-a^2)\mathrm{i}}\right]=\frac{\pi}{a+b}.$$

三、形如 $\frac{P(x)}{Q(x)}e^{iax}dx(a\quad 0)$ 的积分

在此处,$\frac{P(x)}{Q(x)}$是 x 的有理函数,$Q(x)$的次数至少比 $P(x)$的次数高 1 次,且 $Q(x)$无零点,此时广义积分存在. 取积分路线 C 如图 5.1,则 $f(z)=\frac{P(z)}{Q(z)}$在 C 内只有有限个极点 $z_1,z_2,\cdots,z_n$. 于是

$$\int_{-R}^{+R}\frac{P(x)}{Q(x)}\mathrm{e}^{\mathrm{i}ax}\mathrm{d}x+\int_{C_R}\frac{P(z)}{Q(z)}\mathrm{e}^{\mathrm{i}az}\mathrm{d}z=2\pi i\sum_{k=1}^{n}\mathrm{Res}\left[\frac{P(z)}{Q(z)}\mathrm{e}^{\mathrm{i}az},z_k\right].$$

在 C_R 上,$z=R\mathrm{e}^{\mathrm{i}\theta}=R(\cos\theta+\mathrm{i}\sin\theta)$,$0\leqslant\theta\leqslant\pi$. 当$|z|=R$ 充分大时,存在正常数 M,使得

$$\left|\frac{P(z)}{Q(z)}\right|\leqslant\frac{M}{R}.$$

于是在 C_R 上,

$$\begin{aligned}\left|\int_{C_R}\frac{P(z)}{Q(z)}\mathrm{e}^{\mathrm{i}az}\mathrm{d}z\right|&=\left|\int_0^{\pi}\frac{P(R\mathrm{e}^{\mathrm{i}\theta})}{Q(R\mathrm{e}^{\mathrm{i}\theta})}\mathrm{e}^{\mathrm{i}aR(\cos\theta+\mathrm{i}\sin\theta)}\cdot\mathrm{i}R\mathrm{e}^{\mathrm{i}\theta}\mathrm{d}\theta\right|\\&\leqslant\int_0^{\pi}\left|\frac{P(R\mathrm{e}^{\mathrm{i}\theta})}{Q(R\mathrm{e}^{\mathrm{i}\theta})}\right|R\mathrm{e}^{-aR\sin\theta}\mathrm{d}\theta\\&\leqslant\frac{M}{R}\cdot R\int_0^{\pi}\mathrm{e}^{-aR\sin\theta}\mathrm{d}\theta\\&=2M\int_0^{\frac{\pi}{2}}\mathrm{e}^{-aR\sin\theta}\mathrm{d}\theta.\end{aligned}$$

注意到当 $0\leqslant\theta\leqslant\frac{\pi}{2}$时,$\sin\theta\geqslant\frac{2}{\pi}\theta$. 因此

$$\left|\int_{C_R}\frac{P(z)}{Q(z)}e^{iaz}dz\right|\leqslant 2M\int_0^{\frac{\pi}{2}}e^{-aR\cdot\frac{2\theta}{\pi}}d\theta=\frac{M\pi}{aR}(1-e^{-aR}).$$

于是,当 $R\to+\infty$ 时, $\int_{C_R}\frac{P(z)}{Q(z)}e^{iaz}dz\to 0$. 因此得

$$\int_{-\infty}^{+\infty}\frac{P(x)}{Q(x)}e^{iax}dx=2\pi i\sum_{k=1}^{n}\text{Res}\left[\frac{P(z)}{Q(z)}e^{iaz},z_k\right].\qquad(5.3.4)$$

将实部与虚部分开,即得

$$\int_{-\infty}^{+\infty}\frac{P(x)}{Q(x)}\cos ax\,dx=\text{Re}\left\{2\pi i\sum_{k=1}^{n}\text{Res}\left[\frac{P(z)}{Q(z)}e^{iaz},z_k\right]\right\},\qquad(5.3.5)$$

$$\int_{-\infty}^{+\infty}\frac{P(x)}{Q(x)}\sin ax\,dx=\text{Im}\left\{2\pi i\sum_{k=1}^{n}\text{Res}\left[\frac{P(z)}{Q(z)}e^{iaz},z_k\right]\right\}.\qquad(5.3.6)$$

例 5.3.4　计算积分 $\int_0^{+\infty}\frac{x\sin x}{x^2+a^2}dx$.

解　$\frac{P(x)}{Q(x)}=\frac{x}{x^2+a^2}$ 在 $[0,+\infty)$ 上连续,分母次数比分子次数高 1 次,因而广义积分存在. 又由于 $\frac{x\sin x}{x^2+a^2}$ 是偶函数,且 $\frac{P(z)}{Q(z)}=\frac{z}{z^2+a^2}$ 在上半复平面只有 1 级极点 ai,因此

$$\int_0^{+\infty}\frac{x\sin x}{x^2+a^2}dx=\frac{1}{2}\int_{-\infty}^{+\infty}\frac{x\sin x}{x^2+a^2}dx=\frac{1}{2}\text{Im}\left\{2i\pi\text{Res}\left[\frac{ze^{iz}}{z^2+a^2},ai\right]\right\}$$
$$=\frac{1}{2}\text{Im}\left(2i\pi\frac{e^{-a}}{2}\right)=\frac{\pi}{2}e^{-a}.$$

例 5.3.5　计算积分 $\int_0^{+\infty}\frac{\sin x}{x}dx$.

解　由于 $\frac{\sin x}{x}$ 为偶函数,故

$$\int_0^{+\infty}\frac{\sin x}{x}dx=\frac{1}{2}\int_{-\infty}^{+\infty}\frac{\sin x}{x}dx.$$

又因为 $\frac{P(z)}{Q(z)}e^{iz}=\frac{e^{iz}}{z}$ 在实轴上有 1 级极点 $z=0$,为使积分不过奇点,取如图 5.2 的

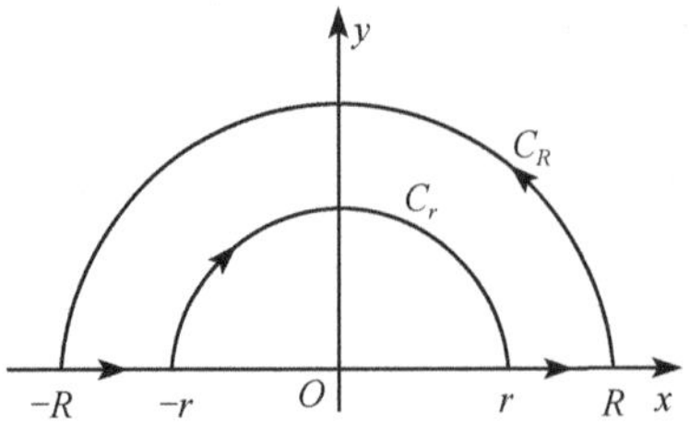

图 5.2

路线 C: $C=C_R+[-R,-r]+C_r+[r,R]$. 由柯西基本定理,则有

$$\int_{C_R}\frac{e^{iz}}{z}dz+\int_{-R}^{-r}\frac{e^{ix}}{x}dx+\int_{C_r}\frac{e^{iz}}{z}dz+\int_r^R\frac{e^{ix}}{x}dx=0.$$

令 $x=-t$,则有

$$\int_{-R}^{-r}\frac{e^{ix}}{x}dx=\int_{R}^{r}\frac{e^{-it}}{t}dt=-\int_{r}^{R}\frac{e^{-ix}}{x}dx,$$

故

$$\int_{r}^{R}\frac{e^{ix}-e^{-ix}}{x}dx+\int_{C_r}\frac{e^{iz}}{z}dz+\int_{C_R}\frac{e^{iz}}{z}dz=0,$$

即

$$2i\int_{r}^{R}\frac{\sin x}{x}dx+\int_{C_r}\frac{e^{iz}}{z}dz+\int_{C_R}\frac{e^{iz}}{z}dz=0. \tag{5.3.7}$$

在式(5.3.7)中令 $r\to 0$ 和 $R\to+\infty$，即可求得积分 $\int_0^{+\infty}\frac{\sin x}{x}dx$.

由于$\frac{P(z)}{Q(z)}=\frac{1}{z}$，于是有

$$\lim_{R\to+\infty}\int_{C_R}\frac{e^{iz}}{z}dz=0.$$

又因为

$$\frac{e^{iz}}{z}=\frac{1}{z}+i-\frac{z}{2!}+\cdots+\frac{i^n z^{n-1}}{n!}+\cdots=\frac{1}{z}+\varphi(z),$$

其中，$\varphi(z)=i-\frac{z}{2!}+\cdots+\frac{i^n z^{n-1}}{n!}+\cdots$在 $z=0$ 处是解析的，且 $\varphi(0)=i$，由 $|\varphi(z)|$ 在 $z=0$ 的连续性知，当 $|z|$ 充分小时，可使 $|\varphi(z)|\leqslant 2$. 于是

$$\left|\int_{C_r}\varphi(z)dz\right|\leqslant\int_{C_r}|\varphi(z)|ds\leqslant 2\int_{C_r}ds=2\pi r,$$

从而有

$$\lim_{r\to 0}\int_{C_r}\varphi(z)dz=0.$$

而

$$\int_{C_r}\frac{e^{iz}}{z}dz=\int_{C_r}\frac{1}{z}dz+\int_{C_r}\varphi(z)dz=\int_{\pi}^{0}\frac{rie^{i\theta}}{re^{i\theta}}d\theta+\int_{C_r}\varphi(z)dz=-\pi i+\int_{C_r}\varphi(z)dz,$$

所以 $\lim_{r\to 0}\int_{C_r}\frac{e^{iz}}{z}dz=-\pi i$.

在式(5.3.7)中取极限 $r\to 0, R\to+\infty$，则有

$$2i\int_0^{+\infty}\frac{\sin x}{x}dx=\pi i,$$

所以 $\int_0^{+\infty}\frac{\sin x}{x}dx=\frac{\pi}{2}$.

5.4　对数留数与辐角原理

5.3 节给出了利用留数计算实积分的方法. 这一节以留数定理为依据，介绍对数留数与辐角原理，它可以帮助判断方程 $f(z)=0$ 的根所在的范围.

一、对数留数

定义 5.4.1　设 C 是一条正向简单闭曲线，函数 $f(z)$ 在 C 上解析且不为零，则积分

$$\frac{1}{2\pi i}\oint_C \frac{f'(z)}{f(z)}dz$$

称为 $f(z)$ 关于曲线 C 的**对数留数**.

由定义可知，对数留数就是函数 $f(z)$ 的对数的导数 $\frac{f'(z)}{f(z)}$ 在它位于 C 内孤立奇点处留数的代数和.

定理 5.4.1　如果 $f(z)$ 在简单正向闭曲线 C 上解析且不为零，在 C 的内部除去有限个极点外处处解析，则

$$\frac{1}{2\pi i}\oint_C \frac{f'(z)}{f(z)}dz = N-P, \tag{5.4.1}$$

其中，N 为 $f(z)$ 在 C 内零点的总个数，P 为 $f(z)$ 在 C 内极点的总个数，计数时，m 级的零点或极点算作 m 个零点或极点.

证　设 $z=a$ 是 $f(z)$ 在 C 内的一个 n 级零点，则在点 a 的邻域 $|z-a|<r$ 内，有

$$f(z)=(z-a)^n\varphi(z),$$

其中，$\varphi(z)$ 在邻域 $|z-a|<r$ 内解析且不为零. 于是

$$f'(z)=n(z-a)^{n-1}\varphi(z)+(z-a)^n\varphi'(z),$$

在 $0<|z-a|<r$ 内，有

$$\frac{f'(z)}{f(z)}=\frac{n}{z-a}+\frac{\varphi'(z)}{\varphi(z)},$$

而 $\frac{\varphi'(z)}{\varphi(z)}$ 在 $|z-a|<r$ 内解析，所以 $z=a$ 是 $\frac{f'(z)}{f(z)}$ 的 1 级极点，且 $\mathrm{Res}\left[\frac{f'(z)}{f(z)},a\right]=n$.

设 $z=b$ 是 $f(z)$ 在 C 内的一个 m 级极点，则在点 b 的去心邻域 $0<|z-b|<\delta$

内,有

$$f(z)=\frac{1}{(z-b)^m}g(z),$$

其中,$g(z)$在$|z-b|<\delta$内解析且不为零,于是

$$\begin{aligned}f'(z)&=\frac{g'(z)(z-b)^m-mg(z)(z-b)^{m-1}}{(z-b)^{2m}}\\&=\frac{g'(z)}{(z-b)^m}-\frac{mg(z)}{(z-b)^{m+1}},\end{aligned}$$

且在$0<|z-b|<\delta$内,有

$$\frac{f'(z)}{f(z)}=\frac{-m}{z-b}+\frac{g'(z)}{g(z)}.$$

故$z=b$是$\frac{f'(z)}{f(z)}$的 1 级极点,且$\mathrm{Res}\left[\frac{f'(z)}{f(z)},b\right]=-m.$

若在C内$f(z)$有l个级数分别为$n_1,n_2,\cdots,n_l$的零点$a_1,a_2,\cdots,a_l$,p个级数分别为$m_1,m_2,\cdots,m_p$的极点$b_1,b_2,\cdots,b_p$,则由留数定理和上述结果,可得

$$\begin{aligned}\frac{1}{2\pi\mathrm{i}}\oint_C\frac{f'(z)}{f(z)}\mathrm{d}z&=\sum_{k=1}^{l}\mathrm{Res}\left[\frac{f'(z)}{f(z)},a_k\right]+\sum_{k=1}^{p}\mathrm{Res}\left[\frac{f'(z)}{f(z)},b_k\right]\\&=(n_1+n_2+\cdots+n_l)-(m_1+m_2+\cdots+m_p)\\&=N-P.\end{aligned}$$

二、辐角原理

下面解释对数留数的几何意义. 为此,考虑变换$w=f(z)$,当z从z_0出发沿C的正向绕行一周时,$w=f(z)$相应地在w平面内画出一条连续的闭曲线C'. 由于$f(z)$在C上不为零,故曲线C'不经过原点$w=0$. C'不一定是简单曲线,它可能会按正方向绕原点若干圈,也可能会按负方向绕原点若干圈,如图 5.3 所示.

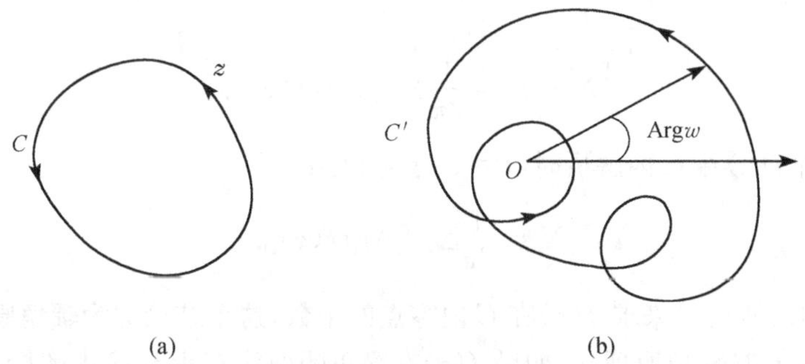

图 5.3

由于

$$\mathrm{dLn}f(z)=\frac{f'(z)}{f(z)}\mathrm{d}z,$$

所以有

$$\begin{aligned}\frac{1}{2\pi\mathrm{i}}\oint_C\frac{f'(z)}{f(z)}\mathrm{d}z&=\frac{1}{2\pi\mathrm{i}}\oint_C\mathrm{dLn}f(z)\\&=\frac{1}{2\pi\mathrm{i}}\oint_C\mathrm{d}[\ln|f(z)|+\mathrm{i}\mathrm{Arg}f(z)]\\&=\frac{1}{2\pi\mathrm{i}}\left[\oint_C\mathrm{d}\ln|f(z)|+\mathrm{i}\oint_C\mathrm{dArg}f(z)\right].\end{aligned}$$

由于 $\ln|f(z)|$ 是单值函数，当点 z 从 C 上的点 z_0 沿 C 绕行一周回到 z_0 时，$\ln|f(z)|$ 的值也由 $\ln|f(z_0)|$ 回到 $\ln|f(z_0)|$，故

$$\oint_C\mathrm{d}\ln|f(z)|=\ln|f(z_0)|-\ln|f(z_0)|=0.$$

若闭曲线 C' 不围绕原点 $w=0$，则 $\mathrm{Arg}(z)$ 的改变量为零，从而 $\oint_C\mathrm{dArg}(z)=0$；若 C' 围绕原点 $w=0$ 绕 k 圈，则有 $\oint_C\mathrm{dArg}(z)=\pm 2k\pi$，其中，$C'$ 逆时针方向围绕原点 $w=0$ 时取正号，顺时针方向围绕原点 $w=0$ 时取负号.

因此，对数留数的几何意义是：闭曲线 C 在映射 $w=f(z)$ 下的像 C' 围绕原点 $w=0$ 的回转次数，即

$$\frac{1}{2\pi\mathrm{i}}\oint_C\frac{f'(z)}{f(z)}\mathrm{d}z=\pm k.$$

若记 $\Delta_{C^+}[\mathrm{Arg}f(z)]$ 为点 z 沿 C 的正向绕行一周 $f(z)$ 的辐角的改变量，则

$$\frac{1}{2\pi}\oint_C\mathrm{dArg}f(z)=\Delta_{C^+}[\mathrm{Arg}f(z)],$$

即

$$N-P=\frac{1}{2\pi}\Delta_{C^+}[\mathrm{Arg}f(z)]. \tag{5.4.2}$$

特别当 $f(z)$ 在 C 内解析时，$P=0$. 于是得到

$$N=\frac{1}{2\pi}\Delta_{C^+}[\mathrm{Arg}f(z)]. \tag{5.4.3}$$

利用式(5.4.3)，可以来求 $f(z)$ 在 C 内零点的个数，这个结论称为**辐角原理**.

定理 5.4.2(辐角原理)　如果 $f(z)$ 在简单闭曲线 C 上与 C 内解析，且在 C 上不等于零，则 $f(z)$ 在 C 内零点的个数等于当 z 沿着 C 正向绕行一周 $f(z)$ 辐角的

改变量除以 2π.

三、儒歇(Rouche)定理

由辐角原理,可以得到儒歇定理.利用儒歇定理,则能对两个函数的零点个数进行比较,及判定函数零点的分布情况.

定理 5.4.3(儒歇定理) 设 $f(z)$ 与 $g(z)$ 在简单闭曲线 C 上和 C 内解析,且在 C 上满足条件 $|f(z)|>|g(z)|$,则在 C 内,$f(z)$ 与 $f(z)+g(z)$ 的零点个数相同.

证 由定理条件,在 C 上 $|f(z)|>|g(z)|\geqslant 0$,且 $|f(z)+g(z)|\geqslant|f(z)|-|g(z)|>0$,因此,在 C 上 $f(z)$ 与 $f(z)+g(z)$ 都不等于零.

设 N 与 M 分别是 $f(z)$ 与 $f(z)+g(z)$ 在 C 内零点的个数,由于 $f(z)$ 与 $f(z)+g(z)$ 在 C 内解析,由辐角原理,则

$$N=\frac{1}{2\pi}\Delta_{C^+}[\operatorname{Arg}f(z)],$$

$$\begin{aligned}M&=\frac{1}{2\pi}\Delta_{C^+}\operatorname{Arg}[f(z)+g(z)]\\&=\frac{1}{2\pi}\Delta_{C^+}\operatorname{Arg}\left\{f(z)\left[1+\frac{g(z)}{f(z)}\right]\right\}\\&=\frac{1}{2\pi}\left\{\Delta_{C^+}[\operatorname{Arg}f(z)]+\Delta_{C^+}\left[\operatorname{Arg}\left(1+\frac{g(z)}{f(z)}\right)\right]\right\}.\end{aligned}$$

当 z 在 C 上变化时,总有 $|g(z)|<|f(z)|$,令 $w=1+\dfrac{g(z)}{f(z)}$,则 $|w-1|=\left|\dfrac{g(z)}{f(z)}\right|<1$,即 C 在映射 $w=1+\dfrac{g(z)}{f(z)}$ 下的像 C' 总在 $|w-1|=1$ 的内部,不围绕原点 $w=0$,从而有

$$\Delta_{C^+}\left[\operatorname{Arg}\left(1+\frac{g(z)}{f(z)}\right)\right]=0.$$

于是 $N=M$,即 $f(z)$ 与 $f(z)+g(z)$ 在 C 内零点个数相同.

例 5.4.1 证明代数基本定理:n 次代数方程

$$a_0z^n+a_1z^{n-1}+\cdots+a_{n-1}z+a_n=0,\quad a_0\neq 0$$

必有 n 个根(重根按重数计算).

证 令 $f(z)=a_0z^n$,$g(z)=a_1z^{n-1}+\cdots+a_{n-1}z+a_n$,则在半径充分大的圆周 $|z|=R$ 上,$|f(z)|=|a_0|R^n$,

$$\begin{aligned}|g(z)|&\leqslant|a_1|R^{n-1}+\cdots+|a_{n-1}|R+|a_n|\\&<(|a_1|+\cdots+|a_{n-1}|+|a_n|)R^{n-1}.\end{aligned}$$

故当 $R>\dfrac{|a_1|+\cdots+|a_{n-1}|+|a_n|}{|a_0|}$ 时,在圆周 $|z|=R$ 上及圆周外:$|z|>R$,均有 $|f(z)|>|g(z)|$. 此时 $f(z)+g(z)=0$ 不能有根,否则将有 $|f(z)|=|g(z)|$,矛盾. 在圆周 $|z|=R$ 上及圆内,$f(z)$ 与 $f(z)+g(z)$ 均解析,由儒歇定理知,$f(z)$ 与 $f(z)+g(z)$ 在 $|z|<R$ 内零点个数相同. 而 $f(z)=a_0z^n$ 有 n 重零点 $z=0$,所以 $f(z)+g(z)$ 在 $|z|<R$ 内也有 n 个零点,即方程 $a_0z^n+a_1z^{n-1}+\cdots+a_{n-1}z+a_n=0$ 有 n 个根.

例 5.4.2　求函数 $H(z)=z^3-z+3$ 在指定区域内零点的个数:

(1) $|z|<1$;　(2) $1\leqslant|z|<2$.

解　(1) 令 $f(z)=-z+3$, $g(z)=z^3$,则在 $|z|=1$ 上有 $|g(z)|=|z^3|=1$, $|f(z)|=|-z+3|\geqslant 3-|-z|=2$,即在 $|z|=1$ 上 $|f(z)|>|g(z)|$. 由儒歇定理,在 $|z|<1$ 内,$f(z)$ 与 $f(z)+g(z)$ 零点个数相同. 但 $f(z)$ 在 $|z|<1$ 内无零点. 从而 $H(z)=z^3-z+3$ 在 $|z|<1$ 无零点.

(2) 令 $f(z)=z^3$, $g(z)=-z+3$,则在 $|z|=2$ 上有 $|f(z)|=|z^3|=8$, $|g(z)|=|-z+3|\leqslant|-z|+3=5$,即 $|f(z)|>|g(z)|$. 由儒歇定理,在 $|z|<2$ 内,$f(z)=z^3$ 与 $f(z)+g(z)=z^3-z+3$ 的零点个数相同. 而 $f(z)=z^3$ 在 $|z|<2$ 内有 3 重零点 $z=0$,结合(1)的结果得知:在圆环域 $1\leqslant|z|<2$ 内,$H(z)$ 有 3 个零点.

例 5.4.3　求函数 $f(z)=\dfrac{1+z^2}{1-\cos 2\pi z}$ 关于圆周 $|z|=\pi$ 的对数留数.

解　令 $1+z^2=0$,得 $f(z)$ 的两个 1 级零点 i 与 −i. 再令 $g(z)=1-\cos 2\pi z=0$,可得 $g(z)$ 的零点 $z_n=n(n=0,\pm1,\pm2,\cdots)$. 而 $g'(n)=2\pi\sin 2\pi z|_{z=n}=0$, $g''(n)=4\pi^2\cos 2\pi z|_{z=n}=4\pi^2\neq 0$. 故 $g(z)$ 的零点均是 2 级零点,从而是函数 $f(z)$ 的 2 级极点. 在圆周 $|z|=\pi$ 内,$f(z)$ 有 7 个 2 级极点,$z_n=n$, $n=0,\pm1,\pm2,\pm3$ 及 2 个一级零点 i 与 −i,所以有

$$\frac{1}{2\pi i}\oint_{|z|=\pi}\frac{f'(z)}{f(z)}dz=2-7\times 2=-12.$$

小结与点注

一、解析函数孤立奇点的分类及函数在孤立奇点邻域的形态

若 $f(z)$ 在点 z_0 不解析,但在 $D:0<|z-z_0|<r$ 内解析,则称 z_0 为 $f(z)$ 的孤立奇点. 在 D 内,$f(z)$ 可以展开为洛朗级数

$$f(z)=\sum_{n=1}^{\infty}c_{-n}(z-z_0)^{-n}+\sum_{n=0}^{\infty}c_n(z-z_0)^n.$$

如果洛朗级数中不含、只含有限个、含无穷多个 $z-z_0$ 的负幂项，那么称 z_0 分别为 $f(z)$ 的可去奇点、极点、本性奇点.

z_0 为 $f(z)$ 的可去奇点、极点、本性奇点的充要条件分别为当 $z\to z_0$ 时，$f(z)$ 的极限存在且有限、为无穷大、不存在也不为无穷大.

若 $f(z)$ 在 $R<|z|<+\infty$ 内解析，则称 $z=\infty$ 为 $f(z)$ 的孤立奇点.

$f(z)$ 在 $z=\infty$ 的性态即是 $f\left(\frac{1}{t}\right)$ 在 $t=0$ 时的性态．因此，如果 $t=0$ 是 $f\left(\frac{1}{t}\right)$ 的可去奇点、极点、本性奇点，则 $z=\infty$ 分别是 $f(z)$ 的可去奇点、极点、本性奇点，其充分必要条件分别是当 $z\to\infty$ 时，$f(z)$ 的极限存在且有限、为无穷大、不存在也不为无穷大.

二、函数的零点与极点

如果函数 $f(z)$ 能表示为

$$f(z)=(z-z_0)^m\varphi(z),$$

其中，$\varphi(z)$ 在 z_0 解析且 $\varphi(z_0)\neq 0$，m 为正整数，则称 z_0 为 $f(z)$ 的 m 级零点. 其充分必要条件为

$$f(z_0)=0,\quad f'(z_0)=\cdots=f^{(m-1)}(z_0)=0,\quad f^{(m)}(z_0)\neq 0.$$

不恒为零的解析函数的零点是孤立的.

如果函数 $f(z)$ 能表示为

$$f(z)=\frac{1}{(z-z_0)^m}\varphi(z),$$

其中，$\varphi(z)$ 在 z_0 解析且 $\varphi(z_0)\neq 0$，m 为正整数，则称 z_0 为 $f(z)$ 的 m 级极点.

如果 z_0 是 $f(z)$ 的 m 级零点，则 z_0 为 $\frac{1}{f(z)}$ 的 m 级极点；反之，如果 z_0 是 $f(z)$ 的 m 级极点，则 z_0 为 $\frac{1}{f(z)}$ 的 m 级零点.

三、留数

1. 留数定义

设 z_0 是 $f(z)$ 的孤立奇点，$f(z)$ 在圆环域 D：$0<|z-z_0|<r$ 向解析，C 为 D 内围绕 z_0 的任意正向简单闭曲线，则 $f(z)$ 在 z_0 的留数

$$\mathrm{Res}[f(z),z_0]=c_{-1}=\frac{1}{2\pi\mathrm{i}}\oint_C f(z)\mathrm{d}z.$$

如果 $z=\infty$ 为 $f(z)$ 的孤立奇点，$f(z)$ 在 D：$R<|z|<+\infty$ 内解析，C 为 D 内围

绕 $z=0$ 的任意正向简单闭曲线，则 $f(z)$ 在 $z=\infty$ 的留数

$$\operatorname{Res}[f(z),\infty]=\frac{1}{2\pi\mathrm{i}}\oint_{C^-}f(z)\mathrm{d}z.$$

2. 留数定理 5.2.1

设 $f(z)$ 在区域 D 内除有限个孤立奇点 $z_1,z_2,\cdots,z_n$ 外处处解析，C 为 D 内包围孤立奇点 $z_1,z_2,\cdots,z_n$ 的正向简单闭曲线，则

$$\oint_C f(z)\mathrm{d}z=2\pi\mathrm{i}\sum_{k=1}^{n}\operatorname{Res}[f(z),z_k].$$

3. 留数计算规则

规则Ⅰ　如果 z_0 为 $f(z)$ 的可去奇点，则 $\operatorname{Res}[f(z),z_0]=0$.

规则Ⅱ　如果 z_0 为 $f(z)$ 的本性奇点，则 $f(z)$ 在 z_0 的洛朗展开式中 $(z-z_0)^{-1}$ 的系数 c_{-1} 即是 $f(z)$ 在 z_0 处的留数，$\operatorname{Res}[f(z),z_0]=c_{-1}$.

规则Ⅲ　如果 z_0 为 $f(z)$ 的 m 级极点，则

$$\operatorname{Res}[f(z),z_0]=\frac{1}{(m-1)!}\lim_{z\to z_0}\frac{\mathrm{d}^{m-1}}{\mathrm{d}z^{m-1}}[(z-z_0)^m f(z)].$$

当 $m=1$ 时，$\operatorname{Res}[f(z),z_0]=\lim\limits_{z\to z_0}(z-z_0)f(z)$.

规则Ⅳ　设 $f(z)=\dfrac{P(z)}{Q(z)}$，$P(z)$ 与 $Q(z)$ 在 z_0 解析且 $P(z_0)\neq 0$，$Q(z_0)=0$，$Q'(z_0)\neq 0$，则 z_0 是 $f(z)$ 的 1 级极点. 于是

$$\operatorname{Res}[f(z),z_0]=\frac{P(z_0)}{Q'(z_0)}=\left.\frac{P(z)}{Q'(z)}\right|_{z=z_0}.$$

规则Ⅴ　设 $z=\infty$ 为 $f(z)$ 的孤立奇点，则

$$\operatorname{Res}[f(z),\infty]=-\operatorname{Res}\left[f\left(\frac{1}{z}\right)\cdot\frac{1}{z^2},0\right].$$

4. 留数定理 5.2.2

设 $f(z)$ 在扩充复平面除有限个孤立奇点 $z_1,z_2,\cdots,z_n$ 及 ∞ 外解析，则 $f(z)$ 在诸孤立奇点的留数和为零，即

$$\sum_{k=1}^{n}\operatorname{Res}[f(z),z_k]+\operatorname{Res}[f(z),\infty]=0.$$

利用留数定理 5.2.2，当 $f(z)$ 的有限奇点较少且有限奇点的留数容易计算时，通过计算有限奇点的留数可得 ∞ 处的留数. 反之，若 $f(z)$ 在 ∞ 处的留数能够求得

时，计算 $f(z)$ 沿闭曲线的积分，是非常有效的. 例如，积分

$$I=\oint_{|z|=5}\frac{z^{20}}{(z^3+4)^3(z^4+1)^3}\mathrm{d}z$$

在圆周 $|z|=5$ 内，被积函数 $f(z)$ 有 7 个 3 级极点，计算它们的留数是较为困难的. 在扩充复平面上 $f(z)$ 只有这 7 个有限奇点，由留数定理 5.2.2，有

$$I=-2\pi \mathrm{i}\mathrm{Res}[f(z),\infty].$$

而 $f\left(\frac{1}{z}\right)\cdot\frac{1}{z^2}=\frac{1}{z(4z^3+1)^3(z^4+1)^3}$，$\mathrm{Res}[f(z),\infty]=-\mathrm{Res}\left[f\left(\frac{1}{z}\right)\cdot\frac{1}{z^2},0\right]=-1$，所以 $I=2\pi\mathrm{i}$.

四、留数的应用

(1) 将复变函数沿闭曲线的积分 $\oint_C f(z)\mathrm{d}z$ 转化为 $f(z)$ 在 C 内孤立奇点处留数的计算；

(2) 三种不同类型实积分的计算：

(i) $\int_0^{2\pi}R(\sin\theta,\cos\theta)\mathrm{d}\theta$；

(ii) $\int_{-\infty}^{\infty}\frac{P(x)}{Q(x)}\mathrm{d}x$；

(iii) $\int_{-\infty}^{\infty}\frac{P(x)}{Q(x)}\mathrm{e}^{aix}\mathrm{d}x(a>0)$.

对第一类积分，只须令 $z=\mathrm{e}^{i\theta}$，则积分被转化为沿单位圆周上的积分. 对第二类与第三类积分，需要找一个与所求积分的被积函数 $f(z)$ 密切相关的函数 $F(z)$，当 z 在实轴上时，$F(z)$ 就是 $f(z)$，或 $F(z)$ 的实部与虚部中的一个是 $f(z)$，然后找一条连接区间 $[a,b]$ 两端的按段光滑曲线 $C_{a,b}$，则区间 $[a,b]$ 与 $C_{a,b}$ 构成一条简单闭曲线，其围成区域 D，并且 $F(z)$ 在 D 内除有限个孤立奇点外解析. 由留数定理，则有

$$\int_a^b F(x)\mathrm{d}x+\int_{C_{a,b}}F(z)\mathrm{d}z=2\pi\mathrm{i}\sum_k\mathrm{Res}[F(z),z_k].$$

若能求得极限 $\lim\limits_{\substack{a\to-\infty\\ b\to+\infty}}\int_{C_{a,b}}F(z)\mathrm{d}z$，在上式两端取极限 $a\to-\infty,b\to+\infty$，则可得积分 $\int_{-\infty}^{+\infty}f(x)\mathrm{d}x$.

习 题 5

1. 求下列函数的(有限)奇点，并指出奇点的类型：

(1) $\dfrac{1}{z(1+z^2)^3}$；　(2) $\dfrac{\sin z}{z^2}$；　(3) $\dfrac{1-\cos(z-2)}{(z-2)^2}$；

(4) $\dfrac{1}{\sin z}$；　(5) $\cos\dfrac{1}{z}$；　(6) $\dfrac{1}{z^2(1-e^{\pi z})}$；

(7) $\dfrac{z-\sin z}{z^5}$；　(8) $e^{\frac{1}{z-1}}$.

2. 证明：若 z_0 是 $f(z)$的 m 级零点($m>1$)，则 z_0 是 $f'(z)$的 $m-1$ 级零点.

3. 证明：如果 $f(z)$和 $g(z)$是以 z_0 为零点的两个不恒等于零的解析函数，则有

$$\lim_{z\to z_0}\frac{f(z)}{g(z)}=\lim_{z\to z_0}\frac{f'(z)}{g'(z)}\quad（或两端均为 \infty）.$$

4. 设 $f(z)$与 $g(z)$分别以 $z=z_0$ 为 m 级与 n 级极点(或零点)，那么下列函数：

(1) $f(z)g(z)$；　(2) $\dfrac{f(z)}{g(z)}$；　(3) $f(z)+g(z)$

在 $z=z_0$ 处有什么性质?

5. 求下列函数在有限奇点处的留数：

(1) $\dfrac{2z+1}{z^2+3z}$；　(2) $\dfrac{1-e^{3z}}{z^5}$；　(3) $\dfrac{1+z^4}{(z^2+1)^3}$；

(4) $\dfrac{z}{\sin z}$；　(5) $z^2\sin\dfrac{1}{z}$；　(6) $\cos\dfrac{1}{1-z}$；

(7) $\dfrac{1}{z\sin z}$；　(8) $\dfrac{\mathrm{ch}z}{\mathrm{sh}z}$；　(9) $\dfrac{z}{(z-1)(z+1)^2}$；

(10) $\dfrac{\sin z}{z(z+1)}$.

6. 利用留数计算下列各积分(圆周均取正向)：

(1) $\oint_C\dfrac{z}{(z-1)^5(z-2)^3}dz,C:|z-2|=\dfrac{1}{2}$；

(2) $\oint_C\dfrac{\sin z}{z\left(z-\dfrac{\pi}{2}\right)^2}dz,C:|z|=3$；

(3) $\oint_C\dfrac{e^{-3z}}{(z-1)^2}dz,C:|z-1|=1$；

(4) $\oint_C\dfrac{1-\cos z}{z^m}dz,C:|z|=1,m$ 为正整数；

(5) $\oint_C\tan\pi z dz,C:|z|=n,n$ 为正整数；

(6) $\oint_C\dfrac{1}{(z^2+1)(z^2-4)}dz,C:|z|=3$.

7. 判定 $z=\infty$是下列函数的什么奇点？并求函数在∞的留数：

(1) $e^{\frac{1}{z}}$；　(2) $\sin z-\cos z$；　(3) $\dfrac{z^4+4}{z}$.

8. 计算下列各积分(C 为正向圆周)：

(1) $\oint_C\dfrac{1}{(z+i)^{10}(z-1)(z-3)}dz,C:|z|=2$；

(2) $\oint_C \frac{z^3}{1+z}e^{\frac{1}{z}}dz, C: |z|=3$;

(3) $\oint_C \frac{z^{2n}}{1+z^n}dz, C: |z|=r>1$，$n$ 为正整数；

(4) $\oint_C \frac{z^{15}}{(z^2+i)^2(z^3+2)^4}dz, C: |z|=4$.

9. 计算下列实积分：

(1) $\int_0^{2\pi} \frac{1}{5+3\sin\theta}d\theta$;

(2) $\int_0^{2\pi} \frac{\sin^2\theta}{a+b\cos\theta}d\theta, \quad a>b>0$;

(3) $\int_0^{+\infty} \frac{1}{1+x^4}dx$;

(4) $\int_0^{+\infty} \frac{x^2}{1+x^4}dx$;

(5) $\int_{-\infty}^{+\infty} \frac{x\sin x}{x^2+4x+5}dx$;

(6) $\int_{-\infty}^{+\infty} \frac{\cos x}{(1+x^2)(9+x^2)}dx$.

10. 利用对数留数计算下列积分：

(1) $\oint_{|z|=1} \frac{1}{z}dz$;

(2) $\oint_{|z|=3} \frac{3z}{z^2+1}dz$;

(3) $\oint_{|z|=4} \tan z dz$;

(4) $\oint_{|z|=4} \frac{1}{z(2z-1)}dz$.

11. 设 $f(z)$ 在 C：$|z|=1$ 上及其内部都解析，且在 C 上 $|f(z)|<1$. 证明在 C 内只有一个点 z_0，使 $f(z_0)=z_0$.

12. 证明：当 $|a|>e$ 时，方程 $e^z-az^n=0$ 在单位圆 $|z|=1$ 内有 n 个根.

13. 证明方程 $z^7-z^3+12=0$ 的根都在圆环域 $1\leqslant|z|\leqslant2$ 内.

第 6 章　共形映射

前面几章通过导数、积分和级数对复变函数,特别是解析函数的性质及其应用进行了详细的讨论. 本章将从几何的角度对解析函数的性质、意义及其应用进行讨论,进一步加深对解析函数的理解.

对复变函数 $w=f(z)$,可以看作是 z 平面的点集 D 到 w 平面的点集 $D^*=f(D)$ 的映射(或变换). 特别当 $f(z)$ 在区域 D 内解析且 $f'(z)\neq 0$ 时,将称 $w=f(z)$ 为共形映射. 共形映射之所以重要,原因之一就是它可以将一个复杂区域共形地映射成一个简单区域,从而将在复杂区域内研究的问题简化为在简单区域内研究的问题.

在本章中,首先引进复平面上曲线的切线、两曲线的夹角等概念,并通过对解析函数导数的几何意义的研究,给出共形映射的概念,然后讨论分式线性函数及几个典型的初等函数所构成的共形映射及其应用.

6.1　曲线的切向量与导数的几何意义

一、曲线的切向量

在复平面上,有向曲线 C 可由实变量 t 的参数方程

$$z=z(t)=x(t)+\mathrm{i}y(t),\quad \alpha\leqslant t\leqslant\beta$$

来表示. 参数 t 增大时点 $z(t)$ 移动的方向规定为 C 的正方向. 当 $x'(t)$, $y'(t)$ 连续且 $x'^2(t)+y'^2(t)\neq 0$ 时,称 C 为**有向光滑曲线**. 易知,C 为光滑曲线时,$z'(t)$ 连续,且 $z'(t)\neq 0$.

对实二维平面的简单有向光滑曲线 C:$x=x(t)$,$y=y(t)$ $(\alpha\leqslant t\leqslant\beta)$(其正向为参数 t 增大的方向). 由"高等数学"知道,曲线 C 上对应于 $t=t_0$ 的点 (x_0,y_0) 处的切线的方向向量为 $\boldsymbol{T}=\{x'(t_0),y'(t_0)\}$,且 $\boldsymbol{T}$ 的方向与曲线 C 的正向一致.

如果将复平面看作实二维平面,则复平面上的简单有向光滑曲线 C:$z=z(t)=x(t)+\mathrm{i}y(t)$ $(\alpha\leqslant t\leqslant\beta)$ 等同于实二维平面的有向光滑曲线 C:$x=x(t)$,$y=y(t)$ $(\alpha\leqslant t\leqslant\beta)$. 若 $z_0=z(t_0)$ $(\alpha<t_0<\beta)$ 是 C 上的一点,那么表示 $z'(t_0)=x'(t_0)+\mathrm{i}y'(t_0)$ 的向量与 C 相切于点 z_0 处,且与 C 的正方向一致. 从而 $\arg z'(t_0)$ 表示曲线 C 在点 z_0 处的切线正向与实轴正向的夹角(图 6.1).

在复平面上,若两条有向光滑曲线 C_1 与 C_2 在 z_0 处相交,则规定:曲线 C_1 与

C_2 在 z_0 处的夹角即是 C_1 与 C_2 在 z_0 处切线正向之间的夹角(图 6.2).

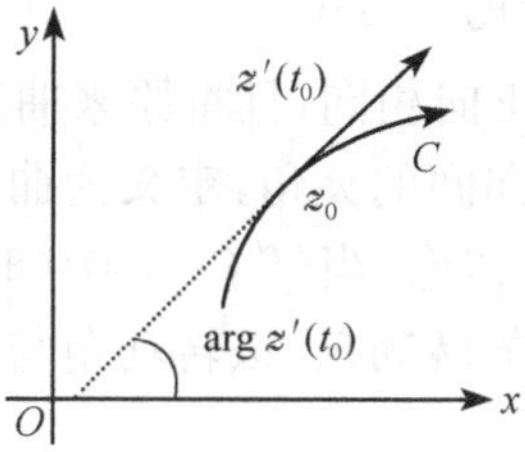

图 6.1

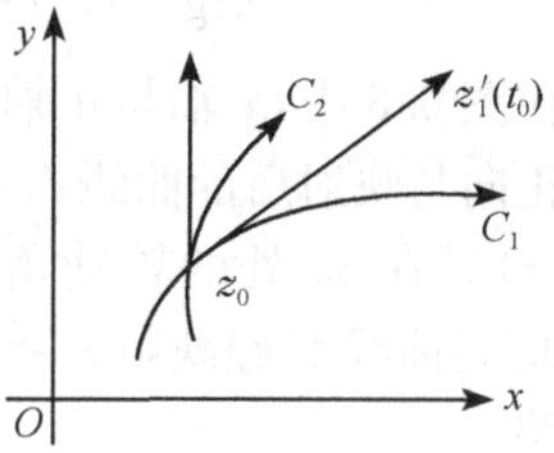

图 6.2

若 $C_1: z=z_1(t)(\alpha\leqslant t\leqslant\beta)$,$C_2: z=z_2(t)(\alpha'\leqslant t\leqslant\beta')$ 相交于点 $z_0=z_1(t_0)=z_2(t_0')$,则 C_1 与 C_2 在 z_0 处的夹角可表示为 $\arg z_2'(t_0')-\arg z_1'(t_0)$.

二、解析函数的导数的几何意义

设函数 $w=f(z)$ 在区域 D 内解析,$z_0\in D$ 且 $f'(z_0)\neq 0$,考虑区域 D 内过点 z_0 的一条简单有向光滑曲线 $C: z=z(t)(\alpha\leqslant t\leqslant\beta)$,其中,$z_0=z(t_0)$,$z'(t_0)\neq 0$,$\alpha<t_0<\beta$,那么在映射 $w=f(z)$ 下,有向光滑曲线 C 将被映射成 w 平面内过点 $w_0=f(z_0)$ 的一条有向光滑曲线 L(图 6.3),其参数方程为

$$w=f[z(t)],\quad \alpha\leqslant t\leqslant\beta,$$

L 的正方向为参数 t 增大的方向.

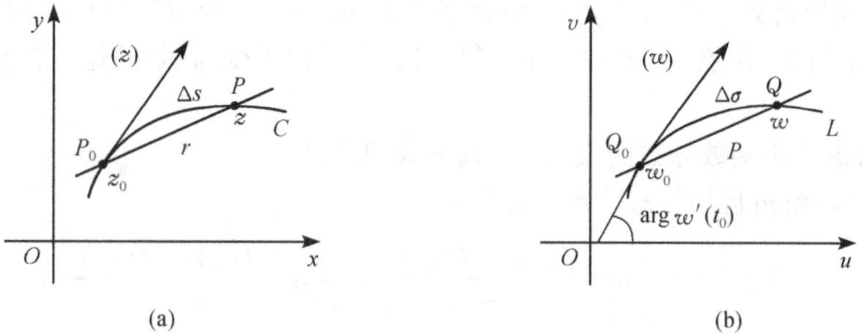

图 6.3

由复合函数求导法则,有

$$w'(t_0)=f'(z_0)z'(t_0)\neq 0.$$

从而,曲线 L 在点 $w_0=f(z_0)=f[z(t_0)]$ 处切线存在,且切线正向与实轴(u 轴)正向的夹角为

$$\arg w'(t_0)=\arg f'(z_0)+\arg z'(t_0),$$

上式也可表示为

$$\arg w'(t_0) - \arg z'(t_0) = \arg f'(z_0). \tag{6.1.1}$$

假设在图 6.3 中，x 轴与 u 轴，y 轴与 v 轴的正向相同，且将原来曲线 C 在 z_0 处的切线正向与映射后的曲线 L 在 w_0 处切线正向间的夹角，定义为曲线 C 经映射 $w=f(z)$ 后在 z_0 处的转动角，那么将有以下结论：当 $f'(z_0)\neq 0$ 时，其辐角 $\arg f'(z_0)$ 即是曲线 C 经映射 $w=f(z)$ 后在 z_0 处的转动角. 该转动角与 C 的形状及方向无关.

下面考察解析函数 $w=f(z)$ 将两相交曲线映射的结果.

设两条光滑曲线 C_1 与 C_2 相交于点 z_0，其中，$C_1: z=z_1(t), \alpha\leqslant t\leqslant\beta$，$C_2: z=z_2(t), \alpha'\leqslant t\leqslant\beta'$，且 $z_0=z_1(t_0)=z_2(t'_0)$，$\alpha<t_0<\beta$，$\alpha'<t'_0<\beta'$. 若 $f'(z_0)\neq 0$，则 C_1 与 C_2 在映射下成为相交于 $w_0=f(z_0)$ 的两条光滑曲线 L_1 与 L_2，其中，$L_1: w=w_1(t)=f[z_1(t)], \alpha\leqslant t\leqslant\beta$，及 $L_2: w=w_2(t)=f[z_2(t)], \alpha'\leqslant t\leqslant\beta'$，$w_0=w_1(t_0)=w_2(t'_0)$. 于是在 w_0 处，L_1 与 L_2 的夹角为

$$\begin{aligned} &\arg w'_0(t'_0) - \arg w'_1(t_0) \\ =\ &\arg f'(z_0)z'_2(t'_0) - \arg f'(z_0)z'_1(t_0) \\ =\ &[\arg f'(z_0) + \arg z'_2(t'_0)] - [\arg f'(z_0) + \arg z'_1(t_0)] \\ =\ &\arg z'_2(t'_0) - \arg z'_1(t_0). \end{aligned} \tag{6.1.2}$$

式(6.1.2)两边分别是 L_1 与 L_2 在点 w_0 以及 C_1 与 C_2 在点 z_0 的夹角. 由此可知，若 $f(z)$ 解析且 $f'(z)\neq 0$，则相交于点 z_0 的两条光滑曲线 C_1 与 C_2 在映射 $w=f(z)$ 下，成为相交于点 $w_0=f(z_0)$ 的两条光滑曲线 L_1 与 L_2，C_1 与 C_2 在点 z_0 处的夹角和 L_1 与 L_2 在点 w_0 处的夹角相等，且方向保持不变. 映射的这种性质称为**保角性**.

再考虑解析函数导数的模 $|f'(z_0)|$ 的几何意义.

设 $f(z)$ 解析且 $|f'(z_0)|\neq 0$，由于

$$|f'(z_0)| = \left|\lim_{z\to z_0}\frac{f(z)-f(z_0)}{z-z_0}\right| = \lim_{z\to z_0}\frac{|f(z)-f(z_0)|}{|z-z_0|},$$

若 z 是曲线 C 上的点，$w=f(z)$ 是曲线 L 上的点，则当 z 充分接近于 z_0 时，$|f'(z_0)|$ 近似等于 $|w-w_0|=|f(z)-f(z_0)|$ 与 $|z-z_0|$ 的比值. 称 $|f'(z_0)|$ 为曲线 C 在点 z_0 的**伸缩率**.

由此可得：若 $f(z)$ 解析且 $f'(z_0)\neq 0$，则 $|f'(z_0)|$ 是在 $w=f(z)$ 映射下过点 z_0 的任一曲线 C 在 z_0 的伸缩率，它与曲线 C 的形状以及方向无关. 映射的这种特性称为伸缩率的不变性.

综上所述，有下述结论.

定理 6.1.1　设函数 $w=f(z)$ 在区域 D 内解析，z_0 是 D 内的一点且 $f'(z_0)\neq$

0,则映射 $w=f(z)$ 在 z_0 处有以下特性:

(1) 保角性. 即过 z_0 的两条曲线间的夹角与经过映射后所得两条曲线间的夹角保持大小与方向不变;

(2) 伸缩率的不变性. 即过 z_0 的任一曲线的伸缩率均为 $|f'(z_0)|$,且与曲线的形状和方向无关.

6.2 共形映射的概念

定义 6.2.1 具有保角性和伸缩率不变性的映射称为**共形映射**.

由 6.1 节的讨论及上述定义,可得

定理 6.2.1 如果函数 $w=f(z)$ 在 z_0 解析且 $f'(z_0)\neq 0$,则映射 $w=f(z)$ 在点 z_0 是共形的,且 $\arg f'(z_0)$ 表示该映射在点 z_0 的转动角,$|f'(z_0)|$ 表示伸缩率;如果 $w=f(z)$ 在区域 D 内解析且 $f'(z)\neq 0$,则 $w=f(z)$ 是区域 D 内的共形映射.

共形映射可作以下几何解释:若映射 $w=f(z)$ 在 z_0 是共形的,则以 z_0 为一个顶点的无穷小三角形在 $w=f(z)$ 的映射下,成为以 $w_0=f(z_0)$ 为一个顶点的无穷小曲边三角形,这两个小三角形的对应角相等,且对应边长度之比近似为 $|f'(z_0)|$. 从而这两个小三角形近似地相似. 此外,$w=f(z)$ 还将半径充分小的圆 $|z-z_0|=r$ 近似地映射成圆 $|w-w_0|=|f'(z_0)|r$,这也是将 $w=f(z)$ 称作共形映射的原因.

如果映射 $w=f(z)$ 具有伸缩率的不变性,但仅保持两曲线夹角的绝对值不变而方向相反,则称此类映射为第二类共形映射. 而此前所定义的共形映射称为第一类共形映射.

6.3 分式线性映射

分式线性映射是一类形式简单但却相当重要的共形映射,它的形式为

$$w=\frac{az+b}{cz+d},\quad ad-bc\neq 0, \tag{6.3.1}$$

其中,a,b,c,d 均为复常数. 由于 $\frac{\mathrm{d}w}{\mathrm{d}z}=\frac{ad-bc}{(cz+d)^2}$,为保证映射的保角性,要求 $ad-bc\neq 0$ 是必要的. 否则 $\frac{\mathrm{d}w}{\mathrm{d}z}=0$,从而 w 恒为常数,映射把整个 z 平面映射为 w 平面上的一点,失去了映射的保角性.

在条件 $ad-bc\neq 0$ 下,可求得式(6.3.1)的逆映射为

$$z=\frac{-dw+b}{cw-a},\quad (-a)(-d)-bc\neq 0. \tag{6.3.2}$$

故可知分式线性映射的逆映射也是分式线性映射. 此外,也容易验证:两个分式线性映射的复合仍然是分式线性映射. 事实上,若 $w=\dfrac{\alpha\xi+\beta}{\gamma\xi+\delta}(\alpha\delta-\beta\gamma\neq 0)$ 及 $\xi=\dfrac{\alpha' z+\beta'}{\gamma' z+\delta'}(\alpha'\delta'-\beta'\gamma'\neq 0)$. 将后式代入前式可得

$$w=\frac{(\alpha\alpha'+\beta\gamma')z+(\alpha\beta'+\beta\delta')}{(\gamma\alpha'+\delta\gamma')z+(\gamma\beta'+\delta\delta')}=\frac{az+b}{cz+d},$$

其中,$ad-bc=(\alpha\delta-\beta\gamma)(\alpha\delta-\beta\gamma)\neq 0$.

对分式线性映射(6.3.1)在扩充复平面作如下补充定义:若 $c\neq 0$,则点 $z=\infty$ 映射成 $w=\dfrac{a}{c}$,点 $z=-\dfrac{d}{c}$ 映射成 $w=\infty$;若 $c=0$,则点 $z=\infty$ 映射成 $w=\infty$. 于是式(6.3.1)即是 z 扩充复平面到 w 扩充复平面上一对一的映射.

在分式线性映射(6.3.1)中,若 $c=0$,则

$$w=\frac{a}{d}z+\frac{b}{d}=Az+B,\quad A=\frac{a}{d},B=\frac{b}{d}.$$

若 $c\neq 0$,则有

$$w=\frac{bc-ad}{c^2}\cdot\frac{1}{z+d/c}+\frac{a}{c}.$$

它可看作是由映射 $\xi=z+\dfrac{d}{c}$,$\zeta=\dfrac{1}{\xi}$,$\eta=\dfrac{bc-ad}{c^2}\zeta$ 及 $w=\eta+\dfrac{a}{c}$ 复合而成的. 因此,一般的分式线性映射是由以下 3 种特殊的分式线性映射复合而成的:

(1) $w=z+b$;

(2) $w=az$;

(3) $w=\dfrac{1}{z}$.

下面讨论这三种特殊映射的几何意义. 为方便起见,将 w 平面看作是与 z 平面重合在一起的.

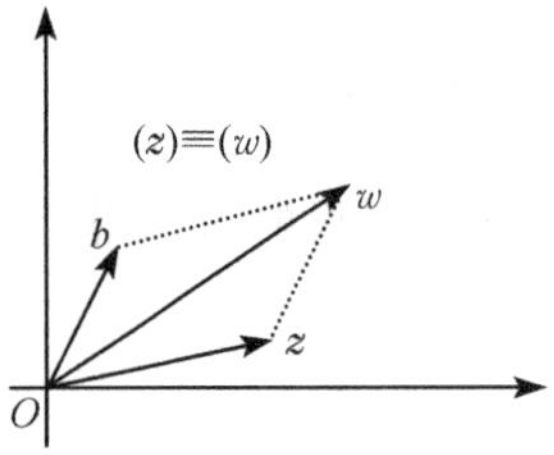

图 6.4

(1) $w=z+b$,这是一个平移映射. 由于复数对应于向量,复数相加可转化为向量相加,故在映射 $w=z+b$ 下,z 沿向量 b 的方向平行移动距离 $|b|$,即得 w(图 6.4).

(2) $w=az$,$a\neq 0$,这是一个旋转与伸缩映射. 若设 $z=re^{i\theta}$,$a=\lambda e^{i\alpha}$,则 $w=\lambda re^{i(\theta+\alpha)}$. 因此,先将 z 旋转角度 α,再将 $|z|$ 伸长(或缩短)$|a|=\lambda$ 倍后,即得 w(图 6.5).

(3) $w=\dfrac{1}{z}$,这是一个反演映射.这个映射可分解为

$$w_1=\frac{1}{\bar{z}},\quad w=\overline{w_1}.$$

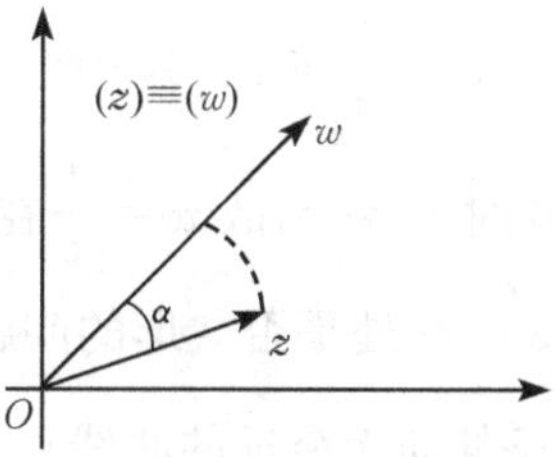

图 6.5

若 z 已知,为作出 w,考虑关于圆周的一对对称点.设 C 为以原点 O 为圆心,半径为 r 的圆周.若两点 P 与 P' 在以圆心为起点的半直线上,且满足

$$OP\cdot OP'=r^2,$$

则称点 P 与 P' 为关于圆周 C 的对称点.

对称点可用如下几何方法获得:设 P 在圆周 C 外,从 P 点作 C 的切线 PT,由点 T 作 OP 的垂线 TP' 交 OP 于 P',则 $\triangle OTP'\backsim\triangle OP'T$,$OP'$: $OT=OT$: OP,故 $OP\cdot OP'=OT^2=r^2$.因此,P' 即是 P 关于圆周 C 的对称点(图 6.6).

规定无穷远点的对称点是圆心 O,即 $z=0$.

若 $z=re^{i\theta}$,则 $w_1=\dfrac{1}{\bar{z}}=\dfrac{1}{r}e^{i\theta}$,$w=\overline{w_1}=\dfrac{1}{r}e^{-i\theta}$,$\arg z=\arg w_1$ 且 $|z||w_1|=1$,所以 z 是 w_1 关于单位圆周 $|z|=1$ 的对称点,w 是 w_1 关于实轴的对称点.因此对 $w=\dfrac{1}{z}$,先作 z 关于单位圆周 $|z|=1$ 的对称点 w_1,然后作 w_1 关于实轴的对称点,即得 w(图 6.7).

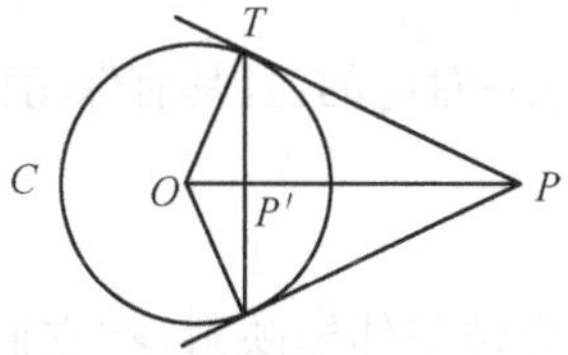

图 6.6

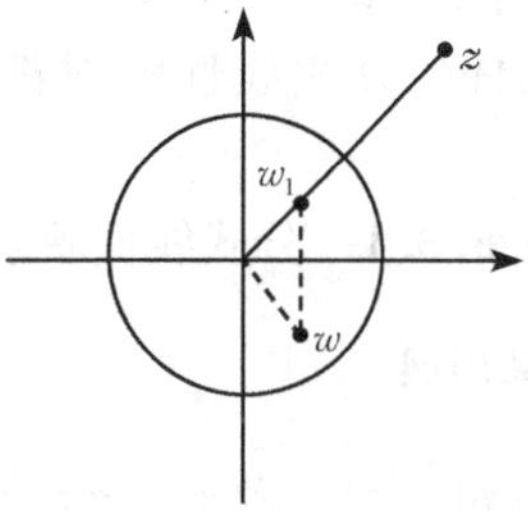

图 6.7

下面讨论分式线性映射的性质:

1. 保角性

先讨论映射 $w=\dfrac{1}{z}$.当 $z\neq 0,z\neq\infty$ 时,

$$\frac{dw}{dz}=-\frac{1}{z^2}\neq 0.$$

故 $w=\frac{1}{z}$ 在 $z\neq0,z\neq\infty$ 处是共形的．由前面的补充定义知 $z=\infty$ 时，$w=0$ 及 $z=0$ 时 $w=\infty$，故 $w=\frac{1}{z}$ 在扩充复平面上是一一对应的. 至于映射 $w=\frac{1}{z}$ 在 $z=0$ 及 $z=\infty$ 处是否共形的问题，关系到怎样理解两条曲线在 ∞ 的夹角的含义. 规定：两条伸向无穷远的曲线在无穷远点处的夹角，等于它们在映射 $\xi=\frac{1}{z}$ 下所映成的通过原点 $\xi=0$ 的两条像曲线在 $\xi=0$ 处的夹角. 于是 $w=\frac{1}{z}=\xi$ 在 $\xi=0$ 处解析，且 $\left.\frac{\mathrm{d}w}{\mathrm{d}\xi}\right|_{\xi=0}=1$，所以 $w=\frac{1}{z}$ 在 $z=\infty$ 处是共形的. 又因为 $z=\frac{1}{w}$ 在 $w=\infty$ 处是共形的，故知 $w=\frac{1}{z}$ 在 $z=0$ 处也是共形的. 从而映射 $w=\frac{1}{z}$ 在扩充复平面上是处处共形的.

其次，考虑(1)与(2)的复合映射 $w=az+b$. 当 $z\neq\infty$ 时，$w'=a\neq0$，故映射是共形的. 当 $z=\infty$ 时，令 $\xi=\frac{1}{z}$，$\eta=\frac{1}{w}$，则映射 $w=az+b$ 成为

$$\eta=\frac{\xi}{b\xi+a},$$

在 $\xi=0$ 处有 $\left.\frac{\mathrm{d}\eta}{\mathrm{d}\xi}\right|_{\xi=0}=\left.\frac{a}{(b\xi+a)^2}\right|_{\xi=0}=\frac{1}{a}\neq0$. 因此，映射 $\eta=\frac{\xi}{b\xi+a}$ 在 $\xi=0$ 处是共形的，即映射 $w=az+b$ 在 $z=\infty$ 处是共形的.

因为任一分式线性映射都是由上述三种映射复合而成的. 因此，可得如下结论：

定理 6.3.1　分式线性映射在扩充复平面是一一对应的，且具有保角性.

2. 保圆性

由于 $w=z+b$ 及 $w=az$ 分别是平移映射和旋转与伸缩映射，在它们的映射下，曲线的形状不发生变化，因此 z 平面上的圆周或直线也被映射成 w 平面上的圆周或直线. 当把直线视作半径为无穷大的圆周时，则 $w=z+b$ 及 $w=az$ 把扩充复平面上的圆周映射成为圆周，此性质称为保圆性.

下面证明映射 $w=\frac{1}{z}$ 也具有保圆性. 在二维实平面上圆周(或直线)的方程可表示为

$$a(x^2+y^2)+bx+cy+d=0.$$

当 $a=0$ 时表示一条直线；当 $a\neq0$ 时表示一个圆周，其中，a,b,c,d 均是实常数. 若

将 $z\bar{z}=x^2+y^2$，$\frac{1}{2}(z+\bar{z})=x$，$\frac{1}{2\mathrm{i}}(z-\bar{z})=y$ 代入上面的方程，则可得 z 复平面的圆周方程

$$az\bar{z}+\bar{\beta}z+\beta\bar{z}+d=0, \tag{6.3.3}$$

其中，a,d 为实常数，$\beta=\frac{1}{2}(b+\mathrm{i}c)$ 为复常数. 当 $a=0$ 时，表示直线；$a\neq 0$ 时，表示圆周. 将 $w=\frac{1}{z}$ 代入式(6.3.3)可得

$$dw\overline{w}+\beta w+\bar{\beta}\overline{w}+a=0.$$

此方程表示 w 复平面上的圆周(含直线). 所以映射 $w=\frac{1}{z}$ 将 z 复平面的圆周映射为 w 复平面上的圆周.

定理 6.3.2 分式线性映射将扩充 z 复平面上的圆周映射成扩充 w 复平面上的圆周，即具有保圆性.

3. 保对称性

分式线性映射除具有保角性与保圆性外，亦具有保持圆的对称点不变的性质，称之为保对称性.

为证明这一性质，考虑对称点的一个重要特性：点 A 与点 B 是关于圆周 C 的一对对称点的充要条件是过点 A,B 的任何圆周 Γ 与 C 正交(图 6.8).

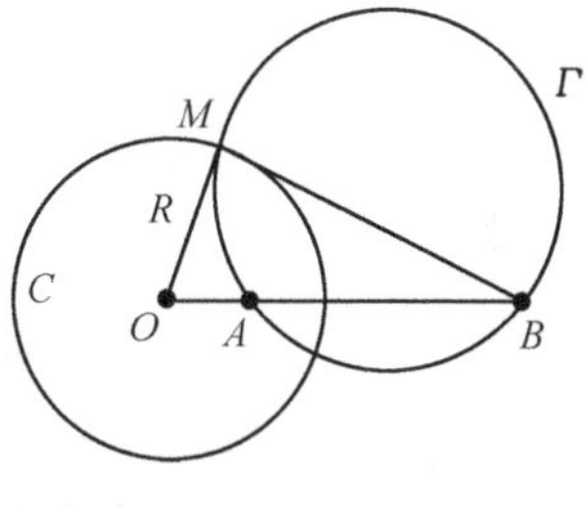

图 6.8

事实上，设点 A,B 是关于 C 的对称点，Γ 是过点 A,B 的圆周，M 是 C 与 Γ 的交点，由对称点定义有 $OA\cdot OB=R^2=OM^2$. 根据平面几何中圆的切割线定理可知：OM 是 Γ 的切线，从而圆周 C 与 Γ 正交.

反之，若 Γ 是过点 A,B 且与 C 正交的任一圆周，那么连接 A 与 B 的直线作为 Γ 的特殊情形(半径为无穷大的圆)必与 C 正交，且必过圆心 O. 又因为 Γ 与 C 在交点 M 处正交. 从而 C 的半径 OM 就是 Γ 的切线，所以由切割线定理得

$$OA\cdot OB=OM^2=R^2.$$

因此，点 A 与 B 是关于圆周 C 的一对对称点.

当圆周 C 退化为直线时的证明，留给读者.

定理 6.3.3 设点 z_1,z_2 是关于圆周 C 的一对对称点，则在分式线性映射下，它们的像点 w_1,w_2 也是关于 C 的像曲线 Γ 的一对对称点.

6.4　唯一确定分式线性映射的条件

在分式线性映射(6.3.1)中含有四个常数 a,b,c,d. 由于 $ad-bc\neq 0$,故四个常数中至少有一个不为零. 用不为零的常数去除分式的分子与分母,即知分式线性映射实质上只含有三个任意常数. 因此,只需给出三个条件,即可唯一确定一个分式线性映射. 对此,有如下定理.

定理 6.4.1　设分式线性映射将扩充 z 平面上三个相异的点 z_1,z_2,z_3 映射为扩充 w 平面上指定的三个相异的点 w_1,w_2,w_3,则此分式线性映射被唯一确定,且可表示为

$$\frac{w-w_1}{w-w_2}:\frac{w_3-w_1}{w_3-w_2}=\frac{z-z_1}{z-z_2}:\frac{z_3-z_1}{z_3-z_2} \tag{6.4.1}$$

或

$$\frac{w-w_1}{w-w_2}\cdot\frac{w_3-w_2}{w_3-w_1}=\frac{z-z_1}{z-z_2}\cdot\frac{z_3-z_2}{z_3-z_1}. \tag{6.4.2}$$

证　设所求分式线性映射为 $w=\dfrac{az+b}{cz+d}(ad-bc\neq 0)$,且依次将 z_k 映射为 w_k $(k=1,2,3)$,则

$$w_k=\frac{az_k+b}{cz_k+d},\quad k=1,2,3.$$

于是

$$w-w_k=\frac{(z-z_k)(ad-bc)}{(cz+d)(cz_k+d)},\quad k=1,2,$$

$$w_3-w_k=\frac{(z_3-z_k)(ad-bc)}{(cz_3+d)(cz_k+d)},\quad k=1,2.$$

由此得

$$\frac{w-w_1}{w-w_2}=\frac{z-z_1}{z-z_2}\cdot\frac{cz_2+d}{cz_1+d},$$

$$\frac{w_3-w_1}{w_3-w_2}=\frac{z_3-z_1}{z_3-z_2}\cdot\frac{cz_2+d}{cz_1+d},$$

所以

$$\frac{w-w_1}{w-w_2}:\frac{w_3-w_1}{w_3-w_2}=\frac{z-z_1}{z-z_2}:\frac{z_3-z_1}{z_3-z_2}.$$

由推导过程可知结果是唯一的.

在式(6.4.2)中，若有 z_k(或 w_k)为∞，则用极限来确定分式线性映射，即先视 z_k(或 w_k)为有限复数，再令 z_k(或 w_k)趋于∞而得.

推论 6.4.1　设 $w=f(z)$是一分式线性映射且 $w_1=f(z_1)$，$w_2=f(z_2)$，则此分式线性映射可表示为

$$\frac{w-w_1}{w-w_2}=k\frac{z-z_1}{z-z_2},\quad k\text{ 为复常数}. \tag{6.4.3}$$

特别地，若 $f(z_1)=0$，$f(z_2)=\infty$，则有

$$w=k\frac{z-z_1}{z-z_2}. \tag{6.4.4}$$

事实上，在式(6.4.2)中记 $k=\frac{z_3-z_2}{z_3-z_1}\cdot\frac{w_3-w_1}{w_3-w_2}$，即得式(6.4.3). 在式(6.4.2)中令 $w_1=0$，$w_2\to\infty$，并记 $k=(w_3-w_1)\cdot\frac{z_3-z_2}{z_3-z_1}$即得式(6.4.4).

例 6.4.1　求把 z 平面上的点 $z_1=2$，$z_2=\mathrm{i}$，$z_3=-2$ 分别映射为 w 平面上的点$w_1=-1$，$w_2=\mathrm{i}$，$w_3=1$ 的分式线性映射.

解　由公式(6.4.2)得

$$\frac{w+1}{w-\mathrm{i}}\cdot\frac{1-\mathrm{i}}{1+1}=\frac{z-2}{z+\mathrm{i}}\cdot\frac{-2-\mathrm{i}}{-2-2},$$

所求分式线性映射为

$$w=\frac{z-6\mathrm{i}}{3\mathrm{i}z-2}.$$

例 6.4.2　求把 $z_1=1$，$z_2=\mathrm{i}$，$z_3=-1$ 分别映射为 $w_1=0$，$w_2=1$，$w_3=\infty$的分式线性映射.

解　由公式(6.4.2)得

$$\frac{w-0}{w-1}\cdot\frac{w_3-1}{w_3-0}=\frac{z-1}{z-\mathrm{i}}\cdot\frac{-1-\mathrm{i}}{-1-1}.$$

令 $w_3\to\infty$得

$$\frac{w}{w-1}=\frac{z-1}{z-\mathrm{i}}\cdot\frac{1+\mathrm{i}}{2},$$

化简即得所求分式线性变换为

$$w=\mathrm{i}\frac{1-z}{1+z}.$$

上述定理表明：把 z 平面上三个互异的点映射成 w 平面上三个互异点的分式线性映射是唯一的. 因此，在两个圆周 C 和 Γ 上，分别取定三个互异的点 z_k 与 w_k

$(k=1,2,3)$ 后,即可求得一个将 z_k 映射为 $w_k(k=1,2,3)$的分式线性映射. 又因为三点可唯一确定一个过这三点的圆周,故此分式线性映射必将过 z_1,z_2,z_3 的圆周 C 映射为过 w_1,w_2,w_3 的圆周 Γ. 但该映射会将 C 的内部映射成什么? 下面来讨论这个问题.

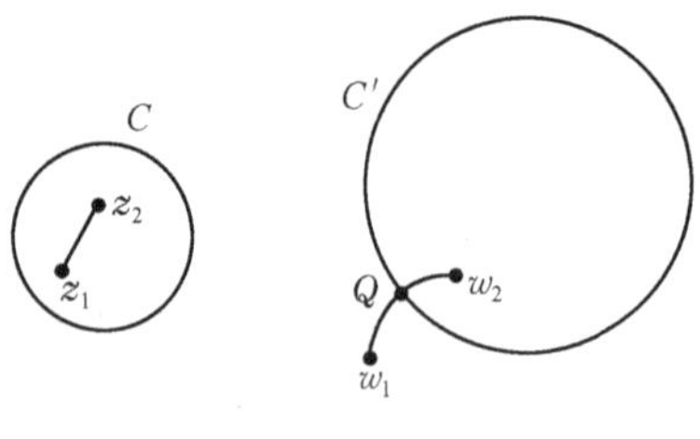

图 6.9

在得到的分式线性映射下,圆周 C 的内部不是映射成圆周 Γ 的内部,便是映射成 Γ 的外部. 也就是说,不可能将 C 内部的一部分映射成 Γ 的内部,而将 C 内部的另一部分映射成 Γ 的外部. 事实上,若 z_1,z_2 为 C 内部的任意两点,用直线段将 z_1 与 z_2 连接起来. 如果线段 z_1z_2 的像为圆弧 w_1w_2(或直线段),且 w_1 在 Γ 的内部,w_2 在 Γ 的外部,则弧 w_1w_2 必与 Γ 相交于一点 Q(图 6.9). Q 点在 Γ 上,故应是 C 上某一点的像,于是就有两个不同的点(一个在圆周 C 上,另一个在线段 z_1z_2 上)被映射为同一点 Q. 与分式线性映射的一一对应性矛盾. 这就证明了上述论断.

由上述论断可知,在分式线性映射下,如果在 C 内任取一点 z_0,而 z_0 的像 w_0 在 Γ 的内部,则分式线性映射将 C 的内部映射成 Γ 的内部;否则 C 的内部被映射 Γ 的外部.

也可以用下述方法处理映射问题. 在 C 上取定 3 点 z_1,z_2,z_3,其在 Γ 上的像为 w_1,w_2,w_3. 如果 C 依 $z_1\to z_2\to z_3$ 的绕向与 Γ 依 $w_1\to w_2\to w_3$ 的绕向相同,则分式线性映射将 C 的内部映射成 Γ 的内部;否则,C 的内部被映射成 Γ 的外部(图 6.10).

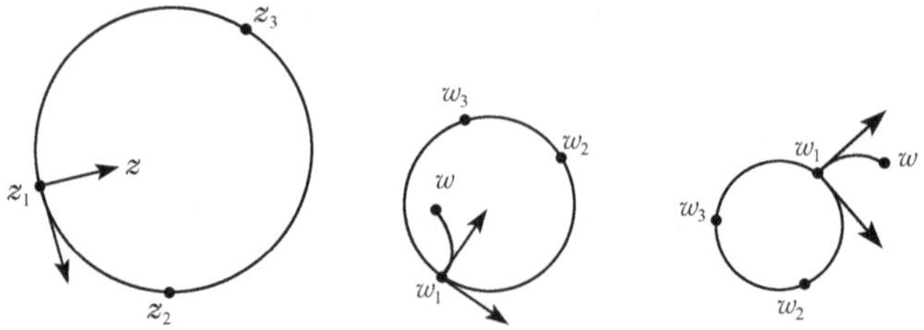

图 6.10

事实上,在过 z_1 的半径上任取一点 z,线段 z_1z 的像必为正交于 Γ 的圆弧 w_1w. 由于分式线性映射是保角的,因此当 $z_1\to z_2\to z_3$ 的绕向与 $w_1\to w_2\to w_3$ 的绕向相同时,w 必在 Γ 的内部;否则 w 在 Γ 的外部. 这就证明了上述结论.

当 C 为圆周,Γ 为直线时,C 的圆心 z_0 的像为 w_0,则 C 的内部映射为 w_0 所在的 Γ 的一侧半平面.

由于分式线性映射具有保圆性,于是对于由两圆弧所围成的区域,在该映射下，有下述结论：

(1) 若两个圆周上没有点映成无穷远点时，该区域被映射成两个圆弧围成的区域；

(2) 若两个圆周上有一个点映成无穷远点时，该区域被映射成一圆弧与一直线围成的区域；

(3) 若两个圆周的交点中有一个映成无穷远点时，该区域被映射成一角形区域.

由于分式线性映射具有保角性，保圆性与保对称性，因此在处理边界由圆周、圆弧、直线及直线段所组成的区域的共形映射问题时，分式线性映射起着重要的作用.

例 6.4.3 中心分别在 $z=1$ 与 $z=-1$，半径为$\sqrt{2}$的两圆弧所围成区域(图 6.11)，在映射下映射 $w=\dfrac{z-\mathrm{i}}{z+\mathrm{i}}$下映射成什么区域？

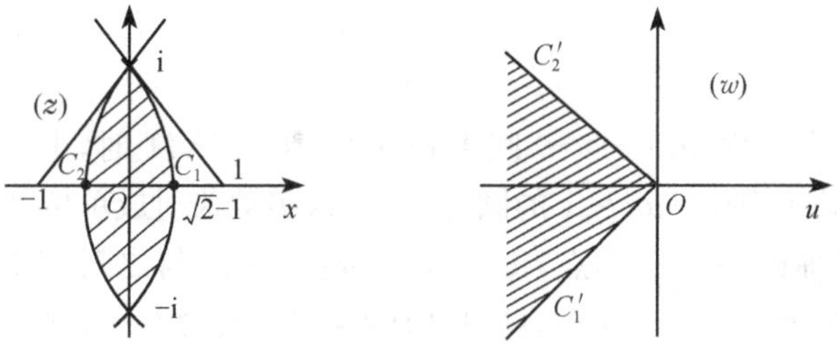

图 6.11

解 所给两个圆弧的交点为 $z_1=\mathrm{i}$ 与 $z_2=-\mathrm{i}$，且相互正交. 在所给映射下，$z_1=\mathrm{i}$ 被映射成 $w_1=0$，另一交点 $z_2=-\mathrm{i}$ 被映射成 $w_2=\infty$. 因此所给的区域被映射成以 $w_1=0$ 为顶点的角形区域，张角为$\dfrac{\pi}{2}$.

为确定角形域的位置，只要定出它的边界上异于顶点的任一点即可. 取圆弧 C_1 与正实轴的交点 $z_3=\sqrt{2}-1$，则

$$w_3=\frac{\sqrt{2}-1-\mathrm{i}}{\sqrt{2}-1+\mathrm{i}}=\frac{(\sqrt{2}-1-\mathrm{i})^2}{(\sqrt{2}-1)^2+1}=\frac{(1-\sqrt{2})+\mathrm{i}(1-\sqrt{2})}{2-\sqrt{2}}.$$

点 w_3 位于第三象限的分角线 C_1'上. 由保角性知圆弧 C_2 映射为第二象限的分角线 C_2'，从而映射成的角形域如图 6.11 所示.

例 6.4.4 求将上半平面 $\mathrm{Im}(z)>0$ 映射成单位圆 $|w|<1$ 的分式线性映射(图 6.12).

解法 1 将上半平面看作为半径是无穷大的圆域，则实轴即是该圆域的边界圆周. 在实轴上取定三点 $z_1=-1, z_2=0, z_3=1$ 依次对应于单位圆 $|w|<1$ 上的三

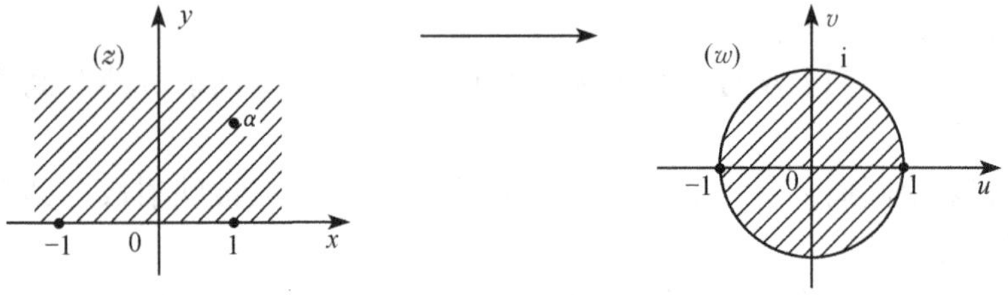

图 6.12

点:$w_1=-1, w_2=-\mathrm{i}, w_3=1$,那么因为 $z_1\to z_2\to z_3$ 的绕向与 $w_1\to w_2\to w_3$ 的绕向相同,由式(6.4.2)得所求分式线性映射为

$$\frac{w+1}{w+\mathrm{i}}\cdot\frac{1+\mathrm{i}}{1+1}=\frac{z+1}{z-0}\cdot\frac{1-0}{1+1},$$

化简得

$$w=\mathrm{i}\,\frac{z-\mathrm{i}}{z+\mathrm{i}}. \tag{6.4.5}$$

解法 2　上半平面 $\mathrm{Im}(z)>0$ 映射成单位圆 $|w|<1$ 时,上半平面总有一点 $z_1=\alpha$ 要映射成单位圆周 $|w|=1$ 的圆心 $w_1=0$,实轴映射成单位圆周,而 $z_1=\alpha$ 与 $z_2=\bar{\alpha}$ 是关于实轴的一对对称点,$w_1=0$ 与 $w_2=\infty$ 是与之对应的关于单位圆周 $|w|=1$ 的一对对称点. 由于分式线性映射的保对称性. 故 $z=\bar{\alpha}$ 被映射为 $w_2=\infty$,由推论 6.4.1 可知,所求分式线性映射为

$$w=k\,\frac{z-\alpha}{z-\bar{\alpha}},\quad k\text{ 为常数}.$$

由于实轴上的点 z 对应着 $|w|=1$ 的点,且此时 $\left|\dfrac{z-\alpha}{z-\bar{\alpha}}\right|=1$,所以由 $|w|=|k|\left|\dfrac{z-\alpha}{z-\bar{\alpha}}\right|=|k|=1$,得 $k=\mathrm{e}^{\mathrm{i}\theta}$,其中,$\theta$ 是任意实数. 因此所求分式线性映射的一般形式为

$$w=\mathrm{e}^{\mathrm{i}\theta}\,\frac{z-\alpha}{z-\bar{\alpha}},\quad \mathrm{Im}(\alpha)>0. \tag{6.4.6}$$

在式(6.4.6)中取 $\theta=\dfrac{\pi}{2}$,$\alpha=\mathrm{i}$ 即得式(6.4.5). 由式(6.4.6)知道,将上半平面映射为单位圆的分式线性映射不是唯一的.

例 6.4.5　求将上半平面 $\mathrm{Im}(z)>0$ 映射成单位圆 $|w|<1$ 且满足条件 $w(1+\mathrm{i})=0$,$w'(1+\mathrm{i})>0$ 的分式线性映射.

解　由条件 $w(1+\mathrm{i})=0$ 知,分式线性映射将上半平面的点 $z=1+\mathrm{i}$ 映射成单位圆周的圆心 $w=0$. 由式(6.4.6)有

$$w = e^{i\theta} \frac{z-1-i}{z-1+i},$$

而

$$w'(z) = e^{i\theta} \frac{2i}{(z-1+i)^2},$$

故有

$$w'(1+i) = -\frac{i}{2} e^{i\theta} = \frac{1}{2} e^{i\left(\theta - \frac{\pi}{2}\right)}.$$

又 $\arg w'(1+i) = \theta - \frac{\pi}{2} = 0, \theta = \frac{\pi}{2}$,因此,所求分式线性映射为

$$w = i \frac{z-1-i}{z-1+i}.$$

例 6.4.6 求把单位圆 $|z|<1$ 映射为单位圆 $|w|<1$ 的分式线性映射.

解 分式线性映射必将单位圆 $|z|<1$ 内的一点 $z_1 = \alpha$ 映射单位圆周 $|w|=1$ 的圆心 $w_1 = 0$,且将 $z_1 = \alpha$ 关于 $|z|=1$ 的对称点 $z_2 = \frac{1}{\bar{\alpha}}$ 映射为 $w_1 = 0$ 关于 $|w|=1$ 的对称点 $w_2 = \infty$. 因此,分式线性映射的形式为

$$w = k \frac{z-\alpha}{z-1/\bar{\alpha}} = -k\bar{\alpha} \frac{z-\alpha}{1-\bar{\alpha}z}.$$

由于 z 平面上的单位圆周 $|z|=1$ 被映射成 w 平面上的单位圆周 $|w|=1$,故 $|z|=1$ 时,$|w|=1$. 当 $|z|=1$ 时,$z = \frac{1}{\bar{z}}$,从而

$$\left|\frac{z-\alpha}{1-\bar{\alpha}z}\right| = \left|\frac{z-\alpha}{\bar{z}-\bar{\alpha}}\right| \cdot |\bar{z}| = 1.$$

于是由

$$|w| = |-k\bar{\alpha}| \cdot \left|\frac{z-\alpha}{1-\bar{\alpha}z}\right| = |-k\bar{\alpha}| = 1,$$

得 $-k\bar{\alpha} = e^{i\theta}$,其中,$\theta$ 是任意实数. 因此,将单位圆 $|z|<1$ 映射成单位圆 $|w|<1$ 的分式线性映射为

$$w = e^{i\theta} \frac{z-\alpha}{1-\bar{\alpha}z}, \quad |\alpha| < 1. \tag{6.4.7}$$

例 6.4.7 求将单位圆 $|z|<1$ 映射为单位圆 $|w|<1$,且满足 $w\left(\frac{i}{2}\right)=0$,$w'\left(\frac{i}{2}\right)>0$ 的分式线性映射.

解　由条件 $w\left(\frac{\mathrm{i}}{2}\right)=0$ 知,分式线性映射将单位圆 $|z|<1$ 内的点 $z=\frac{\mathrm{i}}{2}$ 映射为单位圆周 $|w|=1$ 的圆心 $w=0$,由式(6.4.7)有

$$w=\mathrm{e}^{\mathrm{i}\theta}\frac{z-\mathrm{i}/2}{1+\mathrm{i}z/2},$$

而 $w'(z)=\mathrm{e}^{\mathrm{i}\theta}\frac{3/4}{(1+\mathrm{i}z/2)^2}$,故 $w'\left(\frac{\mathrm{i}}{2}\right)=\frac{4}{3}\mathrm{e}^{\mathrm{i}\theta}$. 由于 $w'\left(\frac{\mathrm{i}}{2}\right)>0$,因此 $\arg w'\left(\frac{\mathrm{i}}{2}\right)=\theta=0$. 所以所求分式线性映射为 $w=\frac{2z-\mathrm{i}}{\mathrm{i}z+2}$.

6.5　几个初等函数所确定的映射

本节主要讨论幂函数,指数函数及对数函数所确定的映射.

一、幂函数 $w=z^n(n\quad 2)$确定的映射

幂函数 $w=z^n$(n 为大于 1 的自然数)在复平面处处解析,且 $w'=nz^{n-1}$除 $z=0$ 外处处不为零. 因此在复平面上除原点 $z=0$ 外,由 $w=z^n$ 确定的映射是处处共形的.

若令

$$z=r\mathrm{e}^{\mathrm{i}\theta},\quad w=\rho\mathrm{e}^{\mathrm{i}\varphi},$$

则有

$$\rho=r^n,\quad \varphi=n\theta. \tag{6.5.1}$$

因此在 $w=z^n$ 映射下,z 平面上的圆周 $|z|=r$ 被映射成 w 平面上的圆周 $|w|=r^n$. 特别地,单位圆周 $|z|=1$ 被映射成单位圆周 $|w|=1$;射线 $\theta=\theta_0$ 被映射成射线 $\varphi=n\theta_0$,正实轴 $\theta=0$ 被映射成正实轴 $\varphi=0$,角形域 $0<\theta<\theta_0\left(0<\theta_0\leqslant\frac{2\pi}{n}\right)$被映射成角形域 $0<\varphi<n\theta_0$(图 6.13). 因此可知,以原点 $z=0$ 为顶点的角形域,经过 $w=z^n(n\geqslant 2)$映射后变为 $w=0$ 为顶点,张角是原张角 n 倍的角形域. 在 $z=0$ 处,映射

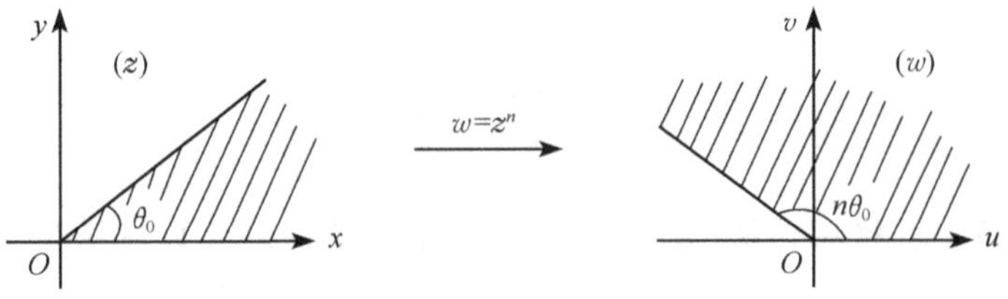

图 6.13

$w=z^n(n\geqslant 2)$没有保角性. 特别地，角形域$0<\theta<\dfrac{2\pi}{n}$在映射$w=z^n$下映射成沿正实轴剪开的w平面，角形域的一边$\theta=0$映射成w平面正实轴的上岸$\varphi=0$，另一边$\theta=\dfrac{2\pi}{n}$映射成w平面正实轴的下岸$\varphi=2\pi$(图 6.14).

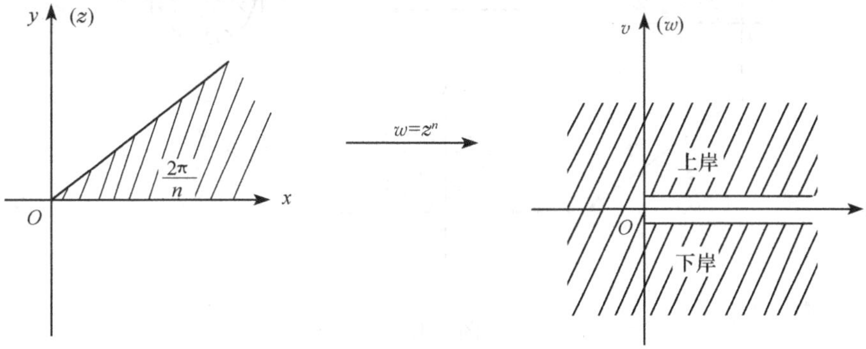

图 6.14

在这样两个域上的点在所给的映射($w=z^n$ 或 $z=\sqrt[n]{w}$)下是一一对应的. 这里应该注意的是$z=\sqrt[n]{w}$应取将$\varphi=0$映射为$\theta=0$的单值枝.

由以上讨论可知：幂函数$w=z^n$(或$w=\sqrt[n]{z}$)所构成的映射把以原点为顶点的角形域映射成以原点为顶点的的角形域，张角变成了原张角的$n\left(\text{或}\dfrac{1}{n}\right)$倍. 因此，当要把角形域映射成角形域时，常常利用幂函数$w=z^n$或根式函数$w=\sqrt[n]{z}$.

例 6.5.1 求把角形域$0<\arg z<\dfrac{\pi}{4}$映射成单位圆$|w|<1$的一个共形映射.

解 因为$\xi=z^4$把所给角形域$0<\arg z<\dfrac{\pi}{4}$映射成上半平面$\mathrm{Im}(\xi)>0$，而分式线性映射$w=\dfrac{\xi-\mathrm{i}}{\xi+\mathrm{i}}$把上半平面$\mathrm{Im}(\xi)>0$映射为单位圆$|w|<1$(图 6.15). 因此所求共形映射为

$$w=\frac{z^4-\mathrm{i}}{z^4+\mathrm{i}}.$$

例 6.5.2 求把上半单位圆D: $|z|<1,\mathrm{Im}(z)>0$映射成上半平面$\mathrm{Im}(w)>0$的一个共形映射.

解 上半单位圆可看作是单位圆周$|z|=1$与实轴所围成的区域，圆周$|z|=1$与实轴在$z_1=-1$与$z_3=1$处正交. 利用分式线性映射将$z_1=-1$，$z_2=0$与$z_3=1$分别映射为$\xi_1=0$，$\xi_2=1$与$\xi_3=\infty$，则分式线性映射为

$$\xi = -\frac{z+1}{z-1}.$$

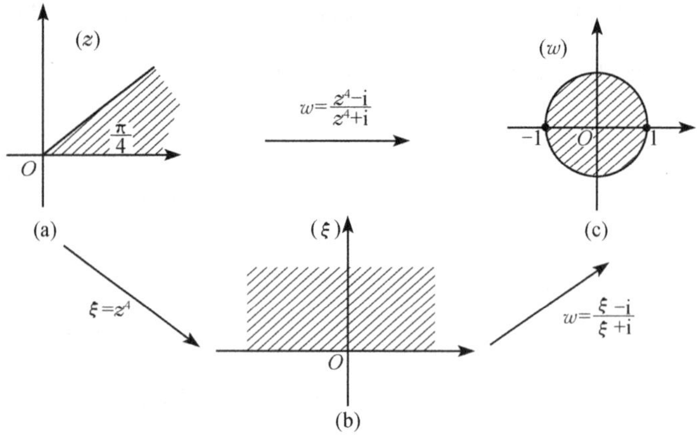

图 6.15

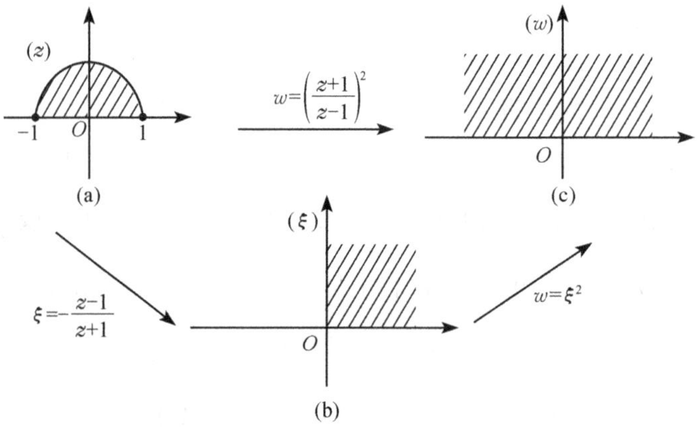

图 6.16

该映射将 z 平面实轴上的线段$[-1,1]$映射为 ξ 平面的正实轴，将上半单位圆周 $|z|=1(\mathrm{Im}z>0)$映射为 ξ 平面的正虚轴，故上半单位圆被映射成 ξ 平面的第一象限. 又 $w=\xi^2$ 将平面 ξ 的第一象限映射成 w 平面的上半平面(图 6.16). 故所求的一个共形映射为

$$w = \xi^2 = \left(\frac{z+1}{z-1}\right)^2.$$

二、指数函数 $w=e^z$ 所确定的映射

由于 $w=e^z$ 在复平面处处解析且 $w'=e^z\neq 0$，所以由指数函数 $w=e^z$ 所确定

的映射在复平面上是处处共形的.

设 $z=x+\mathrm{i}y, w=\rho\mathrm{e}^{\mathrm{i}\varphi}$,由 $w=\mathrm{e}^z$ 可得

$$\rho=\mathrm{e}^x,\quad \varphi=y. \tag{6.5.2}$$

由此可知,z 平面上的直线 $x=x_0$ 被映射成 w 平面上的圆周 $|w|=\mathrm{e}^{x_0}$;而直线 $y=y_0$ 被映射成 w 平面上的射线 $\varphi=y_0$.

当直线由实轴 $y=0$ 平行移动到直线 $y=a(0<a\leqslant 2\pi)$时,带形域 $0<\mathrm{Im}(z)<a$ 被映射成角形域 $0<\arg w<a$. 特别地,带形域 $0<\mathrm{Im}(z)<\pi$ 被映射成上半平面;带形域 $0<\mathrm{Im}(z)<2\pi$ 被映射沿正实轴剪开的 w 平面:$0<\arg w<2\pi$(图 6.17),它们之间的点是一一对应的.

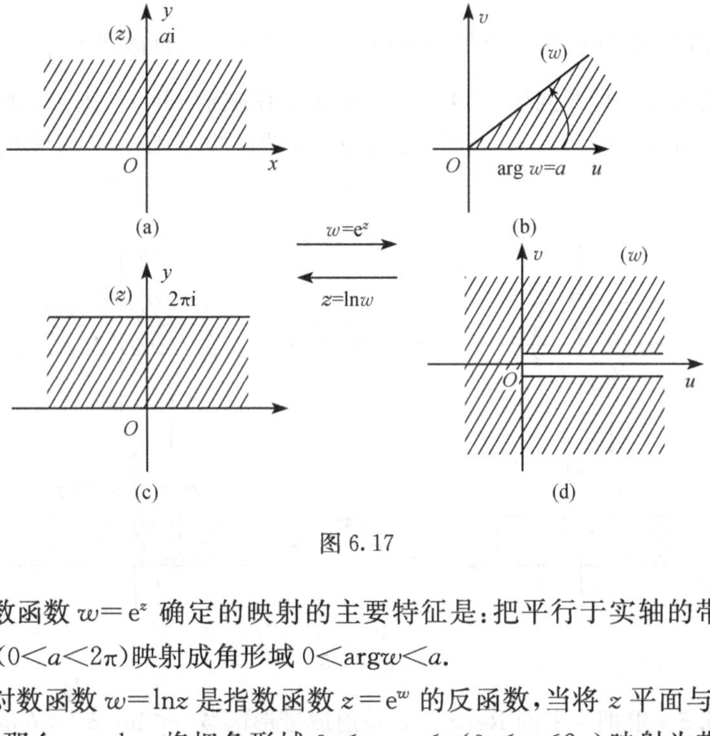

图 6.17

由指数函数 $w=\mathrm{e}^z$ 确定的映射的主要特征是:把平行于实轴的带形域 $0<\mathrm{Im}(z)<a(0<a<2\pi)$映射成角形域 $0<\arg w<a$.

由于对数函数 $w=\ln z$ 是指数函数 $z=\mathrm{e}^w$ 的反函数,当将 z 平面与 w 平面交换其位置,那么 $w=\ln z$ 将把角形域 $0<\arg z<a(0<a<2\pi)$映射为带形域 $0<\mathrm{Im}(w)<a(0<a\leqslant 2\pi)$. 因此,若要把带形域映射成角形域,可以考虑指数函数 $w=\mathrm{e}^z$,反之,则需考虑对数函数 $w=\ln z$.

例 6.5.3 求把带形域 $0<\mathrm{Im}(z)<\frac{\pi}{2}$ 映射成单位圆 $|w|<1$ 的一个共形映射.

解 指数函数 $\xi=\mathrm{e}^z$ 将带形域 $0<\mathrm{Im}(z)<\frac{\pi}{2}$ 映射成角形域 $0<\arg\xi<\frac{\pi}{2}$;再用

$\eta=\xi^2$ 将角形域映射成上半 η 平面 $\mathrm{Im}(\eta)>0$；然后再用 $w=\dfrac{\eta-\mathrm{i}}{\eta+\mathrm{i}}$ 将上半 η 平面映射成单位圆 $|w|<1$. 复合以上映射，可得所求的一个共形映射为 $w=\dfrac{\mathrm{e}^{2z}-\mathrm{i}}{\mathrm{e}^{2z}+\mathrm{i}}$.

例 6.5.4 求把由两圆周 $C_1:|z|=2$ 和 $C_2:|z-1|=1$ 围成的区域 D 共形映射为区域 $G:\mathrm{Im}(w)>0$ 的一个共形映射.

解 C_1 与 C_2 在点 $z=2$ 处相切，且与实轴分别在 $z=-2$ 与 $z=0$ 处正交. 作分式线性映射 $\xi=\dfrac{\mathrm{i}z}{z-2}$，则实轴 $\mathrm{Im}(z)=0$ 映射为虚轴 $\mathrm{Re}(\xi)=0$；点 $z=2, z=0$ 与 $z=-2$ 分别被映射为 $\xi=\infty, \xi=0$ 与 $\xi=\dfrac{\mathrm{i}}{2}$. 于是 C_1, C_2 依次映射为 $\mathrm{Im}(\xi)=\dfrac{1}{2}$ 及 $\mathrm{Im}(\xi)=0$. 故区域 D 被映射成带形区域 $0<\mathrm{Im}(\xi)<\dfrac{1}{2}$. 再做映射 $\eta=2\pi\xi$，于是此带形区域被映射成带形区域 $0<\mathrm{Im}(\eta)<\pi$. 最后作映射 $w=\mathrm{e}^{\eta}$，则带形区域被映射成上半平面 $\mathrm{Im}(w)>0$（图 6.18）. 复合以上映射，所求的一个共形映射为 $w=\mathrm{e}^{2\pi\mathrm{i}\frac{z}{z-2}}$.

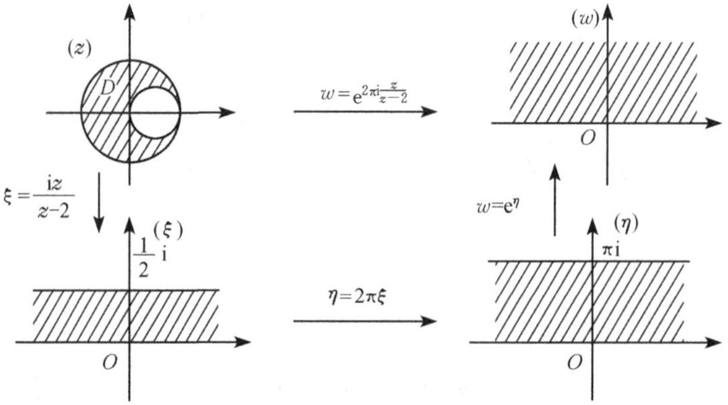

图 6.18

例 6.5.5 求把半平面 $\mathrm{Re}(z)>a$ 映射成带形区域 $0<\mathrm{Im}(w)<b$ 的一个共形映射.

解 经平移旋转映射 $\xi=\mathrm{i}(z-a)$ 可将半平面 $\mathrm{Re}(z)>a$ 映射成上半平面 $\mathrm{Im}(\xi)>0$（图 6.19(b)）. 再用映射 $\eta=\ln\xi$ 将上半平面映射成带形域 $0<\mathrm{Im}(\eta)<\pi$（图 6.19(c)），最后用映射 $w=\dfrac{b}{\pi}\eta$ 将带形域 $0<\mathrm{Im}(\eta)<\pi$ 映射成带形域 $0<\mathrm{Im}(w)<b$（图 6.19(d)）复合以上映射，得所求的一个共形映射为

$$w=\frac{b}{\pi}\ln\mathrm{i}(z-a).$$

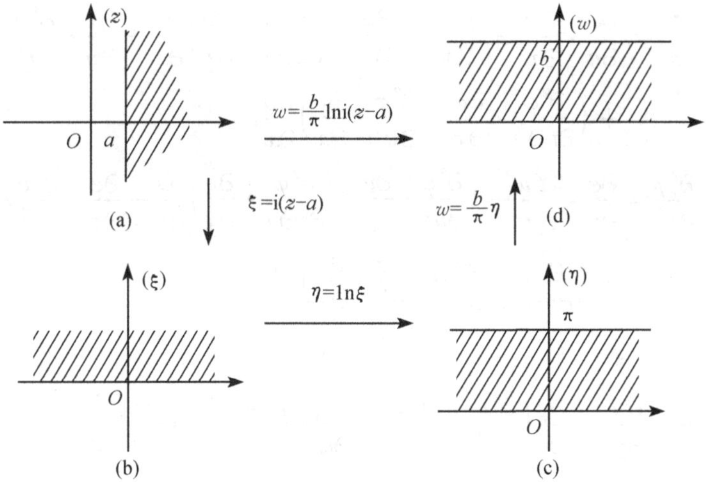

图 6.19

* 6.6　拉普拉斯方程的边值问题

在物理应用中经常遇到求拉普拉斯(Laplace)方程的边值问题,即求一个二元实函数,它在给定的区域内调和,并且满足边界条件. 对一些较为简单的区域,可以由某些熟知的解析函数直接求得,而当区域较为复杂时,可通过一个适当的共形映射把复杂的区域映射成一个简单的区域,原来的边界条件变成了新的边界条件,使问题得以简化. 之所以这样做的理由是:一个拉普拉斯方程的解经过共形映射仍是相应的拉普拉斯方程的解.

定理 6.6.1　如果 $\varphi(x,y)$是拉普拉斯方程

$$\frac{\partial^2\varphi}{\partial x^2}+\frac{\partial^2\varphi}{\partial y^2}=0$$

的解,则当 $\varphi(x,y)$由一共形映射变成一个 u,v 的函数,这个函数仍将满足拉普拉斯方程

$$\frac{\partial^2\varphi}{\partial u^2}+\frac{\partial^2\varphi}{\partial v^2}=0.$$

证　设 $w=f(z)=u(x,y)+\mathrm{i}v(x,y)$为一共形映射,它把 $\varphi(x,y)$变成 u,v 的函数,则

$$\frac{\partial\varphi}{\partial x}=\frac{\partial\varphi}{\partial u}\cdot\frac{\partial u}{\partial x}+\frac{\partial\varphi}{\partial v}\cdot\frac{\partial v}{\partial x},\quad \frac{\partial\varphi}{\partial y}=\frac{\partial\varphi}{\partial u}\cdot\frac{\partial u}{\partial y}+\frac{\partial\varphi}{\partial v}\cdot\frac{\partial v}{\partial y}.$$

于是

$$\frac{\partial^2\varphi}{\partial x^2}=\frac{\partial\varphi}{\partial u}\cdot\frac{\partial^2 u}{\partial x^2}+\left(\frac{\partial^2\varphi}{\partial u^2}\cdot\frac{\partial u}{\partial x}+\frac{\partial^2\varphi}{\partial v\partial u}\cdot\frac{\partial v}{\partial x}\right)\frac{\partial u}{\partial x}+\frac{\partial\varphi}{\partial v}\cdot\frac{\partial^2 v}{\partial x^2}$$
$$+\left(\frac{\partial^2\varphi}{\partial u\partial v}\cdot\frac{\partial u}{\partial x}+\frac{\partial^2\varphi}{\partial v^2}\cdot\frac{\partial v}{\partial x}\right)\frac{\partial v}{\partial x},$$
$$\frac{\partial^2\varphi}{\partial y^2}=\frac{\partial\varphi}{\partial u}\cdot\frac{\partial^2 u}{\partial y^2}+\left(\frac{\partial^2\varphi}{\partial u^2}\cdot\frac{\partial u}{\partial y}+\frac{\partial^2\varphi}{\partial v\partial u}\cdot\frac{\partial v}{\partial y}\right)\frac{\partial u}{\partial y}+\frac{\partial\varphi}{\partial v}\cdot\frac{\partial^2 v}{\partial y^2}$$
$$+\left(\frac{\partial^2\varphi}{\partial u\partial v}\cdot\frac{\partial u}{\partial y}+\frac{\partial^2\varphi}{\partial v^2}\cdot\frac{\partial v}{\partial y}\right)\frac{\partial v}{\partial y},$$

从而

$$\frac{\partial^2\varphi}{\partial x^2}+\frac{\partial^2\varphi}{\partial y^2}=\frac{\partial\varphi}{\partial u}\left(\frac{\partial^2 u}{\partial x^2}+\frac{\partial^2 u}{\partial y^2}\right)+\frac{\partial^2\varphi}{\partial u^2}\left[\left(\frac{\partial u}{\partial x}\right)^2+\left(\frac{\partial u}{\partial y}\right)^2\right]$$
$$+2\frac{\partial^2\varphi}{\partial u\partial v}\left(\frac{\partial u}{\partial x}\cdot\frac{\partial v}{\partial x}+\frac{\partial u}{\partial y}\cdot\frac{\partial v}{\partial y}\right)+\frac{\partial\varphi}{\partial v}\left(\frac{\partial^2\varphi}{\partial x^2}+\frac{\partial^2\varphi}{\partial y^2}\right)$$
$$+\frac{\partial^2\varphi}{\partial v^2}\left[\left(\frac{\partial v}{\partial x}\right)^2+\left(\frac{\partial v}{\partial y}\right)^2\right].$$

由假设 $w=u+\mathrm{i}v$ 解析，所以 u,v 满足拉普拉斯方程，且满足 C-R 方程，从而可得

$$\frac{\partial^2\varphi}{\partial x^2}+\frac{\partial^2\varphi}{\partial y^2}=\frac{\partial^2\varphi}{\partial u^2}\left[\left(\frac{\partial u}{\partial x}\right)^2+\left(-\frac{\partial v}{\partial x}\right)^2\right]+2\frac{\partial^2\varphi}{\partial u\partial v}\left(\frac{\partial u}{\partial x}\cdot\frac{\partial v}{\partial x}-\frac{\partial u}{\partial x}\cdot\frac{\partial v}{\partial x}\right)$$
$$+\frac{\partial^2\varphi}{\partial v^2}\left[\left(\frac{\partial v}{\partial x}\right)^2+\left(\frac{\partial v}{\partial x}\right)^2\right]$$
$$=\left[\left(\frac{\partial u}{\partial x}\right)^2+\left(\frac{\partial v}{\partial x}\right)^2\right]\left(\frac{\partial^2\varphi}{\partial u^2}+\frac{\partial^2\varphi}{\partial v^2}\right)$$
$$=|f'(z)|^2\left(\frac{\partial^2\varphi}{\partial u^2}+\frac{\partial^2\varphi}{\partial v^2}\right).$$

因为 $w=f(z)$ 为共形映射，所以 $f'(z)\neq 0$，当 $\frac{\partial^2\varphi}{\partial x^2}+\frac{\partial^2\varphi}{\partial y^2}=0$ 时必有 $\frac{\partial^2\varphi}{\partial u^2}+\frac{\partial^2\varphi}{\partial v^2}=0$.

例 6.6.1 一块金属薄板吻合于 z 平面中的第一象限，上下两侧均绝缘，因此热流严格限制在平面内. 如果边界上的温度分布如图 6.20(a)所示，求金属板上定常温度分布.

解 定常温度 T 满足拉普拉斯方程

$$\frac{\partial^2 T}{\partial x^2}+\frac{\partial^2 T}{\partial y^2}=0$$

且满足第一象限边界上的条件. 为方便求解，用

$$w=z^2=x^2-y^2+2xy\mathrm{i}$$

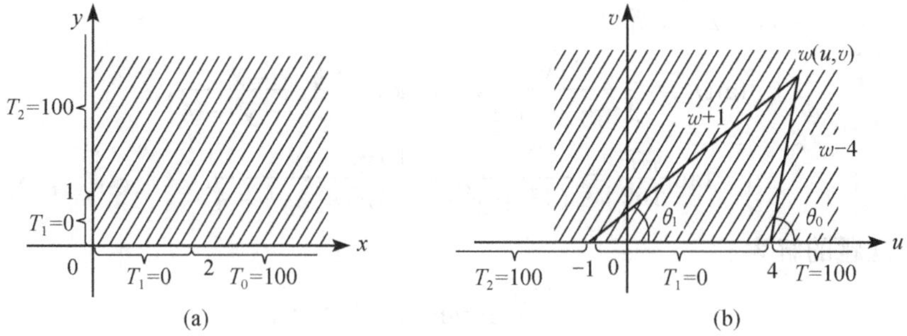

图 6.20

将 z 平面的第一象限映射成 w 平面的上半平面，如图 6.20(b)所示. 这样就可在 w 平面的上半平面，按新的边界条件求解拉普拉斯方程. 由于解析函数的实部与虚部都满足拉普拉斯方程，所以如果能找到一个 w 的函数，它在上半平面内解析，且它的实部或虚部当 w 为实数时取得边界值，则可得到所求的解.

由图 6.20(b)可知，当 w 在实轴上 4 的右边时，$\arg(w-4)=\theta_0$ 与 $\arg(w+1)=\theta_1$ 都为零；当 w 在实轴上 -1 与 4 之间时，$\theta_0=\pi$，$\theta_1=0$；w 在实轴上 -1 的左边时，$\theta_0=\theta_1=\pi$. 故定常温度 T 应为

$$T=T_0+\frac{1}{\pi}[(T_1-T_0)\theta_0+(T_2-T_1)\theta]=\frac{100}{\pi}[\pi+(\theta_1-\theta_0)]$$

或

$$T=T_0+\frac{1}{\pi}[(T_1-T_0)\arg(w-4)+(T_2-T_1)\arg(w+1)].$$

当 w 取实值时，上式取得边界值. 它可以看作是函数

$$\mathrm{i}T_0+\frac{1}{\pi}[(T_1-T_0)\ln(w-4)+(T_2-T_1)\ln(w+1)]$$

的虚部，而此函数在上半平面处处解析，所以

$$T=\frac{100}{\pi}[\pi+(\theta_1-\theta_0)] \tag{6.6.1}$$

是拉普拉斯方程在平面 w 中的解，其中，

$$0<\theta_0-\theta_1<\pi,\quad \tan\theta_0=\frac{v}{u-4},\quad \tan\theta_1=\frac{v}{u+1}.$$

为求得拉普拉斯方程在平面 z 的解，式(6.6.1)两边同除以 $\frac{100}{\pi}$，并取正切得

$$\begin{aligned}\tan\frac{\pi T}{100}&=\tan[\pi+(\theta_1-\theta_0)]=\tan(\theta_1-\theta_0)\\&=\frac{\tan\theta_1-\tan\theta_0}{1+\tan\theta_1\tan\theta_0}.\end{aligned}$$

因为 $u=x^2-y^2, v=2xy$,所以

$$\tan\theta_1=\frac{2xy}{x^2-y^2+1},\quad \tan\theta_0=\frac{2xy}{x^2-y^2-4},$$

$$\tan\frac{\pi T}{100}=\frac{-10xy}{(x^2+y^2)^2-3x^2+3y^2-4}.$$

于是原问题的解为

$$T=\begin{cases}\dfrac{100}{\pi}\arctan B, & B>0,\\ \dfrac{100}{\pi}\arctan B, & B<0,\end{cases}$$

其中,$B=\dfrac{-10xy}{(x^2+y^2)^2-3x^2+3y^2-4}$.

由例 6.6.1 的解法可知,函数

$$f(w)=\mathrm{i}T_0+\frac{1}{\pi}[(T_1-T_0)\ln(w-u_0)+(T_2-T_1)\ln(w-u_1)$$
$$+\cdots+(T_{n+1}-T_n)\ln(w-u_n)]$$

在上半平面处处解析,所以它的虚部

$$\mathrm{Im}[f(w)]=T_0+\frac{1}{\pi}[(T_1-T_0)\arg(w-u_0)+(T_2-T_1)\arg(w-u_1)$$
$$+\cdots+(T_{n+1}-T_n)\arg(w-u_n)]$$

在上半平面是拉普拉斯方程的解,且此解在实轴上取得图 6.21 所示的边值.

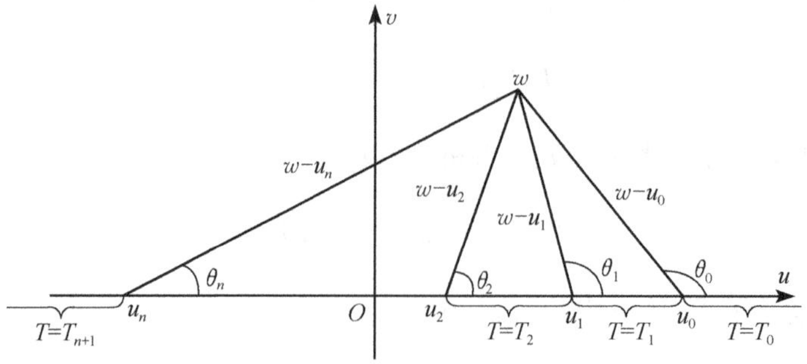

图 6.21

小结与点注

1. 解析函数导数的辐角与模的几何意义及其性质

设 $w=f(z)$是区域 D 内的解析函数,z_0 是 D 内的一点.

(1) $f'(z_0)\neq 0$ 时，$\arg f'(z_0)$是曲线 C 经过 $w=f(z)$映射后在 z_0 处的转动角. 转动角的大小与方向跟曲线 C 的形状和方向无关.

(2) $|f'(z_0)|$是在 $w=f(z)$的映射下，过 z_0 的任何曲线 C 在 z_0 的伸缩率，它与曲线 C 的形状和方向无关.

2. 共形映射的概念

设 $w=f(z)$是区域 D 内的解析函数，z_0 是 D 内的一点，若 $f'(z_0)\neq 0$，那么经过 z_0 的任何两条曲线 C_1 与 C_2 之间的夹角和曲线 C_1，C_2 经过 $w=f(z)$映射后的曲线 Γ_1 与 Γ_2 之间的夹角在大小和方向上都保持不变，即映射 $w=f(z)$具有保持两曲线间夹角的大小和方向不变的性质，称为保角性. 具有保角性和伸缩率不变性的映射成为共形映射. 若 $w=f(z)$在区域 D 内解析且 $f'(z)\neq 0$，那么 $w=f(z)$就是 D 内的一个共形映射.

3. 分式线性映射

分式线性映射 $w=\dfrac{az+b}{cz+d}$可以看作是由下列映射复合而成的：

(1) $\zeta=z+b$，这是平移变换；

(2) $\eta=a\zeta$，这是旋转与伸缩变换；

(3) $w=\dfrac{1}{\eta}$，这是反演变换.

这三种变换在扩充复平面都是一一对应的，具有保角性、保圆性与保对称性，从而分式线性映射也具有保角性、保圆性与保对称性.

此外，分式线性映射还有用三对相异对称点唯一确定的性质：若相异点 z_1,z_2,z_3 与相异点 w_1,w_2,w_3 相对应，则唯一确定一个分式线性映射

$$\frac{w-w_1}{w-w_2}\cdot\frac{w_3-w_2}{w_3-w_1}=\frac{z-z_1}{z-z_2}\cdot\frac{z_3-z_2}{z_3-z_1}.$$

由于分式线性映射具有保圆性与保对称性，故把上半平面映射成上半平面、把上半平面映射成单位圆的内部、把单位圆映射成单位圆的映射常常利用分式线性映射. 具体来讲，这三种映射分别是

(1) 上半平面到上半平面的映射

$$w=\frac{az+b}{cz+d},$$

其中，a,b,c,d 都是实常数，且 $ad-bc>0$. 这个映射同时也将下半平面映射成下半平面 . 求这种映射只需在两个复平面的实轴上选定三对相异的对称点

$$z_1<z_2<z_3,\quad w_1<w_2<w_3$$

即可得到.

(2) 上半平面到单位圆内部的映射

$$w=e^{i\theta}\left(\frac{z-\lambda}{z+\bar{\lambda}}\right),$$

其中,θ 为实数,λ 为上半平面映射成单位圆圆心 $w=0$ 的点.

(3) 单位圆到单位圆的映射

$$w=e^{i\varphi}\left(\frac{z-\alpha}{1-\bar{\alpha}z}\right),\quad |z|<1,$$

其中,φ 为实数,α 为单位圆 $|z|<1$ 内的某一点.

4. 几个初等函数构成的映射

(1) 幂函数 $w=z^n(n\in\mathbf{N})$,把 z 平面以原点为顶点、正实轴为一边、张角为 α 的角形域映射成 w 平面以原点为顶点、正实轴为一边、张角为 $n\alpha$ 的角形域.

(2) 指数函数 $w=e^z$,把 z 平面的水平带形域 $0<\mathrm{Im}(z)<a\,(a<2\pi)$ 映射成 w 平面的角形域 $0<\arg w<a$.

利用平移、旋转变换,并将幂函数、指数函数与分式线性变换联合起来,就可以得到一些区域之间的共形映射.

习　题　6

1. 求下列有向曲线在指定点处切线正向与实轴正方向的夹角:

(1) 单位圆 $|z|=1$,正向为逆时针方向,在点 $z_0=\frac{\sqrt{2}}{2}+\frac{\sqrt{2}}{2}i$ 处;

(2) $z=t^2+i\sin 2t(-\infty<t<+\infty)$,在 $t_0=\frac{\pi}{4}$ 对应的点处;

(3) $z=e^{(1+i)t}(-\infty<t<+\infty)$,在 $z_0=1$ 处.

2. 求下列给定的每组曲线中,两曲线在交点处的夹角:

(1) 直线 $C_1:z=t+ikt(-\infty<t<+\infty)$ 和单位圆 $C_2:z=\cos t+i\sin t(-\pi<t\leqslant\pi)$,其中,$k$ 为一实常数;

(2) 曲线 $C_1:z=t+i(t+\sin t)(-\infty<t<+\infty)$ 与曲线 $C_2:z=t+i(2\pi-t)(-\infty<t<+\infty)$.

3. 求 $w=z^2$ 在 $z=i$ 处的伸缩率和旋转角. 问 $w=z^2$ 将经过点 $z=i$ 且平行于实轴正向的曲线的切线方向映射成 w 平面上哪一个方向?

4. 在什么条件下,一个解析函数所构成的映射具有保角性和伸缩率的不变性? 映射 $w=iz^2$ 在 z 平面上哪些点具有此性质?

5. 映射 $w=-iz$ 将如下图形映射成什么图形:

(1) 圆域 $|z-1|\leqslant 1$;

(2) 以点 $z_1=-1, z_2=-\mathrm{i}, z_3=\mathrm{i}$ 为顶点的三角形；

(3) 带形区域 $a<\mathrm{Re}(z)<b$.

6. 证明：映射 $w=z+\frac{1}{z}$ 把圆周 $|z|=a$ 映射成椭圆：$u=\left(a+\frac{1}{a}\right)\cos\theta, v=\left(a-\frac{1}{a}\right)\sin\theta$.

7. 证明：映射 $w=\mathrm{e}^{\mathrm{i}z}$ 把互相正交的直线族 $\mathrm{Re}(z)=c_1$ 与 $\mathrm{Im}(z)=c_2$ 依次映射成互相正交的直线族 $v=u\tan c_1$ 与圆族 $u^2+v^2=\mathrm{e}^{-2c_2}$.

8. 证明：映射 $w=(z+\mathrm{i})^2$ 把上半平面 $\mathrm{Im}(z)>0$ 共形映射成抛物线 $v^2=4(u+1)$ 左方的区域.

9. 下列区域在指定的映射下映射成什么区域：

(1) $\mathrm{Re}(z)>0, w=-\mathrm{i}z+\mathrm{i}$；

(2) $\mathrm{Im}(z)>0, w=(2-2\mathrm{i})z$；

(3) $\mathrm{Re}(z)>0, 0<\mathrm{Im}(z)<1, w=\frac{\mathrm{i}}{z}$.

10. 若分式线性映射 $w=\frac{az+b}{cz+d}$ 将上半平面 $\mathrm{Im}(z)>0$ 分别映射成上半平面 $\mathrm{Im}(w)>0$ 与下半平面 $\mathrm{Im}(w)<0$，那么它的系数应满足什么关系？

11. 求将单位圆 $|z|<1$ 映射成圆 $|w-w_0|<1$ 的分式线性映射.

12. 设 $w=\mathrm{e}^{\mathrm{i}\theta}\cdot\frac{z-\alpha}{1-\bar{\alpha}z}$，证明 $\arg w'(\alpha)=\theta$.

13. 求把上半平面 $\mathrm{Im}(z)>0$ 映射成单位圆 $|w|<1$ 的分式线性映 $w=f(z)$ 且满足条件

(1) $f(1+\mathrm{i})=0, f(1)=\mathrm{i}$；

(2) $f(\mathrm{i})=0, \arg f'(\mathrm{i})=\frac{\pi}{2}$.

14. 求把单位圆 $|z|<1$ 映射成单位圆 $|w|<1$ 的分式线性映射 $w=f(z)$，且满足条件

(1) $f\left(\frac{\mathrm{i}}{2}\right)=0, f(1)=-1$；

(2) $f\left(\frac{1}{2}\right)=0, \arg f'\left(\frac{1}{2}\right)=0$；

(3) $f(a)=a, \arg f'(a)=\varphi$.

15. 求一个将右半平面 $\mathrm{Re}(z)>1$ 共形映射为单位圆 $|w|<1$ 的映射.

第 7 章　傅里叶变换

变换是一种常用的数学方法,恰当的变换能将复杂问题转化成简单问题,类似于对数运算能将积商运算转化成加减运算一样,积分变换是一种数学变换,它能将卷积运算变成乘积运算,能将分析运算(如微分、积分运算等)转化成代数运算,从而可将微积分方程转化成代数方程,使求解变得简单,所以积分变换是一种重要的运算工具.

积分变换广泛地应用于电学、力学、热学及信号处理等各种技术领域,它使人们对技术参数不仅能进行时域分析,也能进行频域分析,使得技术分析更加全面、合理.本章介绍傅里叶(Fourier)变换及傅里叶逆变换的概念、性质及其应用.

7.1　傅里叶变换的理论基础与基本性质

一、周期函数傅里叶级数的复指数形式

关于周期函数 $f_T(t)$的傅里叶级数,有如下定理:

定理 7.1.1　设 $f_T(t)$是周期为 T 的周期函数,若 $f_T(t)$满足狄利克雷(Dirichlet)条件,即

(1) 在一个周期内连续或只有有限个第一类间断点;

(2) 在一个周期内至多有有限个极值点,

则在 $f_T(t)$的连续点上,

$$f_T(t)=\frac{a_0}{2}+\sum_{n=1}^{\infty}\left(a_n\cos\frac{2n\pi}{T}t+b_n\sin\frac{2n\pi}{T}t\right). \tag{7.1.1}$$

在 $f_T(t)$的间断点 t 处,式(7.1.1)的右边收敛于

$$\frac{f_T(t-0)+f_T(t+0)}{2}.$$

在式(7.1.1)中,令 $\omega_T=\frac{2\pi}{T}$,则在 $f_T(t)$的连续点上,

$$f_T(t)=\frac{a_0}{2}+\sum_{n=1}^{\infty}(a_n\cos n\omega_T t+b_n\sin n\omega_T t), \tag{7.1.2}$$

其中,

$$a_0=\frac{2}{T}\int_{-T/2}^{T/2}f_T(t)\,\mathrm{d}t, \tag{7.1.3}$$

$$a_n = \frac{2}{T}\int_{-T/2}^{T/2} f_T(t)\cos n\omega_T t\,\mathrm{d}t = a_{-n}, \quad n = 1,2,3,\cdots, \tag{7.1.4}$$

$$b_n = \frac{2}{T}\int_{-T/2}^{T/2} f_T(t)\sin n\omega_T t\,\mathrm{d}t = - b_{-n}, \quad n = 1,2,3,\cdots. \tag{7.1.5}$$

式(7.1.2)被称为 $f_T(t)$的傅里叶级数的三角形式.

根据欧拉(Euler)公式,可得①

$$\cos n\omega_T t = \frac{\mathrm{e}^{\mathrm{j}n\omega_T t} + \mathrm{e}^{-\mathrm{j}n\omega_T t}}{2},$$

$$\sin n\omega_T t = \frac{\mathrm{e}^{\mathrm{j}n\omega_T t} - \mathrm{e}^{-\mathrm{j}n\omega_T t}}{2\mathrm{j}}.$$

代入式(7.1.2)并注意到式(7.1.4),式(7.1.5)中的 $a_n = a_{-n}, b_n = -b_{-n}$,得

$$f_T(t) = \frac{a_0}{2} + \sum_{n=1}^{\infty}\left[\frac{a_n - \mathrm{j}b_n}{2}\mathrm{e}^{\mathrm{j}n\omega_T t} + \frac{a_{-n} - \mathrm{j}b_{-n}}{2}\mathrm{e}^{\mathrm{j}(-n)\omega_T t}\right].$$

令

$$c_0 = \frac{a_0}{2}, c_n = \frac{a_n - \mathrm{j}b_n}{2}, n = \pm 1, \pm 2, \cdots,$$

则

$$f_T(t) = \sum_{n=-\infty}^{\infty} c_n \mathrm{e}^{\mathrm{j}n\omega_T t}. \tag{7.1.6}$$

这就是 $f_T(t)$的傅里叶级数的复指数形式,其中,

$$c_n = \frac{1}{T}\int_{-T/2}^{T/2} f_T(t)[\cos n\omega_T t - \mathrm{j}\sin n\omega_T t]\mathrm{d}t$$

或

$$c_n = \frac{1}{T}\int_{-T/2}^{T/2} f_T(t)\mathrm{e}^{-\mathrm{j}n\omega_T t}\,\mathrm{d}t. \tag{7.1.7}$$

因此,式(7.1.6)还可以写成

$$f_T(t) = \frac{1}{T}\sum_{n=-\infty}^{\infty}\left[\int_{-T/2}^{T/2} f_T(t)\mathrm{e}^{-\mathrm{j}n\omega_T t}\,\mathrm{d}t\right]\mathrm{e}^{\mathrm{j}n\omega_T t}. \tag{7.1.8}$$

二、非周期函数的傅里叶积分公式

对于满足定理 7.1.1 的周期函数,在 $f_T(t)$的连续点上,式(7.1.8)成立,而对于非周期函数,有没有类似的结论呢?为此,寻求非周期函数与周期函数的关系.

---

① 数学中常用"i"表示虚数单位,这里用"j"表示是按照电工学及诸多工程应用叙述的习惯.

设 $f(t)$ 是一非周期函数，根据 $f(t)$ 构造周期函数 $f_T(t)$.

取 $T>0$，当 $t\in\left[-\frac{T}{2},\frac{T}{2}\right)$ 时，取 $f_T(t)=f(t)$，当 $t\notin\left[-\frac{T}{2},\frac{T}{2}\right)$ 时，取 $f_T(t)$ 为将 $\left[-\frac{T}{2},\frac{T}{2}\right)$ 上的 $f(t)$ 进行周期为 T 的周期性延拓而得到的函数(图 7.1)，从而

$$f_T(t)=f(t),t\in\left[-\frac{T}{2},\frac{T}{2}\right),$$

$$f_T(t+T)=f_T(t),t\in(-\infty,+\infty)$$

且

$$\lim_{T\to+\infty}f_T(t)=f(t). \tag{7.1.9}$$

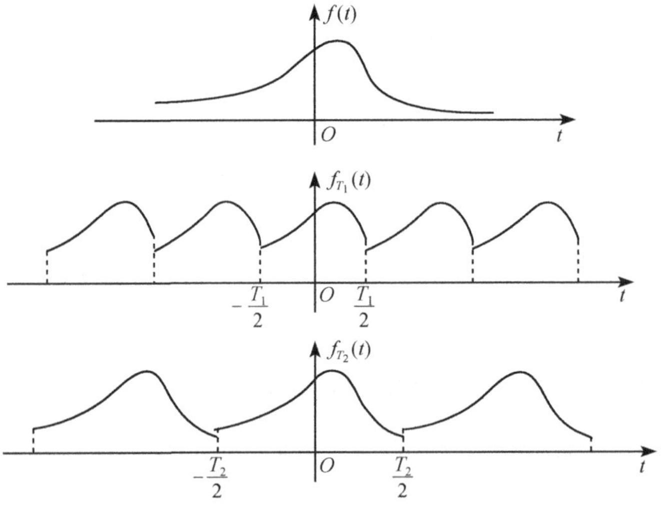

图 7.1　非周期函数与周期函数的关系示意图

称函数 $f_T(t)$ 为与 $f(t)$ 对应的周期函数. 从 $f_T(t)$ 的构造知，任一非周期函数 $f(t)$ 都可根据上述方法构造出与之对应的周期函数 $f_T(t)$，使式(7.1.9)成立. 式(7.1.9)揭示了非周期函数与周期函数间的关系.

若 $f_T(t)$ 满足定理 7.1.1 的条件，则由式(7.1.8)得

$$f_T(t)=\frac{1}{2\pi}\sum_{n=-\infty}^{\infty}\left[\int_{-T/2}^{T/2}f_T(t)\mathrm{e}^{-\mathrm{j}n\omega_T t}\mathrm{d}t\right]\mathrm{e}^{\mathrm{j}n\omega_T t}\frac{2\pi}{T}.$$

令

$$n\omega_T=n\frac{2\pi}{T}=\omega_n,$$

$$\Delta\omega_n=\omega_n-\omega_{n-1}=\frac{2\pi}{T},$$

$$n=0,\pm 1,\pm 2,\cdots,$$

则

$$f_T(t)=\frac{1}{2\pi}\sum_{n=-\infty}^{\infty}\left[\int_{-T/2}^{T/2}f_T(t)\mathrm{e}^{-\mathrm{j}\omega_n t}\mathrm{d}t\right]\mathrm{e}^{\mathrm{j}\omega_n t}\Delta\omega_n. \qquad (7.1.10)$$

因 $\Delta\omega_n=\frac{2\pi}{T}$与 n 无关，所以当 $n=0,\pm1,\pm2,\cdots$时，ω_n 均匀地分布在实数轴上（图 7.2），形成了$(-\infty,+\infty)$上的一个关于 ω 的分划，而式(7.1.10)右端恰为函数

$$\phi(\omega,T,t)=\frac{1}{2\pi}\left[\int_{-T/2}^{T/2}f_T(t)\mathrm{e}^{-\mathrm{j}\omega t}\mathrm{d}t\right]\mathrm{e}^{\mathrm{j}\omega t}$$

相对于上述分划的一个积分和.

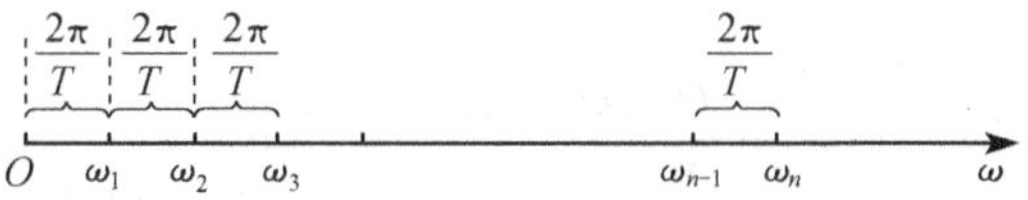

图 7.2 以 $\Delta\omega_n=\frac{2\pi}{T}$为间隔的等距分划

当 $f(t)$在$(-\infty,+\infty)$上绝对可积$\left(即\int_{-\infty}^{+\infty}|f(t)\mathrm{d}t|\ 收敛\right)$时，在式(7.1.10)两侧，令 $T\to+\infty$，则$-\frac{T}{2}\to-\infty$，$\frac{T}{2}\to+\infty$，并注意到 $f_T(t)\to f(t)$，有

$$f(t)=\frac{1}{2\pi}\int_{-\infty}^{+\infty}\left[\int_{-\infty}^{+\infty}f(t)\mathrm{e}^{-\mathrm{j}\omega t}\mathrm{d}t\right]\mathrm{e}^{\mathrm{j}\omega t}\mathrm{d}\omega. \qquad (7.1.11)$$

称此式为非周期函数 $f(t)$的傅里叶积分公式（简称为傅氏积分公式），其右端称为 $f(t)$的傅里叶积分，这个公式的作用如同周期函数展成傅里叶级数一样. 将此结论叙述为下面定理.

定理 7.1.2（傅里叶积分定理） 若定义在$(-\infty,+\infty)$上的函数 $f(t)$满足下列条件：

(1) $f(t)$在任一有限区间上满足 Dirichlet 条件；

(2) $f(t)$在$(-\infty,+\infty)$上绝对可积，即 $\int_{-\infty}^{+\infty}|f(t)|\mathrm{d}t$ 收敛，则在 $f(t)$的连续点上，$f(t)$的傅里叶积分公式成立，即①

$$f(t)=\frac{1}{2\pi}\int_{-\infty}^{+\infty}\left[\int_{-\infty}^{+\infty}f(t)\mathrm{e}^{-\mathrm{j}\omega t}\mathrm{d}t\right]\mathrm{e}^{\mathrm{j}\omega t}\mathrm{d}\omega. \qquad (7.1.12)$$

在 $f(t)$的间断点 t 处，式(7.1.12)右端收敛于$\frac{f(t-0)+f(t+0)}{2}$.

---

① 式中的广义积分都是在主值意义下的，是指$\int_{-\infty}^{+\infty}f(x)\mathrm{d}x=\lim\limits_{N\to+\infty}\int_{-N}^{+N}f(x)\mathrm{d}x$.

这个定理前面的推导实际上是一个大概的说明，其目的在于使读者对傅里叶积分公式的正确性有个直观的认识，而严格的证明要用到较多的基础理论，这里从略.

由欧拉公式 $e^{jz}=\cos z+j\sin z$（z 为任意复数），则有

$$\begin{aligned}&\frac{1}{2\pi}\int_{-\infty}^{+\infty}\left[\int_{-\infty}^{+\infty}f(\tau)e^{-j\omega\tau}d\tau\right]e^{j\omega t}d\omega\\&=\frac{1}{2\pi}\int_{-\infty}^{+\infty}\left[\int_{-\infty}^{+\infty}f(\tau)e^{-j\omega(\tau-t)}d\tau\right]d\omega\\&=\frac{1}{2\pi}\int_{-\infty}^{+\infty}\left[\int_{-\infty}^{+\infty}f(\tau)\cos\omega(\tau-t)d\tau\right]d\omega-\frac{j}{2\pi}\int_{-\infty}^{+\infty}\left[\int_{-\infty}^{+\infty}f(\tau)\sin\omega(\tau-t)d\tau\right]d\omega,\end{aligned}$$

其中，第二项是 ω 的奇函数对 ω 在对称区间上的积分，其值为 0，所以 $f(t)$ 的傅里叶积分公式的三角形式为

$$\begin{aligned}&\frac{1}{2\pi}\int_{-\infty}^{+\infty}\left[\int_{-\infty}^{+\infty}f(\tau)\cos\omega(\tau-t)d\tau\right]d\omega\\&=\begin{cases}f(t), & \text{在 } f(t) \text{ 的连续点处},\\ \dfrac{f(t-0)+f(t+0)}{2}, & \text{在 } f(t) \text{ 的间断点处}.\end{cases}\end{aligned}\tag{7.1.13}$$

三、傅里叶变换及傅里叶逆变换

定义 7.1.1　设 $f(t)$满足傅里叶积分定理中的条件，则在 $f(t)$的傅里叶积分公式(7.1.12)中，称

$$F(\omega)=\int_{-\infty}^{+\infty}f(t)e^{-j\omega t}dt\tag{7.1.14}$$

为函数 $f(t)$的**傅里叶变换**，简称为**傅里叶变换**. 记作 $\mathscr{F}[f(t)]$.

称

$$f(t)=\frac{1}{2\pi}\int_{-\infty}^{+\infty}F(\omega)e^{j\omega t}d\omega\tag{7.1.15}$$

为函数 $F(\omega)$的**傅里叶逆变换**. 记作 $\mathscr{F}^{-1}[F(\omega)]$.

还称 $F(\omega)$为 $f(t)$的**像函数**，称 $f(t)$为 $F(\omega)$的**像原函数**，称傅里叶逆变换公式(7.1.15)为傅里叶变换的反演公式，公式(7.1.15)右边的表达式为 $f(t)$的积分表达式.

例 7.1.1　求函数$\dfrac{\sin at}{t}$的傅里叶变换，其中 $a>0$ 为常数.

解

$$\mathscr{F}\left[\frac{\sin at}{t}\right]=\int_{-\infty}^{+\infty}\frac{\sin at}{t}e^{-j\omega t}dt=\int_{0}^{+\infty}\frac{1}{t}[\sin(a+\omega)t+\sin(a-\omega)t]dt.$$

由 Dirichlet 积分$\int_0^{+\infty}\frac{\sin\omega}{\omega}\mathrm{d}\omega=\frac{\pi}{2}$，得$\int_0^{+\infty}\frac{\sin at}{t}\mathrm{d}t=\frac{\pi}{2}\mathrm{sgn}a$，其中，

$$\mathrm{sgn}a=\begin{cases}1, & a>0,\\ 0, & a=0,\\ -1, & a<0.\end{cases}$$

则

$$\mathscr{F}\left[\frac{\sin at}{t}\right]=\mathrm{sgn}(a+\omega)\cdot\frac{\pi}{2}+\mathrm{sgn}(a-\omega)\cdot\frac{\pi}{2}=\begin{cases}\pi, & |\omega|<a,\\ \frac{\pi}{2}, & |\omega|=a,\\ 0, & |\omega|>a.\end{cases}$$

例 7.1.2 设单个方脉冲函数(图 7.3)

$$f(t)=\begin{cases}0, & |t|\geqslant\frac{\tau}{2},\\ E, & |t|<\frac{\tau}{2}.\end{cases}$$

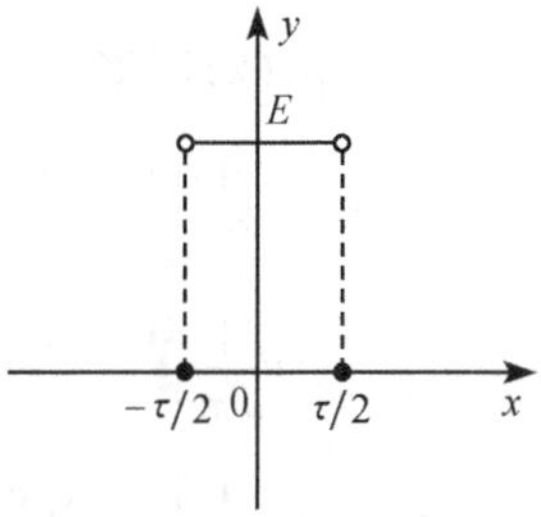

图 7.3 单个方脉冲函数

求

(1) $f(t)$的傅里叶变换；

(2) $f(t)$的积分表达式.

解 (1) $F(\omega)=\mathscr{F}[f(t)]$

$$=\int_{-\infty}^{+\infty}f(t)\mathrm{e}^{-\mathrm{j}\omega t}\mathrm{d}t=\int_{-\tau/2}^{\tau/2}E\mathrm{e}^{-\mathrm{j}\omega t}\mathrm{d}t$$

$$=E\frac{-\mathrm{e}^{-\mathrm{j}\omega t}}{\mathrm{j}\omega}\Bigg|_{-\tau/2}^{\tau/2}=\frac{2E\sin\frac{\omega\tau}{2}}{\omega}.$$

(2) $f(t)$的积分表达式为

$$f(t)=\frac{1}{2\pi}\int_{-\infty}^{+\infty}F(\omega)\mathrm{e}^{\mathrm{j}\omega t}\mathrm{d}\omega=\frac{E}{\pi}\int_{-\infty}^{+\infty}\frac{\sin\frac{\omega\tau}{2}}{\omega}\mathrm{d}\omega,\quad t\neq\pm\frac{\tau}{2}.$$

例 7.1.3 对指数衰减函数 $f(t)=\begin{cases}0, & t<0,\\ \mathrm{e}^{-\beta t}, & t\geqslant 0,\end{cases}$ $\beta>0$，为常数，求

(1) $f(t)$的傅里叶变换；

(2) $f(t)$的积分表达式；

(3) 证明含参变量的广义积分

$$\int_0^{+\infty}\frac{\beta\cos\omega t+\omega\sin\omega t}{\beta^2+\omega^2}\mathrm{d}\omega=\begin{cases}0, & t<0,\\ \frac{\pi}{2}, & t=0,\\ \pi\mathrm{e}^{-\beta t}, & t>0.\end{cases}$$

解　(1)
$$F(\omega)=\int_{-\infty}^{+\infty}f(t)\mathrm{e}^{-\mathrm{j}\omega t}\mathrm{d}t=\int_{0}^{+\infty}\mathrm{e}^{-\beta t}\mathrm{e}^{-\mathrm{j}\omega t}\mathrm{d}t$$
$$=-\frac{1}{\beta+\mathrm{j}\omega}\mathrm{e}^{-(\beta+\mathrm{j}\omega)}\Big|_{0}^{+\infty}=\frac{1}{\beta+\mathrm{j}\omega}=\frac{\beta-\mathrm{j}\omega}{\beta^2+\omega^2}.$$

(2)
$$f(t)=\mathscr{F}^{-1}[F(\omega)]=\frac{1}{2\pi}\int_{-\infty}^{+\infty}F(\omega)\mathrm{e}^{\mathrm{j}\omega t}\mathrm{d}\omega$$
$$=\frac{1}{2\pi}\int_{-\infty}^{+\infty}\frac{\beta-\mathrm{j}\omega}{\beta^2+\omega^2}\mathrm{e}^{\mathrm{j}\omega t}\mathrm{d}\omega,$$

$f(t)$的积分表达式为

$$f(t)=\frac{1}{2\pi}\int_{-\infty}^{+\infty}\frac{\beta-\mathrm{j}\omega}{\beta^2+\omega^2}\mathrm{e}^{\mathrm{j}\omega t}\mathrm{d}\omega,\quad t\neq 0.$$

(3) 由(2)可得

$$\begin{aligned}
&\frac{1}{2\pi}\int_{-\infty}^{+\infty}\frac{\beta-\mathrm{j}\omega}{\beta^2+\omega^2}\mathrm{e}^{\mathrm{j}\omega t}\mathrm{d}\omega\\
&=\frac{1}{2\pi}\int_{-\infty}^{+\infty}\frac{(\beta-\mathrm{j}\omega)(\cos\omega t+\mathrm{j}\sin\omega t)}{\beta^2+\omega^2}\mathrm{d}\omega\\
&=\frac{1}{2\pi}\int_{-\infty}^{+\infty}\frac{(\beta\cos\omega t+\omega\sin\omega t)}{\beta^2+\omega^2}\mathrm{d}\omega+\frac{\mathrm{j}}{2\pi}\int_{-\infty}^{+\infty}\frac{(\beta\sin\omega t-\omega\cos\omega t)}{\beta^2+\omega^2}\mathrm{d}\omega\\
&=\begin{cases}f(t), & t\neq 0,\\ \dfrac{f(0-0)+f(0+0)}{2}, & t=0,\end{cases}\\
&=\begin{cases}0, & t<0,\\ \dfrac{1}{2}, & t=0,\\ \mathrm{e}^{-\beta t}, & t>0.\end{cases}
\end{aligned}$$

上述两个在$(-\infty,+\infty)$上的积分中,第一项被积函数是ω的偶函数,第二项被积函数是ω的奇函数.于是有

$$\frac{1}{\pi}\int_{0}^{+\infty}\frac{(\beta\cos\omega t+\omega\sin\omega t)}{\beta^2+\omega^2}\mathrm{d}\omega=\begin{cases}0, & t<0,\\ \dfrac{1}{2}, & t=0,\\ \mathrm{e}^{-\beta t}, & t>0.\end{cases}$$

因此,得到

$$\int_{0}^{+\infty}\frac{(\beta\cos\omega t+\omega\sin\omega t)}{\beta^2+\omega^2}\mathrm{d}\omega=\begin{cases}0, & t<0,\\ \dfrac{\pi}{2}, & t=0,\\ \pi\mathrm{e}^{-\beta t}, & t>0.\end{cases}$$

例 7.1.4 工程技术中,常用到钟形脉冲函数 $f(t)=A\mathrm{e}^{-\beta t^2}$,其中 $A,\beta>0$.

(1) 求 $\mathscr{F}[f(t)]$及 $f(t)$的积分表达式;

(2) 证明含参变量 t 的广义积分 $\int_0^{+\infty}\mathrm{e}^{-\frac{\omega^2}{4\beta}}\cos\omega t\,\mathrm{d}\omega=\sqrt{\beta\pi}\mathrm{e}^{-\beta t^2}$.

解 (1) 由式(7.1.14)

$$\mathscr{F}[f(t)]=F(\omega)=\int_{-\infty}^{+\infty}f(t)\mathrm{e}^{-\mathrm{j}\omega t}\mathrm{d}t=\int_{-\infty}^{+\infty}A\mathrm{e}^{-\beta\left(t^2+\frac{\mathrm{j}\omega}{\beta}t\right)}\mathrm{d}t$$
$$=A\mathrm{e}^{-\frac{\omega^2}{4\beta}}\int_{-\infty}^{+\infty}\mathrm{e}^{-\beta\left(t+\frac{\mathrm{j}\omega}{2\beta}\right)^2}\mathrm{d}t.$$

令 $z=t+\mathrm{j}\,\dfrac{\omega}{2\beta}$,则

$$\int_{-\infty}^{+\infty}\mathrm{e}^{-\beta\left(t+\frac{\mathrm{j}\omega}{2\beta}\right)^2}\mathrm{d}t=\int_{-\infty+\frac{\mathrm{j}\omega}{2\beta}}^{+\infty+\frac{\mathrm{j}\omega}{2\beta}}\mathrm{e}^{-\beta z^2}\mathrm{d}z=\lim_{R\to+\infty}\int_{-R+\frac{\mathrm{j}\omega}{2\beta}}^{R+\frac{\mathrm{j}\omega}{2\beta}}\mathrm{e}^{-\beta z^2}\mathrm{d}z=\lim_{R\to+\infty}\int_{DC}\mathrm{e}^{-\beta z^2}\mathrm{d}z.$$

如图 7.4,因 $\mathrm{e}^{-\beta z^2}$ 在复平面上处处解析,由柯西积分定理知 $\oint_{ABCDA}\mathrm{e}^{-\beta z^2}\mathrm{d}z=0$. 于是

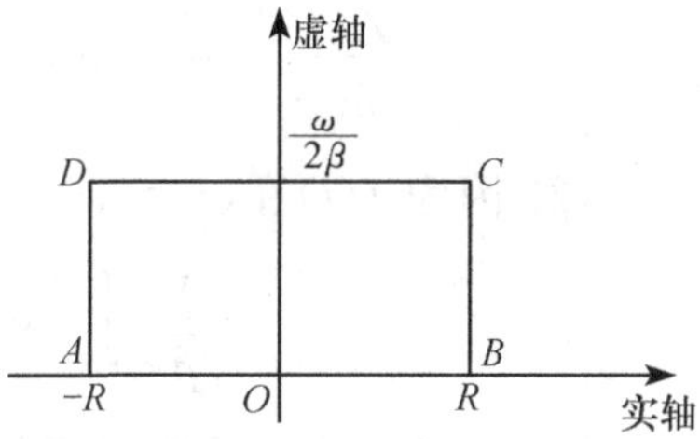

图 7.4

$$\int_{DC}\mathrm{e}^{-\beta z^2}\mathrm{d}z=\int_{AB}\mathrm{e}^{-\beta z^2}\mathrm{d}z+\int_{BC}\mathrm{e}^{-\beta z^2}\mathrm{d}z+\int_{DA}\mathrm{e}^{-\beta z^2}\mathrm{d}z,$$

$$\lim_{R\to+\infty}\int_{DC}\mathrm{e}^{-\beta z^2}\mathrm{d}z=\lim_{R\to+\infty}\left(\int_{AB}\mathrm{e}^{-\beta z^2}\mathrm{d}z+\int_{BC}\mathrm{e}^{-\beta z^2}\mathrm{d}z+\int_{DA}\mathrm{e}^{-\beta z^2}\mathrm{d}z\right),$$

而

$$\int_{AB}\mathrm{e}^{-\beta z^2}\mathrm{d}z=\int_{-R}^{R}\mathrm{e}^{-\beta t^2}\mathrm{d}t=\frac{2}{\sqrt{\beta}}\int_0^R\mathrm{e}^{-(\sqrt{\beta}t)^2}\mathrm{d}(\sqrt{\beta}t)=\frac{2}{\sqrt{\beta}}\int_0^{\sqrt{\beta}R}\mathrm{e}^{-u^2}\mathrm{d}u,\quad u=\sqrt{\beta}t.$$

由于 $\int_0^{+\infty}\mathrm{e}^{-u^2}\mathrm{d}u=\dfrac{\sqrt{\pi}}{2}$,因此

$$\lim_{R\to+\infty}\int_{AB}\mathrm{e}^{-\beta z^2}\mathrm{d}z=\lim_{R\to+\infty}\frac{2}{\sqrt{\beta}}\int_0^{\sqrt{\beta}R}\mathrm{e}^{-u^2}\mathrm{d}u=\frac{2}{\sqrt{\beta}}\int_0^{+\infty}\mathrm{e}^{-u^2}\mathrm{d}u=\frac{2}{\sqrt{\beta}}\cdot\frac{\sqrt{\pi}}{2}=\sqrt{\frac{\pi}{\beta}},$$

$$\left|\int_{BC}\mathrm{e}^{-\beta z^2}\mathrm{d}z\right|=\left|\int_R^{R+\frac{\mathrm{j}\omega}{2\beta}}\mathrm{e}^{-\beta z^2}\mathrm{d}z\right|=\left|\int_0^{\frac{\omega}{2\beta}}\mathrm{e}^{-\beta(R+\mathrm{j}u)^2}\mathrm{d}(R+\mathrm{j}u)\right|\quad(z=R+\mathrm{j}u)$$
$$\leqslant\mathrm{e}^{-\beta R^2}\int_0^{\frac{\omega}{2\beta}}\left|\mathrm{e}^{\beta u^2-2R\beta u\mathrm{j}}\right|\mathrm{d}u=\mathrm{e}^{-\beta R^2}\int_0^{\frac{\omega}{2\beta}}\mathrm{e}^{\beta u^2}\mathrm{d}u.$$

因为积分 $\int_0^{\frac{\omega}{2\beta}}\mathrm{e}^{\beta u^2}\mathrm{d}u$ 存在,$R\to+\infty$时 $\mathrm{e}^{-\beta R^2}\to0$,从而

$$\lim_{R\to+\infty}\left|\int_{BC}e^{-\beta z^2}\mathrm{d}z\right|=0,\quad \lim_{R\to+\infty}\int_{BC}e^{-\beta z^2}\mathrm{d}z=0.$$

同理，$\lim\limits_{R\to+\infty}\left|\int_{DA}e^{-\beta z^2}\mathrm{d}z\right|=0$，$\lim\limits_{R\to+\infty}\int_{DA}e^{-\beta z^2}\mathrm{d}z=0$．由此可知

$$\lim_{R\to+\infty}\int_{DC}e^{-\beta z^2}\mathrm{d}z=\sqrt{\frac{\pi}{\beta}}.$$

因此钟形脉冲函数的傅里叶变换为

$$F(\omega)=A\sqrt{\frac{\pi}{\beta}}e^{-\frac{\omega^2}{4\beta}}.$$

$f(t)$的积分表达式为

$$\begin{aligned}f(t)&=\frac{1}{2\pi}\int_{-\infty}^{+\infty}A\sqrt{\frac{\pi}{\beta}}e^{-\frac{\omega^2}{4\beta}}e^{\mathrm{j}\omega t}\mathrm{d}\omega=\frac{1}{2\pi}A\sqrt{\frac{\pi}{\beta}}\int_{-\infty}^{+\infty}e^{-\frac{\omega^2}{4\beta}}(\cos\omega t+\mathrm{j}\sin\omega t)\mathrm{d}\omega\\&=\frac{A}{\sqrt{\beta\pi}}\int_0^{+\infty}e^{-\frac{\omega^2}{4\beta}}\cos\omega t\,\mathrm{d}\omega.\end{aligned}$$

(2) 因为 $f(t)$在$(-\infty,+\infty)$上连续，所以有

$$\frac{A}{\sqrt{\beta\pi}}\int_0^{+\infty}e^{-\frac{\omega^2}{4\beta}}\cos\omega t\,\mathrm{d}\omega=f(t)=Ae^{-\beta t^2},$$

由此得到一个含参变量广义积分的结果

$$\int_0^{+\infty}e^{-\frac{\omega^2}{4\beta}}\cos\omega t\,\mathrm{d}\omega=\sqrt{\pi\beta}e^{-\beta t^2},\quad t\in(-\infty,+\infty).$$

四、傅里叶变换的性质

下面介绍傅里叶变换的性质. 为了叙述方便，假设在以下各性质及证明中，凡进行傅里叶变换的函数都满足傅里叶积分定理的条件，且 $F(\omega)=\mathscr{F}[f(t)]$，$F_i(\omega)=\mathscr{F}[f_i(t)]$，$i=1,2,\cdots,n$.

1. 线性性质

傅里叶变换与傅里叶逆变换都具有线性性质，即

$$\begin{aligned}\mathscr{F}[\alpha f_1(t)+\beta f_2(t)]&=\alpha\mathscr{F}[f_1(t)]+\beta\mathscr{F}[f_2(t)]\\&=\alpha F_1(\omega)+\beta F_2(\omega),\end{aligned}\tag{7.1.16}$$

$$\begin{aligned}\mathscr{F}^{-1}[\alpha F_1(\omega)+\beta F_2(\omega)]&=\alpha\mathscr{F}^{-1}[F_1(\omega)]+\beta\mathscr{F}^{-1}[F_2(\omega)]\\&=\alpha f_1(t)+\beta f_2(t),\end{aligned}\tag{7.1.17}$$

其中，α，β是任意常数.

这个性质的正确性是易见的,可由傅里叶变换、傅里叶逆变换的定义及积分的线性性质直接推得.它表明,线性组合的傅里叶变换(或傅里叶逆变换)等于傅里叶变换(或傅里叶逆变换)的线性组合.

2. 位移性质

(1) 像原函数的位移性质

$$\mathscr{F}[f(t-b)] = e^{-j\omega b}\mathscr{F}[f(t)] = e^{-j\omega b}F(\omega). \tag{7.1.18}$$

(2) 像函数的位移性质

$$F(\omega-\omega_0) = \mathscr{F}[e^{j\omega_0 t}f(t)], \tag{7.1.19}$$

其中,b,ω_0 是任意常数.

事实上,

$$\begin{aligned}\mathscr{F}[f(t-b)] &= \int_{-\infty}^{+\infty} f(t-b)e^{-j\omega t}\,dt \quad (\text{令 } u=t-b)\\ &= \int_{-\infty}^{+\infty} f(u)e^{-j\omega(u+b)}\,du = e^{-j\omega b}\int_{-\infty}^{+\infty} f(u)e^{-j\omega u}\,du\\ &= e^{-j\omega b}\mathscr{F}[f(t)].\end{aligned}$$

类似地可证明式(7.1.19)的正确性.

这个性质表明:平移函数 $f(t-b)$ 的像函数可通过未平移函数 $f(t)$ 的像函数 $F(\omega)$ 乘以因子 $e^{-j\omega b}$ 表示出来;平移函数 $F(\omega-\omega_0)$ 的原像可通过未平移函数 $F(\omega)$ 的像原函数 $f(t)$ 乘以 $e^{j\omega_0 t}$ 表示出来.

例 7.1.5 求矩形单脉冲函数 $f(t)=\begin{cases}E, & 0<t<\tau,\\ 0, & \text{其他}\end{cases}$ 的傅里叶变换.

解 由例 7.1.2 知,当 $f_1(t)=\begin{cases}E, & |t|<\dfrac{\tau}{2},\\ 0, & |t|\geqslant\dfrac{\tau}{2}\end{cases}$ 时,

$$\mathscr{F}[f_1(t)] = F_1(\omega) = \frac{2E\sin\dfrac{\omega\tau}{2}}{\omega},$$

而 $f(t)=f_1\left(t-\dfrac{\tau}{2}\right)$,所以 $F(\omega)=\mathscr{F}[f(t)]=\mathscr{F}\left[f_1\left(t-\dfrac{\tau}{2}\right)\right]=2E\dfrac{\sin\dfrac{\omega\tau}{2}}{\omega}e^{-j\omega\frac{\tau}{2}}$.

3. 相似性质

$$\mathscr{F}[f(at)] = \frac{1}{|a|}F\left(\frac{\omega}{a}\right), \quad a\neq 0 \text{ 为常数}. \tag{7.1.20}$$

证　$a>0$ 时，$\mathscr{F}[f(at)]=\frac{1}{a}\int_{-\infty}^{+\infty}f(u)\mathrm{e}^{-\mathrm{j}\frac{\omega}{a}u}\mathrm{d}u=\frac{1}{|a|}F\left(\frac{\omega}{a}\right)$，其中令 $at=u$.

$a<0$ 时，$\mathscr{F}[f(at)]=\frac{1}{-a}\int_{-\infty}^{+\infty}f(u)\mathrm{e}^{-\mathrm{j}\frac{\omega}{a}u}\mathrm{d}u=\frac{1}{|a|}F\left(\frac{\omega}{a}\right)$，　其中令 $at=u$.

故有 $\mathscr{F}[f(at)]=\frac{1}{|a|}F\left(\frac{\omega}{a}\right)$.

这个性质在几何上表现出缩放变化. 当 $a>1$ 时，$f(at)$ 相对 $f(t)$ 缩窄；而其傅里叶变换 $\mathscr{F}[f(at)]$ 相对于 $\mathscr{F}[f(t)]$ 放宽、变低；当 $0<a<1$ 时，$f(at)$ 相对于 $f(t)$ 放宽；而 $\mathscr{F}[f(at)]$ 相对 $\mathscr{F}[f(t)]$ 缩窄、变高. 故亦常称此性质为缩放性质.

特别地，当 $a=-1$ 时，

$$\mathscr{F}[f(-t)]=F(-\omega)=\overline{F(\omega)},\tag{7.1.21}$$

即 $\mathscr{F}[f(-t)]$ 与 $F(\omega)$ 在几何上关于实轴对称. 所以，亦称傅里叶变换具有翻转特性.

4. 对称性质

若 $F(\omega)=\mathscr{F}[f(t)]$，则

$$\mathscr{F}[F(\pm t)]=2\pi f(\mp\omega).\tag{7.1.22}$$

证　因 $F(\omega)=\mathscr{F}[f(t)]$，则

$$\begin{aligned}f(t)=\mathscr{F}^{-1}[F(\omega)]&=\frac{1}{2\pi}\int_{-\infty}^{+\infty}F(\omega)\mathrm{e}^{\mathrm{j}\omega t}\mathrm{d}\omega\\&=\frac{1}{2\pi}\int_{-\infty}^{+\infty}F(v)\mathrm{e}^{\mathrm{j}vt}\mathrm{d}v,\end{aligned}$$

令 $t=-\omega$，则

$$f(-\omega)=\frac{1}{2\pi}\int_{-\infty}^{+\infty}F(v)\mathrm{e}^{-\mathrm{j}v\omega}\mathrm{d}v=\frac{1}{2\pi}\mathscr{F}[F(t)],$$

有 $\mathscr{F}[F(t)]=2\pi f(-\omega)$.

同理可证，$\mathscr{F}[F(-t)]=2\pi f(\omega)$.

特别地，当 $f(t)$ 为偶函数时，式(7.1.22)为

$$\mathscr{F}[F(t)]=2\pi f(\omega).\tag{7.1.23}$$

式(7.1.22)，式(7.1.23)表明，当 $f(t)$ 与 $F(\omega)$ 为一对傅里叶变换对时，$f(t)$ 与 $F(\omega)$ 在一定程度上具有对称性，尤其当 $f(t)$ 为偶函数时，这种对称性更为明显.

例 7.1.6　利用傅里叶变换的对称性质证明 Dirichlet 积分

$$\int_0^{+\infty}\frac{\sin t}{t}\mathrm{d}t=\frac{\pi}{2}.$$

证 由例 7.1.2 知，当 $f(t)=\begin{cases}E, & |t|<\dfrac{\tau}{2},\\ 0, & |t|\geqslant\dfrac{\tau}{2}\end{cases}$ $(\tau>0)$时，

$$F(\omega)=\frac{2E}{\omega}\sin\frac{\omega\tau}{2}.$$

又因 $f(t)$为偶函数，由对称性质知

$$\mathscr{F}[F(t)]=\int_{-\infty}^{+\infty}\frac{2E}{t}\sin\frac{t\tau}{2}\mathrm{e}^{-\mathrm{j}\omega t}\mathrm{d}t=2\pi f(\omega).$$

当$|\omega|<\dfrac{\tau}{2}$时，$4E\displaystyle\int_0^{+\infty}\frac{\sin\dfrac{t\tau}{2}\cos\omega t}{t}\mathrm{d}t=2\pi E$，有$\displaystyle\int_0^{+\infty}\frac{\sin\dfrac{\tau t}{2}\cos\omega t}{t}\mathrm{d}t=\frac{\pi}{2}$.

取 $\omega=0,\tau=2$ 即得

$$\int_0^{+\infty}\frac{\sin t}{t}\mathrm{d}t=\frac{\pi}{2}.$$

5. 微分性质

(1) 像原函数的微分性质：

$$\mathscr{F}[f'(t)]=\mathrm{j}\omega\mathscr{F}[f(t)]=\mathrm{j}\omega F(\omega). \tag{7.1.24}$$

更一般地，有

$$\mathscr{F}[f^{(n)}(t)]=(\mathrm{j}\omega)^n\mathscr{F}[f(t)]=(\mathrm{j}\omega)^nF(\omega),\quad n=1,2,\cdots.$$

(2) 像函数的微分性质：

$$F'(\omega)=\mathscr{F}[-\mathrm{j}tf(t)]. \tag{7.1.25}$$

更一般地，有

$$F^{(n)}(\omega)=\mathscr{F}[(-\mathrm{j}t)^nf(t)],\quad n=1,2,\cdots.$$

证 (1) 因为 $f(t)$满足傅里叶积分定理条件，所以$\displaystyle\int_{-\infty}^{+\infty}|f(t)|\mathrm{d}t<+\infty$. 于是$\lim\limits_{t\to\infty}f(t)=0$.

$$\begin{aligned}\mathscr{F}[f'(t)]&=\int_{-\infty}^{+\infty}f'(t)\mathrm{e}^{-\mathrm{j}\omega t}\mathrm{d}t=\int_{-\infty}^{+\infty}\mathrm{e}^{-\mathrm{j}\omega t}\mathrm{d}f(t)\\&=[f(t)\mathrm{e}^{-\mathrm{j}\omega t}]_{-\infty}^{+\infty}+\mathrm{j}\omega\int_{-\infty}^{+\infty}f(t)\mathrm{e}^{-\mathrm{j}\omega t}\mathrm{d}t\\&=\mathrm{j}\omega F(\omega),\end{aligned}$$

用数学归纳法可证 $\mathscr{F}[f^{(n)}(t)]=(\mathrm{j}\omega)^n\mathscr{F}[f(t)]=(\mathrm{j}\omega)^nF(\omega)$.

$$(2)\ F'(\omega)=\frac{\mathrm{d}}{\mathrm{d}\omega}\int_{-\infty}^{+\infty}f(t)\mathrm{e}^{-\mathrm{j}\omega t}\mathrm{d}t=\int_{-\infty}^{+\infty}\frac{\mathrm{d}}{\mathrm{d}\omega}[f(t)\mathrm{e}^{-\mathrm{j}\omega t}]\mathrm{d}t$$

$$=\int_{-\infty}^{+\infty}[-\mathrm{j}tf(t)]\mathrm{e}^{-\mathrm{j}\omega t}\mathrm{d}t=\mathscr{F}[-\mathrm{j}tf(t)].$$

运用数学归纳法可证 $F^{(n)}(\omega)=\mathscr{F}[(-\mathrm{j}t)^nf(t)],n=1,2,\cdots$.

在求 $F'(\omega)$的过程中,交换了积分运算与微分运算的次序,这是需要一定条件的. 在这里特别指出,对 n 阶导数,再附加条件 $\int_{-\infty}^{+\infty}|t^nf(t)|\mathrm{d}t<+\infty(n=1,2,\cdots)$,上述运算次序就可以交换了.

6. 积分性质

设 $g(t)=\int_{-\infty}^{t}f(t)\mathrm{d}t$ 且 $t\to+\infty$ 时,$g(t)\to0$. 则

$$\mathscr{F}[g(t)]=\mathscr{F}\left[\int_{-\infty}^{t}f(t)\mathrm{d}t\right]=\frac{1}{\mathrm{j}\omega}\mathscr{F}[f(t)]=\frac{1}{\mathrm{j}\omega}F(\omega).\tag{7.1.26}$$

更一般地,若 $\lim\limits_{t\to+\infty}\underbrace{\int_{-\infty}^{t}\int_{-\infty}^{t}\cdots\int_{-\infty}^{t}}_{k\text{次}}f(t)\mathrm{d}t\mathrm{d}t\cdots\mathrm{d}t=0$,$k=1,2,\cdots,n$,则

$$\mathscr{F}\left[\underbrace{\int_{-\infty}^{t}\int_{-\infty}^{t}\cdots\int_{-\infty}^{t}}_{n\text{次}}f(t)\mathrm{d}t\mathrm{d}t\cdots\mathrm{d}t\right]=\frac{1}{(\mathrm{j}\omega)^n}F(\omega),\quad n=1,2,\cdots.\tag{7.1.27}$$

证　因 $g'(t)=f(t)$,所以

$$\mathscr{F}[g'(t)]=\mathrm{j}\omega\mathscr{F}[g(t)]=\mathscr{F}[f(t)]=F(\omega).$$

故

$$\mathscr{F}[g(t)]=\frac{1}{\mathrm{j}\omega}\mathscr{F}[f(t)]=\frac{1}{\mathrm{j}\omega}F(\omega),$$

即

$$\mathscr{F}\left[\int_{-\infty}^{t}f(t)\mathrm{d}t\right]=\frac{1}{\mathrm{j}\omega}F(\omega).$$

运用数学归纳法可证式(7.1.27)成立.

例 7.1.7　求解微分方程 $3x'(t)+4x(t)=f(t),f(t)=\begin{cases}0, & t<0,\\ \mathrm{e}^{-3t}, & t\geqslant0.\end{cases}$

解　设 $\mathscr{F}[x(t)]=X(\omega)$,对方程两边同时进行傅里叶变换得

$$(3\mathrm{j}\omega+4)X(\omega)=\frac{1}{3+\mathrm{j}\omega},$$

$$X(\omega)=\frac{1}{(3+\mathrm{j}\omega)(4+3\mathrm{j}\omega)}=\frac{1}{5}\left(\frac{1}{4/3+\mathrm{j}\omega}-\frac{1}{3+\mathrm{j}\omega}\right),$$

而

$$\mathscr{F}^{-1}\left[\frac{1}{4/3+\mathrm{j}\omega}\right]=\begin{cases}0, & t<0,\\ \dfrac{1}{2}, & t=0,\\ \mathrm{e}^{-\frac{4}{3}t} & t>0,\end{cases}\quad \mathscr{F}^{-1}\left[\frac{1}{3+\mathrm{j}\omega}\right]=\begin{cases}0, & t<0,\\ \dfrac{1}{2}, & t=0,\\ \mathrm{e}^{-3t}, & t>0,\end{cases}$$

得

$$x(t)=\mathscr{F}^{-1}[X(\omega)]=\begin{cases}\dfrac{1}{5}(\mathrm{e}^{-\frac{4}{3}t}-\mathrm{e}^{-3t}), & t\geqslant 0,\\ 0, & t<0.\end{cases}$$

例 7.1.8* 求解微分积分方程

$$x'(t)-4\int_{-\infty}^{t}x(t)\,\mathrm{d}t=\mathrm{e}^{-|t|},$$

其中，$-\infty<t<+\infty$.

解 设 $\mathscr{F}[x(t)]=X(\omega)$，方程两边同时取傅里叶变换得

$$\mathrm{j}\omega X(\omega)-\frac{4}{\mathrm{j}\omega}X(\omega)=\mathscr{F}[\mathrm{e}^{-|t|}].$$

而

$$\mathscr{F}[\mathrm{e}^{-|t|}]=\int_{-\infty}^{+\infty}\mathrm{e}^{-|t|}\mathrm{e}^{-\mathrm{j}\omega t}\,\mathrm{d}t=\int_{-\infty}^{0}\mathrm{e}^{(1-\mathrm{j}\omega)t}\,\mathrm{d}t+\int_{0}^{+\infty}\mathrm{e}^{-(1+\mathrm{j}\omega)t}\,\mathrm{d}t=\frac{2}{1+\omega^2},$$

解得

$$X(\omega)=\frac{-2\mathrm{j}\omega}{(\omega^2+1)(\omega^2+4)},$$

$$x(t)=\mathscr{F}^{-1}[X(\omega)]=\frac{1}{2\pi}\int_{-\infty}^{+\infty}\frac{-2\mathrm{j}\omega}{(\omega^2+1)(\omega^2+4)}\mathrm{e}^{\mathrm{j}\omega t}\,\mathrm{d}\omega$$

$$=-\frac{\mathrm{j}}{\pi}\int_{-\infty}^{+\infty}\frac{\omega\,\mathrm{e}^{\mathrm{j}\omega t}}{(\omega^2+1)(\omega^2+4)}\mathrm{d}\omega.$$

记 $\dfrac{\omega\,\mathrm{e}^{\mathrm{j}\omega t}}{(\omega^2+1)(\omega^2+4)}=g(\omega)$.

当 $t>0$ 时，用留数计算法

$$x(t)=2\pi j\cdot\left(-\frac{1}{\pi}j\right)\{\mathrm{Res}[g(z),i]+\mathrm{Res}[g(z),2i]\}=\frac{1}{3}(e^{-t}-e^{-2t});$$

当 $t<0$ 时，令 $\omega=-\tau, h(\tau)=\dfrac{\tau e^{i(-t)\tau}}{(\tau^2+1)(\tau^2+4)}$，

$$x(t)=\frac{j}{\pi}\int_{-\infty}^{+\infty}h(\tau)d\tau=2\pi j\cdot\frac{1}{\pi}j\{\mathrm{Res}[h(z),i]+\mathrm{Res}[h(z),2i]\}$$

$$=-2\left(\frac{e^t}{6}-\frac{e^{2t}}{6}\right)=\frac{1}{3}(e^{2t}-e^t).$$

当 $t=0$ 时，$x(t)=-\dfrac{1}{\pi}j\displaystyle\int_{-\infty}^{+\infty}\frac{\omega}{(\omega^2+1)(\omega^2+4)}d\omega.$

因被积函数 $\dfrac{\omega}{(\omega^2+1)(\omega^2+4)}$ 为 ω 的奇函数，积分区间对称，所以上述积分为零，得 $x(t)=0$. 所以

$$x(t)=\begin{cases}\dfrac{1}{3}(e^{2t}-e^t), & t<0,\\ 0, & t=0,\\ \dfrac{1}{3}(e^{-t}-e^{-2t}), & t>0.\end{cases}$$

上述两例的解法说明，运用傅里叶变换的线性性质、微分及积分性质，可将线性常系数常微分方程或微分积分方程转化成关于未知函数像函数的代数方程，解得像函数后，再求其傅里叶逆变换即得原方程的解. 此方法还常用于求解数学物理方程.

为了便于使用和记忆，将傅里叶变换性质列成表 7.1.

表 7.1　傅里叶变换性质一览表

序　号	性质名称	像原函数	像函数
1	线性	$\alpha f_1(t)+\beta f_2(t)$	$\alpha F_1(\omega)+\beta F_2(\omega)$
2	位移	$f(t-b)$ $e^{j\omega_0 t}f(t)$	$e^{-j\omega b}F(\omega)$ $F(\omega-\omega_0)$
3	相似	$f(at)$	$\dfrac{1}{\lvert a\rvert}F\left(\dfrac{\omega}{a}\right)$，$a\neq0$ 为常数
4	对称	$f(t)$ $F(\pm t)$	$F(\omega)$ $2\pi f(\mp\omega)$
5	微分	$f'(t)$ $f^{(n)}(t)$ $-jtf(t)$ $(-jt)^n f(t)$	$j\omega F(\omega)$ $(j\omega)^n F(\omega), n=1,2,\cdots$ $F'(\omega)$ $F^{(n)}(\omega), n=1,2,\cdots$

续表

序号	性质名称	像原函数	像函数
6	积分	$\int_{-\infty}^{t} f(t)\mathrm{d}t$ $\underbrace{\int_{-\infty}^{t}\int_{-\infty}^{t}\cdots\int_{-\infty}^{t}}_{n次} f(t)\underbrace{\mathrm{d}t\,\mathrm{d}t\cdots\mathrm{d}t}_{n次}$	$\frac{1}{\mathrm{j}\omega}F(\omega)$ $\frac{1}{(\mathrm{j}\omega)^n}F(\omega), n=1,2,\cdots$
7	卷积	$(f_1 * f_2)(t)$ $f_1(t)\cdot f_2(t)$	$F_1(\omega)F_2(\omega)$ $\frac{1}{2\pi}(F_1 * F_2)(\omega)$
8	能量积分	$\int_{-\infty}^{+\infty} f_1(t)f_2(t)\mathrm{d}t = \frac{1}{2\pi}\int_{-\infty}^{+\infty}\overline{F_1(\omega)}F_2(\omega)\mathrm{d}\omega = \frac{1}{2\pi}\int_{-\infty}^{+\infty}F_1(\omega)\overline{F_2(\omega)}\mathrm{d}\omega$; $\int_{-\infty}^{+\infty} f^2(t)\mathrm{d}t = \frac{1}{2\pi}\int_{-\infty}^{+\infty}\mid F(\omega)\mid^2\mathrm{d}\omega$	

*五、多维傅里叶变换

类似一元函数傅里叶变换的定义,可以定义多元函数的傅里叶变换.

定义 7.1.2 设 $f(t_1,t_2,\cdots,t_n)$在 n 维空间 $\mathbf{R}^n$ 中绝对可积且连续分段光滑,则称

$$\mathscr{F}[f(t_1,t_2,\cdots,t_n)] = F(\omega_1,\omega_2,\cdots,\omega_n) \tag{7.1.28}$$
$$= \int_{-\infty}^{+\infty}\int_{-\infty}^{+\infty}\cdots\int_{-\infty}^{+\infty} f(t_1,t_2,\cdots,t_n)\mathrm{e}^{-\mathrm{j}(\omega_1t_1+\omega_2t_2+\cdots+\omega_nt_n)}\mathrm{d}t_1\mathrm{d}t_2\cdots\mathrm{d}t_n$$

为 $f(t_1,t_2,\cdots,t_n)$的 n 维傅里叶变换(或像函数).

而对一切$(t_1,t_2,\cdots,t_n)\in\mathbf{R}^n$,有

$$f(t_1,t_2,\cdots,t_n) = \frac{1}{(2\pi)^n}\int_{-\infty}^{+\infty}\cdots\int_{-\infty}^{+\infty}F(\omega_1,\omega_2,\cdots,\omega_n)\mathrm{e}^{\mathrm{j}(\omega_1t_1+\omega_2t_2+\cdots+\omega_nt_n)}\mathrm{d}\omega_1\cdots\mathrm{d}\omega_n, \tag{7.1.29}$$

称 $f(t_1,t_2,\cdots,t_n)$为 $F(\omega_1,\omega_2,\cdots,\omega_n)$的 n 维傅里叶逆变换(或像原函数).

多维傅里叶变换有和一维傅里叶变换相类似的性质.下面不加证明地介绍一些常用的多维傅里叶变换的性质.在以下性质中,设 $f(t_1,t_2,\cdots,t_n)$及 $f_i(t_1,t_2,\cdots,t_n)(i=1,2,\cdots,n)$的傅里叶变换存在,且

$$F(\omega_1,\omega_2,\cdots,\omega_n) = \mathscr{F}[f(t_1,t_2,\cdots,t_n)],$$
$$F_i(\omega_1,\omega_2,\cdots,\omega_n) = \mathscr{F}[f_i(t_1,t_2,\cdots,t_n)],\quad i=1,2,\cdots,n.$$

(1) 线性性质.

$$\mathscr{F}\left[\sum_{i=1}^{m}k_if_i(t_1,t_2,\cdots,t_n)\right] = \sum_{i=1}^{m}k_i\,\mathscr{F}[f_i(t_1,t_2,\cdots,t_n)] = \sum_{i=1}^{m}k_iF_i(\omega_1,\omega_2,\cdots,\omega_n),$$

$$\mathscr{F}^{-1}\Big[\sum_{i=1}^{m}k_iF_i(\omega_1,\omega_2,\cdots,\omega_n)\Big]=\sum_{i=1}^{m}k_i\,\mathscr{F}^{-1}[F_i(\omega_1,\omega_2,\cdots,\omega_n)]=\sum_{i=1}^{m}k_if_i(t_1,\cdots,t_n).$$

(2) 位移性质.

$$\mathscr{F}[f(t_1-t_1^0,t_2-t_2^0,\cdots,t_n-t_n^0)]=\mathrm{e}^{-\mathrm{j}(t_1^0\omega_1+t_2^0\omega_2+\cdots+t_n^0\omega_n)}F(\omega_1,\omega_2,\cdots,\omega_n),$$

$$\mathscr{F}[\mathrm{e}^{\mathrm{j}(t_1\omega_1^0+t_2\omega_2^0+\cdots+t_n\omega_n^0)}f(t_1,t_2,\cdots,t_n)]=F(\omega_1-\omega_1^0,\omega_2-\omega_2^0,\cdots,\omega_n-\omega_n^0).$$

(3) 微商性质.

$$\mathscr{F}\Big[\frac{\partial}{\partial t_k}f(t_1,t_2,\cdots,t_n)\Big]=(\mathrm{j}\omega_k)\mathscr{F}[(t_1,t_2,\cdots,t_n)],\quad k=1,2,\cdots,n.$$

$$\frac{\partial F(\omega_1,\omega_2,\cdots,\omega_n)}{\partial\omega_k}=\mathscr{F}[-\mathrm{j}t_kf(t_1,t_2,\cdots,t_n)],\quad k=1,2,\cdots,n.$$

7.2　δ 函数及广义傅里叶变换

一、δ 函数

有一类物理或工程问题，它常常涉及某种量在空间一点或在时间上的一个瞬时高度集中的现象，如点电荷、点热源、集中力等. 如在原来电流为零的电路中，在一个瞬时(设为 $t=0$ 时刻)进入一单位电量的电荷，就是点电荷. 而集中力则如构件某部位在一瞬时 t_0 受到一个强大的冲击力，x 轴上某点 $x=x_0$ 处集中分布一单位质量的物质都属这类现象. 这些现象称作脉冲现象. 那么如何确切地描述这些集中量呢？我们想到了它的密度函数. 下面以分析单位点电荷、点质量的密度函数为例来说明.

例 7.2.1　在电流为零的电路中，在一瞬时(设为 $t=0$ 时刻)，输入一单位电量的电荷，试确定电路上的电流强度 $i=i(t)$.

解　以 $q(t)$表示 t 时刻给电路输入的电荷，则

$$q(t)=\begin{cases}1, & t\geqslant 0,\\ 0, & t<0.\end{cases}$$

由高等数学知，电流强度 $i(t)$应是电荷函数 $q(t)$对时间 t 的导数. 但有一个必要条件，就是 $q(t)$应是连续变化量. 而这里在 $t=0$ 处 $q(t)$却不是，故用通常导数的概念解释这里的电流强度 $i(t)$是不合适的. 于是，只有根据电流强度的定义(电流强度是在电场的作用下单位时间内通过某一导体截面的电量)去求得 $i(t)$.

令 $q[t_1,t_2]$表示时间范围$[t_1,t_2]$上输入电路的电量，则

$$q[t_1,t_2]=\begin{cases}0, & 0\notin[t_1,t_2],\\ 1, & 0\in[t_1,t_2].\end{cases}$$

$t\neq0$ 时,取 $|\Delta t|$ 足够小,使 $0\notin[t,t+\Delta t]$, $i(t)=\lim\limits_{\Delta t\to0}\dfrac{q[t,t+\Delta t]}{\Delta t}=\lim\limits_{\Delta t\to0}\dfrac{0}{\Delta t}=0$. 而 $i(0)=\lim\limits_{\Delta t\to0}\dfrac{q[0,\Delta t]}{\Delta t}=\lim\limits_{\Delta t\to0}\dfrac{1}{\Delta t}=\infty$. 于是得到

$$i(t)=\begin{cases}0, & t\neq0,\\ \infty, & t=0\end{cases}$$

且 $\int_{-\infty}^{+\infty}i(t)\mathrm{d}t=1$.

例 7.2.2 x 轴上除 x_0 处集中着一单位质量,其他点上均无物质分布,求 x 轴上各点处的质量密度函数 $\varphi(x)$.

解 以 $m(x)$ 表示在 x 处分布的质量, $m[a,b]$ 表示分布在区间 $[a,b]$ 上的质量,则

$$m(x)=\begin{cases}0, & x\neq x_0,\\ 1, & x=x_0,\end{cases}\quad m[a,b]=\begin{cases}0, & x_0\notin[a,b],\\ 1, & x_0\in[a,b],\end{cases}$$

$$\varphi(x_0)=\lim_{\Delta x\to0}\frac{m[x_0,x_0+\Delta x]}{\Delta x}=\lim_{\Delta x\to0}\frac{1}{\Delta x}=\infty.$$

$x\neq x_0$ 时,取 $|\Delta x|$ 足够小,使 $x_0\notin[x,x+\Delta x]$,则

$$\varphi(x)=\lim_{\Delta x\to0}\frac{m[x,x+\Delta x]}{\Delta x}=\lim_{\Delta x\to0}\frac{0}{\Delta x}=0,$$

得 $\varphi(x)=\begin{cases}\infty, & x=x_0,\\ 0, & x\neq x_0\end{cases}$ 且 $m(-\infty,+\infty)=\int_{-\infty}^{+\infty}\varphi(x)\mathrm{d}x=1$.

同理可得,在 $t=t_0$ 时受到瞬时单位冲击力(其余时间不加力)的构件的力密度函数(也称作力强度函数)为

$$f(t)=\begin{cases}\infty, & t=t_0,\\ 0, & t\neq t_0\end{cases}$$

且 $\int_{-\infty}^{+\infty}f(t)\mathrm{d}t=1$.

比较例 7.2.1,例 7.2.2 的结果及力密度函数的表达式,发现无论是单位点电荷的电流强度,单位点质量的质量密度,还是单位集中冲击力的力强度函数,它们都可以用如下函数 $\rho(\tau)$ 表示:

$$\rho(\tau)=\begin{cases}\infty, & \tau=\tau_0,\\ 1, & \tau\neq\tau_0\end{cases}$$

且 $\int_{-\infty}^{+\infty}\rho(\tau)\mathrm{d}t=1$.

称函数 $\rho(\tau)$ 为 δ 函数.

定义 7.2.1　对于函数 $\delta(t)$，若满足

(1) $\delta(t)=\begin{cases}\infty, & t=0,\\ 0, & t\neq 0;\end{cases}$

(2) $\displaystyle\int_{-\infty}^{+\infty}\delta(t)\,\mathrm{d}t = 1,$　(7.2.1)

则称函数 $\delta(t)$ 为 δ 函数，也常称作单位脉冲函数.

上述两例中所求的 $i(t)$，$\varphi(x)$ 及力强度函数 $f(t)$ 均为 δ 函数，即单位脉冲函数. 若将以前研究的函数称作普通函数，则 δ 函数不同于普通函数：①它不满足确定的函数值与自变量值的对应关系，如在 $t=0$ 处，$\delta(t)=\infty$ 不确定；②对普通函数积分，改变有限个点处的函数值，不会影响积分结果，那就应有 $\int_{-\infty}^{+\infty}\delta(t)\,\mathrm{d}t = 0$，这与定义中 $\int_{-\infty}^{+\infty}\delta(t)\,\mathrm{d}t = 1$ 相矛盾. 故 δ 函数是一种与普通函数有别的广义函数.

为了从普通函数的角度去理解 δ 函数，取 $\varepsilon>0$，考察普通函数序列

$$\delta_\varepsilon(t)=\begin{cases}\dfrac{1}{2\varepsilon}, & t\in[-\varepsilon,\varepsilon],\\ 0, & t\notin[-\varepsilon,\varepsilon],\end{cases}$$

如图 7.5 所示.

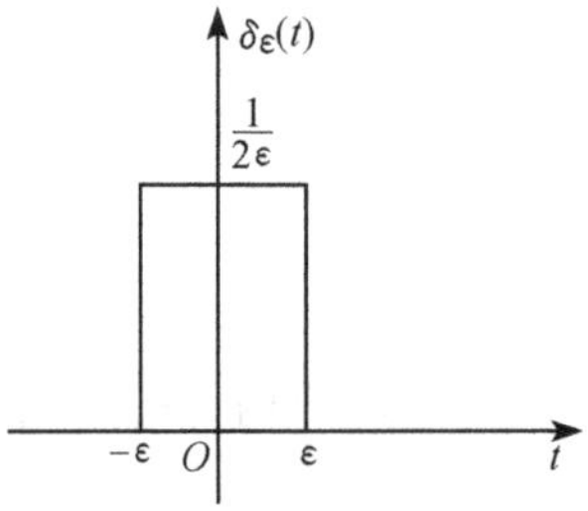

图 7.5

$\delta_\varepsilon(t)$ 具有性质

(1) $\lim\limits_{\varepsilon\to 0}\delta_\varepsilon(t)=\begin{cases}\infty, & t=0,\\ 0, & t\neq 0,\end{cases}$

(2) $\displaystyle\int_{-\infty}^{+\infty}\delta_\varepsilon(t)\,\mathrm{d}t = 1.$

所以 $\delta(t)$ 就是 $\delta_\varepsilon(t)$ 当 $\varepsilon\to 0$ 时的极限函数. 为了便于理论分析，这里从对函数的“作用”上描述 $\delta(t)$ 与 $\delta_\varepsilon(t)$ 这种关系.

定义 7.2.2　对任一无穷次可微函数 $f(t)$，若函数 $\delta(t)$ 满足

$$\int_{-\infty}^{+\infty}\delta(t)f(t)\,\mathrm{d}t = \lim_{\varepsilon\to 0}\int_{-\infty}^{+\infty}\delta_\varepsilon(t)f(t)\,\mathrm{d}t,\tag{7.2.2}$$

则称函数 $\delta(t)$ 为狄拉克(Dirac)δ 函数，简称为 δ 函数.

常将式(7.2.2)中的极限称作弱极限，即 $\delta(t)$ 为普通函数序列 $\delta_\varepsilon(t)$ 在 $\varepsilon\to 0$ 时的弱极限，记 $\delta_\varepsilon(t)\xrightarrow[\varepsilon\to 0]{\text{弱}}\delta(t)$. 另外，也称积分 $\int_{-\infty}^{+\infty}\delta(t)f(t)\,\mathrm{d}t$ 为 $\delta(t)$ 对 $f(t)$ 的作用，记作 $\langle\delta(t),f(t)\rangle$.

定义 7.2.2 从对函数的“作用”上揭示了 δ 函数的实质，它说明：一个函数若对

任一无穷次可微函数 $f(t)$"作用"的结果与 $\delta_\varepsilon(t)$ 对 $f(t)$"作用"结果在 $\varepsilon\to 0$ 时的极限相同，那么这个函数就是 δ 函数.

定义 7.2.2 中要求 $f(t)$ 无穷次可微的条件可降为连续，由于连续函数系的庞大性，这就足以反映 $\delta_\varepsilon(t)$ 当 $\varepsilon\to 0$ 时与 $\delta(t)$ 的相同性.

定义 7.2.2 突出的优点是用普通函数的积分和极限解释了广义函数 $\delta(t)$. 这在函数的理论分析中起到了重要的作用. 更一般地，有

定义 7.2.3　称满足以下条件

(1) $\delta(t-t_0)=\begin{cases}0, & t\neq t_0,\\ \infty, & t=t_0,\end{cases}$

(2) $\int_{-\infty}^{+\infty}\delta(t-t_0)\mathrm{d}t=1$

的函数 $\delta(t-t_0)$ 为狄拉克 δ 函数，简称为 δ 函数.

定义 7.2.4　对任一无穷次可微函数 $f(t)$，若函数 $\delta(t-t_0)$ 满足

$$\int_{-\infty}^{+\infty}\delta(t-t_0)f(t)\mathrm{d}t=\lim_{\varepsilon\to 0}\int_{-\infty}^{+\infty}\delta_\varepsilon(t-t_0)f(t)\mathrm{d}t, \tag{7.2.3}$$

则称函数 $\delta(t-t_0)$ 为狄拉克 δ 函数，简称为 δ 函数.

二、δ 函数的性质

1. 筛选性质

对任一连续函数 $f(t)$，$\int_{-\infty}^{+\infty}\delta(t)f(t)\mathrm{d}t=f(0)$. 更一般地，

$$\int_{-\infty}^{+\infty}\delta(t-t_0)f(t)\mathrm{d}t=f(t_0). \tag{7.2.4}$$

证　由 δ 函数的定义，对连续函数 $f(t)$，

$$\begin{aligned}\int_{-\infty}^{+\infty}\delta(t)f(t)\mathrm{d}t&=\lim_{\varepsilon\to 0}\int_{-\infty}^{+\infty}\delta_\varepsilon(t)f(t)\mathrm{d}t\\&=\lim_{\varepsilon\to 0}\int_{-\varepsilon}^{+\varepsilon}\frac{1}{2\varepsilon}f(t)\mathrm{d}t \qquad \text{（积分中值定理）}\\&=\lim_{\varepsilon\to 0^+}\frac{1}{2\varepsilon}\cdot 2\varepsilon f(-\varepsilon+2\varepsilon\theta) \qquad (0\leqslant\theta\leqslant 1)\\&=f(0),\end{aligned}$$

而

$$\begin{aligned}\int_{-\infty}^{+\infty}\delta(t-t_0)f(t)\mathrm{d}t&=\lim_{\varepsilon\to 0}\int_{-\infty}^{+\infty}\delta_\varepsilon(t-t_0)f(t)\mathrm{d}t \qquad (\text{令 } u=t-t_0)\\&=\lim_{\varepsilon\to 0}\int_{-\infty}^{+\infty}\delta_\varepsilon(u)f(u+t_0)\mathrm{d}u\end{aligned}$$

$$= \int_{-\infty}^{+\infty} \delta(u) f(u + t_0) \mathrm{d}u$$
$$= f(u + t_0) \big|_{u=0} = f(t_0).$$

2. 缩放性质

$$\delta(at) = \frac{1}{|a|} \delta(t). \tag{7.2.5}$$

证　对任一无穷次可微函数 $f(t)$，

$$\langle \delta(at), f(t) \rangle = \lim_{\varepsilon \to 0} \int_{-\infty}^{+\infty} \delta_\varepsilon(at) f(t) \mathrm{d}t \qquad (令\ u = at)$$
$$= \begin{cases} \lim\limits_{\varepsilon \to 0} \int_{-\infty}^{+\infty} \delta_\varepsilon(u) f\left(\frac{u}{a}\right) \frac{1}{a} \mathrm{d}u, & a > 0, \\ \lim\limits_{\varepsilon \to 0} \int_{-\infty}^{+\infty} \delta_\varepsilon(u) f\left(\frac{u}{a}\right) \frac{1}{(-a)} \mathrm{d}u, & a < 0 \end{cases}$$
$$= \int_{-\infty}^{+\infty} \frac{1}{|a|} \delta(t) f\left(\frac{t}{a}\right) \mathrm{d}t = \frac{1}{|a|} f(0) = \int_{-\infty}^{+\infty} \frac{1}{|a|} \delta(t) f(t) \mathrm{d}t$$
$$= \left\langle \frac{1}{|a|} \delta(t), f(t) \right\rangle,$$

所以 $\delta(at) = \frac{1}{|a|} \delta(t)$.

3. 对称性质

$$\delta(t) = \delta(-t),$$
$$\delta(t - \xi) = \delta(\xi - t). \tag{7.2.6}$$

在性质 2 中，取 $a = -1$，则结论成立.

三、广义傅里叶变换

前面介绍了 δ 函数及其性质，下面讨论 δ 函数的傅里叶变换. 因为 δ 函数属广义函数，所以称有关 δ 函数的傅里叶变换为广义傅里叶变换. 关于广义傅里叶变换有如下性质：

性质 7.2.1　$\mathscr{F}[\delta(t)] = 1$.

证　$\mathscr{F}[\delta(t)] = \int_{-\infty}^{+\infty} \delta(t) \mathrm{e}^{-\mathrm{j}\omega t} \mathrm{d}t = \mathrm{e}^{-\mathrm{j}\omega t} \Big|_{t=0} = 1.$

更一般地，有 $\mathscr{F}[\delta(t - t_0)] = \mathrm{e}^{-\mathrm{j}\omega t_0}$.

性质 7.2.2　$\mathscr{F}[1] = 2\pi\delta(\omega)$.

证 $\mathscr{F}^{-1}[2\pi\delta(\omega)]=\dfrac{1}{2\pi}\displaystyle\int_{-\infty}^{+\infty}2\pi\delta(\omega)\mathrm{e}^{\mathrm{j}\omega t}\mathrm{d}\omega=\mathrm{e}^{\mathrm{j}\omega t}\Big|_{t=0}=1.$

更一般地,有 $\mathscr{F}[\mathrm{e}^{\mathrm{j}\omega_0 t}]=2\pi\delta(\omega-\omega_0)$.

由性质 7.2.1 与性质 7.2.2 知 $\delta(t)$ 与 1,$\delta(t-t_0)$ 与 $\mathrm{e}^{-\mathrm{j}\omega t_0}$,1 与 $2\pi\delta(\omega)$,$\mathrm{e}^{\mathrm{j}\omega_0 t}$ 与 $2\pi\delta(\omega-\omega_0)$分别构成了傅里叶变换对.

例 7.2.3 求余弦函数 $f(t)=\cos\omega_0 t$ 的傅里叶变换.

解
$$F[\omega]=\mathscr{F}[f(t)]=\mathscr{F}\left[\frac{\mathrm{e}^{\mathrm{j}\omega_0 t}+\mathrm{e}^{-\mathrm{j}\omega_0 t}}{2}\right]=\frac{1}{2}[\mathscr{F}[\mathrm{e}^{\mathrm{j}\omega_0 t}]+\mathscr{F}[\mathrm{e}^{-\mathrm{j}\omega_0 t}]]$$
$$=\frac{1}{2}[2\pi\delta(\omega-\omega_0)+2\pi\delta(\omega+\omega_0)]=\pi[\delta(\omega-\omega_0)+\delta(\omega+\omega_0)].$$

例 7.2.4 已知单位阶跃函数(Heaviside 函数)$u(t)=\begin{cases}0, & t<0,\\ 1, & t>0,\end{cases}$证明 $\mathscr{F}[u(t)]=\dfrac{1}{\mathrm{j}\omega}+\pi\delta(\omega)$.

证 只需证 $\mathscr{F}^{-1}\left[\dfrac{1}{\mathrm{j}\omega}+\pi\delta(\omega)\right]=u(t)$即可.

$$\mathscr{F}^{-1}\left[\frac{1}{\mathrm{j}\omega}+\pi\delta(\omega)\right]=\frac{1}{2}\mathscr{F}^{-1}[2\pi\delta(\omega)]+\mathscr{F}^{-1}\left[\frac{1}{\mathrm{j}\omega}\right]$$
$$=\frac{1}{2}+\frac{1}{2\pi}\int_{-\infty}^{+\infty}\frac{1}{\mathrm{j}\omega}\mathrm{e}^{\mathrm{j}\omega t}\mathrm{d}\omega=\frac{1}{2}+\frac{1}{2\pi\mathrm{j}}\int_{-\infty}^{+\infty}\frac{\cos\omega t+\mathrm{j}\sin\omega t}{\omega}\mathrm{d}\omega$$
$$=\frac{1}{2}+\frac{1}{\pi}\int_{0}^{+\infty}\frac{\sin\omega t}{\omega}\mathrm{d}\omega.$$

由 Dirichlet 积分 $\displaystyle\int_0^{+\infty}\frac{\sin\omega}{\omega}\mathrm{d}\omega=\frac{\pi}{2}$ 有

$$\frac{1}{\pi}\int_0^{+\infty}\frac{\sin\omega t}{\omega}\mathrm{d}\omega=\frac{1}{\pi}\begin{cases}-\dfrac{\pi}{2}, & t<0,\\ 0, & t=0,\\ \dfrac{\pi}{2}, & t>0\end{cases}=\begin{cases}-\dfrac{1}{2}, & t<0,\\ 0, & t=0,\\ \dfrac{1}{2}, & t>0.\end{cases}$$

故当 $t\neq 0$ 时,

$$\mathscr{F}^{-1}\left[\frac{1}{\mathrm{j}\omega}+\pi\delta(\omega)\right]=\frac{1}{2}+\begin{cases}-\dfrac{1}{2}, & t<0,\\ \dfrac{1}{2}, & t>0\end{cases}$$
$$=\begin{cases}0, & t<0,\\ 1, & t>0\end{cases}$$
$$=u(t).$$

通过上述例题的分析计算，看到引进 δ 函数的重要性. 有些工程技术中很常用的函数，如常值函数(即常数)、符号函数、单位阶跃函数、正余弦函数，它们因不满足傅里叶积分定理中 $\int_{-\infty}^{+\infty} |f(t)|\mathrm{d}t < +\infty$ 的条件，从而在普通函数积分意义下傅里叶变换不存在，这很大程度上限制了这些函数在实际中的应用. 但它们的傅里叶变换却可以用 δ 函数准确地表示出来，使得很多工程技术问题得以解决. 应该指出的是，要把通常的函数概念扩充到广义函数的概念，用广义函数定义 δ 函数，需要一定的泛函分析知识，这里不再深究.

四、多维 δ 函数

类似于一维 δ 函数，可以定义多维 δ 函数. 下面以三维 δ 函数为例作介绍.

定义 7.2.5　若对任一无穷次可微函数 $f(x,y,z)$，函数 $\delta(x,y,z)$ 满足

$$\begin{aligned}\langle \delta, f\rangle &= \int_{-\infty}^{\infty}\int_{-\infty}^{\infty}\int_{-\infty}^{\infty} \delta(x,y,z) f(x,y,z)\mathrm{d}x\mathrm{d}y\mathrm{d}z \\ &= \lim_{\varepsilon\to 0}\int_{-\infty}^{\infty}\int_{-\infty}^{\infty}\int_{-\infty}^{\infty} \delta_\varepsilon(x,y,z) f(x,y,z)\mathrm{d}x\mathrm{d}y\mathrm{d}z,\end{aligned}$$

其中，

$$\delta_\varepsilon(x,y,z) = \begin{cases} \dfrac{1}{(2\varepsilon)^3}, & -\varepsilon < x,y,z < \varepsilon, \\ 0, & \text{其他}, \end{cases} \quad \varepsilon > 0,$$

则称函数 $\delta(x,y,z)$ 为三维空间 $\mathbf{R}^3$ 上的狄拉克(Dirac)δ 函数，简称为 δ 函数.

由于对任意连续函数 $f(x,y,z)$，

$$\begin{aligned}\langle \delta(x,y,z), f(x,y,z)\rangle &= \lim_{\varepsilon\to 0^+}\iiint_{\Omega_\varepsilon} \frac{1}{(2\varepsilon)^3} f(x,y,z)\mathrm{d}x\mathrm{d}y\mathrm{d}z \\ &= \lim_{\varepsilon\to 0^+} f(\xi,\eta,\zeta) = f(0,0,0),\end{aligned} \tag{7.2.7}$$

其中，$(\xi,\eta,\zeta)\in\Omega_\varepsilon$. 而

$$\begin{aligned}\langle \delta(x)\delta(y)\delta(z), f(x,y,z)\rangle &= \int_{-\infty}^{+\infty}\int_{-\infty}^{+\infty} \delta(x)\delta(y)\left[\int_{-\infty}^{+\infty}\delta(z) f(x,y,z)\mathrm{d}z\right]\mathrm{d}x\mathrm{d}y \\ &= \int_{-\infty}^{+\infty}\int_{-\infty}^{+\infty} \delta(x)\delta(y) f(x,y,0)\mathrm{d}x\mathrm{d}y \\ &= \int_{-\infty}^{+\infty} \delta(x) f(x,0,0)\mathrm{d}x \\ &= f(0,0,0),\end{aligned}$$

所以

$$\delta(x,y,z)=\delta(x)\delta(y)\delta(z). \tag{7.2.8}$$

一般地，$\delta(x-x_0,y-y_0,z-z_0)=\delta(x-x_0)\delta(y-y_0)\delta(z-z_0)$，且对 $\mathbf{R}^3$ 上的连续函数 $f(x,y,z)$，$\langle\delta(x-x_0,y-y_0,z-z_0),f(x,y,z)\rangle=f(x_0,y_0,z_0)$.

五、卷积

1. 卷积的概念

一些工程量都可以用卷积表示. 而卷积的傅里叶变换是乘积形式，这使得工程量的计算变得简单. 下面介绍卷积的概念，并讨论其性质及应用.

定义 7.2.6 设函数 $f_1(t)$，$f_2(t)$在$(-\infty,+\infty)$上有定义，若含参变量 t 的广义积分 $\int_{-\infty}^{+\infty}f_1(\tau)f_2(t-\tau)\mathrm{d}\tau$ 收敛，则称此积分为函数 $f_1(t)$与 $f_2(t)$的卷积，记作 $f_1(t)*f_2(t)$或$(f_1*f_2)(t)$，即

$$f_1(t)*f_2(t)=\int_{-\infty}^{+\infty}f_1(\tau)f_2(t-\tau)\mathrm{d}\tau.$$

例 7.2.5 设 $f_1(t)=\begin{cases}0, & t<0,\\ 1, & t\geqslant 0,\end{cases}$ $f_2(t)=\begin{cases}0, & t<0,\\ \mathrm{e}^{-t}, & t\geqslant 0,\end{cases}$ 求 $f_1(t)*f_2(t)$.

解 由定义 $f_1(t)*f_2(t)=\int_{-\infty}^{+\infty}f_1(\tau)f_2(t-\tau)\mathrm{d}\tau$，要 $f_1(\tau)f_2(t-\tau)\neq 0$，需 $\begin{cases}\tau\geqslant 0,\\ t-\tau\geqslant 0,\end{cases}$ 即 $\begin{cases}0\leqslant\tau\leqslant t,\\ t\geqslant 0.\end{cases}$ 所以，当 $t\geqslant 0$ 时，

$$f_1(t)*f_2(t)=\int_0^t f_1(\tau)f_2(t-\tau)\mathrm{d}\tau=\int_0^t \mathrm{e}^{-(t-\tau)}\mathrm{d}\tau=1-\mathrm{e}^{-t}.$$

例 7.2.6 设 $f(t)$为连续函数，求 $f(t)*\delta(t-t_0)$.

解 由卷积的定义及 δ 函数的对称性，

$$\begin{aligned}f(t)*\delta(t-t_0)&=\int_{-\infty}^{+\infty}f(\tau)\delta(t-\tau-t_0)\mathrm{d}\tau=\int_{-\infty}^{+\infty}f(\tau)\delta[-(\tau-t+t_0)]\mathrm{d}\tau\\ &=\int_{-\infty}^{+\infty}f(\tau)\delta[\tau-(t-t_0)]\mathrm{d}\tau=f(t-t_0).\end{aligned}$$

2. 卷积的运算规律

(1) 交换律：$f_1(t)*f_2(t)=f_2(t)*f_1(t)$； (7.2.9)

(2) 结合律：$[f_1(t)*f_2(t)]*f_3(t)=f_1(t)*[f_2(t)*f_3(t)]$； (7.2.10)

(3) 分配律：

$$[k_1f_1(t)+k_2f_2(t)]*f_3(t)=k_1[f_1(t)*f_3(t)]+k_2[f_2(t)*f_3(t)]; \tag{7.2.11}$$

其中，k_1，k_2 为任意常数.

(4) 卷积不等式：$|f_1(t)*f_2(t)|\leqslant|f_1(t)|*|f_2(t)|$.　　(7.2.12)

证　只证(1)与(2),(3),(4)可由积分的相应性质得到.

(1) $$f_1(t)*f_2(t)=\int_{-\infty}^{+\infty}f_1(\tau)f_2(t-\tau)\mathrm{d}\tau \qquad (令\ t-\tau=u)$$
$$=\int_{-\infty}^{+\infty}f_2(u)f_1(t-u)\mathrm{d}u=f_2(t)*f_1(t);$$

(2) $$[f_1(t)*f_2(t)]*f_3(t)=\int_{-\infty}^{+\infty}\left[\int_{-\infty}^{+\infty}f_1(\tau)f_2(u-\tau)\mathrm{d}\tau\right]f_3(t-u)\mathrm{d}u$$
$$=\int_{-\infty}^{+\infty}f_1(\tau)\left[\int_{-\infty}^{+\infty}f_2(u-\tau)f_3(t-u)\mathrm{d}u\right]\mathrm{d}\tau.$$

对内层关于 u 的积分. 令 $u-\tau=v$,

$$\begin{aligned}[f_1(t)*f_2(t)]*f_3(t)&=\int_{-\infty}^{+\infty}f_1(\tau)\left[\int_{-\infty}^{+\infty}f_2(v)f_3[(t-\tau)-v]\mathrm{d}v\right]\mathrm{d}\tau\\&=\int_{-\infty}^{+\infty}f_1(\tau)(f_2*f_3)(t-\tau)\mathrm{d}\tau\\&=f_1(\tau)*(f_2*f_3)(t)\\&=f_1(t)*[f_2(t)*f_3(t)].\end{aligned}$$

3. 卷积的性质

1) 平移性质

$$f_1(t-\alpha)*f_2(t-\beta)=(f_1*f_2)(t-\alpha-\beta). \tag{7.2.13}$$

证　令 $G_1(t)=f_1(t-\alpha)$, $G_2(t)=f_2(t-\beta)$,则

$$\begin{aligned}f_1(t-\alpha)*f_2(t-\beta)&=\int_{-\infty}^{+\infty}G_1(\tau)G_2(t-\tau)\mathrm{d}\tau\\&=\int_{-\infty}^{+\infty}f_1(\tau-\alpha)f_2(t-\tau-\beta)\mathrm{d}\tau \qquad (令\ u=\tau-\alpha)\\&=\int_{-\infty}^{+\infty}f_1(u)f_2[(t-\alpha-\beta)-u]\mathrm{d}u\\&=(f_1*f_2)(t-\alpha-\beta).\end{aligned}$$

这表明若卷积前函数进行了平移,则卷积后函数也产生了平移,且平移量是卷积前各平移量的总和.

2) 卷积定理

设 $f_1(t)$, $f_2(t)$满足傅里叶积分定理的条件,且 $\mathscr{F}[f_1(t)]=F_1(\omega)$, $\mathscr{F}[f_2(t)]=F_2(\omega)$,则

$$\mathscr{F}[f_1(t)*f_2(t)]=F_1(\omega)F_2(\omega), \tag{7.2.14}$$

$$\mathscr{F}[f_1(t)f_2(t)] = \frac{1}{2\pi}F_1(\omega) * F_2(\omega). \qquad (7.2.15)$$

证
$$\begin{aligned}\mathscr{F}[f_1(t) * f_2(t)] &= \int_{-\infty}^{+\infty}\left[\int_{-\infty}^{+\infty} f_1(\tau)f_2(t-\tau)\mathrm{d}\tau\right]\mathrm{e}^{-\mathrm{j}\omega t}\mathrm{d}t \\ &= \int_{-\infty}^{+\infty}\left[\int_{-\infty}^{+\infty} f_1(\tau)\mathrm{e}^{-\mathrm{j}\omega\tau}f_2(t-\tau)\mathrm{e}^{-\mathrm{j}\omega(t-\tau)}\mathrm{d}t\right]\mathrm{d}\tau \\ &= \int_{-\infty}^{+\infty} f_1(\tau)\mathrm{e}^{-\mathrm{j}\omega\tau}\left[\int_{-\infty}^{+\infty} f_2(t-\tau)\mathrm{e}^{-\mathrm{j}\omega(t-\tau)}\mathrm{d}t\right]\mathrm{d}\tau \\ &= \int_{-\infty}^{+\infty} f_1(\tau)\mathrm{e}^{-\mathrm{j}\omega\tau}\left[\int_{-\infty}^{+\infty} f_2(u)\mathrm{e}^{-\mathrm{j}\omega u}\mathrm{d}u\right]\mathrm{d}\tau \\ &= F_2(\omega)\int_{-\infty}^{+\infty} f_1(\tau)\mathrm{e}^{-\mathrm{j}\omega\tau}\mathrm{d}\tau \\ &= F_2(\omega)F_1(\omega) = F_1(\omega)F_2(\omega).\end{aligned}$$

卷积定理说明,函数卷积的傅里叶变换等于各函数傅里叶变换的乘积.这给求卷积的傅里叶变换提供了简便的计算方法.

类似可证式(7.2.15)成立.

更一般地,若 $f_k(t)$满足傅氏积分定理的条件,$\mathscr{F}[f_k(t)]=F_k(\omega)$,$k=1,2,\cdots,n$,则

$$\mathscr{F}[f_1(t)\cdot f_2(t)\cdots f_n(t)] = \frac{1}{(2\pi)^{n-1}}F_1(\omega) * F_2(\omega) * \cdots * F_n(\omega). \qquad (7.2.16)$$

3) 坐标缩放性质

$$f_1(at) * f_2(at) = \frac{1}{|a|}(f_1 * f_2)(at), \quad a \neq 0 \text{ 为常数}.$$

这个性质是易证的,留给读者自己证明.

例 7.2.7 求$\mathscr{F}[\delta(t-t_0) * f(t)]$,其中 $f(t)=\begin{cases}\mathrm{e}^{-\beta t}, & t\geqslant 0,\\ 0, & t<0,\end{cases}$ $\beta>0$,为指数衰减函数.

解 由例 7.1.3 知$\mathscr{F}[f(t)]=\dfrac{1}{\beta+\mathrm{j}\omega}$,$\mathscr{F}[\delta(t-t_0)]=\mathrm{e}^{-\mathrm{j}\omega t_0}$.由卷积定理

$$\mathscr{F}[\delta(t-t_0) * f(t)] = \mathscr{F}[\delta(t-t_0)]\mathscr{F}[f(t)] = \frac{\mathrm{e}^{-\mathrm{j}\omega t_0}}{\beta+\mathrm{j}\omega}.$$

例 7.2.8 设 $g_1(t)=\sin t$,$g_2(t)=\begin{cases}0, & t<t_0,\\ \mathrm{e}^{-\beta(t-t_0)}, & t\geqslant t_0,\end{cases}$ 求$\mathscr{F}[g_1(t) * g_2(t)]$.

解 设 $f_1(t)=\cos t$,$f_2(t)=\begin{cases}0, & t<0,\\ \mathrm{e}^{-\beta t}, & t\geqslant 0.\end{cases}$ 由例 7.2.3 知,$\mathscr{F}[f_1(t)]=\pi[\delta(\omega-1)+\delta(\omega+1)]$,而$\mathscr{F}[f_2(t)]=\dfrac{\beta-\mathrm{j}\omega}{\beta^2+\omega^2}$,则 $g_1(t)=f_1\left(t-\dfrac{\pi}{2}\right)$,$g_2(t)=f_2(t-t_0)$.

$$\mathscr{F}[g_1(t)*g_2(t)]=\mathscr{F}\left[f_1\left(t-\frac{\pi}{2}\right)*f_2(t-t_0)\right]\quad\text{(由平移性质)}$$

$$=\mathscr{F}\left[(f_1*f_2)\left[t-\left(\frac{\pi}{2}+t_0\right)\right]\right]$$

$$=\mathrm{e}^{-\mathrm{j}\omega\left(\frac{\pi}{2}+t_0\right)}\mathscr{F}[f_1*f_2](t)$$

$$=\mathrm{e}^{-\mathrm{j}\omega\left(\frac{\pi}{2}+t_0\right)}\mathscr{F}[f_1(t)]\mathscr{F}[f_2(t)]$$

$$=\mathrm{e}^{-\mathrm{j}\omega\left(\frac{\pi}{2}+t_0\right)}\frac{\pi(\beta-\mathrm{j}\omega)}{\beta^2+\omega^2}[\delta(\omega-1)+\delta(\omega+1)].$$

例 7.2.9　证明:若 $g(t)=\int_{-\infty}^{t}f(t)\mathrm{d}t$，$f(t)$满足傅里叶积分定理条件,则

$$\mathscr{F}\left[\int_{-\infty}^{t}f(t)\mathrm{d}t\right]=\frac{1}{\mathrm{j}\omega}F(\omega)+\pi F(0)\delta(\omega),\tag{7.2.17}$$

其中,$F(\omega)=\mathscr{F}[f(t)]$.

证　由于 $g(t)=\int_{-\infty}^{t}f(t)\mathrm{d}t=\int_{-\infty}^{+\infty}f(\tau)u(t-\tau)\mathrm{d}\tau=f(t)*u(t)$ 且

$$\mathscr{F}[u(t)]=\frac{1}{\mathrm{j}\omega}+\pi\delta(\omega),$$

则

$$\mathscr{F}[g(t)]=\mathscr{F}[f(t)]\mathscr{F}[u(t)]=F(\omega)\left[\frac{1}{\mathrm{j}\omega}+\pi\delta(\omega)\right]$$

$$=\frac{F(\omega)}{\mathrm{j}\omega}+\pi F(\omega)\delta(\omega)=\frac{F(\omega)}{\mathrm{j}\omega}+\pi F(0)\delta(\omega),$$

其中,$F(\omega)\delta(\omega)=F(0)\delta(\omega)$. 可根据 δ 函数弱极限定义及其筛选性质证得.

此题的结论亦称作广义傅里叶变换积分性质. 这个性质的结论与傅里叶变换积分性质的结论是不同的. 这个结论中包含了后项这个脉冲函数. 这是因为在那里附加了条件 $g(t)\to 0(t\to+\infty)$,而在这里却没有. 若在这里增加条件 $g(t)\to 0(t\to+\infty)$,则会有 $F(0)=0$,从而结论与前面的相一致. 所以这里的结论更为一般.

另外需说明的是,由 δ 函数的弱极限定义可以证得:在对 δ 函数进行傅里叶变换或逆变换时,前面介绍的傅里叶变换性质在条件不变时,结论都成立.

下面顺便介绍一下多元函数的卷积及其傅里叶变换性质.

两个 n 元函数的卷积定义为

$$f_1(t_1,t_2,\cdots,t_n)*f_2(t_1,t_2,\cdots,t_n)$$

$$=\int_{-\infty}^{+\infty}\int_{-\infty}^{+\infty}\cdots\int_{-\infty}^{+\infty}f_1(\tau_1,\tau_2,\cdots,\tau_n)f_2(t_1-\tau_1,t_2-\tau_2,\cdots,t_n-\tau_n)\mathrm{d}\tau_1\mathrm{d}\tau_2\cdots\mathrm{d}\tau_n$$

且

$$\mathscr{F}[f_1(t_1,t_2,\cdots,t_n)*f_2(t_1,t_2,\cdots,t_n)]=F_1(\omega_1,\omega_2,\cdots,\omega_n)F_2(\omega_1,\omega_2,\cdots,\omega_n),$$

$$\mathscr{F}[f_1(t_1,t_2,\cdots,t_n)f_2(t_1,t_2,\cdots,t_n)]=\frac{1}{2\pi}F_1(\omega_1,\omega_2,\cdots,\omega_n)*F_2(\omega_1,\omega_2,\cdots,\omega_n).$$

7.3 傅里叶变换的应用

一、傅里叶变换在解微分、积分方程中的应用

利用傅里叶变换的微分、积分性质，可以将某些类型微分、积分方程化成关于未知函数像函数的代数方程，再结合傅氏逆变换可求得该方程的解. 在这里结合实例介绍傅里叶变换在解某些类型的微分方程、积分方程及偏微方程中的应用.

例 7.3.1 求积分方程 $\int_0^{+\infty}f(x)\cos\omega x\,\mathrm{d}x=\begin{cases}1-\omega, & 0\leqslant\omega\leqslant 1,\\ 0, & \omega>1\end{cases}$ 的解 $f(x)$.

解 由题知 $f(x)$的定义域为$[0,+\infty)$. 为了求解 $f(x)$，将 $f(x)$进行偶延拓(图像关于纵轴对称)，则得$(-\infty,+\infty)$上的偶函数，仍记为 $f(x)$，则

$$\begin{aligned}\mathscr{F}[f(x)]=F(\omega)&=\int_{-\infty}^{+\infty}f(x)\mathrm{e}^{-\mathrm{j}\omega x}\mathrm{d}x\\&=\int_{-\infty}^{+\infty}f(x)(\cos\omega x-\mathrm{j}\sin\omega x)\mathrm{d}x=2\int_0^{+\infty}f(x)\cos\omega x\,\mathrm{d}x.\end{aligned}$$

由所给方程，当 $\omega\geqslant0$ 时，

$$F(\omega)=\begin{cases}2(1-\omega), & 0\leqslant\omega\leqslant1,\\ 0, & \omega>1.\end{cases}\tag{7.3.1}$$

又因为 $F(-\omega)=F(\omega)$，所以

$$\begin{aligned}f(x)=\mathscr{F}^{-1}[F(\omega)]&=\frac{1}{2\pi}\int_{-\infty}^{+\infty}F(\omega)\mathrm{e}^{\mathrm{j}\omega x}\mathrm{d}\omega=\frac{1}{\pi}\int_0^{+\infty}F(\omega)\cos\omega x\,\mathrm{d}\omega\\&=\frac{2}{\pi}\int_0^1(1-\omega)\cos\omega x\,\mathrm{d}\omega=\frac{2(1-\cos x)}{\pi x^2},\end{aligned}$$

即得 $f(x)=\dfrac{2(1-\cos x)}{\pi x^2},x>0$.

例 7.3.2 求解积分方程

$$\int_0^{+\infty}G(\omega)\sin\omega t\,\mathrm{d}\omega=\begin{cases}\dfrac{\pi}{2}\sin t, & 0<t\leqslant\pi,\\ 0, & t>\pi.\end{cases}$$

解　由题知 $G(\omega)$ 定义在 $(0,+\infty)$ 上，将 $G(\omega)$ 进行奇延拓，在 $\omega=0$ 处，补充定义：$G(0)=0$，所得的奇函数仍记为 $G(\omega)$，则

$$g(t)=\mathscr{F}^{-1}[G(\omega)]=\frac{1}{2\pi}\int_{-\infty}^{+\infty}G(\omega)\mathrm{e}^{\mathrm{j}\omega t}\mathrm{d}\omega=\frac{\mathrm{j}}{\pi}\int_{0}^{+\infty}G(\omega)\sin\omega t\,\mathrm{d}\omega.$$

$g(t)$ 是奇函数，且 $t>0$ 时，

$$g(t)=\frac{\mathrm{j}}{\pi}\begin{cases}\dfrac{\pi}{2}\sin t, & 0<t\leqslant\pi,\\ 0, & t>\pi\end{cases}=\begin{cases}\dfrac{\mathrm{j}}{2}\sin t, & 0<t\leqslant\pi,\\ 0, & t>\pi.\end{cases}$$

$$\begin{aligned}G(\omega)&=\mathscr{F}[g(t)]=-2\mathrm{j}\int_{0}^{+\infty}g(t)\sin\omega t\,\mathrm{d}t=\int_{0}^{\pi}\sin t\sin\omega t\,\mathrm{d}t\\&=\frac{1}{2}\int_{0}^{\pi}[\cos(1-\omega)t-\cos(1+\omega)t]\mathrm{d}t\\&=\frac{\sin\pi\omega}{1-\omega^{2}},\quad\omega>0.\end{aligned}$$

例 7.3.3　求解微分积分方程

$$ax'(t)+bx(t)+c\int_{-\infty}^{t}x(t)\mathrm{d}t=h(t),$$

其中，$t\in(-\infty,+\infty)$，a,b,c 均为常数，$h(t)$ 为已知函数.

解　设 $\mathscr{F}[x(t)]=X(\omega)$，$\mathscr{F}[h(t)]=H(\omega)$. 根据傅里叶变换的微分、积分性质，对方程两侧同时取傅里叶变换，得

$$a\mathrm{j}\omega X(\omega)+bX(\omega)+\frac{c}{\mathrm{j}\omega}X(\omega)=H(\omega),$$

$$X(\omega)=\frac{H(\omega)}{b+\mathrm{j}(a\omega-c/\omega)}.$$

于是方程的解为

$$x(t)=\mathscr{F}^{-1}[X(\omega)]=\frac{1}{2\pi}\int_{-\infty}^{+\infty}\frac{H(\omega)}{b+\mathrm{j}(a\omega-c/\omega)}\mathrm{e}^{\mathrm{j}\omega t}\mathrm{d}\omega.$$

* **例 7.3.4**　求偏微分方程

$$\frac{\partial^{2}u(x,t)}{\partial t^{2}}=a^{2}\frac{\partial^{2}u(x,t)}{\partial x^{2}},\quad a>0$$

满足边界条件 $\lim\limits_{|x|\to+\infty}u(x,t)=0$，$\lim\limits_{|x|\to+\infty}u_{x}(x,t)=0$ 以及初始条件 $u(x,0)=f(x)$，$u_{t}(x,0)=0$ 的解，其中，$x\in(-\infty,+\infty)$，$t>0$. 这是一个无界弦振动方程的初值问题.

解　设 $U(\omega,t)=\mathscr{F}[u(x,t)]=\int_{-\infty}^{+\infty}u(x,t)\mathrm{e}^{-\mathrm{j}\omega x}\mathrm{d}x$，则

$$\mathscr{F}\left[\frac{\partial^2 u(x,t)}{\partial x^2}\right]=(\mathrm{j}\omega)^2U(\omega,t)=-\omega^2U(\omega,t).$$

记 $\mathscr{F}[u(x,0)]=\mathscr{F}[f(x)]=F(\omega)$，于是

$$U(\omega,t)\big|_{t=0}=U(\omega,0)=F(\omega). \tag{7.3.2}$$

因为 $u_t(x,0)=0$，则 $\mathscr{F}[u_t(x,0)]=0$，

$$\frac{\partial U(\omega,t)}{\partial t}=\int_{-\infty}^{+\infty}u_t(x,t)\mathrm{e}^{-\mathrm{j}\omega x}\mathrm{d}x.$$

又

$$\left.\frac{\partial U(\omega,t)}{\partial t}\right|_{t=0}=\int_{-\infty}^{+\infty}u_t(x,0)\mathrm{e}^{-\mathrm{j}\omega x}\mathrm{d}x=0, \tag{7.3.3}$$

$$\frac{\partial^2 U(\omega,t)}{\partial t^2}=\int_{-\infty}^{+\infty}\frac{\partial^2 u(x,t)}{\partial t^2}\mathrm{e}^{-\mathrm{j}\omega x}\mathrm{d}x=\int_{-\infty}^{+\infty}a^2\frac{\partial^2 u(x,t)}{\partial x^2}\mathrm{e}^{-\mathrm{j}\omega x}\mathrm{d}x,$$

所以

$$\frac{\partial^2 U(\omega,t)}{\partial t^2}=-a^2\omega^2U(\omega,t). \tag{7.3.4}$$

将 ω 看作常量，则式(7.3.4)是一关于变量 t 的二阶常系数线性齐次微分方程，其特征方程为

$$r^2+a^2\omega^2=0,$$

其根为 $r_1=a\omega\mathrm{j}$，$r_2=-a\omega\mathrm{j}$. 故其通解

$$U(\omega,t)=C_1\mathrm{e}^{\mathrm{j}a\omega t}+C_2\mathrm{e}^{-\mathrm{j}a\omega t}.$$

由条件式(7.3.2)与式(7.3.3)得

$$\begin{cases}C_1+C_2=F(\omega),\\ C_1-C_2=0,\end{cases}$$

从而 $C_1=C_2=\frac{1}{2}F(\omega)$，故

$$U(\omega,t)=\frac{1}{2}F(\omega)(\mathrm{e}^{\mathrm{j}a\omega t}+\mathrm{e}^{-\mathrm{j}a\omega t})=F(\omega)\cos(a\omega t),$$

$$\begin{aligned}u(x,t)&=\mathscr{F}^{-1}[U(\omega,t)]=\frac{1}{2\pi}\int_{-\infty}^{+\infty}F(\omega)\cos(a\omega t)\mathrm{e}^{\mathrm{j}\omega x}\mathrm{d}\omega\\&=\frac{1}{2}\left[\frac{1}{2\pi}\int_{-\infty}^{+\infty}F(\omega)\mathrm{e}^{\mathrm{j}\omega(x+at)}\mathrm{d}\omega+\frac{1}{2\pi}\int_{-\infty}^{+\infty}F(\omega)\mathrm{e}^{\mathrm{j}\omega(x-at)}\mathrm{d}\omega\right]\\&=\frac{1}{2}[f(x+at)+f(x-at)].\end{aligned}$$

因此所求偏微分方程的解为

$$u(x,t)=\frac{1}{2}[f(x+at)+f(x-at)].$$

二、非周期函数的频谱

频谱在电子技术、声学、振动学等科技领域有着广泛的应用，它与傅里叶变换有着密切的关系. 为了更好地理解非周期函数的频谱，先分析周期函数的频谱.

1. 非正弦周期函数的频谱

由傅里叶级数的理论知道，若非正弦周期函数 $f(t)$ 满足狄利克雷(Dirichlet)条件，则在 $f(t)$ 的连续点上，

$$\begin{aligned} f(t) &= \sum_{n=-\infty}^{+\infty} c_n \mathrm{e}^{\mathrm{j}\omega_n t} = \frac{a_0}{2} + \sum_{n=1}^{\infty}[a_n \cos\omega_n t + b_n \sin\omega_n t] \\ &= \sum_{n=0}^{\infty} A_n \sin(\omega_n t + \phi_n), \end{aligned} \tag{7.3.5}$$

其中，

$$c_n = \frac{a_n - \mathrm{j}b_n}{2}, \qquad n = 0, \pm 1, \pm 2, \cdots,$$

$$A_n = \sqrt{a_n^2 + b_n^2}, \quad n = 0, 1, 2, \cdots.$$

式(7.3.5)的物理意义是明确的，就是把一个复杂的周期运动看成许多不同频率的简谐振动的叠加，常称这种展开为谐波分析. 在电工学中，称常数项 $\frac{a_0}{2}$ 为 $f(t)$ 的直流分量，$A_1\sin(\omega_1 t+\phi_1)$ 称为 $f(t)$ 的一次谐波(又叫基波)，而一般项 $A_n\sin(\omega_n t+\phi_n)$ 称为 $f(t)$ 的 n 次谐波，也称为 $f(t)$ 的第 n 个频率分量.

在频谱分析中，n 次谐波的幅值 A_n 有着特殊的意义，它的大小反映了 n 次谐波对 $f(t)$ 影响的大小，也就是在 $f(t)$ 中所占的比重，从而被人们所重视，所以命名

$$A_n = \sqrt{a_n^2 + b_n^2}, \quad n = 1, 2, \cdots \tag{7.3.6}$$

为非正弦周期函数 $f(t)$ 的**振幅频谱**(简称为频谱).

振幅频谱 A_n 描述了各次谐波的振幅随频率的变化规律，其图形称为频谱图. 因 ω_n 随 n 取离散值，故 $A_n=A_n(\omega_n)$ 的图形由离散点构成，这类频谱常被称为离散频谱.

又因为

$$|c_n| = \frac{1}{2}\sqrt{a_n^2 + b_n^2} = \frac{1}{2}A_n,$$

所以在应用中，$|c_n|$ 与 $|A_n|$ 具有同样的重要性.

例 7.3.5 周期性矩形脉冲函数 $f(t)$(图 7.6)在$\left[-\frac{T}{2},\frac{T}{2}\right]$上的表达式为

$$f(t)=\begin{cases}E, & -\frac{\tau}{2}\leqslant t<\frac{\tau}{2},\\ 0, & -\frac{T}{2}\leqslant t<-\frac{\tau}{2},\frac{\tau}{2}\leqslant t\leqslant\frac{T}{2}.\end{cases}$$

求 $f(t)$的振幅频谱.

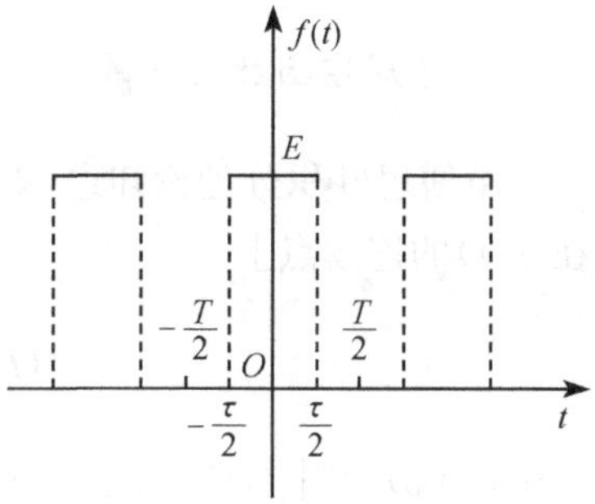

图 7.6 周期性矩形脉冲函数

解 由于 $f(t)$是偶函数,所以

$$c_n=\frac{1}{T}\int_{-T/2}^{T/2}f(t)\mathrm{e}^{-\mathrm{j}\frac{2n\pi}{T}t}\mathrm{d}t=\frac{E}{T}\int_{-\tau/2}^{\tau/2}\cos\frac{2n\pi}{T}t\,\mathrm{d}t=\frac{E}{n\pi}\sin\frac{n\pi\tau}{T}=\frac{E}{n\pi}\sin\frac{\tau}{2}\omega_n,$$

$$c_0=\frac{1}{T}\int_{-\tau/2}^{\tau/2}E\mathrm{d}t=\frac{E\tau}{T},$$

其中,$\omega_n=\frac{2n\pi}{T}$,$n=\pm1,\pm2,\cdots$.

当 $T=4\tau$ 时,$A_0=2|c_0|=\frac{E}{2}$,

$$A_n=2\mid c_n\mid=\frac{2E}{n\pi}\sin\frac{\tau}{2}\omega_n=\frac{2E}{n\pi}\left|\sin\frac{n\pi}{4}\right|,$$

$$\omega_n=\frac{2n\pi}{T}=\frac{n\pi}{2\tau},\quad n=\pm1,\pm2,\cdots.$$

$f(t)$的振幅频谱如图 7.7 所示.

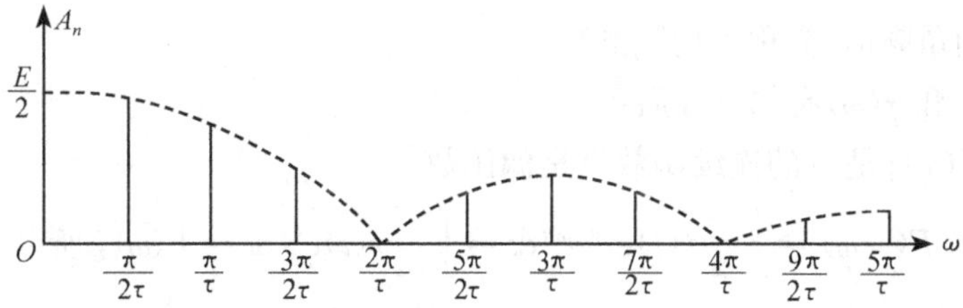

图 7.7 $f(t)$的振幅频谱

这是一个离散频谱,用虚线将各离散点光滑连接,从而看到,在 $A_n=\frac{2E}{n\pi}\sin\frac{\tau}{2}\omega_n$ 中,虽然 $\sin\frac{\tau}{2}\omega_n$ 随 n 的增大呈现出周期性,但$\frac{2E}{n\pi}$却随 n 的增大而递减. 这使得 A_n 在高低摆动的同时总体呈现出递减趋势,从第二拱起,中间点对应的谐波比两侧 4 点对应的谐波在 $f(t)$中占的比重大.

2. 非周期函数的频谱

由傅里叶积分理论知道，如果非周期函数 $f(t)$ 满足傅里叶积分定理条件，则在 $f(t)$ 的连续点上，

$$f(t)=\frac{1}{2\pi}\int_{-\infty}^{+\infty}F(\omega)\mathrm{e}^{\mathrm{j}\omega t}\,\mathrm{d}\omega, \tag{7.3.7}$$

其中，$F(\omega)=\mathscr{F}[f(t)]$，$\omega\in(-\infty,+\infty)$.

式(7.3.7)的意义如同周期函数表示成 Fouruer 级数一样，它将一个复杂的非周期运动用其不同的频率分量 $\frac{1}{2\pi}F(\omega)\mathrm{e}^{\mathrm{j}\omega t}$ 的连续叠加(即积分)表示出来. 因 $\frac{1}{2\pi}$ 是常数，$|F(\omega)\mathrm{e}^{\mathrm{j}\omega t}|=|F(\omega)|$. 所以 $|F(\omega)|$ 越大，频率分量 $\frac{1}{2\pi}F(\omega)\mathrm{e}^{\mathrm{j}\omega t}$ 对 $f(t)$ 的影响就越大，即在 $f(t)$ 中占的比重就越大，反之亦然. 所以 $|F(\omega)|$ 的大小反映了频率为 ω 时，$f(t)$ 的频率分量对 $f(t)$ 的影响程度，它的作用如同周期函数的振幅频谱 A_n 一样. 所以称 $|F(\omega)|$ 为 $f(t)$ 的振幅频谱(简称为幅频谱). 称 $F(\omega)=\mathscr{F}[f(t)]$ 为 $f(t)$ 的频谱函数. 因此，对一个时间函数作傅里叶变换，即是求这个时间函数的频谱.

在频谱分析中，还称

$$\varphi(\omega)=\arctan\frac{\mathrm{Im}F(\omega)}{\mathrm{Re}F(\omega)}=\arctan\frac{\int_{-\infty}^{+\infty}f(t)\sin\omega t\,\mathrm{d}t}{\int_{-\infty}^{+\infty}f(t)\cos\omega t\,\mathrm{d}t}$$

为 $f(t)$ 的相角频谱(简称为角频谱).

$|F(\omega)|$ 和 $\varphi(\omega)$ 有如下性质：

(1) $|F(\omega)|$ 是 ω 的连续函数且是偶函数.

事实上，$F(-\omega)=\int_{-\infty}^{+\infty}f(t)\mathrm{e}^{-\mathrm{j}(-\omega)t}\mathrm{d}t=\int_{-\infty}^{+\infty}f(t)\mathrm{e}^{\mathrm{j}\omega t}\mathrm{d}t=\overline{F(\omega)}$，所以 $|F(-\omega)|=|\overline{F(\omega)}|=|F(\omega)|$，即 $|F(\omega)|$ 是 ω 的偶函数.

$|F(\omega)|$ 连续性的证明因涉及极限运算与积分运算的交换理论，这里从略.

(2) $\varphi(\omega)$ 是 ω 的奇函数，即 $\varphi(-\omega)=-\varphi(\omega)$.

事实上，

$$\varphi(-\omega)=\arctan\frac{\int_{-\infty}^{+\infty}f(t)\sin(-\omega)t\mathrm{d}t}{\int_{-\infty}^{+\infty}f(t)\cos(-\omega)t\mathrm{d}t}=-\arctan\frac{\int_{-\infty}^{+\infty}f(t)\sin\omega t\,\mathrm{d}t}{\int_{-\infty}^{+\infty}f(t)\cos\omega t\,\mathrm{d}t}=-\varphi(\omega).$$

例 7.3.6 求指数衰减函数 $f(t)=\begin{cases}e^{-\beta t}, & t\geqslant 0,\\ 0, & t<0\end{cases}$ $(\beta>0)$ 的幅频谱并绘出其图形.

解 由例 7.1.3 知 $\mathscr{F}[f(t)]=F(\omega)=\dfrac{1}{\beta+\mathrm{j}\omega}$. 所以 $f(t)$ 的幅频谱 $|F(\omega)|=\dfrac{1}{\sqrt{\beta^2+\omega^2}}$. 频谱图如图 7.8(b)所示.

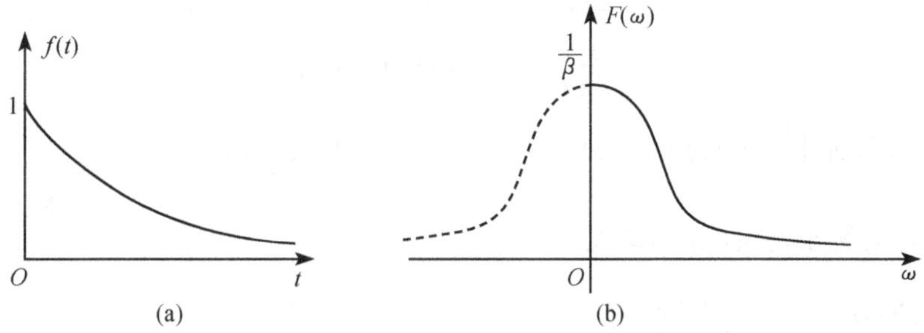

图 7.8

例 7.3.7 求单位脉冲函数 $\delta(t-t_0)$ 的幅频谱并绘出其图形.

解 $F(\omega)=\mathscr{F}[\delta(t-t_0)]=e^{-\mathrm{j}\omega t_0}$, $|F(\omega)|=1$. 频谱图如图 7.9(b).

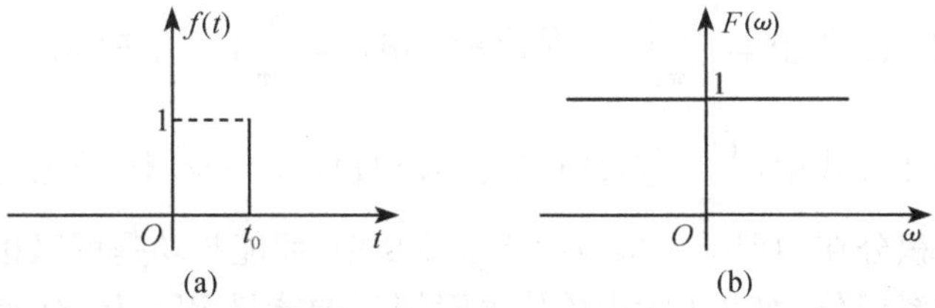

图 7.9

在实际应用中,会遇到很多非周期函数的频谱,将常见函数及其傅里叶变换频谱列于附表 I 中,以便查用.

*三、能量谱密度与相关函数

1. 乘积定理

若 $F_1(\omega)=\mathscr{F}[f_1(t)]$, $F_2(\omega)=\mathscr{F}[f_2(t)]$ 且 $\int_{-\infty}^{+\infty}|F_i(\omega)|\,\mathrm{d}\omega\,(i=1,2)$ 存在,则

$$\int_{-\infty}^{+\infty}f_1(t)f_2(t)\,\mathrm{d}t=\frac{1}{2\pi}\int_{-\infty}^{+\infty}\overline{F_1(\omega)}F_2(\omega)\,\mathrm{d}\omega=\frac{1}{2\pi}\int_{-\infty}^{+\infty}F_1(\omega)\overline{F_2(\omega)}\,\mathrm{d}\omega, \quad (7.3.8)$$

其中，$f_1(t)$，$f_2(t)$均为 t 的实函数，$\overline{F_i(\omega)}$为 $F_i(\omega)$的共轭函数，$i=1,2$.

证

$$\begin{aligned}\int_{-\infty}^{+\infty} f_1(t) f_2(t)\mathrm{d}t &= \int_{-\infty}^{+\infty} f_1(t)\left[\frac{1}{2\pi}\int_{-\infty}^{+\infty} F_2(\omega)\mathrm{e}^{\mathrm{j}\omega t}\mathrm{d}\omega\right]\mathrm{d}t \\ &= \frac{1}{2\pi}\int_{-\infty}^{+\infty} F_2(\omega)\left[\int_{-\infty}^{+\infty} f_1(t)\mathrm{e}^{\mathrm{j}\omega t}\mathrm{d}t\right]\mathrm{d}\omega \\ &= \frac{1}{2\pi}\int_{-\infty}^{+\infty} F_2(\omega)\left[\int_{-\infty}^{+\infty} \overline{f_1(t)\mathrm{e}^{-\mathrm{j}\omega t}}\mathrm{d}t\right]\mathrm{d}\omega \\ &= \frac{1}{2\pi}\int_{-\infty}^{+\infty} F_2(\omega)\left[\overline{\int_{-\infty}^{+\infty} f_1(t)\mathrm{e}^{-\mathrm{j}\omega t}\mathrm{d}t}\right]\mathrm{d}\omega \\ &= \frac{1}{2\pi}\int_{-\infty}^{+\infty} \overline{F_1(\omega)}F_2(\omega)\mathrm{d}\omega.\end{aligned}$$

同理，可证 $\int_{-\infty}^{+\infty} f_1(t) f_2(t)\mathrm{d}t = \frac{1}{2\pi}\int_{-\infty}^{+\infty} F_1(\omega)\,\overline{F_2(\omega)}\mathrm{d}\omega.$

2. 帕塞瓦尔(Parseval)等式

若 $F(\omega)=\mathscr{F}[f(t)]$，则

$$\int_{-\infty}^{+\infty}[f(t)]^2\mathrm{d}t = \frac{1}{2\pi}\int_{-\infty}^{+\infty} |F(\omega)|^2\mathrm{d}\omega. \tag{7.3.9}$$

此公式也常称作能量积分公式.

证　在式(7.3.8)中，令 $f_1(t)=f_2(t)=f(t)$，则得

$$\int_{-\infty}^{+\infty}[f(t)]^2\mathrm{d}t = \frac{1}{2\pi}\int_{-\infty}^{+\infty}\overline{F(\omega)}F(\omega)\mathrm{d}\omega = \frac{1}{2\pi}\int_{-\infty}^{+\infty} |F(\omega)|^2\mathrm{d}\omega.$$

在 Parseval 等式中，$\int_{-\infty}^{+\infty}[f(t)]^2\mathrm{d}t$ 表示 $f(t)$在$(-\infty,+\infty)$上的总能量，这个名词源于这个积分在物理学中常表示能量或功率，而能与功是可以相互转化的，所以常被称作功率积分，如电工学中单位电阻消耗的能量 $W=I^2$. 对变电流 $i(t)$，当 $t\in(-\infty,+\infty)$时，电路中单位电阻上消耗的功率为 $w=\int_{-\infty}^{+\infty} i^2(t)\mathrm{d}t$.

由式(7.3.9)知，$|F(\omega)|^2$ 反映了 $f(t)$的总能量随 ω 的分布密度. 所以称 $|F(\omega)|^2$ 为 $f(t)$的能量密度函数(或能量谱密度函数)，简称为能量谱密度，记作 $S(\omega)$，即

$$S(\omega)=|F(\omega)|^2. \tag{7.3.10}$$

由于 $S(-\omega)=|F(-\omega)|^2=|\overline{F(\omega)}|^2=|F(\omega)|^2=S(\omega)$，因此能量谱密度函数是关于频率 ω 的偶函数. 同时，若 $\mathscr{F}[f_1(t)]=F_1(\omega)$，$\mathscr{F}[f_2(t)]=F_2(\omega)$，称 $S_{12}(\omega)=\overline{F_1(\omega)}F_2(\omega)$为互能量谱密度函数.

易知 $S_{12}(\omega)$具有下述性质：

$$\begin{cases} S_{12}(-\omega) = \overline{S_{12}(\omega)}, \\ S_{12}(-\omega) = S_{21}(\omega). \end{cases} \tag{7.3.11}$$

例 7.3.8 计算积分 $\int_{-\infty}^{+\infty} \frac{\sin^2 t}{t^2} \mathrm{d}t$.

解 取 $f(t)=\frac{\sin t}{t}$，由例 7.1.1 知 $F(\omega)=\mathscr{F}[f(t)]=\begin{cases} \pi, & |\omega|<1, \\ \pi/2, & |\omega|=1, \\ 0, & |\omega|>1. \end{cases}$ 由 Parseval 等式，

$$\int_{-\infty}^{+\infty} \frac{\sin^2 t}{t^2} \mathrm{d}t = \frac{1}{2\pi}\int_{-\infty}^{+\infty} |F(\omega)|^2 \mathrm{d}\omega = \frac{1}{2\pi}\int_{-1}^{1} \pi^2 \mathrm{d}\omega = \pi.$$

*3. 相关函数

相关函数与能量谱密度有着密切的关系，它在频谱分析中起着重要的作用.

定义 7.3.1 对于两个不同的函数 $f_1(t)$ 和 $f_2(t)$，若含参变量的广义积分 $\int_{-\infty}^{+\infty} f_1(t) f_2(t+\tau) \mathrm{d}t$ 收敛，则称此积分为函数 $f_1(t)$ 与 $f_2(t)$ 的**互相关函数**，记作 $R_{12}(\tau)$，即

$$R_{12}(\tau) = \int_{-\infty}^{+\infty} f_1(t) f_2(t+\tau) \mathrm{d}t. \tag{7.3.12}$$

当 $f_1(t)=f_2(t)=f(t)$ 时，称 $R_{12}(\tau)$ 为 $f(t)$ 的自相关函数，且记为 $R(\tau)$，即

$$R(\tau) = \int_{-\infty}^{+\infty} f(t) f(t+\tau) \mathrm{d}t. \tag{7.3.13}$$

下面介绍相关函数的性质.

性质 7.3.1

$$R_{12}(-\tau) = R_{21}(\tau). \tag{7.3.14}$$

事实上，
$$\begin{aligned} R_{12}(-\tau) &= \int_{-\infty}^{+\infty} f_1(t) f_2(t-\tau) \mathrm{d}t = \int_{-\infty}^{+\infty} f_1(u+\tau) f_2(u) \mathrm{d}u \\ &= \int_{-\infty}^{+\infty} f_2(u) f_1(u+\tau) \mathrm{d}u = R_{21}(\tau). \end{aligned}$$

性质 7.3.2 $R(\tau)=R(-\tau)$.

在性质 7.3.1 中，令 $f_1(t)=f_2(t)=f(t)$，即有 $R(\tau)=R(-\tau)$.

性质 7.3.3 自相关函数 $R(\tau)$ 与能谱密度 $S(\omega)$ 构成了一个傅里叶变换对，即

$$\mathscr{F}[R(\tau)] = S(\omega). \tag{7.3.15}$$

证 设 $\mathscr{F}[f(t)]=F(\omega)$，由乘积定理，则有

$$\begin{aligned}R(\tau) &= \int_{-\infty}^{+\infty} f(t) f(t+\tau) \mathrm{d}t = \frac{1}{2\pi}\int_{-\infty}^{+\infty} \overline{F(\omega)}\mathscr{F}[f(t+\tau)]\mathrm{d}\omega \\ &= \frac{1}{2\pi}\int_{-\infty}^{+\infty} \overline{F(\omega)}F(\omega)\mathrm{e}^{\mathrm{j}\omega\tau}\mathrm{d}\omega = \frac{1}{2\pi}\int_{-\infty}^{+\infty} |F(\omega)|^2\mathrm{e}^{\mathrm{j}\omega\tau}\mathrm{d}\omega \\ &= \frac{1}{2\pi}\int_{-\infty}^{+\infty} S(\omega)\mathrm{e}^{\mathrm{j}\omega\tau}\mathrm{d}\omega = \mathscr{F}^{-1}[S(\omega)],\end{aligned}$$

即 $\mathscr{F}[R(\tau)]=S(\omega)$.

因为 $R(\tau)$ 与 $S(\omega)$ 均是偶函数,所以有

$$\begin{cases} R(\tau) = \dfrac{1}{2\pi}\displaystyle\int_{-\infty}^{+\infty} S(\omega)\cos\omega\tau\,\mathrm{d}\omega, \\ S(\omega) = \dfrac{1}{2\pi}\displaystyle\int_{-\infty}^{+\infty} R(\tau)\cos\omega\tau\,\mathrm{d}\tau. \end{cases} \tag{7.3.16}$$

性质 7.3.4　$\mathscr{F}[R_{12}(\tau)]=S_{12}(\omega)$.

性质 7.3.4 的证明留给读者.

例 7.3.9　对于指数衰减函数 $f(t)=\begin{cases}\mathrm{e}^{-\beta t}, & t\geqslant 0,\\ 0, & t<0\end{cases}$ $(\beta>0)$,求 $R(\tau)$ 及 $S(\omega)$.

解　由于 $\mathscr{F}[f(t)]=F(\omega)=\dfrac{1}{\beta+\mathrm{j}\omega}$,则

$$S(\omega) = |F(\omega)|^2 = \frac{1}{\beta^2+\omega^2},$$

而

$$R(\tau) = \mathscr{F}^{-1}[S(\omega)] = \frac{1}{2\pi}\int_{-\infty}^{+\infty} \frac{1}{\beta^2+\omega^2}\mathrm{e}^{\mathrm{j}\omega\tau}\mathrm{d}\omega,$$

当 $\tau>0$ 时,

$$R(\tau) = \frac{1}{2\pi}\cdot 2\pi\mathrm{j}\,\mathrm{Res}\left[\frac{\mathrm{e}^{\mathrm{j}\omega\tau}}{\beta^2+\omega^2},\mathrm{j}\beta\right] = \frac{1}{2\beta}\mathrm{e}^{-\beta\tau}.$$

因 $R(\tau)$ 在 $(-\infty,+\infty)$ 连续且为偶函数,故当 $\tau\leqslant 0$ 时,

$$R(\tau) = R(-\tau) = \frac{1}{2\beta}\mathrm{e}^{\beta\tau} = \frac{1}{2\beta}\mathrm{e}^{-\beta|\tau|},$$

所以

$$R(\tau) = \frac{1}{2\beta}\mathrm{e}^{-\beta|\tau|},\quad \tau\in(-\infty,+\infty).$$

小结与点注

本章阐述了傅里叶变换的理论基础及其基本性质,引入了广义函数 δ 函数,论

述了傅里叶变换在实际中的应用. 主要贯穿以下几个问题：

(1) 非周期函数的傅氏积分公式与周期函数展成傅氏级数的意义相同. 这正是傅里叶变换在频谱分析中有着广泛应用的原因，这是由傅里叶变换的理论基础所决定的. 非周期函数与周期函数从直观上似乎没有什么关系，但经恰当构造周期函数再通过极限手段，它们间的关系被简单而准确的表示出来，即 $f(t)=\lim\limits_{T\to+\infty} f_T(t)$，$f_T(t)$是与非周期函数 $f(t)$对应的周期函数. 这个结论是对人们以往直观感觉的修正和完善. 以傅氏级数为基础，这个结论作桥梁，结合积分理论，非周期函数 $f(t)$ 的傅氏积分公式被导出. 从导出过程可以知道，$f(t)$的像函数 $F(\omega)$中的 ω 表示变化着的频率，频率为 ω 时 $f(t)$的频率分量为$\frac{1}{2\pi}F(\omega)\mathrm{e}^{\mathrm{j}\omega t}\mathrm{d}\omega$，频率分量幅值为$\frac{1}{2\pi}|F(\omega)|$，因$\frac{1}{2\pi}$为常数，所以定义$|F(\omega)|$为 $f(t)$的幅频函数，由此可体会到做出这个定义的合理性. 这使傅里叶变换在频谱分析中得到了广泛的应用.

(2) 傅里叶变换有诸多性质，内容各异，但共同的规律是：它们都几乎反映的是像原函数(或像函数)改变后的像(或原像)与改变前的像(或原像)间的关系，如

$$\mathscr{F}[f(t-b)]=\mathrm{e}^{-\mathrm{j}\omega b}\mathscr{F}[f(t)],\quad \mathscr{F}[f^{(n)}(t)]=(\mathrm{j}\omega)^n\mathscr{F}[f(t)],$$

$$\mathscr{F}^{-1}[F^{(n)}(\omega)]=(-\mathrm{j}t)^n\mathscr{F}^{-1}[F(\omega)],\quad \mathscr{F}^{-1}\left[\frac{1}{\mathrm{j}\omega}F(\omega)\right]=\int_{-\infty}^{t}\mathscr{F}^{-1}[F(\omega)]\mathrm{d}t$$

等. 这种规律性使得可通过其一求出另一，如例 7.1.5. 通过这个例子知道，由傅里叶变换定义求得的一些函数的像函数，其结论可作为应用傅氏性质的基础. 对一些复杂函数的傅里叶变换，综合运用傅里叶变换的性质，可使计算或证明变得简单，这常是傅里叶变换定义所不能及的. 例如，利用傅里叶变换的相似性质和位移性质，证明当$F(\omega)=\mathscr{F}[f(t)]$时，

$$\mathscr{F}[f(at-t_0)]=\frac{1}{|a|}F\left(\frac{\omega}{a}\right)\mathrm{e}^{-\mathrm{j}\omega t_0/a},\quad \mathscr{F}[f(t_0-at)]=\frac{1}{|a|}F\left(-\frac{\omega}{a}\right)\mathrm{e}^{-\mathrm{j}\omega t_0/a}$$

是简单的. 总之，熟练掌握运用傅里叶变换的性质，能获得良好的分析和计算技能.

(3) δ 函数的引入扩充了函数的范围，使一些瞬时激扰问题得以解决. 以改经典数学用自变量的值与函数值对应来定义函数的方法，根据广义函数的理论，本章将 δ 函数定义为普通函数序列 δ_ε 当 $\varepsilon\to0$ 时的弱极限. 这种定义可形象的理解成 $\delta(t)$对无穷次可微函数 $f(t)$的"作用".

作为广义函数萌芽的 δ 函数经历了被人们嘲笑到普遍认同的全过程，1926 年物理学家 Dirac 从集中于点 $x=0$ 单位物理量的分布密度出发，猜想存在形如 $\delta(t)$ 的函数并推得了一些基本性质，他将那样的函数应用于量子力学的表述中并取得了成功. 然而从经典数学的观点看，这样的函数不可能存在. 因此，量子物理学家给

数学界提出了一个挑战性问题，直到 1950～1951 年，Schwartz 将广义函数定义成基本函数空间上的连续线性泛函，建立了严密而系统的理论，取得了一系列有深远意义的成果，不久为世人所公认，Schwartz 也因此荣获 Fields 奖(1950). δ 函数也被证明是广义函数.

工程实际中的一些瞬时激扰常用 δ 函数来描述，也常涉及 δ 函数的傅里叶变换，要解决好这些问题，就要求掌握 δ 函数的性质及其傅里叶变换的结论. 例如，对任一连续函数 $f(t)$，$\int_{-\infty}^{+\infty}\delta(t-t_0)f(t)\mathrm{d}t=f(t_0)$，$\delta(t)$ 与 1，$\delta(t-t_0)$ 与 $\mathrm{e}^{-\mathrm{j}\omega t_0}$，1 与 $2\pi\delta(\omega)$，$\mathrm{e}^{\mathrm{j}\omega_0 t}$ 与 $2\pi\delta(\omega-\omega_0)$ 均为傅里叶变换对等.

(4) 除在频谱分析中的应用外，傅里叶变换在求解微分、积分、微积分方程及能谱分析等方面有着广泛的应用. 运用傅里叶变换的线性、微分、积分性质，可将某些偏微分方程的求解问题化成常微分方程的求解问题，将常微分方程的求解问题化成代数方程的求解问题，即将复杂问题转化成简单问题，如例 7.1.7，例 7.1.8*. 尤其是一些工程问题只需做频域分析时，逆变换都不用求，这种方法的优点尤为突出. 通过能量积分公式 $\int_{-\infty}^{+\infty}[f(t)]^2\mathrm{d}t=\frac{1}{2\pi}\int_{-\infty}^{+\infty}|F(\omega)|^2\mathrm{d}\omega$ 知，$|F(\omega)|^2$ 为 $f(t)$ 总能量的密度函数，反映 $f(t)$ 的总能量随 ω 的密集程度. 利用此公式，可求得一些不易求得的积分，如 $\int_{-\infty}^{+\infty}\frac{\sin^2 t}{t^2}\mathrm{d}t$ 等.

习　题　7

1. 求下列函数的傅里叶变换：

(1) $f(t)=\begin{cases}1-|t|, & |t|\leqslant 1,\\ 0, & |t|>1;\end{cases}$

(2) $f(t)=\begin{cases}\mathrm{e}^{-|t|}, & |t|\leqslant \frac{1}{2},\\ 0, & |t|>\frac{1}{2};\end{cases}$

(3) $f(t)=\mathrm{e}^{-\frac{(\pi t)^2}{\alpha}}$；

(4) $f(t)=\frac{1}{\sqrt{2\pi}}\mathrm{e}^{-\frac{t^2}{2\sigma^2}}$，　此函数称为 Gauss 分布函数.

2. 求下列函数的傅里叶变换并写出其积分表达式.

(1) $f(t)=\begin{cases}-1, & -1\leqslant t<0,\\ 1, & 0\leqslant t<1,\\ 0, & \text{其他};\end{cases}$

(2) $f(t)=\begin{cases}0, & t<0,\\ \mathrm{e}^{-t}\sin 2t, & t\geqslant 0;\end{cases}$

(3) $f(t)=\mathrm{e}^{-a|t|}$， $a>0$.

3. 设 $f(t)$满足傅氏积分定理条件，$F(\omega)=\mathscr{F}[f(t)]$，证明

(1) 当 $f(t)$为奇函数时，$F(-\omega)=-F(\omega)$且

$$f(t)=\frac{2}{\pi}\int_0^{+\infty}\left(\int_0^{+\infty}f(\tau)\sin\omega\tau\,\mathrm{d}\tau\right)\sin\omega t\,\mathrm{d}\omega;$$

(2) 当 $f(t)$为偶函数时，$F(-\omega)=F(\omega)$且

$$f(t)=\frac{2}{\pi}\int_0^{+\infty}\left(\int_0^{+\infty}f(\tau)\cos\omega\tau\,\mathrm{d}\tau\right)\cos\omega t\,\mathrm{d}\omega.$$

4. 求下列函数的傅里叶变换并推证相应的积分结果：

(1) 设 $f(t)=\begin{cases}1, & |t|\leqslant 1,\\ 0, & |t|>1,\end{cases}$ 证明

$$\int_0^{+\infty}\frac{\sin\omega\cos\omega t}{\omega}\mathrm{d}\omega=\begin{cases}\dfrac{\pi}{2}, & |t|<1,\\ \dfrac{\pi}{4}, & |t|=1,\\ 0, & |t|>1;\end{cases}$$

(2) $f(t)=\begin{cases}\sin t, & |t|\leqslant\pi,\\ 0, & |t|>\pi,\end{cases}$ 证明

$$\int_0^{+\infty}\frac{\sin\omega\pi\sin\omega t}{1-\omega}\mathrm{d}\omega=\begin{cases}\dfrac{\pi}{2}\sin t, & |t|\leqslant\pi,\\ 0, & |t|>\pi;\end{cases}$$

(3) $f(t)=\begin{cases}1-t^2, & |t|\leqslant 1,\\ 0, & |t|>1,\end{cases}$证明 $\displaystyle\int_0^{+\infty}\frac{t\cos t-\sin t}{t^3}\cos\frac{t}{2}\mathrm{d}t=-\frac{3}{16}\pi$；

(4) $f(t)=\mathrm{e}^{-|t|}\cos t$，证明 $\displaystyle\int_0^{+\infty}\frac{\omega^2+4}{\omega^2+2}\cos\omega t\,\mathrm{d}\omega=\frac{\pi}{2}\mathrm{e}^{-|t|}\cos t$.

5. 若 $F(\omega)=\mathscr{F}[f(t)]$，证明

$$\mathscr{F}[f(t)\cos\omega_0 t]=\frac{1}{2}[F(\omega-\omega_0)+F(\omega+\omega_0)],$$

$$\mathscr{F}[f(t)\sin\omega_0 t]=\frac{1}{2\mathrm{j}}[F(\omega-\omega_0)+F(\omega+\omega_0)].$$

6. 设 $F(\omega)=\mathscr{F}[f(t)]$，$a\neq 0$ 为常数，试证明

(1) $\mathscr{F}[f(at-t_0)]=\dfrac{1}{|a|}F\left(\dfrac{\omega}{a}\right)\mathrm{e}^{-\mathrm{j}\frac{\omega}{a}t_0}$；

(2) $\mathscr{F}[f(t_0-at)]=\dfrac{1}{|a|}F\left(-\dfrac{\omega}{a}\right)\mathrm{e}^{-\mathrm{j}\frac{\omega}{a}t_0}$.

7. 利用傅里叶变换的性质及第 6 题结论求下列函数的傅里叶变换：

(1) $f(t)=3f_1(t)+4f_2(t)$，其中，

$$f_1(t)=\begin{cases}E, & |t|<2,\\ 0, & |t|\geqslant 2,\end{cases}\quad f_2(t)=\begin{cases}-E, & |t|<1,\\ 0, & |t|\geqslant 1,\end{cases}\quad E>0,\text{为常数；}$$

(2) $tf(t)$；　(3) $(t-2)f(-2t)$；　(4) $(1-t)f(1-t)$；

(5) $tf(t)$；　(6) $f(7t)-tf'(t)$；　(7) $f(2t-5)$.

*8. 设 $\delta_\varepsilon=\begin{cases}\dfrac{1}{\varepsilon}, & 0\leqslant t\leqslant\varepsilon,\\ 0, & 其他,\end{cases}$　$\varepsilon>0$,证明：

$$\lim_{\varepsilon\to0}\delta_\varepsilon(t)\overset{弱}{=}\delta(t),\quad -\infty<t<+\infty.$$

9. 计算下列积分(其中,$f(t)$为连续函数)：

(1) $\int_{-\infty}^{+\infty}\delta(t)f(t)\cos\omega_0 t\mathrm{d}t$；　(2) $\int_{-\infty}^{+\infty}\delta(t)f(t)\sin\omega_0 t\mathrm{d}t$；

(3) $\int_{-\infty}^{+\infty}\delta(t-3)(t^2+1)\mathrm{d}t$；　(4) $\int_{-\infty}^{+\infty}\delta\left(t-\frac{\pi}{6\omega_0}\right)\cos\omega_0 t\mathrm{d}t$.

10. 求下列函数的傅氏逆变换：

(1) 已知 $f(t)=\begin{cases}E, & -\frac{\tau}{2}\leqslant t\leqslant\frac{\tau}{2},\\ 0, & 其他,\end{cases}$　$F(\omega)=\mathscr{F}[f(t)]=\frac{2E}{\omega}\sin\frac{\omega\tau}{2}$,

$$G(\omega)=\frac{2E}{\omega}\mathrm{e}^{-\mathrm{j}\frac{\omega\tau}{2}}\sin\frac{\omega\tau}{2},$$

求 $\mathscr{F}^{-1}[G(\omega)]$；

(2) $F(\omega)=\frac{2}{(3+\mathrm{j}\omega)(5+\mathrm{j}\omega)}$；

(3) $F(\omega)=\pi\mathrm{j}[\delta(\omega+\omega_0)-\delta(\omega-\omega_0)]$；

(4) $F(\omega)=\frac{6}{\mathrm{j}\omega}+\pi\delta(\omega)$；

(5) $F(\omega)=\frac{\mathrm{j}\omega}{\beta+\mathrm{j}\omega}$,　$\beta>0$；

*(6) $F(\omega)=\frac{\omega^2+10}{(5+\mathrm{j}\omega)(9+\omega^2)}$.

11. 设 $f(t)=\delta(t+a)+\delta(t-a)-\delta\left(t+\frac{t_0}{2}\right)$,求 $\mathscr{F}[f(t)]$.

12. 求下列函数的傅里叶变换：

(1) $f(t)=\sin^3 t$；　(2) $f(t)=\sin(5-2t)$；

(3) $f(t)=u(t-\tau)$；　(4) $f(t)=u(t)\sin\omega_0 t$；

(5) $f(t)=u(t)\cos\omega_0 t$；　(6) $f(t)=\mathrm{e}^{-\alpha t}u(t)\sin\omega_0 t,\alpha>0$；

(7) $f(t)=\mathrm{e}^{\mathrm{j}\omega_0 t}u(t-t_0)$；　(8) $f(t)=\mathrm{e}^{-\alpha t}u(t)\cos\omega_0 t,\alpha>0$；

(9) $f(t)=t\mathrm{e}^{-\alpha t}u(t),\alpha>0$；　(10) $\mathrm{sign}(t)=\begin{cases}-1 & t<0,\\ 1, & t>0.\end{cases}$

13. 证明：如果 $\mathscr{F}[\mathrm{e}^{\mathrm{j}\varphi(t)}]=F(\omega)$,其中,$\varphi(t)$为连续实函数,则

$$\mathscr{F}[\cos\varphi(t)]=\frac{1}{2}[F(\omega)+\overline{F(-\omega)}],\quad \mathscr{F}[\sin\varphi(t)]=\frac{1}{2\mathrm{j}}[F(\omega)-\overline{F(-\omega)}],$$

其中，$\overline{F(-\omega)}$为$F(-\omega)$的共轭函数.

14. 利用傅里叶变换的对称性质求$\mathscr{F}^{-1}[u(-\omega)]$，其中，$u(\omega)$为单位阶跃函数.

15. 求函数$f_1(t)$与$f_2(t)$的卷积：

(1) $f_1(t)=u(t), f_2(t)=e^{-at}u(t)$；

(2) $f_1(t)=e^{-at}u(t), f_2(t)=u(t)\sin t$；

(3) $f_1(t)=e^{-t}u(t), f_2(t)=\begin{cases}\sin t, & 0<t<\dfrac{\pi}{2},\\ 0, & \text{其他};\end{cases}$

(4) $f_1(t)=e^t\cos t, f_2(t)=\delta(t+1)+\delta(t-1)$.

16. 证明：$f(t)*\delta(t-t_0)=f(t-t_0)$.

17. 证明下列各题(其中，a为常数)：

(1) $a[f_1(t)*f_2(t)]=[af_1(t)]*f(t)_2=f(t)_1*[af_2(t)]$；

(2) $e^{at}[f_1(t)*f_2(t)]=[e^{at}f_1(t)]*[e^{at}f_2(t)]$；

(3) $\dfrac{d}{dt}[f_1(t)*f_2(t)]=\dfrac{df_1(t)}{dt}*f_2(t)=f(t)_1*\dfrac{df_2(t)}{dt}$；

(4) $[f_1(t)+f_2(t)]*g(t)=f_1(t)*g(t)+f_2(t)*g(t)$.

18. 设$F_1(\omega)=j\pi[\delta(\omega+\omega_0)-\delta(\omega-\omega_0)]$，$F_2(\omega)=\pi[\delta(\omega+\omega_0)+\delta(\omega-\omega_0)]$，求$\mathscr{F}^{-1}[F_1(\omega)*F_2(\omega)]$.

19. 利用傅里叶变换求解下列积分方程：

(1) $\displaystyle\int_0^{+\infty}g(\omega)\sin\omega t\,d\omega=\begin{cases}1, & 0\leqslant t<1,\\ 2, & 1\leqslant t<2,\\ 0, & t\geqslant 2;\end{cases}$

(2) $\displaystyle\int_0^{+\infty}g(t)\cos\omega t\,d\omega=\frac{\sin\omega}{\omega}$.

20. $f(t)=\begin{cases}0, & t<0,\\ -3\lambda t, & t\geqslant 0,\end{cases}$ $\lambda>0$，求$f(t)$的频谱函数及振幅频谱.

21. 证明周期为T的非正弦函数$f(t)$的频谱函数为

$$F(\omega)=2\pi\sum_{n=-\infty}^{\infty}c_n\delta(\omega-n\omega_0),$$

其中，c_n为$f(t)$的傅氏级数展开式中的系数.

22. 求出$f(t)=E\dfrac{\sin\omega_0 t}{t}$的频谱函数，并画出它的振幅频谱图.

23. 已知某波形的相关函数$R(\tau)=\dfrac{1}{2}\cos(\omega_0\tau)$，求这个波形的能量谱密度.

24. 利用能量积分公式及傅里叶变换简表计算下列积分.

(1) $\displaystyle\int_{-\infty}^{+\infty}\frac{1-\cos t}{t^2}dt$；　　(2) $\displaystyle\int_{-\infty}^{+\infty}\left(\frac{1-\cos t}{t}\right)^2dt$；

(3) $\displaystyle\int_{-\infty}^{+\infty}\frac{t^2}{(1+t^2)^2}dt$；　　(4) $\displaystyle\int_{-\infty}^{+\infty}\frac{1}{(1+t^2)^2}dt$.

* 25. 利用傅里叶变换证明弦振动方程

$$\begin{cases} \dfrac{\partial^2 u}{\partial t^2} = a^2 \dfrac{\partial^2 u}{\partial x^2}, & -\infty < x < +\infty, t > 0, \\ u(x,0) = \varphi(x), \left.\dfrac{\partial u}{\partial t}\right|_{(x,0)} = \psi(x) \end{cases}$$

的解由达朗贝尔公式给出

$$u(x,t) = \frac{1}{2}[\varphi(x+at) + \varphi(x-at)] + \frac{1}{2a}\int_{x-at}^{x+at} \psi(\tau)\mathrm{d}\tau.$$

* 26. 求 $f(x,y,z) = A\mathrm{e}^{-a^2(x^2+y^2+z^2)}$ 的三维傅里叶变换.

第 8 章　拉普拉斯变换

在利用傅里叶变换解决实际问题时，会遇到一些困难. 由于傅里叶变换要求被变换的函数除在有限区间上满足 Dirichlet 条件外，还要求函数在$(-\infty,+\infty)$上绝对可积. 这个条件实际上很苛刻，很多常见且在工程上有着广泛应用的函数(如常值函数、单位阶跃函数、正弦余弦函数、多项式函数等)都不满足，因而这些函数在古典积分意义下的傅里叶变换不存在，这使它们的应用受到了很大的限制. 为解决这个问题，人们引入拉普拉斯(Laplace)变换的概念.

8.1　拉普拉斯变换的理论基础

一、拉普拉斯变换的概念

定义 8.1.1　设函数 $f(t)$在 $t\geqslant 0$ 时有定义，且含复参变量 s 的积分

$$\int_0^{+\infty} f(t)\mathrm{e}^{-st}\,\mathrm{d}t$$

在复平面 s 的某区域内收敛，则称由这个积分确定的函数

$$F(s)=\int_0^{+\infty} f(t)\mathrm{e}^{-st}\,\mathrm{d}t \tag{8.1.1}$$

为 $f(t)$的**拉普拉斯变换**，并记为 $\mathscr{L}[f(t)]$，即

$$\mathscr{L}[f(t)]=F(s)=\int_0^{+\infty} f(t)\mathrm{e}^{-st}\,\mathrm{d}t. \tag{8.1.2}$$

在式(8.1.1)中，称 $F(s)$为 $f(t)$的**像函数**；称 $f(t)$为 $F(s)$的**像原函数**，或 $F(s)$的**拉普拉斯逆变换**，记作

$$f(t)=\mathscr{L}^{-1}[F(s)].$$

$f(t)$的拉普拉斯变换实际上是对 $f(t)$进行"改造"后的傅里叶变换. 事实上，在式(8.1.1)中，令 $s=\beta+\mathrm{j}\omega$，则

$$\begin{aligned}\mathscr{L}[f(t)]&=\int_0^{+\infty} f(t)\mathrm{e}^{-st}\,\mathrm{d}t=\int_0^{+\infty} f(t)\mathrm{e}^{-\beta t}\mathrm{e}^{-\mathrm{j}\omega t}\,\mathrm{d}t\\&=\int_{-\infty}^{+\infty} f(t)u(t)\mathrm{e}^{-\beta t}\mathrm{e}^{-\mathrm{j}\omega t}\,\mathrm{d}t=\mathscr{F}[f(t)u(t)\mathrm{e}^{-\beta t}].\end{aligned} \tag{8.1.3}$$

其“改造”性表现如下：

(1) 当 $t<0$，$f(t)$无定义时，对 $f(t)$的定义进行补充，规定 $f(t)=0$，这使得 $f(t)$在$(-\infty,+\infty)$上有定义，这种情况常见于工程上 t 表示时间的情形.

(2) 虽然 $t<0$ 时 $f(t)$有定义，但只考虑 $t\geqslant 0$ 时对 $f(t)$的变换，$f(t)u(t)$实际上是对 $f(t)$在 $t<0$ 时的定义进行了修正. 重新定义：$t<0$ 时 $f(t)=0$.

(3) $f(t)$的拉普拉斯变换在古典积分意义下有良好的收敛性. 许多常见函数因在$(-\infty,+\infty)$上绝对可积的条件不满足，其傅里叶变换在古典积分意义下不存在，但只要恰当地确定式(8.1.3)中$\beta=\mathrm{Re}(s)>c$ 的范围，$\int_{-\infty}^{+\infty} f(t)u(t)\mathrm{e}^{-(\beta+\mathrm{j}\omega)t}\mathrm{d}t$ 在古典积分意义下就会绝对收敛，从而 $\mathscr{L}[f(t)]$存在. 也就是说，$f(t)u(t)\mathrm{e}^{-\beta t}$ 中的 $\mathrm{e}^{-\beta t}$是对傅里叶变换

$$\int_{-\infty}^{+\infty}[f(t)u(t)\mathrm{e}^{-\beta t}]\mathrm{e}^{-\mathrm{j}\omega t}\mathrm{d}t$$

的收敛性进行“调控”的，$u(t)$是对 $f(t)$在 $t<0$ 时补充或修正定义的. 所以这使得在古典积分意义下傅里叶变换不存在的函数，它们的拉普拉斯变换却存在，如常值函数、多项式函数、正弦、余弦函数等，从而使它们在实际中得到了广泛的应用.

例 8.1.1　求单位阶跃函数 $u(t)=\begin{cases}1, & t>0,\\ 0, & t<0,\end{cases}$ 的拉普拉斯变换.

解　由式(8.1.1)，$\mathscr{L}[u(t)]=\int_0^{+\infty}\mathrm{e}^{-st}\mathrm{d}t=-\frac{1}{s}\mathrm{e}^{-st}\Big|_0^{+\infty}=\frac{1}{s}\ (\mathrm{Re}(s)>0)$.

例 8.1.2　求正弦函数 $f(t)=\sin kt$ (k 为实常数)的拉普拉斯变换.

解　由式(8.1.1)，

$$\mathscr{L}[\sin kt]=\int_0^{+\infty}\sin(kt)\mathrm{e}^{-st}\mathrm{d}t=\left[\frac{\mathrm{e}^{-st}}{s^2+k^2}(-s\sin kt-k\cos kt)\right]_0^{+\infty}$$

$$=\frac{k}{s^2+k^2},\quad \mathrm{Re}(s)>0.$$

例 8.1.3　求指数函数 $f(t)=\mathrm{e}^{kt}$，$t\geqslant 0$ 的拉普拉斯变换.

解　由式(8.1.1)，

$$\mathscr{L}[\mathrm{e}^{kt}]=\int_0^{+\infty}\mathrm{e}^{kt}\mathrm{e}^{-st}\mathrm{d}t=-\frac{1}{s-k}\mathrm{e}^{-(s-k)t}\Big|_0^{+\infty}$$

$$=\frac{1}{s-k},\quad \mathrm{Re}(s)>k.$$

二、拉普拉斯变换的存在性定理

相对傅里叶变换存在的条件，拉普拉斯变换存在的条件要弱的多，但一个函数的拉普拉斯变换的存在，还是要具备一些条件的.

定理 8.1.1(Laplace 变换存在定理) 设函数 $f(t)$满足下列条件：

(1) 在 $t\geqslant 0$ 的任一有限区间上分段连续；

(2) 当 $t\to+\infty$时，$f(t)$的增长速度不超过某一指数型函数，即存在常数 $M>0$ 及 $c_0\geqslant 0$，使得

$$|f(t)|\leqslant Me^{c_0 t},\quad 0\leqslant t<+\infty \tag{8.1.4}$$

成立，则

(i) 函数 $f(t)$的拉普拉斯变换在 $\mathrm{Re}(s)>c_0$ 内存在，而且 $\mathscr{L}[f(t)]$的积分表达式绝对收敛；

(ii) 像函数 $F(s)$在 $\mathrm{Re}(s)>c_0$ 内解析，且有 $F'(s)=\mathscr{L}[-tf(t)]$，其中 c_0 称为 $f(t)$的增长指数.

* **证** (i) 设 $s=\beta+j\omega$，对 $\forall c_1>c_0$，当 $\beta\geqslant c_1$ 时，由式(8.1.4)，对 $\forall t\geqslant 0$，

$$|f(t)e^{-st}|=|f(t)|e^{-\beta t}\leqslant Me^{-(\beta-c_0)t}\leqslant Me^{-(c_1-c_0)t},$$

$$\int_0^{+\infty}|f(t)e^{-st}|dt\leqslant M\int_0^{+\infty}e^{-(c_1-c_0)t}dt=\frac{-M}{\beta-a}[e^{-(c_1-c_0)t}]_0^{+\infty}=\frac{M}{c_1-c_0},$$

所以 $\int_0^{+\infty}f(t)e^{-st}dt$ 在 $\mathrm{Re}(s)\geqslant c_1>c_0$ 内绝对一致收敛.

令 $c_1\to c_0$，则 $\mathscr{L}[f(t)]$的积分式 $\int_0^{+\infty}f(t)e^{-st}dt$ 在 $\mathrm{Re}(s)>c_0$ 内绝对收敛，必然收敛，所以 $\mathscr{L}[f(t)]$ 在 $\mathrm{Re}(s)>c_0$ 内存在.

(ii) 在 $\mathrm{Re}(s)\geqslant c_1>c_0$ 内，由于 $\left|\frac{d}{ds}[f(t)e^{-st}]\right|=|-tf(t)e^{-st}|\leqslant Mte^{-(c_1-c_0)t}$，

$$\int_0^{+\infty}\left|\frac{d}{ds}[f(t)e^{-st}]\right|dt\leqslant\int_0^{+\infty}Mte^{-(c_1-c_0)t}dt=\frac{M}{(c_1-c_0)^2},$$

所以 $\int_0^{+\infty}\frac{d}{ds}[f(t)e^{-st}]dt$ 绝对一致收敛. 因此 $F(s)=\int_0^{+\infty}f(t)e^{-st}dt$ 在 $\mathrm{Re}(s)\geqslant c_1>c_0$ 内可导. 令 $c_1\to c_0$，则 $F(s)$ 在 $\mathrm{Re}(s)>c_0$ 内可导、解析，且有

$$F'(s)=\int_0^{+\infty}\frac{d}{ds}[f(t)e^{-st}]dt=\int_0^{+\infty}-tf(t)e^{-st}dt=\mathscr{L}[-tf(t)].$$

定理 8.1.1 的条件虽是充分的，但许多常用的函数都能够满足. 例如，常值函数，单位阶跃函数，正弦、余弦函数，幂函数($C,u(t),\sin t,\cos t,t^n$)等，它们虽不满足在$(-\infty,+\infty)$上绝对可积的条件，但它们的增大却不超过指数型函数.

例如，$|u(t)|=1\leqslant 1\cdot c^{0\cdot t}$，$|\sin t|\leqslant 1=1\cdot e^{0\cdot t}$，$|\cos t|\leqslant 1=1\cdot e^{0\cdot t}$(其中，$M=1,c_0=0$)；对 t^n，因为 $\lim\limits_{t\to+\infty}\frac{t^n}{e^t}=0$，故存在 $T>0$，当 $t>T$ 时，$\frac{t^n}{e^t}<1$，因此$|t^n|\leqslant 1\cdot e^t$，这里，$M=1,c_0=1$.

上面的例子说明，一个函数的增长不超过指数型函数的条件比一个函数在 $(-\infty,+\infty)$ 上绝对可积的条件要弱的多.

下面讨论周期函数的拉普拉斯变换.

例 8.1.4　设 $f(t)$ 是以 T 为周期的周期函数，即 $f(t+T)=f(t)\,(t\geqslant 0)$，且在各周期上分段连续，证明：

$$\mathscr{L}[f(t)]=\frac{1}{1-\mathrm{e}^{-Ts}}\int_0^T f(t)\mathrm{e}^{-st}\mathrm{d}t. \tag{8.1.5}$$

由此求下列函数的拉普拉斯变换：

(1) 周期性三角波函数(图 8.1)

$$f(t)=\begin{cases} t, & 0\leqslant t<b, \\ 2b-t, & b\leqslant t<2b, \end{cases}\quad f(t+2b)=f(t);$$

(2) 全波整流函数(图 8.2)

$$f(t)=|\sin t| \quad (t\geqslant 0).$$

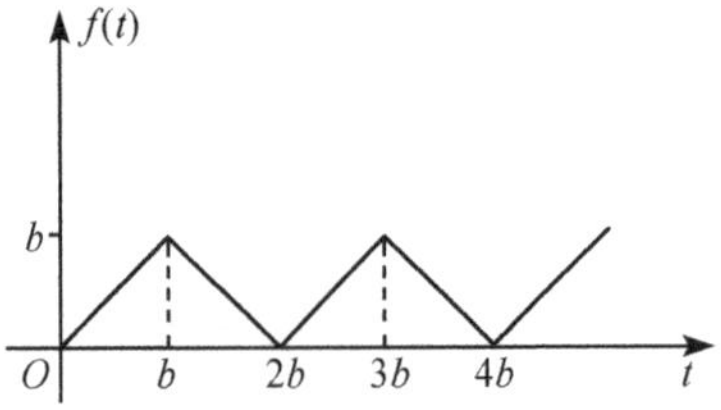

图 8.1　周期性三角波

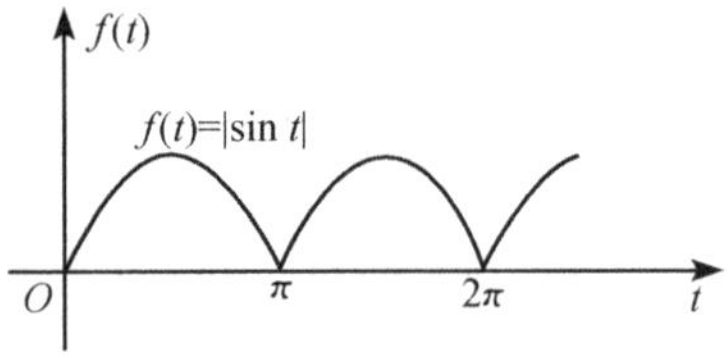

图 8.2　全波整流函数

证　$\mathscr{L}[f(t)]=\int_0^{+\infty}f(t)\mathrm{e}^{-st}\mathrm{d}t=\sum_{k=0}^{\infty}\int_{kT}^{(k+1)T}f(t)\mathrm{e}^{-st}\mathrm{d}t.$

令 $t=u+kT$，则可得

$$\mathscr{L}[f(t)]=\sum_{k=0}^{\infty}\left[\mathrm{e}^{-skT}\int_0^T f(u)\mathrm{e}^{-su}\mathrm{d}u\right]$$

$$=\left(\int_0^T f(t)\mathrm{e}^{-st}\mathrm{d}t\right)\sum_{k=0}^{\infty}\mathrm{e}^{-skT}=\frac{1}{1-\mathrm{e}^{-sT}}\int_0^T f(t)\mathrm{e}^{-st}\mathrm{d}t.$$

(1) $f(t)=\begin{cases} t, & 0\leqslant t<b, \\ 2b-t, & b\leqslant t<2b, \end{cases} f(t+2b)=f(t).$

这里，$T=2b$，由式(8.1.5)

$$\int_0^T f(t)\mathrm{e}^{-st}\mathrm{d}t=\int_0^{2b}f(t)\mathrm{e}^{-st}\mathrm{d}t$$

$$=\int_0^b t\mathrm{e}^{-st}\mathrm{d}t+\int_b^{2b}(2b-t)\mathrm{e}^{-st}\mathrm{d}t=\frac{1}{s^2}(1-\mathrm{e}^{-bs})^2,$$

所以

$$\mathscr{L}[f(t)]=\frac{1}{(1-e^{-2bs})s^2}(1-e^{-bs})^2=\frac{1}{s^2}\frac{(1-e^{-bs})^2}{(1-e^{-bs})(1+e^{-bs})}$$
$$=\frac{1}{s^2}\frac{1-e^{-bs}}{1+e^{-bs}}=\frac{1}{s^2}\text{th}\,\frac{bs}{2}.$$

(2) $f(t)=|\sin t|(t\geqslant 0)$，其中，$T=\pi$. 在$[0,\pi)$上，$f(t)=\sin t$，

$$\int_0^T f(t)e^{-st}dt=\int_0^\pi \sin t e^{-st}dt=\left[\frac{e^{-st}}{s^2+1}(-s\sin t-\cos t)\right]_0^\pi=\frac{1+e^{-\pi s}}{s^2+1},$$

所以

$$\mathscr{L}[f(t)]=\frac{1}{1-e^{-\pi s}}\frac{1+e^{-\pi s}}{s^2+1}=\frac{1}{s^2+1}\text{cth}\,\frac{\pi s}{2}.$$

三、δ 函数的拉普拉斯变换

若函数 $f(t)$满足拉普拉斯变换存在定理的条件，且在 $t=0$ 的邻域内有界，则

$$\int_0^{0^+} f(t)e^{-st}dt=0,$$
$$\int_{0^-}^{+\infty} f(t)e^{-st}dt=\int_{0^-}^{+\infty} f(t)e^{-st}dt=\int_{0^+}^{+\infty} f(t)e^{-st}dt.$$

但对 δ 函数，由于 $\int_{0^-}^{0^+}\delta(t)dt=\int_{-\infty}^{+\infty}\delta(t)dt=1$，因此

$$\int_{0^-}^{+\infty}\delta(t)dt=\int_{0^-}^{0^+}\delta(t)dt+\int_{0^+}^{+\infty}\delta(t)dt\neq\int_{0^+}^{+\infty}\delta(t)dt.$$

那么在拉普拉斯变换的定义中，积分式 $\int_0^{+\infty} f(t)e^{-st}dt$ 是理解成 $\int_{0^-}^{+\infty} f(t)e^{-st}dt$，还是理解成 $\int_{0^+}^{+\infty} f(t)e^{-st}dt$ 呢？

为了考虑这一情况，将进行拉普拉斯变换的函数 $f(t)$在 $t\geqslant 0$ 时有定义扩充为 $t>0$ 及 $t=0$ 的一个邻域内有定义. 这样，拉普拉斯变换的定义 $\mathscr{L}[f(t)]=\int_0^{+\infty} f(t)e^{-st}dt$ 应理解为 $\int_{0^-}^{+\infty} f(t)e^{-st}dt$，即

$$\mathscr{L}[f(t)]=\int_0^{+\infty} f(t)e^{-st}dt=\int_{0^-}^{+\infty} f(t)e^{-st}dt$$
$$=\int_{0^+}^{+\infty} f(t)e^{-st}dt+\int_{0^-}^{0^+} f(t)e^{-st}dt. \tag{8.1.6}$$

例 8.1.5 求单位脉冲函数 $\delta(t)$的拉普拉斯变换 $\mathscr{L}[\delta(t)]$.

解

$$\mathscr{L}[\delta(t)]=\int_0^{+\infty}\delta(t)e^{-st}dt=\int_{0^-}^{+\infty}\delta(t)e^{-st}dt=\int_{-\infty}^{+\infty}\delta(t)e^{-st}dt$$
$$=e^{-st}\big|_{t=0}=1.$$

一般地，

$$\mathscr{L}[\delta(t-t_0)]=\int_0^{+\infty}\delta(t-t_0)\mathrm{e}^{-st}\mathrm{d}t=\mathrm{e}^{-st_0},\quad t_0\geqslant 0. \tag{8.1.7}$$

通常记

$$\int_{0^+}^{+\infty}f(t)\mathrm{e}^{-st}\mathrm{d}t=\mathscr{L}_+[f(t)],\quad \int_{0^-}^{+\infty}f(t)\mathrm{e}^{-st}\mathrm{d}t=\mathscr{L}_-[f(t)].$$

在电路上，$\mathscr{L}_+[f(t)]$称为 0^+ 系统，0^+ 表示换路后初始时刻；$\mathscr{L}_-[f(t)]$称为 0^- 系统，0^- 表示换路前终止时刻.

例 8.1.6　设 $f(t)=\alpha\cos\left(t+\dfrac{\pi}{6}\right)\delta(t)-\beta\mathrm{e}^{-\beta t}u(3t-5)$（$\alpha,\beta$ 为常数，$\beta>0$），求 $f(t)$ 的拉普拉斯变换.

解　因 $u(3t-5)=u\left(t-\dfrac{5}{3}\right)$，所以

$$\begin{aligned}\mathscr{L}[f(t)]&=\int_0^{+\infty}\alpha\cos\left(t+\frac{\pi}{6}\right)\delta(t)\mathrm{e}^{-st}\mathrm{d}t-\beta\int_0^{+\infty}\mathrm{e}^{-\beta t}u\left(t-\frac{5}{3}\right)\mathrm{e}^{-st}\mathrm{d}t\\&=\alpha\int_{-\infty}^{+\infty}\cos\left(t+\frac{\pi}{6}\right)\delta(t)\mathrm{e}^{-st}\mathrm{d}t-\beta\int_{\frac{5}{3}}^{+\infty}\mathrm{e}^{-(\beta+s)t}\mathrm{d}t\\&=\alpha\left[\cos\left(t+\frac{\pi}{6}\right)\mathrm{e}^{-st}\right]_{t=0}+\frac{\beta}{\beta+s}\left[\mathrm{e}^{-(\beta+s)t}\right]\Big|_{5/3}^{+\infty}\\&=\frac{\sqrt{3}}{2}\alpha-\frac{\beta}{\beta+s}\mathrm{e}^{-\frac{5}{3}(\beta+s)},\quad \mathrm{Re}(s)>-\beta.\end{aligned}$$

8.2　拉普拉斯变换的性质

同傅里叶变换一样，拉普拉斯变换也有其基本的性质. 利用这些性质，可使分析计算变得简单，从而使拉普拉斯变换的应用更为广泛. 本节将介绍拉普拉斯变换的这些性质. 在以下叙述中，假设进行拉普拉斯变换的函数均满足拉普拉斯变换存在定理的条件且增长指数均记作 c_0，并设 $\mathscr{L}[f(t)]=F(s)$，$\mathscr{L}[f_i(t)]=F_i(s)$，$i=1,2,\cdots,n$. 望读者注意.

1. 线性性质

若 α,β 是常数，则

$$\mathscr{L}[\alpha f_1(t)+\beta f_2(t)]=\alpha\mathscr{L}[f_1(t)]+\beta\mathscr{L}[f_2(t)], \tag{8.2.1}$$

$$\mathscr{L}^{-1}[\alpha F_1(s)+\beta f_2(s)]=\alpha\mathscr{L}^{-1}[F_1(s)]+\beta\mathscr{L}^{-1}[F_2(s)]. \tag{8.2.2}$$

这个性质表明函数线性组合的拉普拉斯变换等于函数拉普拉斯变换的线性组合. 拉普拉斯逆变换也一样. 它的成立是易见的，只需根据拉普拉斯变换的定义及积分的线性性质就可得到.

2. 位移性质

若 $\mathscr{L}[f(t)]=F(s)$,则有

(1) 像原函数的位移性质:

$$\mathscr{L}[f(t-\tau)]=\mathrm{e}^{-s\tau}F(s),\quad \tau\geqslant 0 \text{ 为常数}. \tag{8.2.3}$$

(2) 像函数的位移性质:

$$\mathscr{L}[\mathrm{e}^{at}f(t)]=F(s-a),\quad \mathrm{Re}(s-a)>c_0. \tag{8.2.4}$$

证 (1) 由于在拉普拉斯变换中,$t<0$ 时,$f(t)=0$,于是

$$\begin{aligned}\mathscr{L}[f(t-\tau)] &= \int_0^{+\infty} f(t-\tau)\mathrm{e}^{-st}\mathrm{d}t \quad (\text{令 } t-\tau=u)\\ &= \int_{-\tau}^{+\infty} f(u)\mathrm{e}^{-s(u+\tau)}\mathrm{d}u\\ &= \int_{-\tau}^{0} f(u)\mathrm{e}^{-s(u+\tau)}\mathrm{d}u+\mathrm{e}^{-s\tau}\int_0^{+\infty} f(u)\mathrm{e}^{-su}\mathrm{d}u\\ &= \mathrm{e}^{-s\tau}\int_0^{+\infty} f(u)\mathrm{e}^{-su}\mathrm{d}u\\ &= \mathrm{e}^{-s\tau}\mathscr{L}[f(t)]=\mathrm{e}^{-s\tau}F(s).\end{aligned}$$

(2) 由拉普拉斯变换定义

$$\begin{aligned}\mathscr{L}[\mathrm{e}^{at}f(t)] &= \int_0^{+\infty}\mathrm{e}^{at}f(t)\mathrm{e}^{-st}\mathrm{d}t\\ &= \int_0^{+\infty} f(t)\mathrm{e}^{-(s-a)t}\mathrm{d}t\\ &= F(s-a),\quad \mathrm{Re}(s-a)>c_0.\end{aligned}$$

这个性质反映了平移函数 $f(t-\tau)$ 的像可由未平移函数 $f(t)$ 的像 $F(s)$ 乘以 $\mathrm{e}^{-s\tau}$ 表示,平移函数 $F(s-\alpha)$ 的原像可通过未平移函数 $F(s)$ 的原像 $f(t)$ 乘以因子 e^{at} 表示.

例 8.2.1 已知 $f(t)=\mathrm{e}^{-at}\sin kt+u(t-\tau)$,求 $\mathscr{L}[f(t)]$.

解 由 Laplace 变换的线性性质

$$\mathscr{L}[f(t)]=\mathscr{L}[\mathrm{e}^{-at}\sin kt]+\mathscr{L}[u(t-\tau)]$$

而

$$\mathscr{L}[\sin kt]=\frac{k}{s^2+k^2},\quad \mathscr{L}[u(t)]=\frac{1}{s},$$

由位移性质可知

$$\mathscr{L}[\mathrm{e}^{-at}\sin kt]=\frac{k}{(s+a)^2+k^2},$$

及

$$\mathscr{L}[u(t-\tau)]=\frac{1}{s}\mathrm{e}^{-s\tau},$$

所以

$$\mathscr{L}[f(t)]=\frac{k}{(s+a)^2+k^2}+\frac{\mathrm{e}^{-s\tau}}{s}.$$

3. 相似性质

$$\mathscr{L}[f(ct)]=\frac{1}{c}F\left(\frac{s}{c}\right),\quad c>0,\text{为常数}. \tag{8.2.5}$$

证

$$\mathscr{L}[f(ct)]=\int_0^{+\infty}f(ct)\mathrm{e}^{-st}\mathrm{d}t=\frac{1}{c}\int_0^{+\infty}f(u)\mathrm{e}^{-\frac{s}{c}u}\mathrm{d}u=\frac{1}{c}F\left(\frac{s}{c}\right).$$

例 8.2.2　设 $\mathscr{L}[f(t)]=F(s)$，$a>0$，$b\geqslant0$，证明：

$$\mathscr{L}[f(at-b)u(at-b)]=\frac{1}{a}F\left(\frac{s}{a}\right)\mathrm{e}^{-\frac{b}{a}s},$$

并求 $$\mathscr{L}[\sin(\omega t+\varphi)u(\omega t+\varphi)]\quad(\omega\geqslant0,\varphi<0).$$

证　由像原函数的位移性质和相似性质，得

$$\begin{aligned}\mathscr{L}[f(at-b)u(at-b)]&=\mathscr{L}\left[f\left(a\left(t-\frac{b}{a}\right)\right)\cdot u\left(a\left(t-\frac{b}{a}\right)\right)\right]\\&=\mathrm{e}^{-\frac{b}{a}s}\mathscr{L}[f(at)u(at)]=\mathrm{e}^{-\frac{b}{a}s}\mathscr{L}[f(at)]\\&=\frac{1}{a}F\left(\frac{s}{a}\right)\mathrm{e}^{-\frac{b}{a}s}.\end{aligned}$$

取 $a=\omega$，$b=-\varphi$，$f(t)=\sin t$，由于 $\mathscr{L}[\sin t]=\dfrac{1}{s^2+1}$，于是有

$$\mathscr{L}[\sin(\omega t+\varphi)u(\omega t+\varphi)]=\frac{1}{\omega((s/\omega)^2+1)}\mathrm{e}^{\frac{\varphi}{\omega}s}=\frac{\omega}{s^2+\omega^2}\mathrm{e}^{\frac{\varphi}{\omega}s}.$$

4. 微分性质

(1) 像原函数的微分性质

$$\mathscr{L}[f'(t)]=sF(s)-f(0). \tag{8.2.6}$$

一般地有

$$\mathscr{L}[f^{(n)}(t)]=s^nF(s)-s^{n-1}f(0)-s^{n-2}f'(0)-\cdots-f^{(n-1)}(0),\quad n=1,2,\cdots.$$

(2) 像函数的微分性质

$$F'(s)=\mathscr{L}[-tf(t)]. \tag{8.2.7}$$

一般地有

$$F^{(n)}(s)=\mathscr{L}[(-t)^n f(t)],\quad n=1,2,\cdots.$$

证 (1) $\mathscr{L}[f'(t)]=\int_0^{+\infty} f'(t)\mathrm{e}^{-st}\mathrm{d}t=\int_0^{+\infty}\mathrm{e}^{-st}\mathrm{d}f(t)$

$$=[\mathrm{e}^{-st}f(t)]_0^{+\infty}+s\int_0^{+\infty} f(t)\mathrm{e}^{-st}\mathrm{d}t$$

$$=sF(s)-f(0),\quad \mathrm{Re}(s)>c_0.$$

(2) 因为 $F(s)=\int_0^{+\infty} f(t)\mathrm{e}^{-st}\mathrm{d}t$，$f(t)$满足拉普拉斯变换存在定理条件，所以 $F(s)$在 $\mathrm{Re}(s)>c_0$ 内解析，且

$$F'(s)=\int_0^{+\infty}\frac{\mathrm{d}}{\mathrm{d}s}[f(t)\mathrm{e}^{-st}]\mathrm{d}t=\int_0^{+\infty}[-tf(t)]\mathrm{e}^{-st}\mathrm{d}t=\mathscr{L}[-tf(t)].$$

由数学归纳法可证：

$$\mathscr{L}[f^{(n)}(t)]=s^nF(s)-s^{n-1}f(0)-s^{n-2}f'(0)-\cdots-f^{(n-1)}(0),\quad n=1,2,\cdots$$

与

$$F^{(n)}(s)=\mathscr{L}[(-t)^n f(t)],\quad n=1,2,\cdots.$$

特别地，当 $f(0)=f'(0)=\cdots=f^{(n-1)}(0)=0$ 时，有

$$\mathscr{L}[f'(t)]=sF(s),\quad \mathscr{L}[f''(t)]=s^2F(s),\quad \cdots,\quad \mathscr{L}[f^{(n)}(t)]=s^nF(s).$$

例 8.2.3 求 $f(t)=\cos kt$ 的拉普拉斯变换.

解 由于

$$\mathscr{L}[\sin kt]=\frac{k}{s^2+k^2},\quad (\sin kt)'=k\cos kt,$$

由微分性质，

$$\mathscr{L}[(\sin kt)']=s\mathscr{L}[\sin kt]-\sin kt\,|_{t=0}=\frac{ks}{s^2+k^2},$$

又因为

$$\mathscr{L}[(\sin kt)']=\mathscr{L}[k\cos kt]=k\mathscr{L}[\cos kt],$$

所以

$$\mathscr{L}[\cos kt]=\frac{s}{s^2+k^2}.$$

例 8.2.4 求函数 $f(t)=t^m$ 的拉普拉斯变换，其中，m 是正整数.

解 设 $\mathscr{L}[f(t)]=F(s)$，由于 $f(0)=f'(0)=\cdots=f^{(m-1)}(0)=0$，且 $f^{(m)}(t)=m!$. 所以

$$\mathscr{L}[m!] = \mathscr{L}[f^{(m)}(t)] = s^m \mathscr{L}[f(t)].$$

而

$$\mathscr{L}[m!] = m!\mathscr{L}[1] = m!\mathscr{L}[u(t)] = \frac{m!}{s},$$

因此得

$$F(s) = \mathscr{L}[t^m] = \frac{m!}{s^{m+1}}, \quad \mathrm{Re}(s) > 0.$$

一般地，对于函数 $f(t)=t^m$（$m>-1$ 为常数），有

$$\mathscr{L}[t^m] = \frac{\Gamma(m+1)}{s^{m+1}}, \quad \mathrm{Re}(s) > 0.$$

5. 积分性质

(1) 像原函数的积分性质

$$\mathscr{L}\left[\int_0^t f(t)\mathrm{d}t\right] = \frac{1}{s}F(s). \tag{8.2.8}$$

(2) 像函数的积分性质：设 $\lim\limits_{t\to 0^+}\dfrac{f(t)}{t}$ 存在，且积分 $\int_s^{\infty} F(s)\mathrm{d}s$ 收敛，则

$$\int_s^{\infty} F(s)\mathrm{d}s = \mathscr{L}\left[\frac{f(t)}{t}\right]. \tag{8.2.9}$$

一般地，有

$$\mathscr{L}\left[\underbrace{\int_0^t \mathrm{d}t \int_0^t \mathrm{d}t \cdots \int_0^t}_{n\text{次}} f(t)\mathrm{d}t\right] = \frac{1}{s^n}F(s)$$

及

$$\underbrace{\int_s^{\infty} \mathrm{d}s \int_s^{\infty} \mathrm{d}s \cdots \int_s^{\infty}}_{n\text{次}} F(s)\mathrm{d}s = \mathscr{L}\left[\frac{f(t)}{t^n}\right].$$

证　(1) 设 $h(t)=\int_0^t f(t)\mathrm{d}t$，则 $h'(t) = f(t)$，$h(0) = 0$. 由微分性质

$$\mathscr{L}[h'(t)] = \mathscr{L}[f(t)] = s\mathscr{L}[h(t)] - h(0) = s\mathscr{L}\left[\int_0^t f(t)\mathrm{d}t\right],$$

从而

$$\mathscr{L}\left[\int_0^t f(t)\mathrm{d}t\right] = \frac{1}{s}\mathscr{L}[f(t)] = \frac{1}{s}F(s).$$

将此结论对 $\mathscr{L}\Big[\underbrace{\int_0^t \mathrm{d}t\int_0^t \mathrm{d}t\cdots\int_0^t}_{n\text{次}} f(t)\mathrm{d}t\Big]$ 连续使用 n 次，即得

$$\mathscr{L}\left[\underbrace{\int_0^t \mathrm{d}t\int_0^t \mathrm{d}t\cdots\int_0^t}_{n\text{次}} f(t)\mathrm{d}t\right]=\frac{1}{s^n}F(s),\quad n=1,2,\cdots.$$

(2) 设 $G(s)=\int_s^{\infty}F(s)\mathrm{d}s$，则

$$G'(s)=-F(s),\quad \mathscr{L}^{-1}[G'(s)]=-\mathscr{L}^{-1}[F(s)].$$

由像函数的微分性质得

$$-t\mathscr{L}^{-1}[G(s)]=-f(t),$$

所以

$$G(s)=\int_s^{\infty}F(s)\mathrm{d}s=\mathscr{L}\left[\frac{f(t)}{t}\right].$$

将此结论连续使用 n 次即得

$$\underbrace{\int_s^{\infty}\mathrm{d}s\int_s^{\infty}\mathrm{d}s\cdots\int_s^{\infty}}_{n\text{次}}F(s)\mathrm{d}s=\mathscr{L}\left[\frac{f(t)}{t^n}\right].$$

由式(8.2.9)得 $\int_s^{\infty}F(s)\mathrm{d}s=\int_0^{+\infty}\frac{f(t)}{t}\mathrm{e}^{-st}\mathrm{d}t$，如果积分 $\int_0^{+\infty}\frac{f(t)}{t}\mathrm{d}t$ 收敛，两边取 $s=0$，则有

$$\int_0^{+\infty}\frac{f(t)}{t}\mathrm{d}t=\int_0^{\infty}F(s)\mathrm{d}s. \tag{8.2.10}$$

这是一个求形如 $\int_0^{+\infty}\frac{f(t)}{t}\mathrm{d}t$ 的积分的一个重要方法.

例 8.2.5 求 $\int_0^{+\infty}\frac{\sin t}{t}\mathrm{d}t$.

解 $f(t)=\sin t$，而 $\mathscr{L}[\sin t]=\frac{1}{s^2+1}$，因此

$$\int_0^{+\infty}\frac{\sin t}{t}\mathrm{d}t=\int_0^{\infty}\frac{1}{s^2+1}\mathrm{d}s=\arctan s\,\Big|_0^{\infty}=\frac{\pi}{2}.$$

例 8.2.6 计算积分 $\int_0^{+\infty}\frac{\mathrm{e}^{-t}\sin^2 t}{t}\mathrm{d}t$.

解 由于

$$\mathscr{L}[\mathrm{e}^{-t}\sin^2 t]=\mathscr{L}\left[\frac{1}{2}\mathrm{e}^{-t}(1-\cos 2t)\right]=\frac{1}{2}\mathscr{L}[\mathrm{e}^{-t}]-\frac{1}{2}\mathscr{L}[\mathrm{e}^{-t}\cos 2t]$$

$$=\frac{1}{2}\left(\frac{1}{s+1}-\frac{s+1}{(s+1)^2+4}\right),$$

所以

$$\int_0^{+\infty}\frac{\mathrm{e}^{-t}\sin^2 t}{t}\mathrm{d}t=\int_0^{\infty}\frac{1}{2}\left(\frac{1}{s+1}-\frac{s+1}{(s+1)^2+4}\right)\mathrm{d}s$$

$$=\frac{1}{2}\left[\ln(s+1)-\frac{1}{2}\ln[(s+1)^2+4]\right]_0^{\infty}$$

$$=\frac{1}{4}\ln\left[\frac{(s+1)^2}{(s+1)^2+4}\right]_0^{\infty}=\frac{1}{4}\ln 5.$$

6. 卷积性质

设函数 $f_1(t)$与 $f_2(t)$满足条件:当 $t<0$ 时,$f_1(t)=f_2(t)=0$,则称积分

$$\int_0^t f_1(\tau)f_2(t-\tau)\mathrm{d}\tau$$

为 $f_1(t)$与 $f_2(t)$的卷积,记为

$$f_1(t)*f_2(t)=(f_1*f_2)(t)=\int_0^t f_1(\tau)f_2(t-\tau)\mathrm{d}\tau. \tag{8.2.11}$$

若 $f_1(t)$ 与 $f_2(t)$ 满足拉普拉斯变换定理的条件,且 $\mathscr{L}[f_1(t)]=F_1(s)$,$\mathscr{L}[f_2(t)]=F_2(s)$,则 $\mathscr{L}[f_1(t)*f_2(t)]$ 存在,且

$$\mathscr{L}[f_1(t)*f_2(t)]=\mathscr{L}[f_1(t)]\cdot\mathscr{L}[f_2(t)]=F_1(s)\cdot F_2(s), \tag{8.2.12}$$

或

$$\mathscr{L}^{-1}[F_1(s)\cdot F_2(s)]=f_1(t)*f_2(t).$$

这个性质表明:两函数卷积的拉普拉斯变换等于这两个函数拉普拉斯变换的乘积.

证　由条件,当 $t\geqslant 0$ 时,

$$|f_1(t)|\leqslant M\mathrm{e}^{c_0 t},\quad |f_2(t)|\leqslant M\mathrm{e}^{c_0 t},$$

且

$$f_1(t)*f_2(t)=\int_0^t f_1(\tau)f_2(t-\tau)\mathrm{d}\tau$$

当 $0<t<+\infty$时连续,

$$|f_1(t)*f_2(t)|\leqslant\int_0^t|f_1(\tau)||f_2(t-\tau)|\mathrm{d}\tau\leqslant M^2\mathrm{e}^{2c_0 t}t\leqslant M^2\mathrm{e}^{(2c_0+1)t},$$

即 $f_1(t)*f_2(t)$的增长不超过指数型函数,因此 $\mathscr{L}[f_1(t)*f_2(t)]$存在.

又因为

$$\mathscr{L}[f_1(t)*f_2(t)]=\int_0^{+\infty}[f_1(t)*f_2(t)]\mathrm{e}^{-st}\mathrm{d}t$$

$$=\int_0^{+\infty}\left[\int_0^t f_1(\tau)f_2(t-\tau)\mathrm{d}\tau\right]\mathrm{e}^{-st}\mathrm{d}t.$$

积分域如图 8.3 所示. 由于这个二重积分绝对可积,故可以交换积分次序,所以有

$$\mathscr{L}[f_1(t)*f_2(t)]=\int_0^{+\infty}f_1(\tau)\left[\int_\tau^{+\infty}f_2(t-\tau)\mathrm{e}^{-st}\mathrm{d}t\right]\mathrm{d}\tau.$$

令 $t-\tau=u$,则

$$\int_\tau^{+\infty}f_2(t-\tau)\mathrm{e}^{-st}\mathrm{d}t=\int_0^{+\infty}f_2(u)\mathrm{e}^{-s(u+\tau)}\mathrm{d}u=\mathrm{e}^{-s\tau}F_2(s),$$

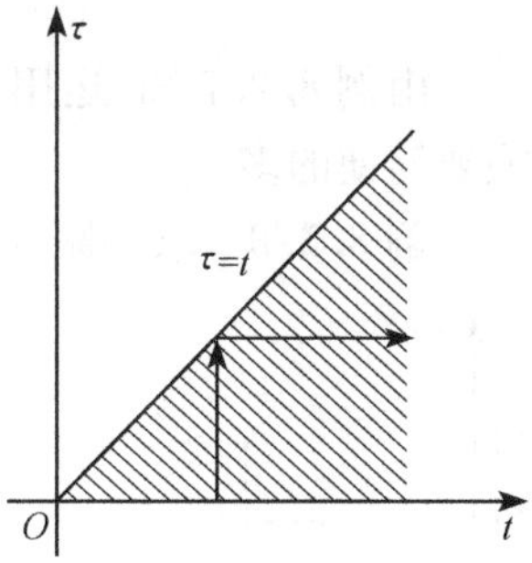

图 8.3

因此

$$\mathscr{L}[f_1(t)*f_2(t)]=\int_0^{+\infty}f_1(\tau)\mathrm{e}^{-s\tau}F_2(s)\mathrm{d}\tau=F_2(s)\int_0^{+\infty}f_1(\tau)\mathrm{e}^{-s\tau}\mathrm{d}\tau$$

$$=F_1(s)\cdot F_2(s).$$

一般地,若 $\mathscr{L}[f_k(t)]=F_k(s)$ $(k=1,2,\cdots,n)$,则有

$$\mathscr{L}[f_1(t)*f_2(t)*\cdots*f_n(t)]=F_1(s)\cdot F_2(s)\cdot\cdots\cdot F_n(s).$$

例 8.2.7 设 $f(t)=\int_0^t\frac{\sin 2t}{t}\mathrm{d}t, g(t)=\mathrm{e}^{bt}t^m$ ($b>0, m>-1$ 为常数),求:

$$\mathscr{L}[f(t)*g(t)].$$

解 由卷积性质

$$\mathscr{L}[f(t)*g(t)]=\mathscr{L}[f(t)]\cdot\mathscr{L}[g(t)],$$

$$\mathscr{L}[f(t)]=\mathscr{L}\left[\int_0^t\frac{\sin 2t}{t}\mathrm{d}t\right]=\frac{1}{s}\mathscr{L}\left[\frac{\sin 2t}{t}\right],$$

而

$$\mathscr{L}[\sin 2t]=\frac{2}{s^2+4},$$

$$\mathscr{L}\left[\frac{\sin 2t}{t}\right]=\int_s^\infty\frac{2}{s^2+4}\mathrm{d}s=\left[\arctan\frac{s}{2}\right]_s^\infty=\frac{\pi}{2}-\arctan\frac{s}{2}=\operatorname{arccot}\frac{s}{2},$$

所以

$$\mathscr{L}[f(t)]=\frac{1}{s}\operatorname{arccot}\frac{s}{2}.$$

又因为

$$\mathscr{L}[t^m]=\frac{\Gamma(m+1)}{s^{m+1}},\quad \mathscr{L}[g(t)]=\mathscr{L}[e^{bt}t^m]=\frac{\Gamma(m+1)}{(s-b)^{m+1}},$$

因此

$$\mathscr{L}[f(t)*g(t)]=\frac{\operatorname{arccot}(s/2)}{s(s-b)^{m+1}}\Gamma(m+1).$$

由例 8.2.7 知,运用卷积性质求 $\mathscr{L}[f(t)*g(t)]$比先求卷积再求拉普拉斯变换要简便的多.

例 8.2.8　求如图 8.4 所示的阶梯函数 $f(t)$的拉普拉斯变换.

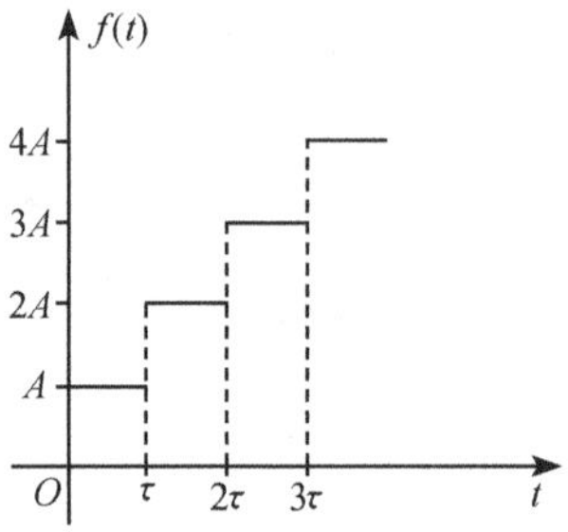

图 8.4

解　因 $u(t-k)$从零跳跃到 1 的起跳点在k,跳跃高度为 1,故图8.4的阶梯形函数可通过跳跃点在 0,$\tau,2\tau,3\tau,\cdots$的单位阶跃函数的和表示出来. 于是有

$$\begin{aligned}f(t)&=A[u(t)+u(t-\tau)+u(t-2\tau)+\cdots]\\&=A\sum_{k=0}^{\infty}u(t-k\tau).\end{aligned}$$

由于

$$|u(t-k\tau)e^{-st}|=|u(t-k\tau)e^{-s(t-k\tau)}e^{-sk\tau}|\leqslant|e^{-sk\tau}|,$$

当 $\mathrm{Re}(s)>0$ 时,$|e^{-s\tau}|<1$,故级数 $\sum\limits_{k=0}^{\infty}u(t-k\tau)e^{-st}$ 在 $t>0$ 上一致收敛,从而可以逐项积分. 因此,上式两端可取拉普拉斯变换,且右端可逐项取拉普拉斯变换.

由位移性质

$$\mathscr{L}[u(t-k\tau)]=e^{-k\tau s}\mathscr{L}[u(t)]=\frac{1}{s}e^{-k\tau s},$$

于是

$$\begin{aligned}\mathscr{L}[f(t)]&=A\sum_{k=0}^{\infty}\mathscr{L}[u(t-k\tau)]=\frac{A}{s}\sum_{k=0}^{\infty}e^{-k\tau s}\\&=\frac{A}{s}\,\frac{1}{1-e^{-s\tau}}=\frac{A}{2s}\left(1+\operatorname{cth}\frac{s\tau}{2}\right),\quad \mathrm{Re}(s)>0.\end{aligned}$$

一般地,若 $f(t)$满足拉普拉斯变换存在定理的条件,且 $\mathscr{L}[f(t)]=F(s)$,则对 $t>0$,有

$$\mathscr{L}\Big[\sum_{k=0}^{\infty}f(t-k\tau)\Big]=\sum_{k=0}^{\infty}\mathscr{L}[f(t-k\tau)]=\frac{F(s)}{1-e^{-s\tau}},\mathrm{Re}(s)>c_0.$$

为了便于记忆和查用,将拉普拉斯变换的诸多性质列于表 8.1. 同时,在使用性质时,请注意性质成立的条件.

表 8.1 拉普拉斯变换性质一览表

序 号	性质名称	像原函数	像函数
1	线性	$\alpha f_1(t)+\beta f_2(t)$	$\alpha F_1(s)+\beta F_2(s)$
2	位移	$f(t-\tau)$ $e^{at}f(t)$	$e^{-s\tau}F(s)$ $F(s-a)$
3	相似	$f(ct)$	$\frac{1}{c}F\left(\frac{s}{c}\right)$, $c>0$,为常数
4	微分	$f'(t)$ $f^{(n)}(t)$ $-tf(t)$ $(-t)^n f(t)$	$sF(s)-f(0)$ $s^nF(s)-s^{n-1}f(0)-s^{n-2}f'(0)-\cdots-f^{(n-1)}(0)$ $F'(s)$ $F^{(n)}(s)$
5	积分	$\int_0^t f(t)\mathrm{d}t$ $\underbrace{\int_0^t\int_0^t\cdots\int_0^t}_{n次} f(t)\mathrm{d}t\cdots\mathrm{d}t$ $\frac{f(t)}{t}$ $\frac{f(t)}{t^n}$	$\frac{1}{s}F(s)$ $\frac{1}{s^n}F(s)$ $\int_s^\infty F(s)\mathrm{d}s$ $\underbrace{\int_s^\infty\int_s^\infty\cdots\int_s^\infty}_{n次} F(s)\mathrm{d}s\cdots\mathrm{d}s$
6	卷积	$f(t)*g(t)$	$F(s)G(s)$

8.3 拉普拉斯逆变换

一、反演公式及求法

拉普拉斯变换与傅里叶变换有着类似的微分和积分性质,这使我们想到通过傅里叶变换可将某些微积分方程化成关于未知函数像函数的线性方程.求得像函数后,通过傅里叶逆变换,可求得未知函数.在初始条件已知的情况下,拉普拉斯变换有着相同的作用,但这需要求拉普拉斯逆变换.除此之外,许多实际应用都会遇到求拉普拉斯逆变换的问题.本节介绍拉普拉斯逆变换的求法.

已经知道,若 $\mathscr{L}[f(t)]=F(s)$, 则 $\mathscr{L}[f(t)]=\mathscr{F}[f(t)u(t)e^{-\beta t}]=G(\omega)=F(s)$, 且 $s=\beta+j\omega$,由拉普拉斯逆变换的定义,$f(t)=\mathscr{L}^{-1}[F(s)]$,所以

$$f(t)u(t)e^{-\beta t}=\mathscr{F}^{-1}[F(s)]=\frac{1}{2\pi}\int_{-\infty}^{+\infty}F(s)e^{j\omega t}\mathrm{d}\omega.$$

$t>0$ 时,解得

$$f(t)=\frac{1}{2\pi}\int_{-\infty}^{+\infty}F(s)e^{j\omega t}e^{\beta t}\mathrm{d}\omega=\frac{1}{2\pi j}\int_{-\infty}^{+\infty}F(s)e^{(\beta+j\omega)t}\mathrm{d}(\beta+j\omega),$$

令 $s=\beta+j\omega$,则有

$$f(t)=\frac{1}{2\pi \mathrm{j}}\int_{\beta-\mathrm{j}\infty}^{\beta+\mathrm{j}\infty}F(s)\mathrm{e}^{st}\mathrm{d}s,\quad t>0. \tag{8.3.1}$$

这就是求拉普拉斯逆变换的一般公式,通常也称作**拉普拉斯反演公式**. 右端的积分称作**拉普拉斯反演积分**. 由此可知,公式 $F(s)=\int_0^{+\infty}f(t)\mathrm{e}^{-st}\mathrm{d}t$ 与 $f(t)=\frac{1}{2\pi \mathrm{j}}\int_{\beta-\mathrm{j}\infty}^{\beta+\mathrm{j}\infty}F(s)\mathrm{e}^{st}\mathrm{d}s$ 是一对互逆的变换公式.

拉普拉斯反演积分是一个复变函数的积分,计算通常比较困难. 但当 $F(s)$满足一定条件时,可以用留数来计算,特别当 $F(s)$为有理函数时更为简单. 下面的定理给出在一定条件下拉普拉斯反演积分的计算方法.

定理 8.3.1　若 $F(s)$有有限个奇点 $s_1,s_2,\cdots,s_n$,适当选取 β,使得这些奇点全在 $\mathrm{Re}(s)<\beta$ 的范围内,且当 $s\to\infty$时,$F(s)\to 0$,则有

$$\frac{1}{2\pi \mathrm{j}}\int_{\beta-\mathrm{j}\infty}^{\beta+\mathrm{j}\infty}F(s)\mathrm{e}^{st}\mathrm{d}s=\sum_{k=1}^{n}\mathrm{Res}[F(s)\mathrm{e}^{st},s_k], \tag{8.3.2}$$

即

$$f(t)=\sum_{k=1}^{n}\mathrm{Res}[F(s)\mathrm{e}^{st},s_k],\quad t>0. \tag{8.3.3}$$

证　因为 $\int_{\beta-\mathrm{j}\infty}^{\beta+\mathrm{j}\infty}F(s)\mathrm{e}^{st}\mathrm{d}s=\lim\limits_{R\to\infty}\int_{\beta-\mathrm{j}R}^{\beta+\mathrm{j}R}F(s)\mathrm{e}^{st}\mathrm{d}s$, 取 $R>0$ 充分大,使 $F(s)$的所有奇点 $s_1,s_2,\cdots,s_n$ 都在圆弧 C_R 与直线 L_R:$\mathrm{Re}(s)=\beta$ 所围的区域内(图 8.5).

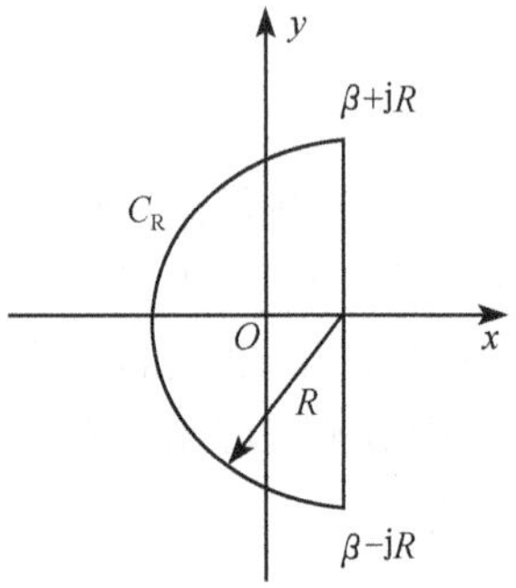

图 8.5

e^{st}在 s 平面处处解析,因此 $s_1,s_2,\cdots,s_n$ 也是 $F(s)\mathrm{e}^{st}$的全部奇点,且是孤立奇点. 根据留数定理,

$$\begin{aligned}&\frac{1}{2\pi \mathrm{j}}\left[\int_{\beta-\mathrm{j}R}^{\beta+\mathrm{j}R}F(s)\mathrm{e}^{st}\mathrm{d}s+\int_{C_R}F(s)\mathrm{e}^{st}\mathrm{d}s\right]\\&=\frac{1}{2\pi \mathrm{j}}\oint_{L_R+C_R}F(s)\mathrm{e}^{st}\mathrm{d}s\\&=\sum_{k=1}^{n}\mathrm{Res}[F(s)\mathrm{e}^{st},s_k].\end{aligned} \tag{8.3.4}$$

式(8.3.4)两侧同时取极限 $R\to\infty$,则右侧与 R 无关;对左侧,令 $s=z+\beta$,则有

$$\int_{C_R}F(s)\mathrm{e}^{st}\mathrm{d}s=\int_{\Gamma_R}F(z+\beta)\mathrm{e}^{(z+\beta)t}\mathrm{d}z=\mathrm{e}^{\beta t}\int_{\Gamma_R}F(z+\beta)\mathrm{e}^{zt}\mathrm{d}z,$$

其中,Γ_R: $z=R\mathrm{e}^{\mathrm{j}\theta}$,$\frac{\pi}{2}\leqslant\theta\leqslant\frac{3\pi}{2}$. 因此

$$\int_{C_R}F(s)\mathrm{e}^{st}\mathrm{d}s=\mathrm{e}^{\beta t}\int_{\frac{\pi}{2}}^{\frac{3\pi}{2}}F(R\mathrm{e}^{\mathrm{j}\theta}+\beta)\mathrm{e}^{Rt(\cos\theta+\mathrm{j}\sin\theta)}\mathrm{j}R\mathrm{e}^{\mathrm{j}\theta}\mathrm{d}\theta.$$

由于 $F(z+\beta)$在 Γ_R 上解析,故有界. 设 $M(R)=\max\limits_{z\in\Gamma_R}|F(z+\beta)|$,因为当 $s\to\infty$ 时,$F(s)\to 0$, 所以当 $R\to+\infty$时,$M(R)\to 0$.

$$\left|\int_{C_R} F(s)\mathrm{e}^{st}\mathrm{d}s\right| \leqslant RM(R)\mathrm{e}^{\beta t}\int_{\frac{\pi}{2}}^{\frac{3\pi}{2}} \mathrm{e}^{Rt\cos\theta}\mathrm{d}\theta = RM(R)\mathrm{e}^{\beta t}\int_0^{\pi} \mathrm{e}^{-Rt\sin\theta}\mathrm{d}\theta$$

$$=2RM(R)\mathrm{e}^{\beta t}\int_0^{\frac{\pi}{2}} \mathrm{e}^{-Rt\sin\theta}\mathrm{d}\theta.$$

当 $0<\theta\leqslant\frac{\pi}{2}$时,$\frac{2}{\pi}\leqslant\frac{\sin\theta}{\theta}\leqslant 1$,所以

$$\int_0^{\frac{\pi}{2}} \mathrm{e}^{-Rt\sin\theta}\mathrm{d}\theta \leqslant \int_0^{\frac{\pi}{2}} \mathrm{e}^{-\frac{2Rt}{\pi}\theta}\mathrm{d}\theta < \int_0^{+\infty} \mathrm{e}^{-\frac{2Rt}{\pi}\theta}\mathrm{d}\theta = \frac{\pi}{2Rt}\ .$$

$$\left|\int_{C_R} F(s)\mathrm{e}^{st}\mathrm{d}s\right| \leqslant \frac{\pi}{t}M(R)\mathrm{e}^{\beta t} \to 0 \quad (R\to+\infty),t>0.$$

从而

$$\lim_{R\to+\infty}\int_{C_R} F(s)\mathrm{e}^{st}\mathrm{d}s = 0\ .$$

在式(8.3.4)两边取极限 $R\to+\infty$,即得

$$f(t) = \frac{1}{2\pi \mathrm{j}}\int_{\beta-\mathrm{j}\infty}^{\beta+\mathrm{j}\infty} F(s)\mathrm{e}^{st}\mathrm{d}s = \sum_{k=1}^{n}\mathrm{Res}[F(s)\mathrm{e}^{st},s_k].$$

定理 8.3.1 表明,当 $F(s)$有有限个奇点 $s_1,s_2,\cdots,s_n$,且 $s\to\infty$,$F(s)\to 0$ 时,要求 $F(s)$的拉普拉斯逆变换,只需求函数 $F(s)\mathrm{e}^{st}$在诸奇点的留数和即可.

当 $F(s)$为有理函数时,公式(8.3.2)的计算更为简单.

例 8.3.1 求 $F(s)=\frac{s}{s^2+k^2}$的拉普拉斯逆变换 $f(t)$.

解 $F(s)$有两个一阶极点:$s_1=k\mathrm{j}$,$s_2=-k\mathrm{j}$,由式(8.3.3),

$$f(t) = \mathrm{Res}\left[\frac{s}{s^2+k^2}\mathrm{e}^{st},k\mathrm{j}\right]+\mathrm{Res}\left[\frac{s}{s^2+k^2}\mathrm{e}^{st},-k\mathrm{j}\right]$$

$$=\left.\frac{s\mathrm{e}^{st}}{(s^2+1)'}\right|_{s=k\mathrm{j}}+\left.\frac{s\mathrm{e}^{st}}{(s^2+1)'}\right|_{s=-k\mathrm{j}}$$

$$=\frac{1}{2}(\mathrm{e}^{\mathrm{j}kt}+\mathrm{e}^{-\mathrm{j}kt}) = \cos kt,\quad t>0.$$

这与熟知的结果 $\mathscr{L}[\cos kt]=\frac{s}{s^2+k^2}$相一致.

例 8.3.2 求 $F(s)=\frac{1}{s^2(s+1)}$的拉普拉斯逆变换 $f(t)$.

解法 1(应用留数) 这里 $s_1=0$、$s_2=-1$ 分别是 $F(s)$的二级极点和一级极点.

$$\operatorname{Res}\left[\frac{e^{st}}{s^2(s+1)},0\right]=\frac{1}{(2-1)!}\lim_{s\to 0}\frac{d}{ds}\left[s^2\frac{e^{st}}{s^2(s+1)}\right]$$

$$=\lim_{s\to 0}\frac{[t(s+1)-1]e^{st}}{(s+1)^2}=t-1,$$

$$\operatorname{Res}\left[\frac{e^{st}}{s^2(s+1)},-1\right]=\lim_{s\to -1}\left[(s+1)\frac{e^{st}}{s^2(s+1)}\right]=e^{-t}.$$

所以

$$f(t)=e^{-t}+t-1,\quad t>0.$$

解法 2(分解成部分分式)　由于 $F(s)=\frac{1}{s+1}+\frac{1}{s^2}-\frac{1}{s}$,且拉普拉斯逆变换具有线性性质,所以

$$f(t)=\mathscr{L}^{-1}\left[\frac{1}{s+1}\right]+\mathscr{L}^{-1}\left[\frac{1}{s^2}\right]+\mathscr{L}^{-1}\left[-\frac{1}{s}\right]=e^{-t}+t-1,\quad t>0.$$

解法 3(运用卷积定理)　由于 $F(s)=\frac{1}{s^2}\cdot\frac{1}{s+1}$,而

$$\mathscr{L}^{-1}\left[\frac{1}{s^2}\right]=t,\quad \mathscr{L}^{-1}\left[\frac{1}{s+1}\right]=e^{-t},$$

由卷积定理

$$\mathscr{L}^{-1}[F(s)]=t*e^{-t}=\int_0^t\tau e^{-(t-\tau)}d\tau=e^{-t}\int_0^t\tau e^{\tau}d\tau$$

$$=e^{-t}[\tau e^{\tau}-e^{\tau}]\big|_0^t=e^{-t}+t-1,\quad t>0.$$

用这种方法时,像原函数的卷积要相对好求,否则不简便.

例 8.3.3　已知 $F(s)=\frac{2s^2+7s+7}{(s+1)(s+2)}$,求 $f(t)$.

解　在这里,由于 $s\to\infty$ 时,$F(s)$ 不趋于 0,$F(s)$ 不满足定理 8.3.1 的条件,求 $f(t)$ 不能直接套用式(8.3.3). 由于

$$F(s)=2+\frac{s+3}{(s+1)(s+2)}=2+F_1(s),$$

$F_1(s)=\frac{s+3}{(s+1)(s+2)}$ 满足式(8.3.3)条件,且

$$\operatorname{Res}[F_1(s)e^{st},-1]=\lim_{s\to -1}(s+1)\cdot\frac{s+3}{(s+1)(s+2)}e^{st}=2e^{-t},$$

$$\operatorname{Res}[F_1(s)e^{st},-2]=\lim_{s\to -2}(s+2)\cdot\frac{s+3}{(s+1)(s+2)}e^{st}=-e^{-2t},$$

$$\mathscr{L}[\delta(t)]=1,$$

所以

$$f(t)=\mathscr{L}^{-1}[2]+\mathscr{L}^{-1}[F_1(s)]=2\delta(t)+2\mathrm{e}^{-t}-\mathrm{e}^{-2t},\quad t>0.$$

二、拉普拉斯变换简表的使用

前面介绍了几个常用的求拉普拉斯逆变换的方法，为了使用方便，人们将一些常用函数的拉普拉斯变换像函数列成简表(附表 2)以供查用.

例 8.3.4 $F(s)=\dfrac{1}{(s+1)(s-2)(s+3)}$，求其逆变换 $f(t)$.

解 根据附表 2 中第 36 式得

$$\begin{aligned}f(t)&=\frac{\mathrm{e}^{-t}}{(-2-1)(3-1)}+\frac{\mathrm{e}^{2t}}{(1+2)(3+2)}+\frac{\mathrm{e}^{-3t}}{(1-3)(-2-3)}\\&=-\frac{1}{6}\mathrm{e}^{-t}+\frac{1}{15}\mathrm{e}^{2t}+\frac{1}{10}\mathrm{e}^{-3t}.\end{aligned}$$

例 8.3.5 $F(s)=\dfrac{s^2-a^2}{(s^2+a^2)^2}$，求 $\mathscr{L}^{-1}[F(s)]$.

解 在附表 2 中找不到同型的公式，但

$$F(s)=\frac{s^2}{(s^2+a^2)^2}-\frac{a^2}{(s^2+a^2)^2},$$

这两项分别符合附表 2 中的第 30 式和第 29 式，查得

$$\mathscr{L}^{-1}\left[\frac{s^2}{(s^2+a^2)^2}\right]=\frac{1}{2a}[\sin at+at\cos at],$$

$$\mathscr{L}^{-1}\left[\frac{a^2}{(s^2+a^2)^2}\right]=\frac{1}{2a}[\sin at-at\cos at],$$

所以

$$f(t)=\mathscr{L}^{-1}[F(s)]=t\cos at.$$

*三、初值定理与终值定理

已经知道，求拉普拉斯逆变换就是通过像函数 $F(s)$ 求像原函数 $f(t)$ 的表达式. 但实际中有时在知道或求得 $F(s)$ 后，我们关心的并不是 $f(t)$ 的表达式，而是 $f(t)$ 在 $t\to+0$ 或 $t\to+\infty$ 时的性质，即关心 $f(0)$，$f(+0)=\lim\limits_{t\to+0}f(t)$ 或 $f(+\infty)=\lim\limits_{t\to+\infty}f(t)$ 的值. 称 $f(0)$ 和 $f(+0)$ 为 $f(t)$ 的初值，称 $f(+\infty)$ 为 $f(t)$ 的终值. 而它们与 $F(s)$ 有什么关系呢？下面两个定理表明，在一定条件下，$F(s)$ 能确定 $f(t)$ 的初值和终值.

定理 8.3.2(初值定理) 若 $\mathscr{L}[f(t)]=F(s)$，且 $\lim\limits_{s\to\infty}sF(s)$ 存在，则

$$\lim_{t\to 0} f(t) = \lim_{s\to\infty} sF(s) \tag{8.3.5}$$

或

$$f(0) = \lim_{s\to\infty} sF(s). \tag{8.3.6}$$

证　由拉普拉斯变换微分性质

$$\mathscr{L}[f'(t)] = sF(s) - f(0),$$

由于$\lim\limits_{s\to\infty} sF(s)$ 存在，故$\lim\limits_{\mathrm{Re}(s)\to+\infty} sF(s)$ 存在，且$\lim\limits_{\mathrm{Re}(s)\to+\infty} sF(s)=\lim\limits_{s\to\infty} sF(s)$.

又因为 $f'(t)$满足拉普拉斯变换存在定理条件，积分 $\int_0^{+\infty} f'(t)\mathrm{e}^{-st}\mathrm{d}t$ 在某 $\mathrm{Re}(s) > c_1$ 上一致收敛，因此$\lim\limits_{\mathrm{Re}(s)\to+\infty} f'(t)\mathrm{e}^{-st} = 0$，且下式中积分与极限的次序可交换. 所以

$$\lim_{\mathrm{Re}(s)\to+\infty} \mathscr{L}[f'(t)] = \lim_{\mathrm{Re}(s)\to+\infty}\int_0^{+\infty} f'(t)\mathrm{e}^{-st}\mathrm{d}t = \int_0^{+\infty} \lim_{\mathrm{Re}(s)\to+\infty} f'(t)\mathrm{e}^{-st}\mathrm{d}t = 0.$$

于是

$$\lim_{s\to\infty} sF(s) - f(0) = \lim_{\mathrm{Re}(s)\to+\infty} \mathscr{L}[f'(t)] = 0,$$

即

$$f(+0) = f(0)^{①} = \lim_{s\to\infty} sF(s).$$

这表明，$s\to\infty$时 $sF(s)$的极限即为 $f(t)$的初值. 这反映了 $f(t)$的初值与 $sF(s)$在无穷远点的值之间的关系.

定理 8.3.3(终值定理)　若 $\mathscr{L}[f(t)]=F(s)$，且 $sF(s)$的所有奇点全在 s 平面的左半平面 $\mathrm{Re}(s)<0$ 内，则

$$\lim_{t\to+\infty} f(t) = \lim_{s\to 0} sF(s) \tag{8.3.7}$$

或

$$f(+\infty) = \lim_{s\to 0} sF(s). \tag{8.3.8}$$

证　因为

$$\mathscr{L}[f'(t)] = sF(s) - f(0),$$
$$\lim_{s\to 0}\mathscr{L}[f'(t)] = \lim_{s\to 0} sF(s) - f(0),$$

而

---

① 可以证明，初值 $f(0)$ 总是指当 $t\to+0$ 时 $f(t)$ 的极限. 只要这个极限存在，它与拉普拉斯变换的积分下限是 0^+ 还是 0^- 无关.

$$\lim_{s\to 0}\mathscr{L}[f'(t)]=\lim_{s\to 0}\int_0^{+\infty}f'(t)e^{-st}dt=\int_0^{+\infty}\lim_{s\to 0}f'(t)e^{-st}dt$$
$$=\int_0^{+\infty}f'(t)dt=f(t)\Big|_0^{+\infty}=f(+\infty)-f(0),$$

所以

$$f(+\infty)-f(0)=\lim_{s\to 0}sF(s)-f(0),$$

即

$$f(+\infty)=\lim_{s\to 0}sF(s).$$

终值定理表明，$f(t)$在$t\to+\infty$时的性态即$f(t)$的终值可由$s\to 0$时$sF(s)$的极限决定.

定理 8.3.2 与定理 8.3.3 提供了由$F(s)$直接求出$f(t)$的初值和终值的方法.

例 8.3.6 若$\mathscr{L}[f(t)]=\frac{1}{s+a}(a>0)$，求$f(0)$，$f(+\infty)$.

解 由式(8.3.6)及式(8.3.8)，

$$f(0)=\lim_{s\to\infty}sF(s)=\lim_{s\to\infty}\frac{s}{s+a}=1,$$

$$f(+\infty)=\lim_{s\to 0}sF(s)=\lim_{s\to 0}\frac{s}{s+a}=0.$$

已知$\mathscr{L}^{-1}\left[\frac{1}{s+a}\right]=e^{-at}=f(t)$，由此知，计算结果与实际相一致. 例 8.3.6 的计算还表明，若已知$F(s)$，求$f(t)$的初值或终值时，是不必求出$f(t)=\mathscr{L}^{-1}[F(s)]$的表达式的.

在使用初值或终值定理时，应当注意定理条件是否满足.

例 8.3.7 已知$F(s)=\mathscr{L}[f(t)]=\frac{1}{s^2+1}$，问能否用初值定理和终值定理求出$f(0)$和$f(+\infty)$？

解 因$\lim_{s\to\infty}sF(s)=\lim_{s\to\infty}\frac{s}{s^2+1}=0$，所以能用初值定理求出$f(0)$，且$f(0)=0$. 但因$F(s)=\frac{1}{s^2+1}$在虚轴上有奇点$\pm j$，故不满足终值定理中$F(s)$的所有奇点全在左半平面($\mathrm{Re}(s)<0$)内的条件，虽然

$$\lim_{s\to 0}sF(s)=\lim_{s\to 0}\frac{s}{s^2+1}=0,$$

但这未必是$f(t)$的终值$f(+\infty)$.

事实上，$f(t)=\mathscr{L}^{-1}\left[\frac{1}{s^2+1}\right]=\sin t$，而$f(t)$的终值$f(+\infty)=\lim_{t\to+\infty}\sin t$是不存

在的. 这表明,因 $F(s)$不满足终值定理条件,所以终值定理提供的求终值的方法失效. 此结论对初值定理也正确.

关于上述两定理的物理概念可作如下解释:$s\to 0$,相当于直流状态,因而得到电路稳定的终值 $f(+\infty)$;而 $s\to\infty$,相当于接入信号的突变(高频分量),它可以给出相应的初值 $f(0)$.

8.4　拉普拉斯变换的应用

本节介绍拉普拉斯变换在解微分方程及工程技术中的一些应用.

一、微分方程及微分方程组的拉普拉斯变换求解法

和利用傅里叶变换求解微分方程一样,根据拉普拉斯变换的线性性质和微分性质等,对微分方程两侧同时取拉普拉斯变换,就可将其化成像函数的代数方程,解得像函数后对像函数求拉普拉斯逆变换,所得像原函数即为原微分方程的解.

例 8.4.1　求方程 $y''+y=t$ 满足初始条件:$y(0)=1$,$y'(0)=4$ 的解.

解　设 $\mathscr{L}[y(t)]=Y(s)$,对方程两侧同时取拉普拉斯变换,并应用微分性质得

$$s^2Y(s)-sy(0)-y'(0)+Y(s)=\frac{1}{s^2},$$

代入初始条件得

$$(s^2+1)Y(s)=\frac{1}{s^2}+s+4,$$

所以

$$Y(s)=\frac{1}{s^2(s^2+1)}+\frac{s}{s^2+1}+\frac{4}{s^2+1}=\frac{1}{s^2}+\frac{3}{s^2+1}+\frac{s}{s^2+1}.$$

对 $Y(s)$求拉普拉斯逆变换得

$$y(t)=\mathscr{L}^{-1}[Y(s)]=\mathscr{L}^{-1}\left[\frac{1}{s^2}+\frac{3}{s^2+1}+\frac{s}{s^2+1}\right]=t+\cos t+3\sin t.$$

故微分方程的解为

$$y(t)=t+\cos t+3\sin t.$$

例 8.4.2　求解常系数线性微分方程的初值问题

$$\begin{cases}x''(t)-2x'(t)+2x(t)=2\mathrm{e}^t\cos t,\\ x(0)=x'(0)=0.\end{cases}$$

解　设 $\mathscr{L}[x(t)]=X(s)$,对方程两侧同时取拉普拉斯变换得

$$s^2X(s)-2sX(s)+2X(s)=\mathscr{L}[2e^t\cos t],$$

即

$$(s^2-2s+2)X(s)=\frac{2(s-1)}{(s-1)^2+1}.$$

解得

$$\begin{aligned}X(s)&=\frac{2(s-1)}{[(s-1)^2+1]^2}=-\left[\frac{1}{(s-1)^2+1}\right]'\\&=-\frac{d}{ds}\mathscr{L}[e^t\sin t]=\mathscr{L}[te^t\sin t],\end{aligned}$$

故所求初值问题的解为

$$x(t)=te^t\sin t.$$

例 8.4.1 与例 8.4.2 的求解过程给出了利用拉普拉斯变换求解常系数线性微分方程初值问题的方法,此方法依然适用于求解常系数线性微分方程组.

例 8.4.3 求解线性常系数微分方程组的初值问题:

$$\begin{cases}y''-x''+x'-y=e^t-2,\\2y''-x''-2y'+x=-t,\\y(0)=y'(0)=0,\\x(0)=x'(0)=0.\end{cases}$$

解 设 $\mathscr{L}[y(t)]=Y(s)$,$\mathscr{L}[x(t)]=X(s)$,方程组中各方程两边同时取拉普拉斯变换并代入初始条件得

$$\begin{cases}s^2Y(s)-s^2X(s)+sX(s)-Y(s)=\dfrac{1}{s-1}-\dfrac{2}{s},\\2s^2Y(s)-s^2X(s)-2sY(s)+X(s)=-\dfrac{1}{s^2}.\end{cases}$$

整理得

$$\begin{cases}(s+1)Y(s)-sX(s)=\dfrac{-s+2}{s(s-1)^2},\\2sY(s)-(s+1)X(s)=-\dfrac{1}{s^2(s-1)}.\end{cases}$$

解得

$$\begin{aligned}Y(s)&=\frac{1}{s(s-1)^2}=\frac{1}{s}-\frac{1}{s-1}+\frac{1}{(s-1)^2},\\X(s)&=\frac{2s-1}{s^2(s-1)^2}=\frac{1}{(s-1)^2}-\frac{1}{s^2}.\end{aligned}$$

所以

$$y(t)=\mathscr{L}^{-1}\left[\frac{1}{s(s-1)^2}\right]=\mathscr{L}^{-1}\left[\frac{1}{s}-\frac{1}{s-1}+\frac{1}{(s-1)^2}\right]=t\mathrm{e}^t-\mathrm{e}^t+1,$$

$$x(t)=\mathscr{L}^{-1}\left[\frac{2s-1}{s^2(s-1)^2}\right]=\mathscr{L}^{-1}\left[\frac{1}{(s-1)^2}-\frac{1}{s^2}\right]=t\mathrm{e}^t-t.$$

因此所求微分方程组的解是

$$\begin{cases}x(t)=t\mathrm{e}^t-t,\\ y(t)=t\mathrm{e}^t-\mathrm{e}^t+1.\end{cases}$$

例 8.4.4　求解线性微分方程组的初值问题:

$$\begin{cases}x'+y+z'=1,\\ x+y'+z=0,\\ y+4z'=0,\\ x(0)=y(0)=z(0)=0.\end{cases}$$

解　设 $\mathscr{L}[x(t)]=X(s)$, $\mathscr{L}[y(t)]=Y(s)$, $\mathscr{L}[z(t)]=Z(s)$,对方程组中各方程两边同时取拉普拉斯变换,得

$$\begin{cases}sX(s)+Y(s)+sZ(s)=\dfrac{1}{s},\\ X(s)+sY(s)+Z(s)=0,\\ Y(s)+4sZ(s)=0.\end{cases}$$

解得

$$Z(s)=\frac{1}{4s^2(s^2-1)}=\frac{1}{4}\left[\frac{1}{s^2-1}-\frac{1}{s^2}\right],$$

$$X(s)=\frac{4s^2-1}{4s^2(s^2-1)}=\frac{1}{4}\left[\frac{3}{s^2-1}+\frac{1}{s^2}\right],$$

$$Y(s)=-4sZ(s)=\frac{-1}{s(s^2-1)}=\frac{1}{s}-\frac{s}{s^2-1}.$$

从而

$$x(t)=\mathscr{L}^{-1}[X(s)]=\frac{1}{4}\mathscr{L}^{-1}\left[\frac{3}{s^2-1}+\frac{1}{s^2}\right]=\frac{1}{4}(3\mathrm{sh}t+t),$$

$$y(t)=\mathscr{L}^{-1}[Y(s)]=\mathscr{L}^{-1}\left[\frac{1}{s}-\frac{s}{s^2-1}\right]=1-\mathrm{ch}t,$$

$$z(t)=\mathscr{L}^{-1}[Z(s)]=\frac{1}{4}\mathscr{L}^{-1}\left[\frac{1}{s^2-1}-\frac{1}{s^2}\right]=\frac{1}{4}(3\mathrm{sh}t-t).$$

例 8.4.5 已知电路的有关数据如图 8.6 所示，且初始电流为 0，试求各支路上的电流 $i_1(t)$，$i_2(t)$.

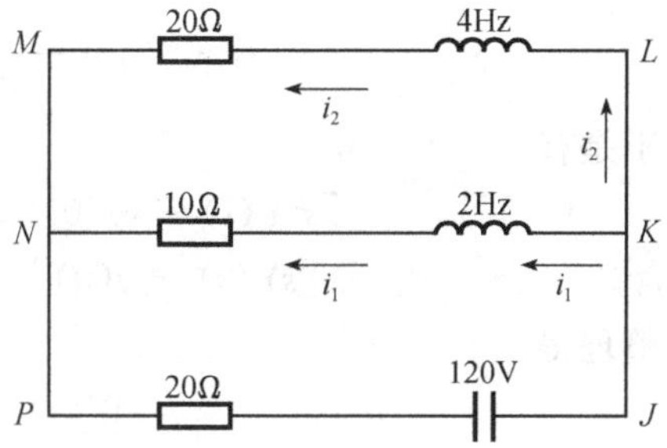

图 8.6

解 设电路 $NPJK$ 中电流为 $i(t)$，$i(t)$ 在节点 K 处分为 $i_1(t)$ 与 $i_2(t)$，则 $i(t)=i_1(t)+i_2(t)$.

在回路 $JKNPJ$ 与 $KLMNK$ 中，分别应用基尔霍夫(Kirchhoff)定律，得

$$\begin{cases}20i+2i_1'+10i_1=120,\\4i_2'+20i_2-10i_1-2i_1'=0,\end{cases}$$

其中，$i=i_1+i_2$，且具有初始条件：

$$i_1(0)=i_2(0)=0.$$

下面求解此初值问题.

设 $\mathscr{L}[i_k(t)]=I_k(s)$，$k=1,2$. 对方程组中各方程两侧同时取拉普拉斯变换并代入初始条件，得

$$\begin{cases}(30+2s)I_1(s)+20I_2(s)=\dfrac{120}{s},\\-(10+2s)I_1(s)+(4s+20)I_2(s)=0.\end{cases}$$

解得

$$I_1(s)=\frac{60}{s(s+20)}=3\left(\frac{1}{s}-\frac{1}{s+20}\right),$$

$$I_2(s)=\frac{30}{s(s+20)}=\frac{1}{2}I_1(s),$$

所以

$$i_1(t)=\mathscr{L}^{-1}[I_1(s)]=3\mathscr{L}^{-1}\left(\frac{1}{s}-\frac{1}{s+20}\right)=3(1-\mathrm{e}^{-20t}),$$

$$i_2(t)=\mathscr{L}^{-1}[I_2(s)]=\frac{3}{2}(1-\mathrm{e}^{-20t}).$$

***例 8.4.6** 求解变系数二阶线性微分方程：

$$ty''+2(t-1)y'+(t-2)y=0.$$

解 设 $\mathscr{L}[y(t)]=Y(s)$，方程两边取拉普拉斯变换得

$$\mathscr{L}[ty'']+2\mathscr{L}[ty']-2\mathscr{L}[y']+\mathscr{L}[ty]-2\mathscr{L}[y]=0,$$

其中

$$\mathscr{L}[ty^{(n)}] = -\frac{\mathrm{d}}{\mathrm{d}s}\mathscr{L}[y^{(n)}], \quad n = 0,1,2.$$

于是有

$$-[s^2Y(s) - sy(0) - y'(0)]' - 2[sY(s) - y(0)]',$$
$$-2[sY(s) - y(0)] - Y'(s) - 2Y(s) = 0,$$

整理得

$$(s+1)^2 \frac{\mathrm{d}Y(s)}{\mathrm{d}s} + 4(s+1)Y(s) = 3y(0).$$

这是一个关于像函数 $Y(s)$ 的一阶线性微分方程，用常数变易法求其通解为

$$Y(s) = \frac{y(0)}{s+1} + \frac{c_1}{(s+1)^4}, \quad c_1 \text{ 为任意常数}.$$

因此，

$$y(t) = \mathscr{L}^{-1}[Y(s)] = y(0)\mathrm{e}^{-t} + ct^3\mathrm{e}^{-t}, \quad c \text{ 为任意常数}.$$

当然拉普拉斯变换还可用于偏微分方程的边值、初值问题的求解. 其方法与前面所举例类同.

*二、线性系统的动态特性

1. 系统的激励与响应

在实际应用中，常遇到对系统的分析和研究，所谓系统常指由一组相关联的元素构成的整体. 如图 8.7 所示的 RLC 电路，或图 8.8 所示的 MKC（质量-弹簧-阻尼）体系均是系统. 当外界给于系统一作用时，系统对这种作用就会有所反应. 将外界施加于系统的作用称为激励或输入，将系统出现的反应称为响应或输出. 图 8.7 的 RLC 电路中外加的电动势 $e(t)$ 或图 8.8MKC 系统中施加的外力 $f(t)$ 都是系统的输入（函数）或激励；而电容器两端的电压 $u_C(t)$ 或电路中的电流函数 $i(t)$ 或 MKC 系统中物体相对静止位置产生的位移 $x(t)$ 均为系统的响应或输出（函数）.

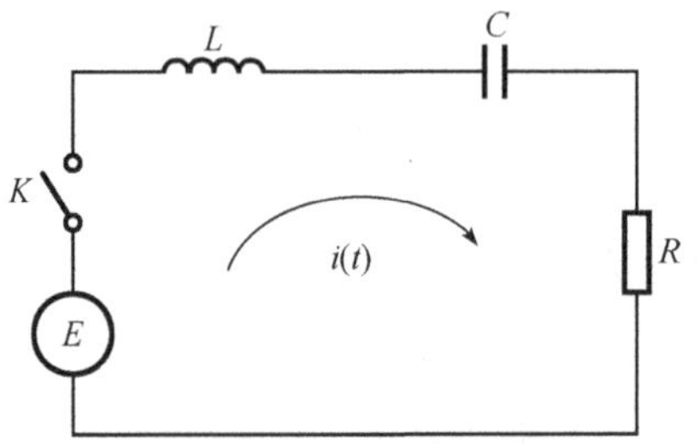

图 8.7　RLC 电路

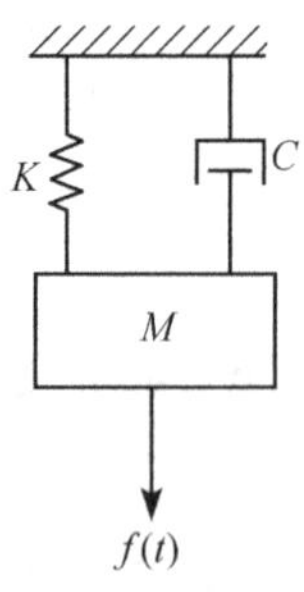

图 8.8　MKC 体系

系统由激励到响应的过程可用图 8.9 描述. 在系统理论中,最基本的问题是已知系统的激励,求出系统的响应.

图 8.9 输入—系统—响应框图

2. 线性系统

若激励和响应间的关系可用常系数线性微分方程表示,则称这样的系统为线性系统. 所以线性系统微分方程的一般形式为

$$a_n \frac{d^n y}{dt^n} + a_{n-1} \frac{d^{n-1} y}{dt^{n-1}} + \cdots + a_1 \frac{dy}{dt} + a_0 y$$
$$= b_m \frac{d^m x}{dt^m} + b_{m-1} \frac{d^{m-1} x}{dt^{m-1}} + \cdots + b_1 \frac{dx}{dt} + b_0 x, \tag{8.4.1}$$

其中,$a_n, \cdots, a_0, b_m, \cdots, b_0$ 均为常数. $x=x(t), y=y(t)$分别为系统的激励和响应,n 称为此线性系统的阶数.

如图 8.7 所示的 RLC 电路,根据基尔霍夫(Kirchhoff)定理

$$u_C + u_R + u_L = e(t),$$
$$u_R = Ri(t), \quad i(t) = C\frac{du_C}{dt}, \quad u_L = L\frac{d}{dt}i(t),$$

则响应 $u_C(t)$与激励 $e(t)$的关系为

$$LC\frac{d^2 u_C}{dt^2} + RC\frac{du_C}{dt} + u_C = e(t).$$

又如图 8.8 所示的 MKC 系统,响应 $x(t)$与激励 $f(t)$的关系为

$$\begin{cases} mx'' + cx' + kx = f(t), \\ x(0) = x'(0) = 0. \end{cases}$$

所以图 8.7,图 8.8 所示的系统均为线性系统.

3. 相似系统、相似量

许多物理本质完全不同的系统,可以用完全相同形式的微分方程来描述,这种具有完全相同形式微分方程的系统称为相似系统. 以相同微分方程表示的不同物理量称为相似量. 根据相似概念,只要是相似系统就具有相似的动态特性. 因此研究系统的动态特性时,可以不必考虑它们物理上的本质差异,只研究其一般形式. 在机-电相似系统中,力 F 与电压 U 相似,质量 M 与电感 L 相似,黏性阻尼系数 C 与电阻 R 相似等. 有了这种相似关系,就可以用电气模拟的方法来研究机械、热

工、流体等系统.在以下叙述中将线性系统简称为系统,若无特殊说明,本部分所及系统均指线性系统.

4. 频率响应函数的幅频、相频特性

记 $\mathscr{L}[x(t)]=X(s)$,$\mathscr{L}[y(t)]=Y(s)$,则当系统的初始条件为零,即

$$y^{(n-1)}(0)=\cdots=y'(0)=y(0)=0,\quad x^{(m-1)}(0)=\cdots=x'(0)=x(0)=0$$

时,对式(8.4.1)两侧作拉普拉斯变换,可得

$$\frac{Y(s)}{X(s)}=\frac{b_m s^m+b_{m-1}s^{m-1}+\cdots+b_1 s+b_0}{a_n s^n+a_{n-1}s^{n-1}+\cdots+a_1 s+a_0}\triangleq H(s).\tag{8.4.2}$$

于是,$Y(s)=H(s)X(s)$,$H(s)$被称为 n 阶线性系统(8.4.1)的**传递函数**.当 $s=\mathrm{j}\omega$ 时,$H(s)=H(\mathrm{j}\omega)=\dfrac{Y(\mathrm{j}\omega)}{X(\mathrm{j}\omega)}$,$H(\mathrm{j}\omega)$称作为 n 阶系统(8.4.1)的**频率响应函数**,简称为**频率响应**.这时,由于 $s=\mathrm{j}\omega$,所以 $H(\mathrm{j}\omega)$是系统初始条件为零时,输出与输入的傅里叶变换之比,它是一个复函数.

设

$$\begin{gathered}H(\mathrm{j}\omega)=R(\omega)+\mathrm{j}I(\omega),\\ |H(\mathrm{j}\omega)|=A(\omega),\quad \arg[H(\mathrm{j}\omega)]=\varphi(\omega),\end{gathered}\tag{8.4.3}$$

则

$$H(\mathrm{j}\omega)=A(\omega)\mathrm{e}^{\mathrm{j}\varphi(\omega)},\tag{8.4.4}$$

$$|H(\mathrm{j}\omega)|=A(\omega)=\sqrt{R^2(\omega)+I^2(\omega)}\tag{8.4.5}$$

式(8.4.5)表示输出与输入比的幅值随频率 ω 的变化规律,称为系统的**幅频特性**.

$$\varphi(\omega)=\arctan\frac{I(\omega)}{R(\omega)}\tag{8.4.6}$$

表示输出与输入的相位差随频率 ω 的变化规律,称为系统的**相频特性**.

5. 一阶线性系统及其应用

一阶系统和二阶系统是最常用的线性系统.下面通过对一阶系统的分析,来说明拉普拉斯变换在线性系统分析中的应用.

一阶线性系统微分方程的一般形式为

$$a_1\frac{\mathrm{d}y}{\mathrm{d}t}+a_0 y=b_0 x,\tag{8.4.7}$$

其中,$y=y(t)$,$x=x(t)$,当初始状态 $y(0)=0$ 时,对(8.4.7)两边同时取拉普拉斯变换得

$$(a_1 s+a_0)Y(s)=b_0 X(s),$$

所以系统的传递函数

$$H(s)=\frac{Y(s)}{X(s)}=\frac{b_0}{a_1 s+a_0}=\frac{b_0}{a_0}\frac{1}{1+\frac{a_1}{a_0}s},$$

令 $s_0=\frac{b_0}{a_0}$，$\tau=\frac{a_1}{a_0}$，则 $H(s)=s_0\frac{1}{1+s\tau}$.

当 $s=\mathrm{j}\omega$ 时，得系统(8.4.7)的频率响应函数

$$H(\mathrm{j}\omega)=s_0\frac{1}{1+\mathrm{j}\omega\tau}, \tag{8.4.8}$$

其幅频、相频特性分别为

$$A(\omega)=|H(\mathrm{j}\omega)|=\frac{|s_0|}{\sqrt{1+(\omega\tau)^2}}, \tag{8.4.9}$$

$$\varphi(\omega)=\arg[H(\mathrm{j}\omega)]=-\arctan(\omega\tau). \tag{8.4.10}$$

称 $\tau=\frac{a_1}{a_0}$ 为系统的时间常数，$s_0=\frac{b_0}{a_0}$ 为系统的静态灵敏度.

下面以一阶系统在单位阶跃激励下的响应为例，来说明拉普拉斯变换在分析系统的响应以及系统的幅频、相频特性的作用.

例 8.4.7 对一阶系统 $a_1\frac{\mathrm{d}y}{\mathrm{d}t}+a_0 y=b_0 x$，若静态灵敏度 $s_0=1$，$\tau=\frac{a_1}{a_0}>0$，输入 $x(t)=u(t)$ 为单位阶跃函数，求单位阶跃函数的响应函数 $y(t)$ 以及系统的幅频、相频特性.

解 设 $\mathscr{L}[x(t)]=X(s)$，$\mathscr{L}[y(t)]=Y(s)$，则 $X(s)=\mathscr{L}[u(t)]=\frac{1}{s}$.

由 $s_0=1$，得 $H(s)=s_0\frac{1}{1+s\tau}=\frac{1}{1+s\tau}$，所以

$$Y(s)=H(s)X(s)=\frac{1}{s(1+s\tau)},$$

$$y(t)=\mathscr{L}^{-1}[Y(s)]=\left.\frac{\mathrm{e}^{st}}{[s(1+s\tau)]'}\right|_{s=0}+\left.\frac{\mathrm{e}^{st}}{[s(1+s\tau)]'}\right|_{s=-\frac{1}{\tau}}=1-\mathrm{e}^{-\frac{t}{\tau}}.$$

所以响应函数为

$$y(t)=1-\mathrm{e}^{-\frac{t}{\tau}},$$

其中第一项为常数，是系统的稳态响应，第二项 $\mathrm{e}^{-\frac{t}{\tau}}$ 是时间 t 的指数衰减函数，当 $t\to\infty$ 时，$\mathrm{e}^{-\frac{t}{\tau}}\to 0$，是系统的瞬态响应.

当然，还可以用拉普拉斯变换的卷积性质求响应函数 $y(t)$. 事实上，因为

$$Y(s)=H(s)X(s),\quad h(t)=\mathscr{L}^{-1}[H(s)]=\frac{e^{st}}{[s(1+s\tau)]'}\bigg|_{s=\frac{-1}{\tau}}=\frac{1}{\tau}e^{-\frac{t}{\tau}},$$

而 $x(t)=u(t)$，由卷积性质

$$y(t)=u(t)*h(t)=\int_0^t\frac{1}{\tau}e^{-\frac{t-\xi}{\tau}}d\xi=e^{-\frac{t}{\tau}}\int_0^t e^{\frac{\xi}{\tau}}d\frac{\xi}{\tau}=1-e^{-\frac{t}{\tau}}.$$

这种求输出 $y(t)$ 的方法，当 $h(t)*x(t)$ 易求时是很有效的.

当 $s=j\omega$ 时，得一阶系统的频率响应函数：

$$H(j\omega)=\frac{1}{1+j\omega\tau}=\frac{1-j\omega\tau}{|1+j\omega\tau|^2}.$$

其幅频特性为

$$A(\omega)=|H(j\omega)|=\frac{1}{\sqrt{1+(\omega\tau)^2}}.$$

相频特性为

$$\varphi(\omega)=-\arctan(\omega\tau).$$

下面分析输出 $y(t)$，幅频特性 $A(\omega)$，相频特性 $\varphi(\omega)$ 在工程设计中的作用. 因输出 $y=1-e^{-\frac{t}{\tau}}(t>0)$，所以一阶系统的单位阶跃响应是一条单调递增曲线（图 8.10）. $t=0$ 时，输出 $y(t)=0$，随 t 增加，输出 $y(t)$ 按指数规律增大，最终趋于稳态. 由图 8.10 知，当 $t=\tau$ 时，输出量为稳态的 63.2%；当 $t=4\tau$ 时，则达 98.2%. 由此知，τ 越小，响应速度越快，达到稳态值 $y_w=1$ 的时间越短，所以尽可能采用时间常数 τ 值小的系统，一般把输出达到稳态值的 98% 所需的时间 4τ 作为响应速度指标.

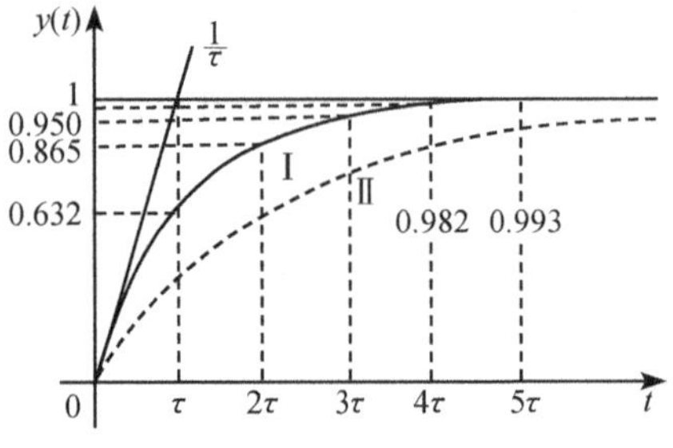

图 8.10　一阶系统的单位阶跃响应

以上是通过输出 $y(t)$ 在时域上的变化对参数 τ 讨论的结果. 同时，在实际中人们还希望选出的设计参数使得系统工作频率范围宽一些，从而使系统的适应性更强，那么参数 τ 还应满足哪些条件呢？

因 $A(\omega)=\dfrac{1}{\sqrt{1+(\omega\tau)^2}}$，$\varphi(\omega)=-\arctan(\omega\tau)$，所以系统的工作频率范围取决于 τ. 在 $\omega\tau$ 较小时，$A(\omega)\approx1$，$|\varphi(\omega)|$ 较小，即幅值和相位的失真都较小，当 $\omega\tau$ 值一定时，τ 越小，系统的工作频率范围越宽. 例如，在 $\omega\tau=0.3$ 处，当 $\tau=0.3$ 时，对

应频率 $\omega=1\text{rad/s}$,系统的工作范围为 0～1rad/s;当 $\tau=3$ 时,$\omega=0.1\text{rad/s}$. 系统工作频率范围减小为 0～0.1rad/s. 可见常数 τ 越小,工作频率范围越宽,反之越窄.

综上所述,从对系统的时域特性、频率特性的分析中知,为了减小一阶系统的稳态响应动态误差,增大工作频率范围,应尽可能采用时间常数 τ 小的系统.

常见的 RC 电路,弹簧 K 和阻尼器 C 组成的机械系统,以及热电偶测温系统都是一阶系统.

用类似的方法可以分析确定二阶或更高阶线性系统的设计参数,当然情况更复杂一些,感兴趣的读者可参考有关书籍.

8.5 Z 变 换

在工程技术中,除了傅里叶变换及拉普拉斯变换外,Z 变换也得到了广泛的应用. Z 变换分单边 Z 变换和双边 Z 变换,本节主要介绍单边 Z 变换. 本节将单边 Z 变换简称为 Z 变换.

一、Z 变换的定义

定义 8.5.1 对于离散的函数序列 $f(n)(n=0,1,2,\cdots)$,如果关于复变量 z 的级数 $\sum\limits_{n=0}^{\infty}f(n)z^{-n}$ 在 z 平面的某区域内绝对收敛,记其和函数为 $F(z)$,即

$$F(z)=\sum_{n=0}^{\infty}f(n)z^{-n}, \tag{8.5.1}$$

则称 $F(z)$ 为离散函数序列 $f(n)(n=0,1,2,\cdots)$ 的 **Z 变换**,或为 $f(n)$ 的 Z 变换的像函数,记作 $F(z)=\mathscr{Z}[f(n)]$;而称 $f(n)$ 为 $F(z)$ 的 Z 逆变换(或为 $F(z)$ 的像原函数),记作 $f(n)=\mathscr{Z}^{-1}[F(z)]$.

由式(8.5.1)知,在 z 平面的某区域内,当

$$\sum_{n=0}^{\infty}|f(n)z^{-n}|<+\infty \tag{8.5.2}$$

时,$f(n)$ 的 Z 变换才有意义,所以条件(8.5.2)也是 $f(n)$ 的 Z 变换存在的充要条件.

例 8.5.1 若 $n=0,1,2,3,4$ 时,$f(n)=(-1)^n(2n+1)$,$n=5,6,\cdots$ 时,$f(n)=0$,求 $\mathscr{Z}[f(n)]$.

解 $F(z)=\mathscr{Z}[f(n)]=\sum\limits_{n=0}^{4}(-1)^n(2n+1)z^{-n}$

$=1-3z^{-1}+5z^{-2}-7z^{-3}+9z^{-4},z\neq 0.$

例 8.5.2 已知 $f(n)=a^n,a\neq 0,n$ 为正整数,求 $F(z)=\mathscr{Z}[f(n)]$.

解

$$F(z)=\mathscr{Z}[f(n)]=\sum_{n=0}^{\infty}a^n z^{-n}$$
$$=\sum_{n=0}^{\infty}\left(\frac{a}{z}\right)^n=\frac{z}{z-a},\ |z|>|a|. \tag{8.5.3}$$

特别地，当 $f(n)=1$ 时，

$$\mathscr{Z}[f(n)]=\frac{z}{z-1},|z|>1.$$

例 8.5.3　若 $f(n)=\dfrac{1}{(n+1)!}$，$n=0,1,2,\cdots$，求 $\mathscr{Z}[f(n)]$.

解

$$F(z)=\sum_{n=0}^{\infty}\frac{1}{(n+1)!}z^{-n}=z\sum_{n=0}^{\infty}\frac{1}{(n+1)!}z^{-(n+1)}=z\sum_{n=1}^{\infty}\frac{z^{-n}}{n!}$$
$$=z\left[\sum_{n=0}^{\infty}\frac{z^{-n}}{n!}-1\right]=z(\mathrm{e}^{\frac{1}{z}}-1),\quad z\neq 0.$$

二、Z 逆变换及计算

Z 变换的反演公式　若 $\mathscr{Z}[f(n)]=F(z)$，则 $F(z)$ 的 Z 逆变换

$$f(n)=\frac{1}{2\pi\mathrm{j}}\oint_C F(z)z^{n-1}\mathrm{d}z,\quad n=0,1,2,\cdots, \tag{8.5.4}$$

其中，C 是绕 $z=0$ 且完全位于 $F(z)$ 的解析域的正向简单闭曲线，而 $F(z)$ 的解析域就是 $F(z)$ 对应的 Z 变换级数的收敛域的内部.

公式(8.5.4)称为 Z 变换的**反演公式**. 当 $F(z)$ 只有有限个奇点 $s_1,s_2,\cdots,s_n$ 时，$F(z)$ 的解析域为：$|z|>\lambda$，其中，

$$\lambda=\max\{|s_1|,|s_2|,\cdots,|s_n|\}. \tag{8.5.5}$$

证　因

$$F(z)=\sum_{n=0}^{\infty}f(n)z^{-n}=f(0)+f(1)z^{-1}+\cdots+f(n-1)z^{-(n-1)}+f(n)z^{-n}+\cdots,$$

两边同乘以 z^{n-1}，并沿绕 $z=0$ 且完全位于 $F(z)$ 的解析域内的正向简单闭曲线 C 进行积分，有

$$\oint_C z^{n-1}F(z)\mathrm{d}z=\cdots+f(n-1)\oint_C z^0\mathrm{d}z+f(n)\oint_C z^{-1}\mathrm{d}z+f(n+1)\oint_C z^{-2}\mathrm{d}z+\cdots,$$

右端积分除第 n 项值为 $2\pi\mathrm{j}$ 之外，其余各项全为零，所以

$$\oint_C z^{n-1}F(z)\mathrm{d}z=2\pi\mathrm{j}f(n),$$

即

$$f(n)=\frac{1}{2\pi j}\oint_C z^{n-1}F(z)\mathrm{d}z,\quad n=0,1,2,\cdots.$$

例 8.5.4 若 $F(z)=\frac{z}{(z-1)^2}$,求 $f(n)=\mathscr{Z}^{-1}[F(z)]$.

解法 1 由式(8.5.5)知,$F(z)$的解析域为:$|z|>1$.根据反演公式,

$$f(n)=\frac{1}{2\pi j}\oint_C z^{n-1}\frac{z}{(z-1)^2}\mathrm{d}z=\frac{1}{2\pi j}\oint_C\frac{z^n}{(z-1)^2}\mathrm{d}z,$$

其中,C 为$|z|>1$且绕 $z=0$ 的正向简单闭曲线(图 8.11).

$n=0$ 时,$f(0)=\frac{1}{2\pi j}\oint_C\frac{1}{(z-1)^2}\mathrm{d}z=0$;

$n\geqslant 1$ 时,$\frac{z^n}{(z-1)^2}$在 C 内只有一个二级极点 $z=1$,因此

$$f(n)=\mathrm{Res}\left[\frac{z^n}{(z-1)^2},1\right]=\lim_{z\to 1}(z^n)'=n,$$

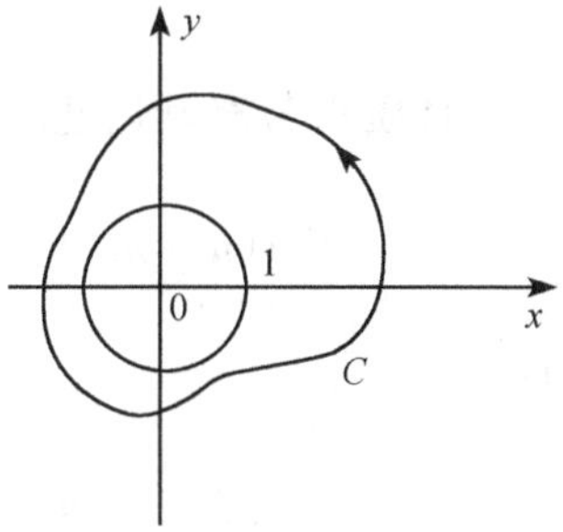

图 8.11

所以 $F(z)$的 Z 逆变换:$f(n)=n(n=0,1,2,\cdots)$.

解法 2 根据 Z 变换的定义,只需将 $F(z)$展成形如 $\sum_{n=0}^{\infty}c_nz^{-n}$ 的级数,则有 $f(n)=c_n$.

由于$|z|>1$时,

$$\frac{1}{z-1}=\frac{1}{z}\cdot\frac{1}{1-1/z}=\frac{1}{z}\sum_{n=0}^{\infty}\frac{1}{z^n}=\sum_{n=0}^{\infty}\frac{1}{z^{n+1}},$$

$$\frac{1}{(z-1)^2}=-\left(\frac{1}{z-1}\right)'=-\sum_{n=0}^{\infty}\left(\frac{1}{z^{n+1}}\right)'=\sum_{n=0}^{\infty}(n+1)z^{-(n+2)},$$

故

$$F(z)=\frac{z}{(z-1)^2}=\sum_{n=0}^{\infty}(n+1)z^{-(n+1)}=\sum_{n=0}^{\infty}nz^{-n},\quad |z|>1.$$

所以

$$f(n)=n,\quad n=0,1,2,\cdots.$$

由此知,当 $F(z)$易于展成形如 $\sum_{n=0}^{\infty}c_nz^{-n}$ 的级数时,解法 2 是有效的.

三、Z 变换的性质

下面不加证明的给出 Z 变换的一些性质，其中，总假设凡进行 Z 变换的序列其 Z 变换均存在，且 $\mathscr{Z}[f(n)]=F(z)$，$\mathscr{Z}[f_i(n)]=F_i(z)$，$i=1,2$.

性质 8.5.1（线性性质）　对任意常数 α,β，

$$\mathscr{Z}[\alpha f_1(n)+\beta f_2(n)]=\alpha F_1(z)+\beta F_2(z). \tag{8.5.6}$$

性质 8.5.2（相似性质）　对常数 $a\neq 0$，

$$\mathscr{Z}[a^n f(n)]=F\left(\frac{z}{a}\right). \tag{8.5.7}$$

性质 8.5.3（延迟性质）　若 $f(n)$ 在 $n=0,\pm1,\pm2,\cdots$ 有定义，则对整数 $m>0$，

$$\mathscr{Z}[f(n-m)]=z^{-m}F(z)+\sum_{n=0}^{m-1}f(n-m)z^{-n},\quad m=1,2,\cdots, \tag{8.5.8}$$

且

$$\mathscr{Z}[f(n+m)]=z^{m}F(z)-\sum_{n=0}^{m-1}f(n)z^{m-n},\quad m=1,2,\cdots. \tag{8.5.9}$$

性质 8.5.4（像函数的微分性质）

$$\mathscr{Z}[-nf(n)]=zF'(z). \tag{8.5.10}$$

性质 8.5.5（像函数的积分性质）　设 m 为整数，$n+m\leqslant 0$ 时，$f(n)=0$，则

$$\int_z^{\infty}\frac{F(z)}{z}\mathrm{d}z=\mathscr{Z}\left[\frac{f(n)}{n}\right], \tag{8.5.11}$$

$$z^m\int_z^{\infty}\frac{F(z)}{z^{m+1}}\mathrm{d}z=\mathscr{Z}\left[\frac{f(n)}{n+m}\right]. \tag{8.5.12}$$

性质 8.5.6（卷积性质）　对两个离散序列 $f_1(n)$，$f_2(n)$，称 $f_1(n)$ 与 $f_2(n)$ 的卷积为

$$f_1(n)*f_2(n)\triangleq\sum_{k=-\infty}^{+\infty}f_1(k)f_2(n-k).$$

特别地，当 $n<0$，$f_1(n)=f_2(n)=0$ 时，则有

$$f_1(n)*f_2(n)\triangleq\sum_{k=0}^{n}f_1(k)f_2(n-k).$$

于是

$$\mathscr{Z}[f_1(n)*f_2(n)]=F_1(z)F_2(z).$$

例 8.5.5　求指数衰减正弦序列 $a^n\sin(\beta n)$ 的 Z 变换，其中，$0<a<1$.

解 $\sin n\beta=\frac{1}{2\mathrm{j}}(\mathrm{e}^{\mathrm{j}n\beta}-\mathrm{e}^{-\mathrm{j}n\beta})$，由式(8.5.3)，

$$\mathscr{Z}[\mathrm{e}^{\mathrm{j}\beta n}]=\mathscr{Z}[(\mathrm{e}^{\mathrm{j}\beta})^n]=\frac{z}{z-\mathrm{e}^{\mathrm{j}\beta}},\quad \mathscr{Z}[\mathrm{e}^{-\mathrm{j}\beta n}]=\frac{z}{z-\mathrm{e}^{-\mathrm{j}\beta}},\quad |z|>1.$$

所以

$$\mathscr{Z}[\sin\beta n]=\frac{1}{2\mathrm{j}}\left[\frac{z}{z-\mathrm{e}^{\mathrm{j}\beta}}-\frac{z}{z-\mathrm{e}^{-\mathrm{j}\beta}}\right]=\frac{z\sin\beta}{z^2-2z\cos\beta+1},\quad |z|>1.$$

由相似性质得

$$\mathscr{Z}[a^n\sin(\beta n)]=\frac{\frac{z}{a}\sin\beta}{(z/a)^2-2(z/a)\cos\beta+1}=\frac{az\sin\beta}{z^2-2az\cos\beta+a^2},\quad |z|>a.$$

例 8.5.6 求差分方程

$$f(n+2)+3f(n+1)+2f(n)=0$$

满足条件：$f(0)=0, f(1)=1$ 的解.

解 设 $F(z)=\mathscr{Z}[f(n)]$，方程两侧同时取 Z 变换，由线性、延迟性质，有

$$z^2F(z)-f(0)z^2-f(1)z+3[zF(z)-f(0)z]+2F(z)=0,$$

代入初始条件得

$$z^2F(z)-z+3zF(z)+2F(z)=0,$$

解得

$$F(z)=\frac{z}{(z+1)(z+2)}=\frac{z}{z+1}-\frac{z}{z+2},\quad |z|>2,$$

所以

$$\begin{aligned}f(n)&=\mathscr{Z}^{-1}\left[\frac{z}{z+1}\right]-\mathscr{Z}^{-1}\left[\frac{z}{z+2}\right]=(-1)^n-(-2)^n\\&=(-1)^n(1-2^n),\quad n=0,1,2,\cdots.\end{aligned}$$

例 8.5.7 求 $a^n * b^n$ 及 $\mathscr{Z}[a^n * b^n]$，其中，a,b 为非零常数.

解 $$a^n * b^n=\sum_{k=0}^{n}a^kb^{n-k}=b^n\sum_{k=0}^{n}\left(\frac{a}{b}\right)^k.$$

$a\neq b$ 时，

$$b^n\sum_{k=0}^{n}\left(\frac{a}{b}\right)^k=b^n\frac{1-(a/b)^{n+1}}{1-a/b}=\frac{b^{n+1}-a^{n+1}}{b-a},\quad n\geqslant 0.$$

$a=b$ 时，

$$b^n\sum_{k=0}^{n}\left(\frac{a}{b}\right)^k = b^n\sum_{k=0}^{n}1=(n+1)b^n,\quad n\geqslant 0.$$

所以

$$a^n * b^n=\begin{cases}\dfrac{b^{n+1}-a^{n+1}}{b-a}, & a\neq b,\\ (n+1)a^n, & a=b,\end{cases}\quad n\geqslant 0.$$

由例 8.5.2 知，

$$\mathscr{Z}[a^n]=\frac{z}{z-a},\quad (|z|>|a|),\quad \mathscr{Z}[b^n]=\frac{z}{z-b},\quad (|z|>|b|),$$

由卷积性质，得

$$\mathscr{Z}[a^n * b^n]=\mathscr{Z}[a^n]\cdot\mathscr{Z}[b^n]$$
$$=\begin{cases}\dfrac{z^2}{(z-a)(z-b)}, & a\neq b,\\ \dfrac{z^2}{(z-a)^2}, & a=b,\end{cases}\quad |z|>\max\{|a|,|b|\}.$$

最后顺便说明，若将定义 8.5.1 中的式(8.5.1)写成 $F(z)=\sum\limits_{n=-\infty}^{\infty}f(n)z^{-n}$，称这样的变换为双边 Z 变换. 可以用类似的方法研究双边 Z 变换.

小结与点注

本章重点介绍了拉普拉斯变换的概念、性质，拉普拉斯逆变换及其应用. 同时介绍了针对离散序列的 Z 变换. 在本章的学习中，以下几个问题是重要的.

(1) 由拉普拉斯变换的定义

$$\mathscr{L}[f(t)]=\int_0^{+\infty}f(t)\mathrm{e}^{-st}\mathrm{d}t=\int_{-\infty}^{+\infty}f(t)\mathrm{e}^{-\beta t}u(t)\mathrm{e}^{-\mathrm{j}\omega t}\mathrm{d}t$$

知，拉普拉斯变换是特殊的傅里叶变换. 其中的 $\mathrm{e}^{-\beta t}$ 是对 $f(t)$ 的收敛性进行“调控”的，$u(t)$ 对 $f(t)$ 进行了“$t<0$ 时，令 $f(t)=0$”的重新定义. 所以拉普拉斯变换是特殊的傅里叶变换. 但较傅里叶变换，在古典积分意义下，拉普拉斯变换存在的函数要广泛的多. 比如常用的单位阶跃函数、常值函数、正弦余弦函数、多项式函数等在古典积分意义下傅里叶变换不存在，但拉普拉斯变换却存在. 如 $\mathscr{F}[\sin\omega_0 t]=\mathrm{j}\pi[\delta(\omega+\omega_0)-\delta(\omega-\omega_0)]$，即 $\sin\omega_0 t$ 的傅里叶变换不能通过古典积分用常义函数来表示，而要通过广义 δ 函数来表示. 而 $\mathscr{L}[\sin\omega_0 t]=\dfrac{\omega_0}{s^2+\omega_0^2}$，即 $\sin\omega_0 t$ 的拉普拉斯变换可通过古典积分用常义函数表示出来 . 这使得拉普拉斯变换在求解微积分方

程以及其他领域中得到了更为广泛的应用. 8.4 节对一阶线性系统在激励为单位阶跃函数$u(t)$时的响应及幅频、相频特性进行了详细分析,并根据分析结果对工程设计参数进行了确定,体现了拉普拉斯变换在线性系统设计中不可缺少的作用.

(2) 拉普拉斯变换有许多与傅里叶变换类似的性质,这是它的定义所决定的,它们都几乎反映的是像原函数(或像函数)改变后的像(或原像)与改变前的像(或原像)间的关系,如

$$\mathscr{L}[f^{(n)}(t)]=s^nF(s)-s^{n-1}f(0)-s^{n-2}f'(0)-\cdots-f^{(n-1)}(0),$$

$$\mathscr{L}[(-t)^nf(t)]=F^{(n)}(s),\quad \mathscr{L}^{-1}\left[\int_s^{\infty}F(s)\mathrm{d}s\right]=\frac{1}{t}\mathscr{L}^{-1}F(s)=\frac{f(t)}{t},$$

$$\mathscr{L}^{-1}[F(s-a)]=\mathrm{e}^{at}\mathscr{L}^{-1}F(s)=\mathrm{e}^{at}f(t),\quad \cdots$$

这可通过已知的、易求的像(或原像)求未知的像(或原像),恰当综合地利用这些性质,能使我们获得良好的分析及计算技能.

在拉普拉斯变换的卷积性质中,有公式:

$$f_1(t)*f_2(t)=\int_0^t f_1(\tau)f_2(t-\tau)\mathrm{d}\tau,$$

称其为拉普拉斯变换中的卷积公式,这只是为了与拉普拉斯变换相对应. 因为在进行拉普拉斯变换时,函数都满足"$t<0$ 时,$f(t)=0$"的条件,而在这个条件下,根据第 7 章给出的卷积定义:

$$f_1(t)*f_2(t)=\int_{-\infty}^{+\infty}f_1(\tau)f_2(t-\tau)\mathrm{d}\tau=\int_0^t f_1(\tau)f_2(t-\tau)\mathrm{d}\tau,$$

也就是说,卷积只有一个定义,拉普拉斯变换中的卷积公式只是一般卷积公式在特殊条件"$t<0$ 时,$f_1(t)=f_2(t)=0$"下的进一步形式而已,它并没有改变卷积定义的实质. 这个公式的作用在于:当函数满足条件"$t<0$时,$f_1(t)=f_2(t)=0$"而计算$f_1(t)*f_2(t)$时免去重复推导而已.

(3) 随着工程技术的发展,Z 变换得到了越来越广泛的使用,它与傅里叶变换、拉普拉斯变换很大的区别在于它是针对离散函数序列 $f(n)(n=0,1,2,\cdots)$而进行的变换. 本章重点介绍了单边 Z 变换的定义、性质,导出了求 Z 逆变换的方法,举例说明了它的一些应用. 关于双边 Z 变换的定义及讨论,方法是类似的. 这里要说明无论是傅里叶变换、拉普拉斯变换还是 Z 变换都需要良好的复变函数基础,尤其是一些理论推导及求 Z 逆变换的计算,所以望读者在学习过程中注意复习巩固复变函数知识.

积分变换部分介绍的傅里叶变换、拉普拉斯变换和 Z 变换是数学理论和工程技术常用而重要的 3 个变换,它们无疑是相异的,但在研究方法和结论上有许多相似之处,若能有区别而类比的学习,将会收到良好的效果.

习　题　8

1. 由定义求下列函数的拉普拉斯变换：

(1) $f(t)=\begin{cases} t+1, & 0<t<3, \\ 0, & t\geqslant 3; \end{cases}$

(2) $f(t)=\begin{cases} \sin t, & 0<t<\pi, \\ 0, & t\geqslant \pi; \end{cases}$

(3) $f(t)=\begin{cases} t, & 0<t<2, \\ 2, & t\geqslant 2; \end{cases}$

(4) $f(t)=\mathrm{e}^{-\beta t}\delta(t)-\beta\mathrm{e}^{-\beta t}u(t),\quad \beta>0$;

(5) $f(t)=\delta(t)\cos t-u(t)\sin t$.

2. 设 $f(t)$ 是以 2π 为周期的周期函数，且在一个周期内

$$f(t)=\begin{cases} \sin t, & 0<t\leqslant \pi, \\ 0, & \pi<t\leqslant 2\pi, \end{cases}$$

求 $\mathscr{L}[f(t)]$.

3. 设 $\mathscr{L}[f(t)]=F(s)$，$a>0$，$b\geqslant 0$，试证明：

$$\mathscr{L}[f(at-b)u(at-b)]=\frac{1}{a}F\left(\frac{s}{a}\right)\mathrm{e}^{-bs/a}.$$

4. 利用拉普拉斯变换的性质求下列函数的拉普拉斯变换：

(1) $f(t)=\sin t\cos t$;

(2) $f(t)=\mathrm{e}^{-2t}\sin 6t$;

(3) $f(t)=\cos^2 t$;

(4) $f(t)=(t-1)[u(t-1)-u(t-2)]$;

(5) $f(t)=t^n\mathrm{e}^{at}+5\delta(t)$;

(6) $f(t)=(1-at)^2\mathrm{e}^{-at}$;

(7) $f(t)=tu(t-a)\mathrm{e}^{bt}$，$a>0$;

(8) $f(t)=u(1-\mathrm{e}^{-t})$;

(9) $f(t)=\mathrm{e}^{-3t}\int_0^t t\sin 2t\,\mathrm{d}t$;

(10) $f(t)=t\int_0^t \mathrm{e}^{-3t}\sin 2t\,\mathrm{d}t$;

(11) $f(t)=\mathrm{e}^{-5t}\int_0^t \frac{\sin 2t}{t}\mathrm{d}t$;

(12) $f(t)=\int_0^t \frac{\mathrm{e}^{-3t}\sin 2t}{t}\mathrm{d}t$;

(13) $f(t)=\int_0^t t\mathrm{e}^{-3t}\sin 2t\,\mathrm{d}t$;

(14) $f(t)=\frac{1-\mathrm{e}^{-t}}{t}$;

(15) $f(t)=\mathrm{e}^{-\frac{t}{a}}f\left(\frac{t}{a}\right)$，$a>0$;

(16) $f(t)=\frac{\mathrm{d}^2}{\mathrm{d}t^2}(\mathrm{e}^{-t}\sin t)$.

5. 计算下列积分：

(1) $\int_{0^-}^{+\infty}\delta(t)\mathrm{e}^{-\frac{t}{a}}f(t+2)\mathrm{d}t$，$a\neq 0$ 为常数，$f(t)$ 为连续函数；

(2) $\int_0^{+\infty}\delta(t-\pi)t^4\mathrm{e}^{-t}\cos t\,\mathrm{d}t$;

(3) $\int_0^{+\infty}t\mathrm{e}^{-2t}\mathrm{d}t$;

(4) $\int_0^{+\infty}\mathrm{e}^{-3t}\cos at\,\mathrm{d}t$;

(5) $\int_0^{+\infty}t\mathrm{e}^{-3t}\sin 2t\,\mathrm{d}t$;

(6) $\int_0^{+\infty}t^3\mathrm{e}^{-t}\sin t\,\mathrm{d}t$;

(7) $\int_0^{+\infty}\frac{\mathrm{e}^{-t}-\mathrm{e}^{-2t}}{t}\mathrm{d}t$;

(8) $\int_0^{+\infty}\frac{e^{-at}\cos bt-e^{-mt}\cos nt}{t}dt$； (9) $\int_0^{+\infty}\frac{1-\cos t}{t}e^{-t}dt$；

(10) $\int_0^{+\infty}\frac{e^{-\sqrt{2}t}\operatorname{sh}t\sin 2t}{t}dt$.

6. 试用卷积定理证明：

$$\mathscr{L}^{-1}\left[\frac{s^2}{(s^2+a^2)^2}\right]=\frac{1}{2a}(at\cos at+\sin at).$$

7. 求下列函数的拉普拉斯逆变换：

(1) $F(s)=\frac{2s+3}{s^2+9}$； (2) $F(s)=\frac{e^{-s}+e^{-2s}}{s^2-3s+2}$；

(3) $F(s)=\frac{2e^{-s}-e^{-2s}}{(s^2+1)^3}$； (4) $F(s)=\frac{s}{(s^2+a^2)(s^2+b^2)},a^2\neq b^2$；

(5) $F(s)=\frac{2s+5}{s^2+4s+13}$； (6) $F(s)=\frac{e^{-5s}}{s^2-9}$；

(7) $F(s)=\ln\frac{s^2-1}{s^2}$； (8) $F(s)=\frac{1+e^{-2s}}{s^2}$；

(9) $F(s)=\frac{s^2+2s-1}{s(s-1)^2}$； (10) $F(s)=\frac{se^{-5s+3}}{s^2+4}$；

(11) $F(s)=\frac{(s^2+s+2)e^{-s}}{s^3}$； (12) $F(s)=\frac{1}{s^4+5s^2+4}$；

(13) $F(s)=\frac{s+1}{9s^2+6s+5}$； (14) $F(s)=\frac{s+2}{(s^2+4s+5)^2}$.

8. 求下列函数的卷积及卷积函数的拉普拉斯变换：

(1) $t*\operatorname{sh}t$； (2) $u(t-a)*f(t)$； (3) $\delta(t-a)*e^t\cos t$.

9. 试求下列微分方程边值问题或初值问题：

(1) $y''+4y'+3y=e^{-t}$， $y(0)=y'(0)=1$；

(2) $y''-2y'+2y=2e^t\cos t$， $y(0)=y'(0)=0$；

(3) $y'''+y'=e^{2t}$， $y(0)=y'(0)=y''(0)=0$；

(4) $y''+y+\sin 2t=0$， $y(0)=-1,y(\pi)=1$；

(5) $y^{(4)}+2y''+y=t\cos t$， $y(0)=0,y'(0)=1,y''(0)=2,y'''(0)=\frac{1}{4}$；

(6) $y^{(4)}+2y'''-2y'-y=\delta(t)$， $y^{(n)}(0)=0,n=0,1,2,3$；

(7) $y''+4y'+4y=(t-2)e^{-(t-2)}u(t-2)$， $y(0)=1,y'(0)=-2$；

10. 求解下列微分方程组：

(1) $\begin{cases}x'+y'=1+\delta(t),\\x'-y'=t+\delta(t-1),\\x(0)=a,y(0)=b;\end{cases}$ (2) $\begin{cases}x'+2x+b\int_0^t y\,dt=-2u(t),\\x'+y'+y=0,\\x(0)=-5,y(0)=6;\end{cases}$

(3) $\begin{cases}(2x''-x'+9x)-(y''+y'+3y)=0,\\(2x''+x'+7x)-(y''-y'+5y)=0,\\x(0)=x'(0)=1,y(0)=y'(0)=0;\end{cases}$

(4) $\begin{cases} x''-x+y+z=0, \\ x+y''-y+z=0, \\ x+y+z''=0, \\ x(0)=1, y(0)=z(0)=0, x'(0)=y'(0)=z'(0)=0. \end{cases}$

11. 求解下列微分积分方程：

(1) $y(t)=\mathrm{e}^t+\int_0^t \tau y(\tau)\mathrm{d}\tau - t\int_0^t y(\tau)\mathrm{d}\tau$;

(2) $y(t)=at-a^2\int_0^t (t-\tau)y(\tau)\mathrm{d}\tau$;

(3) $y(t)=at+\int_0^t \sin(t-\tau)y(\tau)\mathrm{d}\tau$;

(4) $y'(t)-4y(t)+4\int_0^t y(t)\mathrm{d}t=\dfrac{t^3}{3}$,　$y(0)=0$.

*12. 求解变系数二阶线性微分方程的边值问题：

$$ty''(t)-2y'(t)+ty(t)=0,\quad y(0)=1, y(\pi)=0.$$

*13. 某线性系统的传递函数 $H(s)=\dfrac{K}{1+Ts}$，求当激励 $x(t)=A\sin\omega t$ 时的系统响应 $y(t)$，其中，K,T,A,ω 为常数.

14. 求下列离散函数序列 $f(n)$ 的 Z 变换：

(1) $f(n)=\begin{cases} \dfrac{1+(-1)^n}{n!}, & n=0,1,2,\cdots,6, \\ 0, & n=7,8,\cdots; \end{cases}$

(2) $f(n)=n+1$,　$n=1,2,\cdots$.

15. 求 $F(z)=\mathrm{e}^{\frac{1}{z}}$ 的 Z 逆变换.

16. 设 $F(z)=\mathscr{Z}[f(z)]$，试证：

(1) $z\left[\dfrac{\mathrm{d}}{\mathrm{d}z}F(z)\right]=\mathscr{Z}[-nf(n)]$;

(2) $\int_z^{\infty}\dfrac{F(z)}{z}\mathrm{d}z=\mathscr{Z}\left[\dfrac{f(n)}{n}\right], f(0)=0$.

17. 求解齐次差分方程：

$$\begin{cases} f(n+2)+5f(n+1)+4f(n)=0, \\ f(0)=0, f(1)=1. \end{cases}$$

习题答案

习 题 1

1. (1) $\frac{16}{25},\frac{8}{25},\frac{8\sqrt{5}}{25},\arctan\frac{1}{2}$；(2) $-\frac{7}{2},-13,\frac{5}{2}\sqrt{29},\arctan\frac{26}{7}-\pi$；

   (3) $1,-3,\sqrt{10},-\arctan 3$；(4) $0,2,2,\frac{\pi}{2}$；(5) $-\frac{1}{8},0,\frac{1}{8},\pi$；(6) $-1,0,1,\pi$.

3. (1) $\mathrm{i}=\cos\frac{\pi}{2}+\mathrm{i}\sin\frac{\pi}{2}=\mathrm{e}^{\frac{\pi}{2}\mathrm{i}}$；(2) $-1=\cos\pi+\mathrm{i}\sin\pi=\mathrm{e}^{\pi\mathrm{i}}$；

   (3) $2\sin\frac{\varphi}{2}\left[\cos\left(\frac{\pi}{2}-\frac{\varphi}{2}\right)+\mathrm{i}\sin\left(\frac{\pi}{2}-\frac{\varphi}{2}\right)\right]=2\sin\frac{\varphi}{2}\mathrm{e}^{\left(\frac{\pi}{2}-\frac{\varphi}{2}\right)\mathrm{i}}$；

   (4) $\pm\sqrt[4]{2}\left(\cos\frac{\pi}{8}+\mathrm{i}\sin\frac{\pi}{8}\right)=\pm\sqrt[4]{2}\mathrm{e}^{\frac{\pi}{8}\mathrm{i}}$；(5) $4\left(\cos\frac{2\pi}{3}+\mathrm{i}\sin\frac{2\pi}{3}\right)=4\mathrm{e}^{\frac{2\pi}{3}\mathrm{i}}$；

   (6) $\sqrt{2}\left(\cos\frac{\pi}{4}-\mathrm{i}\sin\frac{\pi}{4}\right)=\sqrt{2}\mathrm{e}^{-\frac{\pi}{4}\mathrm{i}}$.

4. (1) $x=2,y=-1$；(2) $x=\pm 3,y=\mp 3$；(3) $x=1,y=11$.

6. (1) $-16\sqrt{3}-16\mathrm{i}$；(2) $-8\mathrm{i}$；(3) $\frac{\sqrt{3}}{2}+\frac{1}{2}\mathrm{i},-\frac{\sqrt{3}}{2}+\frac{1}{2}\mathrm{i},-\frac{\sqrt{3}}{2}-\frac{1}{2}\mathrm{i},\frac{\sqrt{3}}{2}-\frac{1}{2}\mathrm{i},\mathrm{i},-\mathrm{i}$；

   (4) $\sqrt[6]{2}\left(\cos\frac{\pi}{12}-\mathrm{i}\sin\frac{\pi}{12}\right),\sqrt[6]{2}\left(\cos\frac{7\pi}{12}+\mathrm{i}\sin\frac{7\pi}{12}\right),\sqrt[6]{2}\left(\cos\frac{5\pi}{4}+\mathrm{i}\sin\frac{5\pi}{4}\right)$.

7. $z_1z_2=2\mathrm{e}^{\frac{\pi}{12}\mathrm{i}},\frac{z_1}{z_2}=\frac{1}{2}\mathrm{e}^{\frac{5\pi}{12}\mathrm{i}}$.

8. (1) $\frac{a}{\sqrt{2}}(\pm 1+\mathrm{i}),\frac{a}{\sqrt{2}}(\pm 1-\mathrm{i})$；(2) $1\pm\sqrt{3}\mathrm{i},-2$；(3) $c_1\mathrm{e}^{-2x}+\mathrm{e}^{x}(c_2\cos\sqrt{3}x+c_3\sin\sqrt{3})$.

10. (1) z 位于 z_1 与 z_2 连线的中点；(2) z 位于 z_1 与 z_2 连线上，其中 $\lambda=\frac{|z-z_2|}{|z_1-z_2|}$；

    (3) z 位于三角形 $z_1z_2z_3$ 的重心.

11. (1) z_1 与 z_2 连线的中垂线；

    (2) 以 2 为圆心，以 1 为半径的圆周；

    (3) 以 i 为圆心，以 2 为半径的圆周及其外部区域；

    (4) 直线 $x=-5$；

    (5) 直线 $y=4$；

    (6) 以 -3 与 -1 为焦点，长轴为 4 的椭圆；

    (7) 直线 $y=2$ 及其下面的平面区域；

    (8) 直线 $x=\frac{1}{2}$ 及其右边的平面；

    (9) 不包含实轴的上半平面；

(10) 以 i 为起点的射线 $y=x+1(x>0)$.

14. (1) 直线 $y=x$；(2) 椭圆$\frac{x^2}{a^2}+\frac{y^2}{b^2}=1$；(3) 双曲线 $y=\frac{1}{x}$；

(4) 双曲线 $y=\frac{1}{x}$在第一象限的一支.

18. (1) 不含实轴的上半平面，是无界的单连通区域；

(2) 在直线 $x=1$ 右边、$x=2$ 左边的带形区域(不含两直线)，是无界的单连通区域；

(3) 由圆周 $x^2+y^2=2$ 与 $x^2+y^2=4$ 围成的环行域(含两圆周)，是有界的多连通闭区域；

(4) 是 $x=1$ 左边的平面(不含直线)，是无界的单连通区域；

(5) 以 $z=-\frac{17}{15}$为圆心，以$\frac{8}{15}$为半径的圆外部(不含圆周)，是无界的多连通区域；

(6) 是椭圆$\frac{x^2}{9}+\frac{y^2}{5}=1$ 所围成的区域(含椭圆周)，是有界的单连通闭区域；

(7) 是双曲线 $4x^2-\frac{4}{15}y^2=1$ 左边分支的左边(不含双曲线)，是无界的单连通区域；

(8) 是圆 $(x-2)^2+(y+1)^2=9$ 的内部区域(含圆周)，是有界的单连通闭区域.

26. (1) $v=-u$；(2) $\left(u-\frac{1}{2}\right)^2+v^2=\frac{1}{4}$；(3) $u^2+v^2=\frac{1}{4}$；(4) $u=\frac{1}{2}$.

27. (1) $w_1=-\mathrm{i}, w_2=-2+2\mathrm{i}, w_3=8\mathrm{i}$；(2) $0<\arg w<\pi$.

习 题 2

3. (1) 在直线 $x=-\frac{1}{2}$上可导，但在复平面上处处不解析；

(2) 在直线$\sqrt{2}x\pm\sqrt{3}y=0$ 上可导，但在复平面上处处不解析；

(3) 在原点 $z=0$ 处可导，但在复平面上处处不解析；

(4) 在复平面上处处可导，处处解析.

4. (1)在复平面上处处解析，$f'(z)=5(z-1)^4$；(2) 在复平面上处处解析，$f'(z)=6z^2+3\mathrm{i}$；

(3) 在除 $z=\pm\mathrm{i}$ 外的复平面上处处解析，$f'(z)=-\frac{2z}{(z^2+1)^2}$；

(4) 在除 $z=-\frac{d}{c}\,(c\neq0)$外的复平面上处处解析，$f'(z)=\frac{ad-bc}{(cz+d)^2}$.

5. (1) $0,\pm\mathrm{i}$；(2) $-1,\pm\mathrm{i}$.

6. (1)～(4) 假；(5) 真.

9. $n=l=-3, m=1$.

11. (1) e^{-2}；(2) $\mathrm{e}^{-2k\pi}\,(k=0,\pm1,\pm2,\cdots)$；

(3) $\sqrt{2}\mathrm{e}^{\frac{\pi}{4}+2k\pi}\left[\cos\left(\ln\sqrt{2}-\frac{\pi}{4}\right)+\mathrm{i}\sin\left(\ln\sqrt{2}-\frac{\pi}{4}\right)\right](k=0,\pm1,\pm2,\cdots)$.

12. (1) $\left(2k\pi-\frac{\pi}{2}\right)\mathrm{i}\,(k=0,\pm1,\pm2,\cdots)$，主值为$-\frac{\pi}{2}\mathrm{i}$；

(2) $\frac{1}{2}\ln6-\mathrm{i}\arctan\frac{\sqrt{2}}{2}+(2k+1)\pi\mathrm{i}\,(k=0,\pm1,\pm2,\cdots)$，主值为$\frac{1}{2}\ln6+\left(\pi-\arctan\frac{\sqrt{2}}{2}\right)\mathrm{i}$.

13. (1) $\sin 1\cdot \mathrm{ch}1+\mathrm{i}\cos 1\cdot \mathrm{sh}1$;(2) $\dfrac{\mathrm{e}^{-1}+\mathrm{e}}{2}$.

15. (1) 正确;(2) 不正确;(3) 正确;(4) 不正确.

16. (1) $z=\ln 2+\mathrm{i}\left(\dfrac{\pi}{3}+2k\pi\right)(k=0,\pm1,\pm2,\cdots)$;(2) $z=k\pi(k=0,\pm1,\pm2,\cdots)$;

(3) $z=k\pi-\dfrac{\pi}{4}(k=0,\pm1,\pm2,\cdots)$.

21. (1) $z=k\pi\mathrm{i}(k=0,\pm1,\pm2,\cdots)$;(2) $\dfrac{2k+1}{2}\pi\mathrm{i}(k=0,\pm1,\pm2,\cdots)$;

(3) $z=\left(2k+\dfrac{1}{2}\right)\pi\mathrm{i}(k=0,\pm1,\pm2,\cdots)$.

23. (1) $v(z)=2(z-i)$;流线:$x(y+1)=c_1$;等势线:$x^2-(y+1)^2=c_2$;

(2) $v(z)=3z^2$;流线:$(3x^2-y^2)y=c_1$;等势线:$x(x^2-3y^2)=c_2$;

(3) $v(z)=-\dfrac{2\bar{z}}{(\bar{z}^2+1)^2}$;流线:$\dfrac{xy}{(x^2-y^2+1)^2+4x^2y^2}=c_1$;等势线:$\dfrac{x^2-y^2+1}{(x^2-y^2+1)^2+4x^2y^2}$ $=c_2$.

习　题　3

1. (1) $-\dfrac{1}{3}+\dfrac{19}{6}\mathrm{i}$;(2) $-2+\dfrac{25}{6}\mathrm{i}$;(3) $1+\dfrac{13}{6}\mathrm{i}$.

2. 不一定成立.如 $f(z)=z,C:|z|=1$,这时两者均不为零.

3. (1) $6\pi\mathrm{i}$;(2) $8\pi\mathrm{i}$.

4. 提示:利用式(3.1.8)即可证明.

5. (1) 0;(2) 0;(3) $2\pi\mathrm{i}$;(4) 0;(5) $3\pi+\dfrac{\pi}{2}i$(利用柯西积分定理或柯西积分公式).

6. 0.

7. 0.

8. $-\dfrac{\pi}{17}(6+7\mathrm{i})$.

9. $2\pi\mathrm{i}$.

10. (1) $2\pi\mathrm{i}\,\mathrm{ch}1$;(2) $\dfrac{\pi}{a}$;(3) 0;(4) 0;(5) 0;(6) $-2\pi\mathrm{ch}\dfrac{\pi}{2}$;(7) $\dfrac{4}{3}\pi\mathrm{i}$;(8) 0.

11. (1) $\left(\dfrac{\pi}{2}-\dfrac{1}{4}\mathrm{sh}2\pi\right)\mathrm{i}$;(2) $1-\mathrm{e}^{-2}(3\cos 1+\sin 1)+\mathrm{i}\mathrm{e}^{-2}(3\sin 1-\cos 1)$;

(3) $\dfrac{1}{2}-2\cos 1-2\mathrm{i}\sin 1$;(4) $\dfrac{1}{3}(\mathrm{sh}6\cos 3-\mathrm{sh}3+i\,\mathrm{sh}6\sin 3)$;

(5) $-\left(\tan 1+\dfrac{1}{2}\tan^2 1+\dfrac{1}{2}\mathrm{th}^2 1\right)+\mathrm{i}\,\mathrm{th}1$.

12. 否.如 $f(z)=\dfrac{1}{z^n}(n\geqslant 2)$,在 $z=0$ 不解析,但沿 C 的积分为 0.

13. 令 $F(z)=f(z)-g(z)$,应用柯西积分公式可证.

16. (1) $(1+\mathrm{i})z^3+c$;(2) $z^2+3\mathrm{i}z+c$;(3) $\dfrac{1}{2}-\dfrac{1}{z}$;(4) $z\mathrm{e}^{\mathrm{i}z}$;(5) $\ln z$.

习 题 4

1. (1) 收敛,0;(2) 发散;(3) 发散;(4) 收敛,1.

2. (1) 收敛,绝对收敛;(2) 发散;(3) 收敛,绝对收敛;(4) 收敛,条件收敛.

5. (1) $R=1$;(2) $R=+\infty$;(3) $R=\sqrt{5}/5$;(4) $R=1$;(5) $R=0$;(6) $R=1$.

8. (1) $\sum\limits_{n=0}^{\infty}(-1)^n z^{2n}, R=1$;(2) $\sum\limits_{n=1}^{\infty}(-1)^{n-1}nz^{n-1}, R=1$;(3) $\sum\limits_{n=0}^{\infty}\dfrac{z^{2n+1}}{2n+1}, R=+\infty$;

   (4) $\sum\limits_{n=0}^{\infty}(-1)^n\dfrac{z^{4n}}{(2n)!}, R=+\infty$;(5) $z^2+z^4+\dfrac{z^6}{3}+\cdots, R=+\infty$;

   (6) $z+\dfrac{1}{3}z^3-\dfrac{2}{15}z^5+\cdots, R=\dfrac{\pi}{2}$;(7) $1-z-\dfrac{1}{2!}z^2-\dfrac{1}{3!}z^3+\cdots, R=1$;

   (8) $\sin 1+\cos 1\cdot z+\left(\cos 1-\dfrac{1}{2}\sin 1\right)z^2+\left(\dfrac{5}{6}\cos 1-\sin 1\right)z^3+\cdots, R=1$.

9. (1) $-\sum\limits_{n=0}^{\infty}(z+1)^n, R=1$;(2) $\dfrac{1}{3}\sum\limits_{n=0}^{\infty}(-1)^n\left(\dfrac{1}{2^{n+1}}+\dfrac{2}{5^{n+1}}\right)(z-3)^n, R=2$;

   (3) $\sum\limits_{n=1}^{\infty}(-1)^n n(z-1)^{n-1}, R=1$;(4) $\sum\limits_{n=0}^{\infty}(-1)^{n+1}\dfrac{4^n}{(1+4\mathrm{i})^n}(z-1-\mathrm{i})^n, R=\dfrac{\sqrt{17}}{4}$;

   (5) $\sum\limits_{n=0}^{\infty}\dfrac{(-1)^n}{2n+1}z^{2n+1}, R=1$;(6) $\sum\limits_{n=0}^{\infty}\dfrac{\mathrm{e}}{n!}(z-1)^n, R=+\infty$.

10. (1) $\sum\limits_{n=0}^{\infty}(-1)^n\dfrac{1}{2^{n+1}}(z-1)^n, \sum\limits_{n=0}^{\infty}(-1)^n\dfrac{3^n}{(z-2)^{n+1}}$;

   (2) $\sum\limits_{n=1}^{\infty}nz^{n-2}, \sum\limits_{n=1}^{\infty}(-1)^n(z-1)^{n-2}$;

   (3) $\sum\limits_{n=1}^{\infty}(-1)^n\dfrac{n}{(1+\mathrm{i})^{n+1}}(z-\mathrm{i})^{n-1}, \sum\limits_{n=0}^{\infty}(-1)^n\dfrac{(n+1)(1+\mathrm{i})^n}{(z-\mathrm{i})^{n+2}}$;(4) $\sum\limits_{n=0}^{\infty}\dfrac{1}{n!z^{n-2}}$;

   (5) $(2-z)-4+\dfrac{23}{6}\cdot\dfrac{1}{2-z}-\dfrac{79}{120}\cdot\dfrac{1}{(2-z)^2}+\cdots$;

   (6) $1-\dfrac{1}{z}-\dfrac{1}{2!z^2}-\dfrac{1}{3!z^3}+\dfrac{1}{4!z^4}+\cdots$.

11. 不能. 函数在 D 内的点 $z_k=\dfrac{1}{k\pi+\pi/2}(k=\pm1,\pm2,\cdots)$ 处不解析.

习 题 5

1. (1) $z=0$,1 级极点;$z=\pm\mathrm{i}$,3 级极点;(2) $z=0$,1 级极点;(3) $z=2$,可去奇点;

   (4) $z=k\pi(k=0,\pm1,\pm2,\cdots)$,1 级极点;(5) $z=0$,本性奇点;

   (6) $z=0$,3 级极点;$z=2k\pi(k=\pm1,\pm2,\cdots)$,1 级极点;

   (7) $z=0$,2 级极点;$z=1$,本性奇点.

4. (1) $m+n$ 级极点(或零点);

   (2) $m>n$ 时,为 $m-n$ 级极点(零点);$m<n$ 时,为 $n-m$ 级零点(极点);$m=n$ 时,为可去奇点;

   (3) 为极点(零点),级为 m,n 中的大者;$m=n$ 时,为不超过 m 级的极点,也可能是可去奇点.

5. (1) $\text{Res}[f(z),0]=\frac{1}{3}$;$\text{Res}[f(z),-3]=\frac{5}{3}$;(2) $\text{Res}[f(z),0]=-\frac{27}{8}$;

(3) $\text{Res}[f(z),\text{i}]=-\frac{3}{8}\text{i}$;$\text{Res}[f(z),-\text{i}]=\frac{3}{8}\text{i}$;

(4) $\text{Res}[f(z),0]=0$;$\text{Res}[f(z),k\pi]=(-1)^k k\pi(k=\pm1,\pm2,\cdots)$;

(5) $\text{Res}[f(z),0]=-\frac{1}{6}$;

(6) $\text{Res}[f(z),1]=0$;

(7) $\text{Res}[f(z),0]=0$;$\text{Res}[f(z),k\pi]=(-1)^k\frac{1}{k\pi}(k=\pm1,\pm2,\cdots)$;

(8) $\text{Res}[f(z),k\pi\text{i}]=1(k=0\pm1,\pm2,\cdots)$;

(9) $\text{Res}[f(z),1]=\frac{1}{4}$;$\text{Res}[f(z),-1]=-\frac{1}{4}$;

(10) $\text{Res}[f(z),0]=0$;$\text{Res}[f(z),-1]=\sin1$.

6. (1) $50\pi\text{i}$;(2) $-\frac{8}{\pi}\text{i}$;(3) $-6\text{e}^{-3}\pi\text{i}$;

(4) m 为大于等于 3 的整数时,积分等于$(-1)^{\frac{m-3}{2}}\frac{2\pi\text{i}}{(m-1)!}$;$m$ 为 0 或其他整数时,积分;等于零.

7. (1) 可去奇点,$\text{Res}[f(z),\infty]=-1$;

(2) 本性奇点,$\text{Res}[f(z),\infty]=0$;

(3) 3 级极点,$\text{Res}[f(z),\infty]=-4$.

8. (1) $-\frac{\pi\text{i}}{(3+\text{i})^{10}}$;(2) $-\frac{2}{3}\pi\text{i}$;(3) $n\neq1$ 时,积分为 0;$n=1$ 时,积分为 $2\pi\text{i}$;(4) 0.

9. (1) $\frac{\pi}{2}$;(2) $\frac{2\pi}{b^2}(a-\sqrt{a^2-b^2})$;(3) $-\frac{\sqrt{2}}{4}\pi$;(4) $\frac{\sqrt{2}}{4}\pi$;(5) $\text{e}^{-1}\pi(\cos2+2\sin2)$;

(6) $\frac{\pi}{24\text{e}^3}(3\text{e}^2-1)$.

10. (1) $2\pi\text{i}$;(2) $6\pi\text{i}$;(3) $-4\pi\text{i}$;(4) 0.

习 题 6

1. (1) $\frac{3}{4}\pi$;(2) 0;(3) $1+\frac{\pi}{4}$.

2. (1) $\frac{\pi}{2}$;(2) $-\frac{\pi}{4}$.

3. 伸缩率:$|w'(i)|=2$,旋转角:$\arg w'(i)=\frac{\pi}{2}$;过点 $w=-1$ 且曲线的切线正向平行于虚轴正向.

4. 导数不为零时具有伸缩率和旋转角的不变性;$z\neq0$ 的点处.

5. (1) 圆域:$|w+i\leqslant1|$;(2) 以 $w_1=\text{i}$;$w_2=-1$;$w_3=1$ 为顶点的三角形;

(3) 带形域:$-b<\text{Im}(w)<-a$.

9. (1) 半平面:$\mathrm{Im}(w)<1$;(2) 半平面:$u+v>0$;

(3) $\mathrm{Re}(w)>0,\left|w-\frac{1}{2}\right|>\frac{1}{2},\mathrm{Im}(w)>0$.

10. a,b,c,d 为实数,且 $ad-bc>0$;a,b,c,d 为实数,且 $ad-bc<0$.

11. $w=w_0+\mathrm{e}^{\mathrm{i}\theta}\left(\frac{z-\alpha}{1-\bar{\alpha}z}\right)$,$\theta$ 为实数,$|\alpha|<1$.

13. (1) $w=-\mathrm{i}\left(\frac{z-1-\mathrm{i}}{z-1+\mathrm{i}}\right)$;(2) $w=-\left(\frac{z-\mathrm{i}}{z+\mathrm{i}}\right)$.

14. (1) $w=-\frac{3+4\mathrm{i}}{5}\left(\frac{2z-\mathrm{i}}{2z+\mathrm{i}}\right)$;(2) $w=\frac{2z-1}{2-z}$;(3) $\frac{w-a}{1-\bar{a}w}=\mathrm{e}^{\mathrm{i}\varphi}\left(\frac{z-a}{1-\bar{a}z}\right)$.

15. $w=\frac{z-1}{z+1}$.

习 题 7

1. (1) $F(\omega)=\frac{4}{\omega^2}\sin^2\frac{\omega}{2}$;(2) $F(\omega)=\frac{2}{1+\omega^2}\left[1-\mathrm{e}^{-\frac{1}{2}}\left(\cos\frac{\omega}{2}-\omega\sin\frac{\omega}{2}\right)\right]$;

(3) $F(\omega)=\left(\frac{\alpha}{\pi}\right)^{\frac{1}{2}}\mathrm{e}^{-\frac{\alpha}{4\pi^2}\omega^2}(\alpha>0)$;(4) $F(\omega)=\mathrm{e}^{-\frac{\sigma^2}{2}\omega^2}$.

2. (1) $F(\omega)=\frac{2(\cos\omega-1)}{\omega}$,$f(t)=\frac{2}{\pi}\int_0^{\infty}\frac{1-\cos\omega}{\omega}\sin\omega t\,\mathrm{d}\omega$;

(2) $F(\omega)=\frac{2(5-\omega^2-2\mathrm{j}\omega)}{\omega^4-6\omega^2+25}$,$f(t)=\frac{1}{\pi}\int_{-\infty}^{+\infty}\frac{(5-\omega^2-2\mathrm{j}\omega)}{\omega^4-6\omega^2+25}\mathrm{e}^{\mathrm{j}\omega t}\,\mathrm{d}\omega$

或 $f(t)=\frac{2}{\pi}\int_0^{+\infty}\frac{(5-\omega^2)\cos\omega t+2\omega\sin\omega t}{\omega^4-6\omega^2+25}\mathrm{d}\omega$;

(3) $F(\omega)=\frac{2a}{a^2+\omega^2}$,$f(t)=\frac{2a}{\pi}\int_0^{+\infty}\frac{\cos\omega t}{a^2+\omega^2}\mathrm{d}\omega$.

6. 提示:令 $h(t)=f(t-t_0)$,$f(at-t_0)=h(at)$,或用 fourier 变换定义证明.

7. (1) $\frac{2E}{\omega}(3\sin2\omega-4\sin\omega)$;(2) $\mathrm{j}F'(\omega)$;(3) $-\frac{1}{4}\mathrm{j}F'\left(-\frac{\omega}{2}\right)-F\left(-\frac{\omega}{2}\right)$;

(4) $-\mathrm{j}\mathrm{e}^{\mathrm{j}\omega}\frac{\mathrm{d}F(-\omega)}{d\omega}$;(5) $\frac{\mathrm{j}}{2}\frac{\mathrm{d}}{\mathrm{d}\omega}F\left(\frac{\omega}{2}\right)$;(6) $\frac{1}{7}F\left(\frac{\omega}{7}\right)+F(\omega)+\omega F'(\omega)$;

(7) $\frac{1}{2}F\left(\frac{\omega}{2}\right)\mathrm{e}^{-\mathrm{j}\frac{5}{2}\omega}$.

9. (1) $f(0)$;(2) 0;(3) 10;(4) $\frac{\sqrt{3}}{2}$.

10. (1) $g(t)=f\left(t-\frac{\tau}{2}\right)=\begin{cases}E, & 0<t<\tau,\\ E/2, & t=0,\tau,\\ 0, & \text{其他};\end{cases}$ (2) $f(t)=\begin{cases}\mathrm{e}^{-3t}-\mathrm{e}^{-5t}, & t\geqslant0,\\ 0, & t<0;\end{cases}$

(3) $f(t)=\sin\omega_0 t$;(4) $f(t)=6u(t)+\frac{5}{2}$(提示:$\pi=6\pi-5\pi$,利用 $\mathscr{F}[u(t)]$的结果);

(5) $f(t)=\delta(t)-\beta g(t), g(t)=\begin{cases}0, & t<0,\\ 1/2, & t=0,\\ e^{-\beta t}, & t>0\end{cases}$(提示：$F(\omega)=\dfrac{\beta+j\omega-\beta}{\beta+j\omega}=1-\beta\dfrac{1}{\beta+j\omega}$)；

(6) * $f(t)=\begin{cases}\dfrac{15}{16}e^{-5t}+\dfrac{1}{12}e^{-3t}, & t\geqslant 0,\\ \dfrac{1}{48}e^{3t}, & t<0\end{cases}$(提示：利用留数计算法).

11. $F(\omega)=e^{j\omega a}+e^{-j\omega a}-e^{\frac{1}{2}j\omega t_0}$.

12. (1) $\dfrac{\pi}{4}j[\delta(\omega-3)-3\delta(\omega-1)+3\delta(\omega+1)-\delta(\omega+3)]$；

(2) $\dfrac{\pi}{2}j\left[\delta\left(1-\dfrac{\omega}{2}\right)-\delta\left(1+\dfrac{\omega}{2}\right)\right]e^{-j\frac{5}{2}\omega}$；(3) $e^{-j\pi\omega}\left[\dfrac{1}{j\omega}+\pi\delta(\omega)\right]$；

(4) $\dfrac{\omega_0}{\omega_0^2-\omega^2}+\dfrac{\pi}{2}j[\delta(\omega+\omega_0)-\delta(\omega-\omega_0)]$；(5) $\dfrac{j\omega}{\omega_0^2-\omega^2}+\dfrac{\pi}{2}[\delta(\omega+\omega_0)-\delta(\omega-\omega_0)]$；

(6) $\dfrac{\omega_0}{(\alpha+j\omega)^2+\omega_0^2}$；(7) $\dfrac{\alpha+j\omega}{(\alpha+j\omega)^2+\omega_0^2}$；(8) $\dfrac{1}{j(\omega-\omega_0)}e^{-j(\omega-\omega_0)t}+\pi\delta(\omega-\omega_0)$；

(9) $\dfrac{1}{(\alpha+j\omega)^2}$；(10) $\dfrac{2}{j\omega}$(提示：$\mathrm{sgn}(t)=u(t)-u(-t)$).

14. $f(t)=\dfrac{1}{2\pi}\left[\dfrac{1}{jt}+\delta(t)\right]$.

15. (1) $\dfrac{1}{\alpha}(1-e^{-\alpha t})$；(2) $\dfrac{\alpha\sin t-\cos t+e^{-\alpha t}}{\alpha^2+1}$；

(3) $(f_1*f_2)(t)=\begin{cases}0, & t\leqslant 0,\\ \dfrac{1}{2}(\sin t-\cos t+e^{-t}), & 0<t\leqslant\dfrac{\pi}{2},\\ \dfrac{1}{2}e^{-t}(1+e^{\frac{\pi}{2}}), & \dfrac{\pi}{2}<t;\end{cases}$

(4) $e^{t+1}\cos(t+1)+e^{t-1}\cos(t-1)$.

18. $\pi\sin 2\omega_0 t$.

19. (1) $g(\omega)=\dfrac{2(1+\cos\omega-2\cos 2\omega)}{\pi\omega}$；(2) $g(t)=\begin{cases}1, & 0<t\leqslant 1,\\ \dfrac{1}{2}, & t=1,\\ 0, & t>1.\end{cases}$

20. $F(\omega)=\dfrac{1}{3\lambda+j\omega}, |F(\omega)|=\dfrac{1}{\sqrt{9\lambda^2+\omega^2}}$.

22. $F(\omega)=\begin{cases}E\pi, & |\omega|<\omega_0,\\ 0, & \text{其他}.\end{cases}$

23. $S(\omega)=\dfrac{\pi}{2}[\delta(\omega+\omega_0)+\delta(\omega-\omega_0)]$.

24. (1) π；(2) π；(3) $\dfrac{\pi}{2}$；(4) $\dfrac{\pi}{2}$.

26. $F[f(x,y,z)]=\dfrac{A\pi^{3/2}}{Q^3}e^{-\frac{\omega_1^2+\omega_2^2+\omega_3^2}{4a^2}}$ (提示：$\displaystyle\int_{-\infty}^{+\infty}e^{-\alpha^2t^2-j\omega t}\,dt=\dfrac{\sqrt{\pi}}{\alpha}e^{-\frac{\omega^2}{4a^2}}$).

习 题 8

1. (1) $\frac{1}{s}+\frac{1}{s^2}-\left(\frac{4}{s}+\frac{1}{s^2}\right)e^{-3s}$；(2) $\frac{1+e^{-\pi s}}{1+s^2}$；(3) $\frac{1-e^{-2s}}{s^2}$；(4) $\frac{s}{s+\beta}$；(5) $\frac{s^2}{s^2+1}$.

2. $\mathscr{L}[f(t)]=\frac{1}{(1-e^{-\pi s})(s^2+1)}$.

3. 提示：令 $h(t)=f(t-b)u(t-b)$，则 $h(at)=f(at-b)u(at-b)$. 或根据傅里叶变换定义证明.

4. (1) $\frac{1}{s^2+4}$；(2) $\frac{6}{(s+2)^2+36}$；(3) $\frac{s^2+2}{s(s^2+4)}$；(4) $\frac{1}{s^2}e^{-s}-\frac{1}{s}\left(\frac{1}{s}+1\right)e^{-2s}$；

   (5) $\frac{n!}{(s-a)^{n+1}}+5$（提示：$(t^n)^{(n)}=n!$，再利用微分性质）；

   (6) $\frac{s^2+a^2}{(s+a)^3}$（提示：$[(1-at)^2]''$为常数，参考题 4.(5)的方法）；

   (7) $e^{a(b-s)}\left[\frac{a}{s-b}+\frac{1}{(s-b)^2}\right]$；(8) $\frac{1}{s}$；(9) $\frac{4}{[(s+3)^2+4]^2}$；(10) $\frac{2(3s^2+12s+13)}{s^2[(s+3)^2+4]^2}$；

   (11) $\frac{1}{s+1}\text{arccot}\,\frac{s+5}{2}$；(12) $\frac{1}{s}\text{arccot}\,\frac{s+3}{2}$；(13) $\frac{4(s+3)}{s[(s+3)^2+4]^2}$；(14) $\ln\frac{s+1}{s}$；

   (15) $aF(1+as)$；(16) $\frac{-2(s+1)}{s^2+2s+2}$.

5. (1) $f(2)$；(2) $-\pi^4e^{-\pi}$；(3) $\frac{1}{4}$；(4) $\frac{3}{9+a^2}$；(5) $\frac{12}{169}$；(6) 0；(7) ln2；(8) $\frac{1}{2}\ln\frac{m^2+n^2}{a^2+b^2}$；

   (9) $\frac{1}{2}\ln 2$；(10) $\frac{\pi}{8}$.

7. (1) $2\cos 3t+\sin 3t$；(2) $[e^{2(t-1)}-e^{t-1}]u(t-1)+[e^{2(t-2)}-e^{t-2}]u(t-2)$；

   (3) $(t-1)^2e^{-(t-1)}u(t-1)-\frac{1}{2}(t-2)^2e^{-(t-2)}u(t-2)$；(4) $\frac{1}{b^2-a^2}(\cos at-\cos bt)$；

   (5) $e^{-2t}\left(2\cos 3t+\frac{1}{3}\sin 3t\right)$；(6) $\frac{1}{3}\sinh 3(t-5)u(t-5)$；(7) $\frac{2}{t}[u(t)-\cosh t]$；

   (8) $f(t)=\begin{cases}t, & 0\leqslant t<2,\\ 2(t-1), & t\geqslant 2;\end{cases}$ (9) $2te^t+2e^t-1$；(10) $e^3\cos 2(t-5)u(t-5)$；

   (11) $(1-t+t^2)u(t-1)$；(12) $\frac{1}{3}\sin t-\frac{1}{6}\sin 2t$；(13) $\frac{1}{9}\left(\sin\frac{2}{3}t+\cos\frac{2}{3}t\right)e^{-\frac{1}{3}t}$；

   (14) $\frac{1}{2}te^{-2t}\sin t$.

8. (1) $\sinh t-t$，$\frac{1}{s^2(s^2-1)}$；(2) $(f_1*f_2)(t)=\begin{cases}0, & t<0,\\ \int_a^t f(t-\tau)\mathrm{d}t, & 0\leqslant a\leqslant t,\end{cases}$ $\frac{e^{-as}}{s}F(s)$；

   (3) $(f_1*f_2)(t)=\begin{cases}0, & t<a,\\ e^{t-a}\cos(t-a), & 0\leqslant a\leqslant t,\end{cases}$ $\frac{(s-1)e^{-as}}{s^2+2s+2}$.

9. (1) $y(t)=\frac{1}{4}[(7+2t)e^{-t}-3e^{-3t}]$；(2) $y(t)=te^t\sin t$；

   (3) $y(t)=-\frac{1}{2}+\frac{1}{10}e^{2t}+\frac{2}{5}\cos t-\frac{1}{5}\sin t$；(4) $y(t)=-\cos t-\frac{1}{3}\sin t+\frac{1}{3}\sin 2t$；

(5) $y(t)=\left(\frac{t^2}{8}+t+\frac{8}{9}\right)\sin t-\left(\frac{t^2}{24}+\frac{t}{8}\right)\cos t$；(6) $y(t)=\frac{1}{8}e^t-\frac{1}{8}(1+2t+2t^2)e^{-t}$；

(7) $y(t)=[te^{-2(t-2)}+(t-4)e^{-(t-2)}]u(t-2)+e^{-2t}$.

10. (1) $\begin{cases}x(t)=\frac{1}{4}t^2+\frac{1}{2}t+a+\frac{1}{2}+\frac{1}{2}u(t-1),\\ y(t)=-\frac{1}{4}t^2+\frac{1}{2}t+b+\frac{1}{2}-\frac{1}{2}u(t-1);\end{cases}$ (2) $\begin{cases}x(t)=2u(t)-4e^t-3e^{-4t},\\ y(t)=2e^t+4e^{-4t};\end{cases}$

(3) $\begin{cases}x(t)=\frac{2}{3}\cos 2t+\frac{1}{3}\sin 2t+\frac{1}{3}e^t,\\ y(t)=-\frac{2}{3}\cos 2t-\frac{1}{3}\sin 2t+\frac{2}{3}e^t;\end{cases}$ (4) $\begin{cases}x(t)=\frac{2}{3}\cosh\sqrt{2}t+\frac{1}{3}\cos t,\\ y(t)=z(t)=-\frac{1}{3}\cosh\sqrt{2}t+\frac{1}{3}\cos t.\end{cases}$

11. (1) $y(t)=\frac{1}{2}(\cos t+\sin t+e^t)$；(2) $y(t)=\sin t$；(3) $f(t)=a\left(t+\frac{t^3}{6}\right)$；

(4) $y(t)=\frac{3}{8}+\frac{1}{2}t+\frac{1}{4}t^2-\frac{3}{8}e^{2t}+\frac{1}{4}te^{2t}$.

12. $y(t)=\cos t+t\sin t+\frac{1}{\pi}(\sin t-t\cos t)$.

13. $y(t)=\frac{AK}{\sqrt{1+T^2\omega^2}}\sin(\omega t-\arctan\omega t)$.

14. (1) $F(z)=z+z^{-2}+\frac{1}{12}z^{-4}+\frac{1}{360}z^{-6}$；(2) $F(z)=\frac{z^2}{(z-1)^2}$，$|z|>1$.

15. $f(n)=\frac{1}{n!}$(提示：$f(n)=\mathrm{Res}[e^{\frac{1}{z}}z^{n-1},0]$，或将 $e^{\frac{1}{z}}=\sum_{n=0}^{+\infty}\frac{1}{n!}z^{-n}$，得 $f(n)=\frac{1}{n!}$).

17. $\frac{(-1)^n}{3}(1-4^n)$.

参考文献

［1］ 钟玉泉.复变函数论.北京:高等教育出版社,2005.

［2］ 西安交通大学高等数学教研室. 复变函数. 北京:高等教育出版社,1997.

［3］ 华中科技大学数学系. 复变函数与积分变换. 北京:高等教育出版社,2003.

［4］ 孙广毅. 复变函数. 哈尔滨:哈尔滨工程大学出版社,2003.

［5］ 唐生强等. 复变函数. 重庆:重庆大学出版社,2001.

［6］ 盖云英等. 复变函数与积分变换. 北京:科学出版社,2007.

［7］ 宋叔尼等. 复变函数与积分变换. 北京:科学出版社,2007.

［8］ 东南大学数学系. 积分变换. 北京:高等教育出版社,2007.

［9］ 余家荣.复变函数.北京:高等教育出版社,2004.

［10］ 庞国诚,柴俊等.复变函数论.北京:科学出版社,2003.

［11］ 吴卓人,应明.复变函数论讲义.上海:同济大学出版社,1996.

［12］ 路可见.复变函数.武汉:武汉大学出版社,2004.

附　　录

附表1　傅里叶变换简表

	$f(t)$		$F(\omega)$	
	函　数	图　像	频　谱	图　像
1	矩形单脉冲 $f(t)=\begin{cases}E, & \lvert t\rvert\leqslant\frac{\tau}{2},\\0, & 其他\end{cases}$	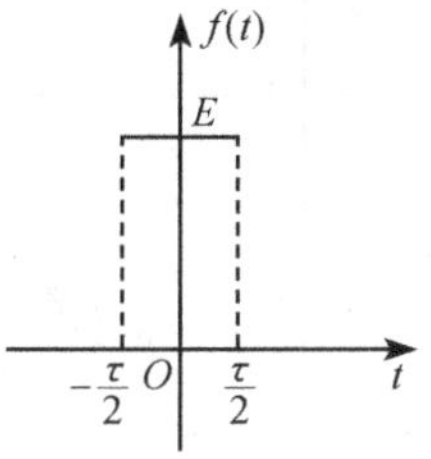	$2E\dfrac{\sin\frac{\omega\tau}{2}}{\omega}$	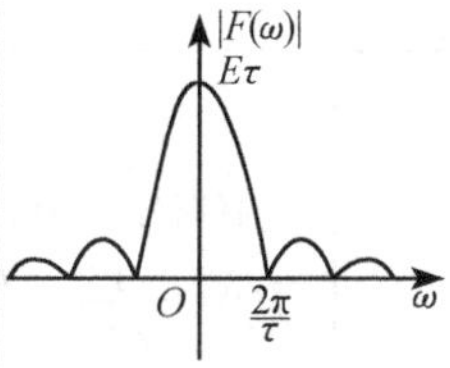
2	指数衰减函数 $f(t)=\begin{cases}0, & t<0,\\e^{-\beta t}, & t\geqslant 0\end{cases}$ $(\beta>0)$	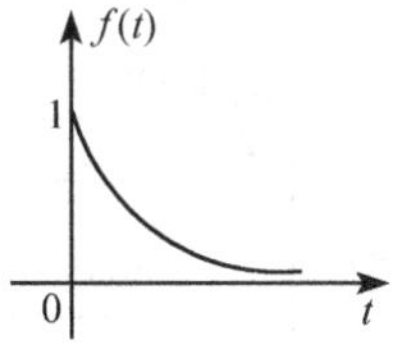	$\dfrac{1}{\beta+j\omega}$	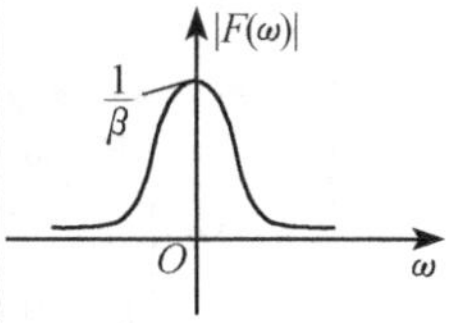
3	单位阶跃函数 $f(t)=u(t)$	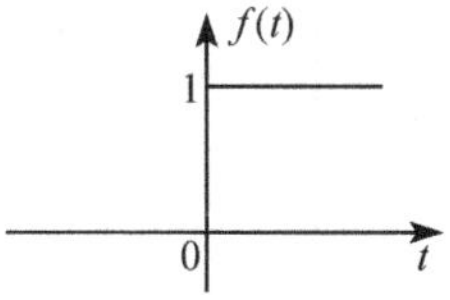	$\dfrac{1}{j\omega}+\pi\delta(\omega)$	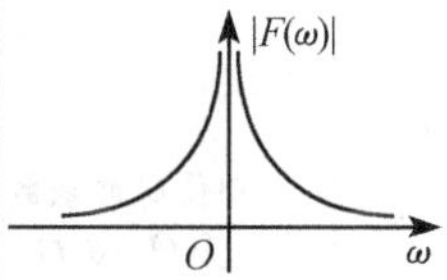
4	三角形脉冲 $f(t)=\begin{cases}\frac{2A}{\tau}\left(\frac{\tau}{2}+t\right), & -\frac{\tau}{2}\leqslant t<0;\\\frac{2A}{\tau}\left(\frac{\tau}{2}-t\right), & 0\leqslant t<\frac{\tau}{2}\end{cases}$	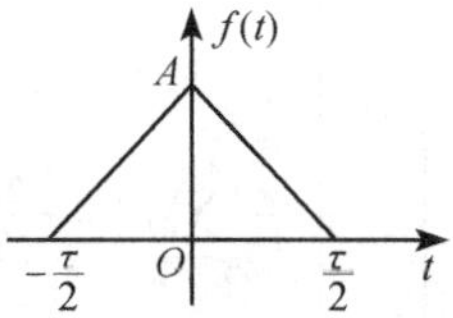	$\dfrac{4A}{\tau\omega^2}\left(1-\cos\dfrac{\omega\tau}{2}\right)$	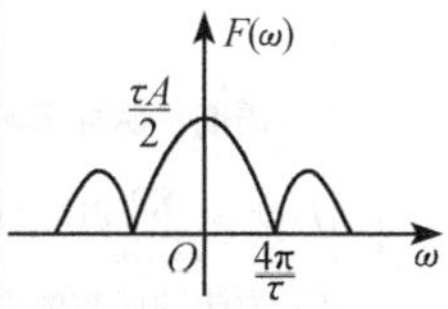

续表

	$f(t)$		$F(\omega)$	
	函 数	图 像	频 谱	图 像
5	钟形脉冲 $f(t)=Ae^{-\beta t^2}$ $(\beta>0)$	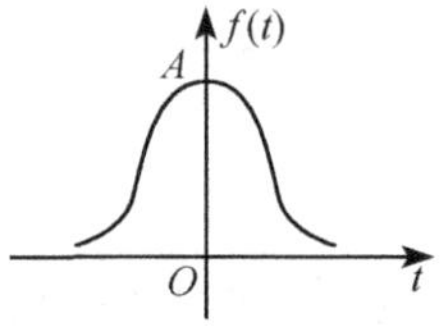	$\sqrt{\frac{\pi}{\beta}}Ae^{-\frac{\omega^2}{4\beta}}$	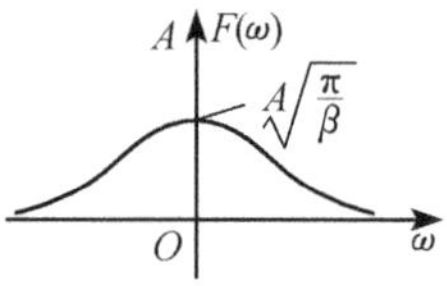
6	傅里叶核 $f(t)=\frac{\sin\omega_0 t}{\pi t}$	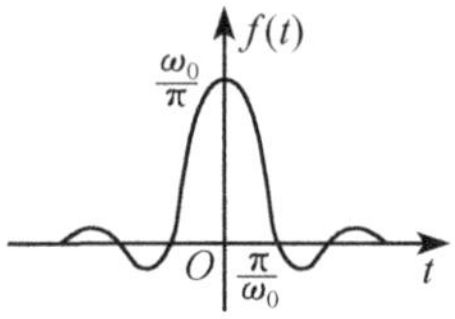	$F(\omega)=\begin{cases}1, & \lvert\omega\rvert\leqslant\omega_0,\\ 0, & 其他\end{cases}$	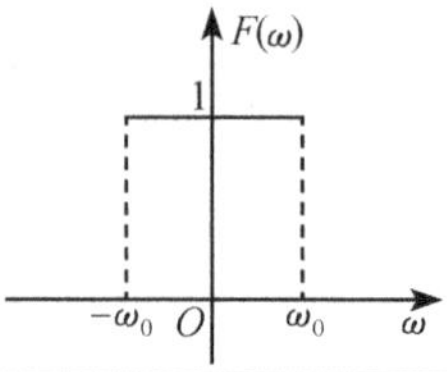
7	高斯分布函数 $f(t)=\frac{1}{\sqrt{2\pi}\sigma}e^{-\frac{t^2}{2\sigma^2}}$	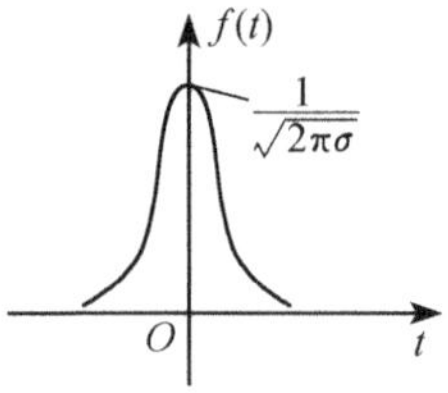	$e^{-\frac{\sigma^2\omega^2}{2}}$	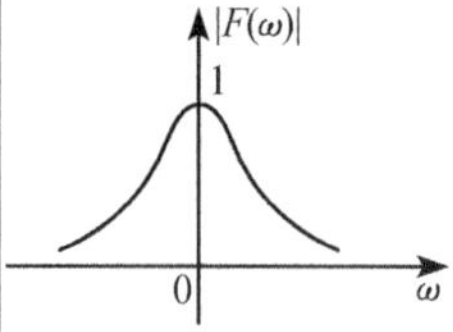
8	矩形射频脉冲 $f(t)=\begin{cases}E\cos\omega_0 t, \\ \lvert t\rvert\leqslant\frac{\tau}{2}; \\ 0, \quad 其他\end{cases}$	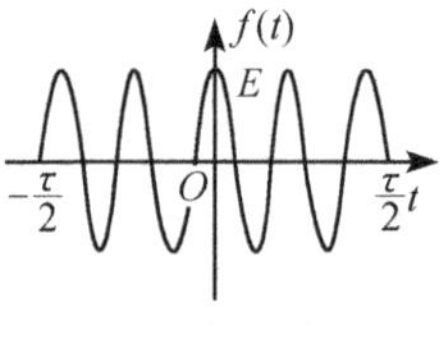	$\frac{E\tau}{2}\left[\frac{\sin(\omega-\omega_0)\frac{\tau}{2}}{(\omega-\omega_0)\frac{\tau}{2}}+\frac{\sin(\omega+\omega_0)\frac{\tau}{2}}{(\omega+\omega_0)\frac{\tau}{2}}\right]$	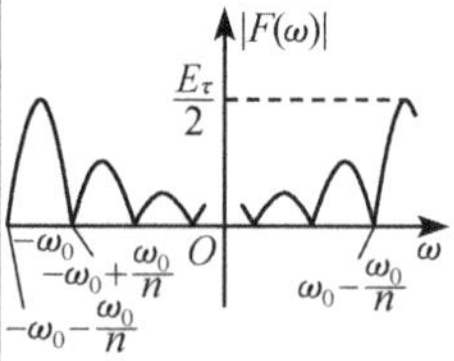
9	单位脉冲函数 $f(t)=\delta(t)$	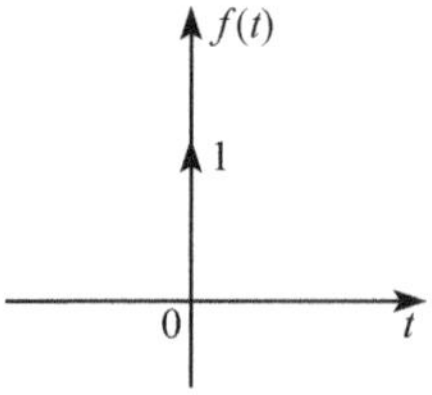	1	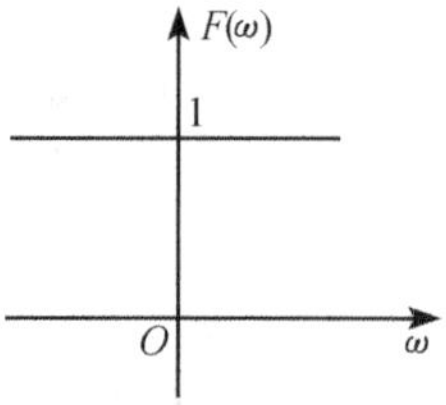
10	周期性脉冲函数 $f(t)=\sum_{n=-\infty}^{+\infty}\delta(t-nT)$ (T 为脉冲函数的周期)	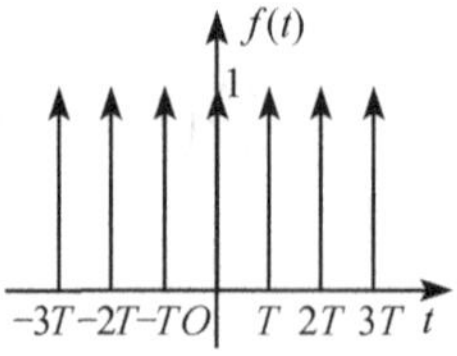	$\frac{2\pi}{T}\sum_{n=-\infty}^{+\infty}\delta\left(\omega-\frac{2n\pi}{T}\right)$	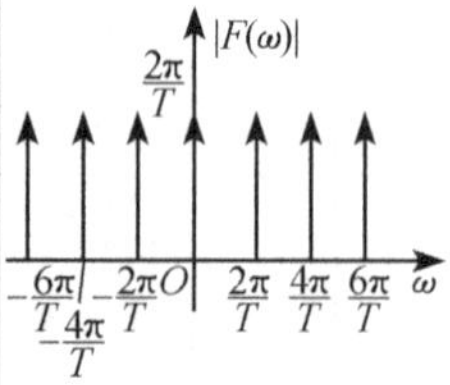

续表

	$f(t)$		$F(\omega)$	
	函 数	图 像	频 谱	图 像
11	$f(t)=\cos\omega_0 t$	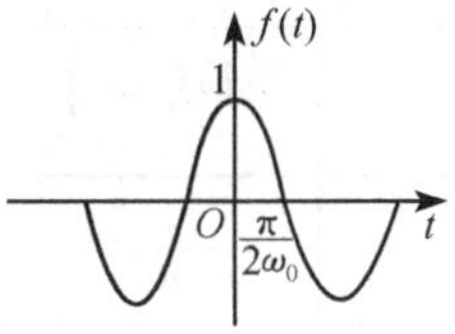	$\pi[\delta(\omega+\omega_0)+\delta(\omega-\omega_0)]$	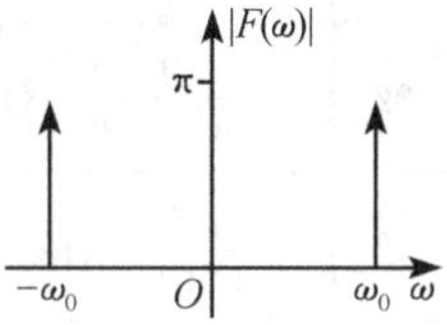
12	$f(t)=\sin\omega_0 t$	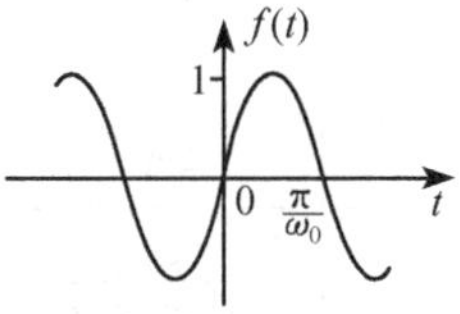	$\mathrm{j}\pi[\delta(\omega+\omega_0)-\delta(\omega-\omega_0)]$	同上图
13	$u(t-c)$		$\frac{1}{\mathrm{j}\omega}\mathrm{e}^{-\mathrm{j}\omega c}+\pi\delta(\omega)$	
14	$u(t)\cdot t$		$-\frac{1}{\omega^2}+\pi\delta'(\omega)\mathrm{j}$	
15	$u(t)\cdot t^n$		$\frac{n!}{(\mathrm{j}\omega)^{n+1}}+\pi\mathrm{j}^n\delta^{(n)}(\omega)$	
16	$u(t)\sin at$		$\frac{a}{a^2-\omega^2}+\frac{\pi}{2\mathrm{j}}[\delta(\omega-a)-\delta(\omega+a)]$	
17	$u(t)\cos at$		$\frac{\mathrm{j}\omega}{a^2-\omega^2}+\frac{\pi}{2}[\delta(\omega-a)+\delta(\omega+a)]$	
18	$u(t)\mathrm{e}^{\mathrm{j}at}$		$\frac{1}{\mathrm{j}(\omega-a)}+\pi\delta(\omega-a)$	
19	$u(t-c)\mathrm{e}^{\mathrm{j}at}$		$\frac{1}{\mathrm{j}(\omega-a)}\mathrm{e}^{-\mathrm{j}(\omega-a)c}+\pi\delta(\omega-a)$	
20	$u(t)\mathrm{e}^{\mathrm{j}at}t^n$		$\frac{n!}{[\mathrm{j}(\omega-a)]^{n+1}}+\pi\mathrm{j}^n\delta^{(n)}(\omega-a)$	
21	$\mathrm{e}^{a\|t\|}\quad(\mathrm{Re}(a)<0)$		$\frac{-2a}{\omega^2+a^2}$	
22	$\delta(t-c)$		$\mathrm{e}^{-\mathrm{j}\omega c}$	
23	$\delta'(t)$		$\mathrm{j}\omega$	
24	$\delta^{(n)}(t)$		$(\mathrm{j}\omega)^n$	
25	$\delta^{(n)}(t-c)$		$(\mathrm{j}\omega)^n\mathrm{e}^{-\mathrm{j}\omega c}$	
26	1		$2\pi\delta(\omega)$	
27	t		$2\pi\mathrm{j}\delta'(\omega)$	
28	t^n		$2\pi\mathrm{j}^n\delta^{(n)}(\omega)$	
29	$\mathrm{e}^{\mathrm{j}at}$		$2\pi\delta(\omega-a)$	
30	$t^n\mathrm{e}^{\mathrm{j}at}$		$2\pi\mathrm{j}^n\delta^{(n)}(\omega-a)$	

续表

	$f(t)$	$F(\omega)$
31	$\frac{1}{a^2+t^2}$ (Re(a)<0)	$-\frac{\pi}{a}e^{a\lvert\omega\rvert}$
32	$\frac{1}{(a^2+t^2)^2}$ (Re(a)<0)	$\frac{j\omega\pi}{2a}e^{a\lvert\omega\rvert}$
33	$\frac{e^{jbt}}{a^2+t^2}$ (Re(a)<0,b为实数)	$-\frac{\pi}{a}e^{a\lvert\omega-b\rvert}$
34	$\frac{\cos bt}{a^2+t^2}$ (Re(a)<0,b为实数)	$-\frac{\pi}{2a}[e^{a\lvert\omega-b\rvert}+e^{a\lvert\omega+b\rvert}]$
35	$\frac{e^{jbt}}{a^2+t^2}$ (Re(a)<0,b为实数)	$-\frac{\pi}{2aj}[e^{a\lvert\omega-b\rvert}-e^{a\lvert\omega+b\rvert}]$
36	$\frac{\operatorname{sh}at}{\operatorname{sh}\pi t}$ $(-\pi<a<\pi)$	$\frac{\sin a}{\operatorname{ch}\omega+\cos a}$
37	$\frac{\operatorname{sh}at}{\operatorname{ch}\pi t}$ $(-\pi<a<\pi)$	$-2j\frac{\sin\frac{a}{2}\operatorname{sh}\frac{\omega}{2}}{\operatorname{ch}\omega+\cos a}$
38	$\frac{\operatorname{ch}at}{\operatorname{ch}\pi t}$ $(-\pi<a<\pi)$	$2\frac{\cos\frac{a}{2}\operatorname{ch}\frac{\omega}{2}}{\operatorname{ch}\omega+\cos a}$
39	$\frac{1}{\operatorname{ch}at}$	$\frac{\pi}{a}\frac{1}{\operatorname{ch}\frac{\pi\omega}{2a}}$
40	$\sin at^2$	$\sqrt{\frac{\pi}{a}}\cos\left(\frac{\omega^2}{4a}+\frac{\pi}{4}\right)$
41	$\cos at^2$	$\sqrt{\frac{\pi}{a}}\cos\left(\frac{\omega^2}{4a}-\frac{\pi}{4}\right)$
42	$\frac{1}{t}\sin at$	$\begin{cases}\pi, & \lvert\omega\rvert\leqslant a,\\ 0, & \lvert\omega\rvert>a\end{cases}$
43	$\frac{1}{t^2}\sin^2 at$	$\begin{cases}\pi\left(a-\frac{\lvert\omega\rvert}{2}\right), & \lvert\omega\rvert\leqslant 2a,\\ 0, & \lvert\omega\rvert>2a\end{cases}$
44	$\frac{\sin at}{\sqrt{\lvert t\rvert}}$	$j\sqrt{\frac{\pi}{2}}\left(\frac{1}{\sqrt{\lvert\omega+a\rvert}}-\frac{1}{\sqrt{\lvert\omega-a\rvert}}\right)$
45	$\frac{\cos at}{\sqrt{\lvert t\rvert}}$	$\sqrt{\frac{\pi}{2}}\left(\frac{1}{\sqrt{\lvert\omega+a\rvert}}+\frac{1}{\sqrt{\lvert\omega-a\rvert}}\right)$
46	$\frac{1}{\sqrt{\lvert t\rvert}}$	$\sqrt{\frac{2\pi}{\lvert\omega\rvert}}$
47	$\operatorname{sgn}t$	$\frac{2}{j\omega}$

续表

	$f(t)$	$F(\omega)$
48	e^{-at^2}　$(\mathrm{Re}(a)>0)$	$\sqrt{\frac{\pi}{a}}e^{-\frac{\omega^2}{4a}}$
49	$\|t\|$	$-\frac{2}{\omega^2}$
50	$\frac{1}{\|t\|}$	$\frac{\sqrt{2\pi}}{\|\omega\|}$

附表 2　拉普拉斯变换简表

	$f(t)$	$F(s)$
1	1	$\frac{1}{s}$
2	e^{at}	$\frac{1}{s-a}$
3	$t^m(m>-1)$	$\frac{\Gamma(m+1)}{s^{(m+1)}}$
4	$t^m e^{at}$　$(m>-1)$	$\frac{\Gamma(m+1)}{(s-a)^{(m+1)}}$
5	$\sin at$	$\frac{a}{s^2+a^2}$
6	$\cos at$	$\frac{s}{s^2+a^2}$
7	$\mathrm{sh}\,at$	$\frac{a}{s^2-a^2}$
8	$\mathrm{ch}\,at$	$\frac{s}{s^2-a^2}$
9	$t\sin at$	$\frac{2as}{(s^2+a^2)^2}$
10	$t\cos at$	$\frac{s^2-a^2}{(s^2+a^2)^2}$
11	$t\,\mathrm{sh}\,at$	$\frac{2as}{(s^2-a^2)^2}$
12	$t\,\mathrm{ch}\,at$	$\frac{s^2+a^2}{(s^2+a^2)^2}$
13	$t^m\sin at(m>-1)$	$\frac{\Gamma(m+1)}{2j(s^2+a^2)^{m+1}}[(s+ja)^{m+1}-(s-ja)^{m+1}]$
14	$t^m\cos at(m>-1)$	$\frac{\Gamma(m+1)}{2(s^2+a^2)^{m+1}}[(s+ja)^{m+1}+(s-ja)^{m+1}]$

续表

	$f(t)$	$F(s)$
15	$e^{-bt}\sin at$	$\frac{a}{(s+b)^2+a^2}$
16	$e^{-bt}\cos at$	$\frac{s+b}{(s+b)^2+a^2}$
17	$e^{-bt}\sin(at+c)$	$\frac{(s+b)\sin c+a\cos c}{(s+b)^2+a^2}$
18	$\sin^2 t$	$\frac{1}{2}\left(\frac{1}{s}-\frac{s}{s^2+4}\right)$
19	$\cos^2 t$	$\frac{1}{2}\left(\frac{1}{s}+\frac{s}{s^2+4}\right)$
20	$\sin at\sin bt$	$\frac{2abs}{[s^2+(a+b)^2][s^2+(a-b)^2]}$
21	$e^{at}-e^{bt}$	$\frac{a-b}{(s-a)(s-b)}$
22	$ae^{at}-be^{bt}$	$\frac{(a-b)s}{(s-a)(s-b)}$
23	$\frac{1}{a}\sin at-\frac{1}{b}\sin bt$	$\frac{b^2-a^2}{(s^2+a^2)(s^2+b^2)}$
24	$\cos at-\cos bt$	$\frac{(b^2-a^2)s}{(s^2+a^2)(s^2+b^2)}$
25	$\frac{1}{a^2}(1-\cos at)$	$\frac{1}{s(s^2+a^2)}$
26	$\frac{1}{a^3}(at-\sin at)$	$\frac{1}{s^2(s^2+a^2)}$
27	$\frac{1}{a^4}(\cos at-1)+\frac{1}{2a^2}t^2$	$\frac{1}{s^3(s^2+a^2)}$
28	$\frac{1}{a^4}(\mathrm{ch}\,at-1)-\frac{1}{2a^2}t^2$	$\frac{1}{s^3(s^2-a^2)}$
29	$\frac{1}{2a^3}(\sin at-at\cos at)$	$\frac{1}{(s^2+a^2)^2}$
30	$\frac{1}{2a}(\sin at+at\cos at)$	$\frac{s^2}{(s^2+a^2)^2}$
31	$\frac{1}{a^4}(1-\cos at)-\frac{1}{2a^3}t\sin at$	$\frac{1}{s(s^2+a^2)^2}$
32	$(1-at)e^{-at}$	$\frac{s}{(s+a)^2}$
33	$t\left(1-\frac{a}{2}t\right)e^{-at}$	$\frac{s}{(s+a)^3}$
34	$\frac{1}{a}(1-e^{-at})$	$\frac{1}{s(s+a)}$

续表

	$f(t)$	$F(s)$
35①	$\frac{1}{ab}+\frac{1}{b-a}\left(\frac{e^{-bt}}{b}-\frac{e^{-at}}{a}\right)$	$\frac{1}{s(s+a)(s+b)}$
36①	$\frac{e^{-at}}{(b-a)(c-a)}+\frac{e^{-bt}}{(a-b)(c-b)}+\frac{e^{-ct}}{(a-c)(b-c)}$	$\frac{1}{(s+a)(s+b)(s+c)}$
37①	$\frac{ae^{-at}}{(c-a)(a-b)}+\frac{be^{-bt}}{(a-b)(b-c)}+\frac{ce^{-ct}}{(b-c)(c-a)}$	$\frac{s}{(s+a)(s+b)(s+c)}$
38①	$\frac{a^2e^{-at}}{(c-a)(b-a)}+\frac{b^2e^{-bt}}{(a-b)(c-b)}+\frac{c^2e^{-ct}}{(b-c)(a-c)}$	$\frac{s^2}{(s+a)(s+b)(s+c)}$
39①	$\frac{e^{-at}-e^{-bt}[1-(a-b)t]}{(a-b)^2}$	$\frac{1}{(s+a)(s+b)^2}$
40①	$\frac{[a-b(a-b)t]e^{-bt}-ae^{-at}}{(a-b)^2}$	$\frac{s}{(s+a)(s+b)^2}$
41	$e^{-at}-e^{\frac{at}{2}}\left(\cos\frac{\sqrt{3}at}{2}-\sqrt{3}\sin\frac{\sqrt{3}at}{2}\right)$	$\frac{3a^2}{s^3+a^3}$
42	$\sin at\,\mathrm{ch}\,at-\cos at\,\mathrm{sh}\,at$	$\frac{4a^3}{s^4+4a^4}$
43	$\frac{1}{2a^2}\sin at\,\mathrm{sh}\,at$	$\frac{s}{s^4+4a^4}$
44	$\frac{1}{2a^3}(\mathrm{sh}\,at-\sin at)$	$\frac{1}{s^4-a^4}$
45	$\frac{1}{2a^2}(\mathrm{ch}\,at-\cos at)$	$\frac{s}{s^4-a^4}$
46	$\frac{1}{\sqrt{\pi t}}$	$\frac{1}{\sqrt{s}}$
47	$2\sqrt{\frac{t}{\pi}}$	$\frac{1}{s\sqrt{s}}$
48	$\frac{1}{\sqrt{\pi t}}e^{at}(1+2at)$	$\frac{s}{(s-a)\sqrt{s-a}}$
49	$\frac{1}{2\sqrt{\pi t^3}}(e^{bt}-e^{at})$	$\sqrt{s-a}-\sqrt{s-b}$
50	$\frac{1}{\sqrt{\pi t}}\cos 2\sqrt{at}$	$\frac{1}{\sqrt{s}}e^{-\frac{a}{s}}$
51	$\frac{1}{\sqrt{\pi t}}\mathrm{ch}\,2\sqrt{at}$	$\frac{1}{\sqrt{s}}e^{\frac{a}{s}}$

续表

	$f(t)$	$F(s)$
52	$\frac{1}{\sqrt{\pi t}}\sin 2\sqrt{at}$	$\frac{1}{s\sqrt{s}}e^{-\frac{a}{s}}$
53	$\frac{1}{\sqrt{\pi t}}\operatorname{sh}2\sqrt{at}$	$\frac{1}{s\sqrt{s}}e^{\frac{a}{s}}$
54	$\frac{1}{t}(e^{bt}-e^{at})$	$\ln\frac{s-a}{s-b}$
55	$\frac{2}{t}\operatorname{sh}at$	$\ln\frac{s+a}{s-b}=2\operatorname{arcth}\frac{a}{s}$
56	$\frac{2}{t}(1-\cos at)$	$\ln\frac{s^2+a^2}{s^2}$
57	$\frac{2}{t}(1-\operatorname{ch}at)$	$\ln\frac{s^2-a^2}{s^2}$
58	$\frac{1}{t}\sin at$	$\arctan\frac{a}{s}$
59	$\frac{1}{t}(\operatorname{ch}at-\cos bt)$	$\ln\sqrt{\frac{s^2+b^2}{s^2-a^2}}$
60②	$\frac{1}{\pi t}\sin(2a\sqrt{t})$	$\operatorname{erf}\left(\frac{a}{\sqrt{s}}\right)$
61②	$\frac{1}{\sqrt{\pi t}}e^{-2a\sqrt{t}}$	$\frac{1}{\sqrt{s}}e^{\frac{a^2}{s}}\operatorname{erfc}\left(\frac{a}{\sqrt{s}}\right)$
62	$\operatorname{erfc}\left(\frac{a}{2\sqrt{t}}\right)$	$\frac{1}{s}e^{-a\sqrt{s}}$
63	$\operatorname{erf}\left(\frac{t}{2a}\right)$	$\frac{1}{s}e^{a^2s^2}\operatorname{erfc}(as)$
64	$\frac{1}{\sqrt{\pi t}}e^{-\sqrt{2at}}$	$\frac{1}{\sqrt{s}}e^{\frac{a}{s}}\operatorname{erfc}\left(\sqrt{\frac{a}{s}}\right)$
65	$\frac{1}{\sqrt{\pi(t+a)}}$	$\frac{1}{\sqrt{s}}e^{as}\operatorname{erfc}(\sqrt{as})$
66	$\frac{1}{\sqrt{a}}\operatorname{erf}(\sqrt{at})$	$\frac{1}{s\sqrt{(s+a)}}$
67	$\frac{1}{\sqrt{a}}e^{at}\operatorname{erf}(\sqrt{at})$	$\frac{1}{\sqrt{s}(s-a)}$
68	$u(t)$	$\frac{1}{s}$
69	$tu(t)$	$\frac{1}{s^2}$
70	$t^m u(t)\quad(m>-1)$	$\frac{1}{s^{m+1}}\Gamma(m+1)$
71	$\delta(t)$	1

续表

	$f(t)$	$F(s)$
72	$\delta^{(n)}(t)$	s^n
73	$\mathrm{sgn}t$	$\frac{1}{s}$
74③	$J_0(at)$	$\frac{1}{\sqrt{s^2+a^2}}$
75③	$I_0(at)$	$\frac{1}{\sqrt{s^2-a^2}}$
76	$J_0(2\sqrt{at})$	$\frac{1}{s}\mathrm{e}^{-\frac{a}{s}}$
77	$\mathrm{e}^{-bt}I_0(at)$	$\frac{1}{\sqrt{(s+b)^2-a^2}}$
78	$tJ_0(at)$	$\frac{s}{(s^2+a^2)^{3/2}}$
79	$tI_0(at)$	$\frac{s}{(s^2-a^2)^{3/2}}$
80	$J_0(a\sqrt{t(t+2b)})$	$\frac{1}{\sqrt{s^2+a^2}}\mathrm{e}^{b(s-\sqrt{s^2+a^2})}$

① a,b,c 为不相等的常数.

② $\mathrm{erf}(x)=\frac{2}{\sqrt{x}}\int_0^x \mathrm{e}^{-t^2}\mathrm{d}t$ 称为误差函数.

$\mathrm{erfc}(x)=1-\mathrm{erf}(x)=\frac{2}{\sqrt{x}}\int_x^{+\infty}\mathrm{e}^{-t^2}\mathrm{d}t$ 称为余误差函数.

③ $I_n(x)=\mathrm{j}^{-n}J_n(\mathrm{j}x)$，$J_n$ 称为第一类 n 阶贝塞尔(Bessel)函数. I_n 称为第一类 n 阶变形的贝塞尔函数，或称为虚宗量的贝塞尔函数.